내가 뽑은 원픽! 최신 출제경향에 맞춘 최고의 수험서

2024 PASS 측량기능사 필기+실기

박종해 · 김민승 · 민미란 · 박동규 저

PREFACE | 머리말 |

최근 측량기술의 발전은 전자, 항공, 우주, 컴퓨터 등의 발전과 더불어 가속화되었으며, 이들의 지속적인 발전은 필연적으로 측량의 자동화 및 고정밀화를 가져와 효율성과 편의성이 극대화되고 있다. 이런 관점에서 본서는 측량의 폭넓은 이해와 측량기능사 등 각종 시험에 철저히 대비할 수 있도록 필수적으로 이해하여야 할 이론을 기초에서부터 응용까지 상세하게 수록하였으며, 정확한 경향파악을 위한 CBT시험 모의고사 문제를 명확한 해설과 함께 자세히 다루었다.

또한 어떤 시험이든지 이론에 대한 확실한 이해 없이 기출제된 문제만을 접하게 된다면 이와 유사한 문제가 출제된다 해도 응용능력이 부족하게 되기 때문에 본서는 다음과 같은 사항에 역점을 두어 편찬하였다.

- 측량기능사 시험에 대비하여 각 장마다 수험생이 필수적으로 이해하여야 할 내용을 거의 빠짐없이 상세하고 쉽게 정리하여 이해를 돕도록 하였다.
- 각 장의 이론을 바탕으로 지금까지 기출제된 문제와 이와 유사한 문제를 다루어 측량기능사 시험유형 파악에 완벽을 기할 수 있도록 노력하였다.
- 필기시험의 경우 CBT가 전면 시행됨에 따라 CBT 모의고사 문제 및 해설을 수록하였다.
- 2021년부터 측량기능사 실기시험의 작업형 과제가 개편됨에 따라 변경된 출제기준에 따른 작업형 내용을 수록하였다.

이상과 같은 점에 대해 역점을 두어 측량기능사의 참고서로서의 역할을 다할 수 있도록 최선을 다하고자 하였으나 아직 미숙한 점이 많으리라 판단되며, 앞으로 더 알찬 참고서가 되도록 독자 여러분의 많은 충고와 격려를 바라는 바이다.

아무쪼록 본서가 독자 여러분의 측량에 대한 폭넓은 이해 및 수험에 대한 보탬이 된다면 저자로서는 큰 보람이 될 것이고, 이 자리를 빌려 본서를 집필하는 데 참고한 저서 등의 저자께 심심한 감사를 드리며, 또한 많은 업무에도 불구하고 출판에 도움을 준 서초수도건축토목학원 직원들과 예문사 직원 여러분께도 깊은 감사를 드리는 바이다.

저자 일동

INFORMATION | 시험정보 |

출제기준(필기/실기)

1. 필기

시험과목	출제 문제수	주요항목	세부항목
측량학, 응용측량	60	1. 측량이론	1. 측량개요　　2. 거리측량 개요 3. 각측량 개요　4. 측량오차와 정밀도
		2. 수준측량	1. 수준측량의 개요 2. 기계기구의 구조 및 종류 3. 검사 및 조정 4. 측량방법 및 오차 조정 5. 수준측량의 응용
		3. 다각측량(트래버스측량)	1. 개요 2. 외업 3. 내업
		4. 삼각측량	1. 삼각측량의 개요 2. 삼각측량의 방법 3. 수평각 측정 및 조정 4. 변장계산 및 좌표계산
		5. 지형측량	1. 지형도 표시법 2. 등고선의 일반 개요 3. 등고선의 측정 및 작성 4. 지형도의 이용
		6. 면적 및 체적의 계산	1. 면적계산　　2. 체적계산
		7. 노선측량	1. 노선측량의 개요 2. 곡선의 종류 3. 단곡선의 각부 명칭 및 기본공식 4. 단곡선의 설치방법
		8. GNSS(위성측위)측량	1. GNSS(위성측위)측량 개요 2. GNSS(위성측위)측량 활용

2. 실기

시험과목	주요항목	세부항목
측량 작업	1. 공간정보 위치결정	1. 수준 측량하기 2. 토털스테이션(Total Station) 측량하기
	2. 공간현황측량	1. 공간현황 측량하기 2. 측량결과 정리하기

INFORMATION | 시험정보 |

수험대비요령(시험준비 및 공부방법)

1. 마음의 준비

(1) 마음의 자세

처음으로 시험을 준비하는 사람은 공부내용도 많고 또한 마음먹은 대로 잘 되지는 않을 것이다. 그러나 이런 과정은 누구에게나 있는 것이므로 포기하지 말고 끝까지 차분하게 자료를 분석·정리하는 습관을 갖는 것이 중요하다.

(2) 일정표 작성

시험준비를 위한 공부가 시작되면 반드시 일정계획을 세워서 그 일정표에 맞추어 공부하는 습관을 길러야 한다. 이때는 전체를 한번 정리해보는 것이 무엇보다 중요하다. 이 과정을 거치면 공부에 대한 자신감이 생기고 어느 정도 공부 방향을 정할 수 있으며, 빠른 이해와 시간절약이 가능해진다.

2. 시험준비 자세

① 공부 장소는 반드시 독서실을 활용하는 것이 좋다.
② 철저한 자기관리(건강관리)와 시간의 절약, 교통수단은 자가용보다는 일반 대중교통(전철 등)을 이용한다.
③ 토요일과 일요일의 시간활용은 시험합격에 결정적인 요인이 된다.

3. 자료수집 및 정리방법

① 수험교재는 최소한으로 선택한다.
② 자료의 정리는 전체를 다 하려다 보면 시간이 너무 많이 소요되므로 1차, 2차로 나누어서 정리한다.
③ 자료는 반드시 목차를 적어 쉽게 찾아볼 수 있도록 정리한다.
④ 정리는 A4를 3등분하여 Key-word식으로 정리한다.
⑤ 교재는 최신 발행된 교재가 유리하다.

4. 문제의 이해 및 암기방법

① 문제의 암기는 이해력 중심으로 하되 Key-word식으로 암기해야 한다.
② 문제의 정리는 Flow-chart식으로 하여 암기한다.
③ 각 문제의 이해는 반드시 그림을 그려서 연상하며 암기한다.

CBT(Computer Based Testing) 알아보기

NOTICE CBT(Computer Based Testing)란 컴퓨터를 이용하여 시험 평가하는 것이다.

※ 위 내용은 큐넷(www.q-net.or.kr)에서 제공하는 자격검정 CBT 웹 체험 서비스의 내용을 요약 정리한 것이며, 큐넷 사이트에서 연습할 수 있습니다.

CONTENTS | 목차 |

- ▶ 머리말 ··· 2
- ▶ 출제기준(필기/실기) ·· 3
- ▶ 수험대비요령(시험준비 및 공부방법) ·· 4
- ▶ CBT(Computer Based Testing) 알아보기 ·· 5

PART 1 필기

CHAPTER 01 총론
1. 한눈에 보기 ··· 3
2. 집중 이해하기 ··· 4
3. 핵심 문제 익히기 ·· 11

CHAPTER 02 거리측량 및 측량의 오차
1. 한눈에 보기 ··· 20
2. 집중 이해하기 ··· 21
3. 핵심 문제 익히기 ·· 35

CHAPTER 03 각측량
1. 한눈에 보기 ··· 49
2. 집중 이해하기 ··· 50
3. 핵심 문제 익히기 ·· 60

CHAPTER 04 삼각 및 삼변측량
1. 한눈에 보기 ··· 70
2. 집중 이해하기 ··· 72
3. 핵심 문제 익히기 ·· 83

CHAPTER 05 다각(트래버스)측량
1. 한눈에 보기 ··· 100
2. 집중 이해하기 ··· 101
3. 핵심 문제 익히기 ·· 116

CHAPTER 06 수준(고저)측량
1. 한눈에 보기 ··· 140
2. 집중 이해하기 ··· 141
3. 핵심 문제 익히기 ·· 155

CHAPTER 07 지형측량

1. 한눈에 보기 ··· 175
2. 집중 이해하기 ·· 176
3. 핵심 문제 익히기 ···································· 186

CHAPTER 08 면적 및 체적측량

1. 한눈에 보기 ··· 202
2. 집중 이해하기 ·· 203
3. 핵심 문제 익히기 ···································· 214

CHAPTER 09 노선측량

1. 한눈에 보기 ··· 231
2. 집중 이해하기 ·· 232
3. 핵심 문제 익히기 ···································· 245

CHAPTER 10 GNSS(위성측위)측량

1. 한눈에 보기 ··· 264
2. 집중 이해하기 ·· 265
3. 핵심 문제 익히기 ···································· 277

PART 2 실기 (작업형)

CHAPTER 01 실기(작업형)시험 대비요령

1. 실기(작업형)시험 과제 ··························· 293
2. 시험시간 ··· 293
3. 수험자 유의사항 ···································· 293

CHAPTER 02 레벨(Level)측량

1. 개요 ·· 294
2. 요구사항 ··· 294
3. 기기(機器) 및 보조기구(器具) ················ 294
4. 작업순서 ··· 296
5. 세부 작업 요령 ······································ 296

CONTENTS | 목차 |

CHAPTER 03 토털스테이션(Total Station)측량
1. 개요 ··· 308
2. 요구사항 ·· 308
3. 기기(機器) 및 보조기구(器具) ······································ 308
4. 작업순서 ·· 310
5. 세부 작업 요령 ·· 310

CHAPTER 04 실전문제
1. 국가기술자격 실기 모의시험 문제 및 해설 **1** ·············· 322
2. 국가기술자격 실기 모의시험 문제 및 해설 **2** ·············· 332

PART 3 CBT시험(필기) 모의고사 및 해설

1. CBT시험(필기) 모의고사 1회 ······································ 345
   CBT시험(필기) 모의고사 1회 정답 및 해설 ················ 353
2. CBT시험(필기) 모의고사 2회 ······································ 358
   CBT시험(필기) 모의고사 2회 정답 및 해설 ················ 366
3. CBT시험(필기) 모의고사 3회 ······································ 371
   CBT시험(필기) 모의고사 3회 정답 및 해설 ················ 379
4. CBT시험(필기) 모의고사 4회 ······································ 384
   CBT시험(필기) 모의고사 4회 정답 및 해설 ················ 391
5. CBT시험(필기) 모의고사 5회 ······································ 396
   CBT시험(필기) 모의고사 5회 정답 및 해설 ················ 404
6. CBT시험(필기) 모의고사 6회 ······································ 409
   CBT시험(필기) 모의고사 6회 정답 및 해설 ················ 417

▶ 참고문헌 ··· 423

PART 1

필기

CHAPTER 01 총론
CHAPTER 02 거리측량 및 측량의 오차
CHAPTER 03 각측량
CHAPTER 04 삼각 및 삼변측량
CHAPTER 05 다각(트래버스)측량
CHAPTER 06 수준(고저)측량
CHAPTER 07 지형측량
CHAPTER 08 면적 및 체적측량
CHAPTER 09 노선측량
CHAPTER 10 GNSS(위성측위)측량

CHAPTER 01 총론

PART 1

1 한눈에 보기

※ 중요 부분은 **집중 이해하기**에 자세히 설명되어 있음을 알려드립니다.

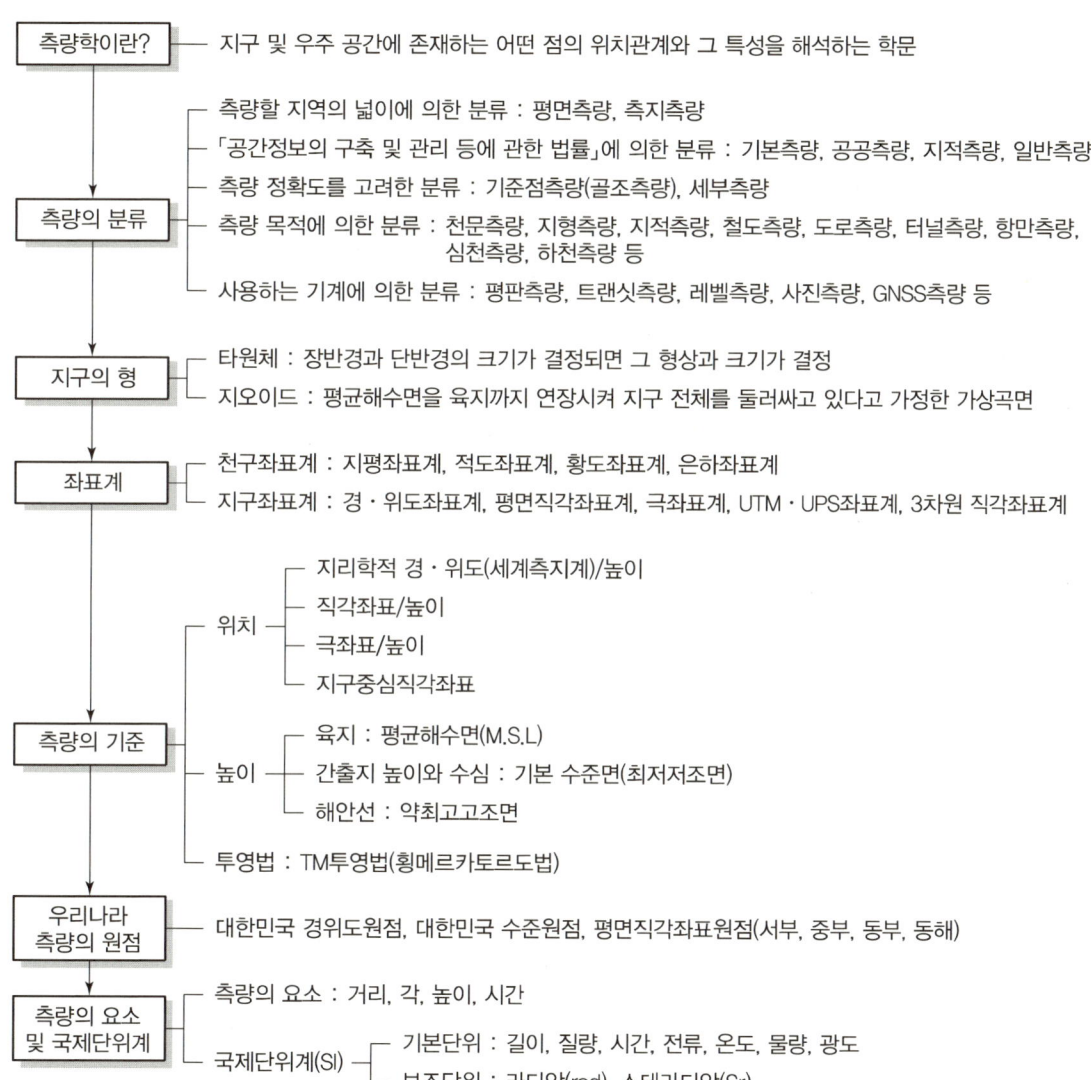

- **측량학이란?** — 지구 및 우주 공간에 존재하는 어떤 점의 위치관계와 그 특성을 해석하는 학문

- **측량의 분류**
  - 측량할 지역의 넓이에 의한 분류 : 평면측량, 측지측량
  - 「공간정보의 구축 및 관리 등에 관한 법률」에 의한 분류 : 기본측량, 공공측량, 지적측량, 일반측량
  - 측량 정확도를 고려한 분류 : 기준점측량(골조측량), 세부측량
  - 측량 목적에 의한 분류 : 천문측량, 지형측량, 지적측량, 철도측량, 도로측량, 터널측량, 항만측량, 심천측량, 하천측량 등
  - 사용하는 기계에 의한 분류 : 평판측량, 트랜싯측량, 레벨측량, 사진측량, GNSS측량 등

- **지구의 형**
  - 타원체 : 장반경과 단반경의 크기가 결정되면 그 형상과 크기가 결정
  - 지오이드 : 평균해수면을 육지까지 연장시켜 지구 전체를 둘러싸고 있다고 가정한 가상곡면

- **좌표계**
  - 천구좌표계 : 지평좌표계, 적도좌표계, 황도좌표계, 은하좌표계
  - 지구좌표계 : 경·위도좌표계, 평면직각좌표계, 극좌표계, UTM·UPS좌표계, 3차원 직각좌표계

- **측량의 기준**
  - 위치
    - 지리학적 경·위도(세계측지계)/높이
    - 직각좌표/높이
    - 극좌표/높이
    - 지구중심직각좌표
  - 높이
    - 육지 : 평균해수면(M.S.L)
    - 간출지 높이와 수심 : 기본 수준면(최저저조면)
    - 해안선 : 약최고고조면
  - 투영법 : TM투영법(횡메르카토르도법)

- **우리나라 측량의 원점** — 대한민국 경위도원점, 대한민국 수준원점, 평면직각좌표원점(서부, 중부, 동부, 동해)

- **측량의 요소 및 국제단위계**
  - 측량의 요소 : 거리, 각, 높이, 시간
  - 국제단위계(SI)
    - 기본단위 : 길이, 질량, 시간, 전류, 온도, 물량, 광도
    - 보조단위 : 라디안(rad), 스테라디안(Sr)

2 집중 이해하기

1 측량학

측량학(Surveying)은 지구(지상, 지하, 수중) 및 우주공간에 존재하는 제 점 간의 상호 위치관계와 그 특성을 해석하는 학문이다. 그 대상은 인간의 활동이 미치는 모든 영역을 말하며, 점 상호 간의 거리, 방향, 높이, 시를 관측하여 지도제작 및 모든 구조물의 위치를 정량화시키는 것뿐만 아니라, 환경 및 자원에 관한 정보를 수집하고 이를 정성적으로 해석하는 제반방법을 다루는 학문이다.

① 정량적 해석 : 대상물에 대한 위치, 크기, 형상해석
② 정성적 해석 : 환경 및 자원문제를 조사, 분석, 처리하는 특성해석

예제

01. 측량은 지표면, 지하, 수중 및 해양, 우주공간 등 인간 활동이 미칠 수 있는 모든 영역에 대한 정량적 해석과 정성적 해석으로 크게 나누어진다. 다음 중 정성적 해석에 속하는 것은?
① 특성해석　　　　　　　　② 형상결정
③ 위치결정　　　　　　　　④ 크기해석

정답 ①

---

2 측량의 분류

(1) 측량할 지역의 넓이에 의한 분류

① 소지측량(Small Area Surveying)
   지구곡률을 고려하지 않는 측량으로 거리측량의 허용정밀도가 1/100만일 경우 반경 11km 이내의 지역을 평면으로 취급하며 평면측량(Plane Surveying)이라고도 한다.

② 대지측량(Large Area Surveying)
   1/100만의 허용정밀도로 측량한 경우 반경 11km 이상 또는 면적 약 400km² 이상의 넓은 지역에 지구곡률을 고려하여 행하는 정밀측량을 말하며 측지측량(Geodetic Surveying)이라고도 한다.

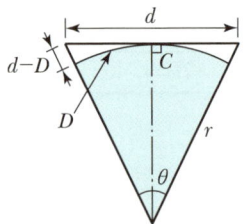

[그림 1-1] 측지와 평면측량

$$\frac{d-D}{D} = \frac{1}{12}\left(\frac{D}{r}\right)^2, \quad d-D = \frac{1}{12} \cdot \frac{D^3}{r^2}$$

여기서, D : 실제거리(곡면거리)
d : 평면거리
$d-D$: 곡면과 평면거리와의 차
$\frac{d-D}{D}$: 허용정밀도
r : 지구 반경

예제

02. 지구 반지름 $R = 6,370$km라 할 때 평면측량에서 거리의 허용오차를 1/1,000,000까지 허용한다면 지구를 평면으로 볼 수 있는 한계는 몇 km인가?

① 13km ② 16km
③ 22km ④ 27km

정답 ③

해설 $\frac{d-D}{D} = \frac{1}{12}\left(\frac{D}{R}\right)^2 \Rightarrow \frac{1}{10^6} = \frac{1}{12}\left(\frac{D}{6,370}\right)^2 \Rightarrow D^2 \times 10^6 = 12 \times 6,370^2$

$\therefore D = \sqrt{\frac{12 \times 6,370^2}{10^6}} \fallingdotseq 22$km

(2) 「공간정보의 구축 및 관리 등에 관한 법률」상 측량의 분류

① **기본측량** : 모든 측량의 기초가 되는 공간정보를 제공하기 위하여 국토교통부장관이 실시하는 측량을 말한다.
② **공공측량** : 국가, 지방자치단체, 그 밖에 대통령령으로 정하는 기관이 관계 법령에 따른 사업 등을 시행하기 위하여 기본측량을 기초로 실시하는 측량을 말한다.
③ **지적측량** : 토지를 지적공부에 등록하거나 지적공부에 등록된 경계점을 지상에 복원하기 위하여 필지의 경계 또는 좌표와 면적을 정하는 측량을 말한다.
④ **일반측량** : 기본측량, 공공측량 및 지적측량 외의 측량을 말한다.

예제

03. 측량의 종류 중 법률에 따라 분류할 때 모든 측량의 기초가 되는 측량은?

① 공공측량 ② 기본측량
③ 평면측량 ④ 대지측량

정답 ②

3 지구의 형

(1) 물리적 표면(Physical Surface)

실제 측량이 실시되는 곳으로 너무 불규칙하고 복잡하기 때문에 측량이나 지도제작 등을 위한 기준면으로 사용할 수 없다.

(2) 타원체(Ellipsoid)

장반경과 단반경의 크기가 결정되면 그 형상과 크기가 결정된다. 타원체의 종류에는 회전타원체, 지구타원체, 준거타원체, 국제타원체로 구분할 수 있다.

〈타원체 구성요소〉

- 편평률$(P) = \dfrac{a-b}{a}$
- 이심률$(e) = \sqrt{\dfrac{a^2 - b^2}{a^2}}$
- 평균곡률반경$(R) = \sqrt{MN}$

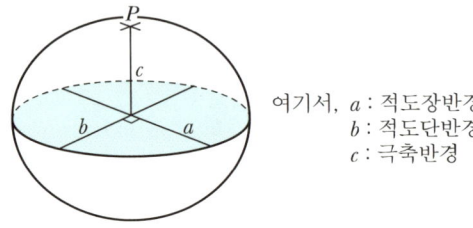

여기서, a : 적도장반경
b : 적도단반경
c : 극축반경

[그림 1-2] 3축 부등타원체

여기서, a : 장반경
b : 단반경
M : 자오선 곡률반경
N : 횡 곡률반경

TIP

항해측량 및 지구물리학에서는 지구를 구로 간주하는데, 이때 반경은 장반경, 단반경을 산술평균한 $R = \dfrac{2a+b}{3}$로 사용한다. 또한, 「공간정보의 구축 및 관리 등에 관한 법률」에서 우리나라는 GRS80 타원체를 채택하고 있으며, 장반경(a)=6,378.137km, 단반경(b)=6,356.752km, 편평률(P)=1/298.26이다.

예제

04. 적도 반지름이 6,378,249.1m이고 극 반지름이 6,356,515.0m일 때 편평률은?

① $\dfrac{1}{290.3}$ ② $\dfrac{1}{293.5}$

③ $\dfrac{1}{297.0}$ ④ $\dfrac{1}{299.2}$

정답 ②

해설 편평률$(P) = \dfrac{a-b}{a} = \dfrac{\text{적도 반지름} - \text{극 반지름}}{\text{적도 반지름}} = \dfrac{6,378,249.1 - 6,356,515.0}{6,378,249.1} = \dfrac{1}{293.5}$

(3) 지오이드(Geoid)

평균해수면을 육지까지 연장시켜 지구 전체를 둘러싸고 있다고 가정한 선을 지오이드라 한다.

〈지오이드의 특징〉
- 등포텐셜면이다.
- 연직선 중력방향에 직교한다.
- 불규칙한 지형이다.
- 위치에너지($E = mgh$)가 0이다.
- 육지에서는 회전타원체면 위에 존재하고, 바다에서는 회전타원체면 아래에 존재한다.

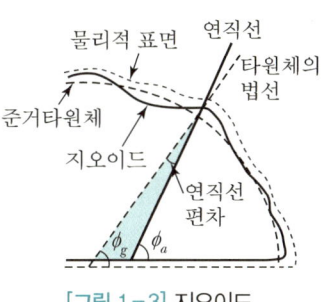

[그림 1-3] 지오이드

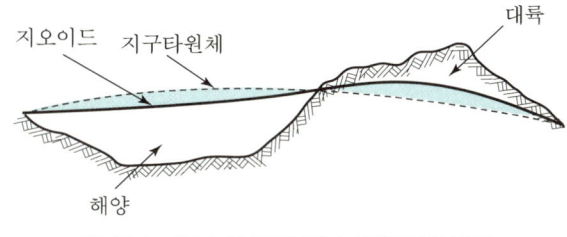

[그림 1-4] 지오이드와 지구타원체와의 관계

예제

05. 정지된 평균해수면을 육지 내부까지 연장한 가상곡면은?
① 준거타원체면   ② 수평면
③ 지오이드(Geoid)   ④ 수준면

정답 ③

---

4 지구 좌표계

(1) 경·위도좌표계

지구상의 절대적 위치를 표시하는 데 일반적으로 가장 널리 쓰이는 좌표계를 말한다.

(2) 평면직교좌표계

원점에서의 자오선을 X축으로 하고 이에 직교하는 선을 Y축으로 하는 좌표계를 말한다(측량범위가 크지 않은 일반측량에 널리 사용).

(3) UTM좌표계

UTM 투영법에 의하여 표현되는 좌표계로서 적도를 횡축, 자오선을 종축으로 하는 좌표계를 말한다.

① 경도 : 180°W 기준, 지구 전체 6° 간격으로 60등분
② 위도 : 남북위 80°까지 포함, 8° 간격 20등분

(4) UPS좌표계

위도 80° 이상의 양극지역의 좌표를 표시하는 데 사용된다(UTM좌표계의 극지방 보완).

(5) WGS(World Geodetic System)좌표계(3차원 직각좌표계)

지심좌표 방식으로 GPS측량에서 쓰는 좌표계를 말한다.

(6) ITRF(International Terrestrial Reference Frame)좌표계(3차원 직각좌표계)

국제시보국(IERS)에서 정의한 3차원 지구 기준 좌표계를 말한다.

예제

06. 여러 가지 좌표계 중 영국 그리니치 천문대를 지나는 본초 자오선과 적도의 교점을 원점으로 지구상의 어떤 점의 절대적 위치를 표시하는 데 일반적으로 사용되는 좌표계는?

① 수평직각좌표계 ② 평면직각좌표계
③ 3차원 직각좌표계 ④ 경·위도좌표계

정답 ④

---

5 우리나라의 측량기준

① 위치는 세계측지계에 따라 측정한 지리학적 경위도와 높이(평균해수면으로부터의 높이를 말한다). 다만, 지도 제작 등을 위하여 필요한 경우에는 직각좌표와 높이, 극좌표와 높이, 지구 중심 직교좌표 및 그 밖의 다른 좌표로 표시할 수 있다.
② 측량의 원점은 대한민국 경위도원점 및 수준원점으로 한다. 다만, 섬 등 대통령령으로 정하는 지역에 대하여는 국토교통부장관이 따로 정하여 고시하는 원점을 사용할 수 있다.

> **TIP**
>
> **특별기준면**
> 한 나라에서 멀리 떨어져 있는 섬에는 본국의 기준면을 직접 연결할 수 없으므로 그 섬 특유의 기준면을 사용한다. 또한 하천 및 항만공사에서는 전국의 기준면을 사용하는 것보다 그 하천 및 항만의 계획에 편리하도록 각자의 기준면을 가진 것도 있다. 이것을 특별기준면이라 한다.

> **예제**
>
> **07.** 내륙에서 멀리 떨어진 섬에서 수준측량을 실시하려고 한다. 이를 위한 섬 특유의 수준측량 기준을 무엇이라고 하는가?
>   ① 특별기준면   ② 임시기준면   ③ 가기준면   ④ 최저저조면
>
> 정답 ①

6 우리나라의 측량원점

(1) 대한민국 경위도원점

국토교통부 산하 국토지리정보원에서 새로이 설치한 경위도원점으로서, 「공간정보의 구축 및 관리 등에 관한 법률」에 의한 대한민국 경위도원점의 수치는 다음과 같다.

① 위도 : 북위 37도 16분 33.3659초
② 경도 : 동경 127도 03분 14.8913초
③ 원방위각 : 165도 03분 44.538초(원점으로부터 진북을 기준으로 오른쪽 방향으로 측정한 우주측지관측센터에 있는 위성기준점 안테나 참조점 중앙)

(2) 대한민국 수준원점

인천광역시 남구 인하로 100(인하공업전문대학)에 설치한 수준원점에 인천만의 평균해수면을 연결하여 그 표고를 26.6871m로 확정하였다.

(3) 평면직각좌표 원점

지도상의 제 점 간의 위치 관계를 용이하게 결정하도록 가정한 기준점으로 모든 삼각점의 XY 좌표의 기준이 된다. 「공간정보의 구축 및 관리 등에 관한 법률(시행령)」에 의한 직각좌표기준은 다음과 같다.

명칭	경도	위도
서부좌표계(서)	동경 125°00′00″	북위 38°
중부좌표계(중)	동경 127°00′00″	북위 38°
동부좌표계(동)	동경 129°00′00″	북위 38°
동해좌표계(동해)	동경 131°00′00″	북위 38°

(4) 투영법

각 좌표계에서의 직각좌표는 다음의 조건에 따라 T.M(Transverse Mercator, 횡단 머케이터) 방법으로 표시한다.

① X축은 좌표계 원점의 자오선에 일치하여야 하고, 진북방향을 정(+)으로 표시하며, Y축은 X축에 직교하는 축으로서 진동방향을 정(+)으로 한다.
② 세계측지계에 따르지 아니하는 지적측량의 경우에는 가우스상사 이중투영법으로 표시하되, 직각좌표계 투영원점의 가산(加算)수치를 각각 X(N) 500,000m(제주도지역 550,000m), Y(E) 200,000m로 하여 사용할 수 있다.

예제

08. 우리나라 측량의 평면직각좌표원점 중 서부원점의 위치는?

① 동경 125° 북위 38°   ② 동경 127° 북위 38°
③ 동경 129° 북위 38°   ④ 동경 131° 북위 38°

정답 ①

---

7 측량의 요소 및 국제단위계

(1) 측량의 요소

거리, 각, 높이, 시간

(2) 국제단위계(SI)

1) 기본단위

길이(m), 질량(kg), 시간(원자시, sec), 전류(암페어, A), 온도(켈빈, K), 물량(몰, mol), 광도(칸델라, candela)

2) 보조단위

① 라디안(rad) : 평면각 SI단위계
② 스테라디안(sr) : 입체각 SI단위계

TIP

우리나라 측량의 각종 기준
• 수심 : 약최저저조면   • 해안선 : 약최고고조면
• 타원체 : GRS80   • 투영법 : 횡메르카토르도법(T.M)

예제

09. 다음 중 국제단위계(SI Unit)의 기본단위에 해당하지 않는 것은?

① 길이   ② 시간   ③ 광도   ④ 라디안

정답 ④

3 핵심 문제 익히기

01 측량에 대한 설명으로 틀린 것은?
① 측량은 정량적 해석과 정성적 해석이 가능하다.
② 측량은 지구표면에 국한된 대상물의 위치와 특성을 해석하는 것이다.
③ 측량은 인간 생활에 필요한 도로, 철도, 교량 등의 공사에 필수적이다.
④ 최근 항공기와 인공위성을 이용한 다양한 지형 정보를 얻고 있다.

> **TIP** 측량은 지구 및 우주공간에 존재하는 어떤 점 간의 상호위치관계와 그 특성을 해석하는 것으로, 지구표면뿐만 아니라 지하, 수중, 우주공간까지 그 영역이 매우 넓다.

02 측량은 지표면, 지하, 수중 및 해양, 우주공간 등 인간 활동이 미칠 수 있는 모든 영역에 대한 정량적 해석과 정성적 해석으로 크게 나누어진다. 다음 중 정성적 해석에 속하는 것은?
① 특성해석
② 형상결정
③ 위치결정
④ 크기해석

> **TIP** • 정량적 해석 : 어떤 대상의 분량을 측정하여 해석하는 것이다(위치, 크기, 형상해석).
> • 정성적 해석 : 어떤 대상의 성질을 해석하는 것이다(특성해석, 변화탐지).

03 측량을 넓이에 따라 분류할 때, 지구의 곡률을 고려하여 실시하는 측량을 무엇이라 하는가?
① 공공측량
② 기본측량
③ 측지측량
④ 평면측량

> **TIP** 측량할 지역의 넓이에 의한 분류
> • 측지측량 : 지구의 곡률을 고려하여 실시하는 측량이다.
> • 평면측량 : 지구의 곡률을 고려하지 않고 평면으로 간주하여 실시하는 측량이다.

04 다음 측량의 분류 중 평면측량과 측지측량에 대한 설명으로 틀린 것은?
① 거리 허용오차를 10^{-6}까지 허용할 경우, 반지름 11km까지를 평면으로 간주한다.
② 지구 표면의 곡률을 고려하여 실시하는 측량을 측지측량이라 한다.
③ 지구를 평면으로 보고 측량을 하여도 오차가 극히 작은 범위의 측량을 평면측량이라 한다.
④ 토목공사 등에 이용되는 측량은 보통 측지측량이다.

> **TIP** 평면측량이란 지구의 표면을 평면으로 생각하여 실시하는 측량이다. 토목공사 등에 이용되는 측량은 보통 공공 및 일반측량으로 지구 표면의 일부를 평면으로 간주하는 평면측량으로 한다.

정답 01 ② 02 ① 03 ③ 04 ④

05 지구 반지름 $R=6,370$km라 할 때 평면측량에서 거리의 허용오차를 1/1,000,000까지 허용한다면 지구를 평면으로 볼 수 있는 한계는 몇 km인가?

① 13km ② 16km
③ 22km ④ 27km

TIP $\dfrac{d-D}{D} = \dfrac{1}{12}\left(\dfrac{D}{R}\right)^2 \Rightarrow \dfrac{1}{10^6} = \dfrac{1}{12}\left(\dfrac{D}{6,370}\right)^2 \Rightarrow D^2 \times 10^6 = 12 \times 6,370^2$

$\therefore D = \sqrt{\dfrac{12 \times 6,370^2}{10^6}} \fallingdotseq 22$km

06 1 : 1,000,000의 허용 정밀도로 측량한 경우 측지측량과 평면측량의 한계는?

① 반지름 11km ② 반지름 15km
③ 반지름 20km ④ 반지름 25km

TIP $\dfrac{d-D}{D} = \dfrac{1}{12}\left(\dfrac{D}{R}\right)^2 \Rightarrow \dfrac{1}{10^6} = \dfrac{1}{12}\left(\dfrac{D}{6,370}\right)^2 \Rightarrow D^2 \times 10^6 = 12 \times 6,370^2 \Rightarrow D = \sqrt{\dfrac{12 \times 6,370^2}{10^6}} \fallingdotseq 22$km

$\therefore D \fallingdotseq 22$km이므로 반경$\left(\dfrac{D}{2}\right)$은 11km이다.

07 측량에서 일반적으로 지구의 곡률을 고려하지 않아도 되는 범위는 다음 중 어느 것인가?(단, 거리의 정도를 10^{-6}까지 허용하며 R은 6,370km이다.)

① 약 100km² 이내 ② 약 200km² 이내
③ 약 300km² 이내 ④ 약 400km² 이내

TIP $\dfrac{d-D}{D} = \dfrac{1}{12}\left(\dfrac{D}{R}\right)^2 \Rightarrow \dfrac{1}{10^6} = \dfrac{1}{12}\left(\dfrac{D}{6,370}\right)^2 \Rightarrow D^2 \times 10^6 = 12 \times 6,370^2 \Rightarrow D = \sqrt{\dfrac{12 \times 6,370^2}{10^6}} \fallingdotseq 22$km

$D \fallingdotseq 22$km, 반경$\left(\dfrac{D}{2} = r\right) \fallingdotseq 11$km

$\therefore$ 면적$(A) = \pi r^2 = \pi \times 11^2 \fallingdotseq 380$km²

08 지구 반지름 $R=6,370$km라 하고 거리의 허용 정밀도가 10^{-7}일 때 평면으로 간주할 수 있는 지름은?

① 7km ② 10km
③ 12km ④ 15km

TIP $\dfrac{d-D}{D} = \dfrac{1}{12}\left(\dfrac{D}{R}\right)^2 \Rightarrow \dfrac{1}{10^7} = \dfrac{1}{12}\left(\dfrac{D}{6,370}\right)^2 \Rightarrow D^2 \times 10^7 = 12 \times 6,370^2$

$\therefore D = \sqrt{\dfrac{12 \times 6,370^2}{10^7}} \fallingdotseq 7$km

정답 05 ③ 06 ① 07 ④ 08 ①

09 측량의 종류 중 법률에 따라 분류할 때 모든 측량의 기초가 되는 측량은?

① 공공측량　　② 기본측량　　③ 평면측량　　④ 대지측량

TIP 「공간정보의 구축 및 관리 등에 관한 법률」상 측량의 분류
- 기본측량 : 모든 측량의 기초가 되는 공간정보를 제공하기 위하여 국토교통부장관이 실시하는 측량을 말한다.
- 공공측량 : 국가, 지방자치단체, 그 밖에 대통령령으로 정하는 기관이 관계 법령에 따른 사업 등을 시행하기 위하여 기본측량을 기초로 실시하는 측량을 말한다.
- 지적측량 : 토지를 지적공부에 등록하거나 지적공부에 등록된 경계점을 지상에 복원하기 위하여 필지의 경계 또는 좌표와 면적을 정하는 측량을 말한다.
- 일반측량 : 기본측량, 공공측량 및 지적측량 외의 측량을 말한다.

10 측량을 측량 목적에 따라 분류할 때 이에 속하지 않는 것은?

① 지형측량　　② 지적측량
③ 터널측량　　④ GPS측량

TIP
- 측량 목적에 따른 분류 : 천문측량, 지형측량, 산림측량, 농지측량, 건축측량, 지적측량, 철도측량, 터널측량, 수로측량, 도로측량, 항만측량, 하천측량 등이 있다.
- GPS(GNSS)측량은 위성을 이용하여 지구상의 4차원 위치를 결정하는 측량으로 기계에 따른 분류에 속한다.

11 사용 기계의 종류에 따른 측량의 분류에 해당되는 것은?

① 노선측량　　② 골조측량
③ 토털스테이션측량　　④ 터널측량

TIP
- 측량 기계에 따른 분류 : 평판측량, 트랜싯측량, 수준(레벨)측량, 토털스테이션측량, GPS(GNSS)측량, 사진측량 등이 있다.
- 노선측량, 터널측량은 측량 목적에 따른 분류이며, 골조측량은 측량 정확도를 고려한 분류에 속한다.

12 다음 중 3차원 위치성과를 획득할 수 없는 측량장비는?

① 토털스테이션　　② 레벨　　③ LiDAR　　④ GPS

TIP
- 토털스테이션 : 거리와 각을 직접 관측하여 3차원 지형정보를 획득할 수 있는 장비이다.
- LiDAR : 레이저측량 장비로 지표면을 스캔하여 3차원 위치성과를 얻는 장비이다.
- GPS : 위성을 이용하여 3차원 위치성과를 얻는 시스템이다.
- 레벨 : 수준(고저)측량을 하는 기계로 지표면의 고저차를 관측하는 장비(1차원 위치성과 획득)이다.

13 기준점측량으로 볼 수 없는 것은?

① 삼각측량　　② 삼변측량　　③ 스타디아측량　　④ 수준측량

TIP
- 기준점측량(골조측량) : 천문측량, 삼각·삼변측량, 다각측량, 수준(고저)측량, GNSS측량 등이 있다.
- 세부측량 : 평판측량, 사진측량, 스타디아(시거)측량, 음파측량 등이 있다.

정답　09 ②　10 ④　11 ③　12 ②　13 ③

14 기준점측량과 관련이 가장 먼 것은?

① 위도결정　　　　　　　　② 고저측량
③ 정지측위(Static GPS)　　　④ 도면 작성

TIP 기준점측량
- 수평 및 수직위치 기준점을 측량지역 전체에 걸쳐 충분하게 설치하여 골격을 만드는 측량이다.
- 위도결정(수평위치), 고저측량(수직위치), 정지측위(수평 및 수직위치) 등이 있다.

※ 도면 작성은 세부측량에서 얻어진 성과로 작성된다.

15 다음 중 세부측량에 주로 이용되는 측량으로 가장 거리가 먼 것은 어느 것인가?

① 평판측량　　　　　　　　② 사진측량
③ 스타디아측량　　　　　　④ 삼변측량

TIP
- 기준점측량(골조측량) : 천문측량, 삼각 · 삼변측량, 다각측량, 수준(고저)측량, GNSS측량 등이 있다.
- 세부측량 : 평판측량, 사진측량, 스타디아(시거)측량, 음파측량 등이 있다.

16 다음 중 수평위치결정에 관한 측량이 아닌 것은?

① 삼각측량　　　　　　　　② 수준측량
③ 다각측량　　　　　　　　④ 삼변측량

TIP 수평위치결정측량
천문측량, 삼각측량, 삼변측량, 다각측량 등이 있다.

※ 수준측량은 수직위치결정측량이다.

17 평면위치결정을 위한 측량방법과 거리가 먼 것은?

① 수준측량　　　　　　　　② 거리측량
③ 트래버스측량　　　　　　④ 삼변측량

TIP
- 평면위치(x, y)결정측량＝수평위치(x, y)결정측량
- 수준측량은 수직위치(z)결정측량방법이다.

18 국제타원체로서 1979년 IUGG총회에서 결정하여 발표한 세계측지계로 우리나라의 측량기준인 것은?

① 베셀　　　　　　　　　　② 클라크
③ GRS80　　　　　　　　　④ WGS84

TIP
- GRS80은 1979년 IUGG총회에서 결정하여 발표한 국제 타원체이다.
- 우리나라는 2003년부터 GRS80 타원체를 채택하고 있으며, 장반경(a)＝6,378.137km, 단반경(b)＝6,356.752km, 편평률(p)＝1/298.260이다.

정답　14 ④　15 ④　16 ②　17 ①　18 ③

19 다음 관계 중 옳은 것은?(단, N : 지구의 횡 곡률반지름, M : 지구의 자오선 곡률반지름, a : 타원지구의 적도반지름, b : 타원지구의 극반지름)

① 측량의 원점에서 평균곡률반지름은 $\frac{a+2b}{3}$ 이다.

② 타원에 대한 지구의 곡률반지름은 $\frac{a-2b}{3}$ 이다.

③ 지구의 편평률은 $\sqrt{N \cdot R}$ 로 표시된다.

④ 지구의 편심률은 $\sqrt{\frac{a^2-b^2}{a^2}}$ 으로 표시된다.

TIP
- 평균곡률반경 $(R) = \sqrt{MN}$
- 산술평균에 의한 반경 $(R) = \frac{2a+b}{3}$
- 편평률 $= \frac{a-b}{a}$
- 편심률 $= \sqrt{\frac{a^2-b^2}{a^2}}$

20 적도 반지름이 6,378,249.1m이고 극 반지름이 6,356,515.0m일 때 편평률은?

① $\frac{1}{290.3}$ ② $\frac{1}{293.5}$ ③ $\frac{1}{297.0}$ ④ $\frac{1}{299.2}$

TIP 편평률 $(P) = \frac{a-b}{a} = \frac{적도 반지름 - 극 반지름}{적도 반지름} = \frac{6,378,249.1 - 6,356,515.0}{6,378,249.1} = \frac{1}{293.5}$

21 정지된 평균해수면을 육지 내부까지 연장한 가상곡면은?

① 준거타원체면 ② 수평면 ③ 지오이드(Geoid) ④ 수준면

TIP
- 지오이드는 평균해수면(정지해수면)을 육지까지 연장시켜 지구 전체를 둘러싸고 있다고 가정한 가상곡면이다.
- 준거타원체 : 어느 지역의 지오이드와 가장 유사한 지구 타원체이다.
- 수준면 : 각 점들이 중력방향에 직각으로 이루어진 곡면이다.
- 수평면 : 어떤 점에 있어서 중력의 방향에 수직인 곡면이다.

22 다음 중 지오이드 면에 대한 설명으로 옳은 것은?

① 평균해수면으로 지구 전체를 덮었다고 생각하는 가상의 곡면
② 반지름을 6,370km로 본 구면
③ 지구의 회전타원체로 본 표면
④ GPS측량의 기준이 되는 면

TIP 지오이드는 평균해수면(정지해수면)을 육지까지 연장시켜 지구 전체를 둘러싸고 있다고 가정한 가상곡면이다.

정 답 19 ④ 20 ② 21 ③ 22 ①

23 지오이드(Geoid)에 대한 설명으로 옳은 것은?

① 지오이드는 지표의 기복과 지하 물질의 밀도 분포 및 구조 등의 영향을 무시한 기하학적으로 정의된 지구타원체이다.
② 지오이드는 평균해수면을 육지까지 연장한 지구 전체의 가상곡면으로 지구의 평균해수면에 일치하는 등포텐셜면이라 할 수 있다.
③ 지오이드는 측량 대상이 되는 지역의 형태와 가장 근접한 지역측지계의 기준이 되는 지구타원체이다.
④ 지오이드는 세계측지기준계인 GRS80을 의미한다.

> **TIP**
> • ①문항 : 지오이드는 지표의 기복과 지하 물질의 밀도 분포 및 구조 등의 영향을 고려한 물리학적으로 정의된 면이다.
> • ③문항 : 지오이드는 지역측지계의 기준이 되는 준거타원체와 거의 일치한다.
> • ④문항 : 세계측지기준계인 GRS80은 국제타원체이다.

24 여러 가지 좌표계 중 영국 그리니치 천문대를 지나는 본초 자오선과 적도의 교점을 원점으로 지구상의 어떤 점의 절대적 위치를 표시하는 데 일반적으로 사용되는 좌표계는?

① 수평직각좌표계 ② 평면직각좌표계
③ 3차원 직각좌표계 ④ 경 · 위도좌표계

> **TIP** 경 · 위도좌표계
> • 지구상의 어떤 점의 절대위치를 표시하기 위한 방법 중 하나로, 경도와 위도로 나타내는 방법이다.
> • 경도 : 영국의 그리니치 천문대를 지나는 자오선(본초자오선)과 지구상에 있는 한 점을 자오선이 이루는 수평방향의 각이다.
> • 위도 : 지구상에 있는 한 점이 적도면과 이루는 수직방향의 각이다.

25 지구상의 임의의 점에 대한 절대적 위치를 표시하는 데 일반적으로 널리 사용되는 좌표계는?

① 평면직각좌표계 ② 경 · 위도좌표계
③ 3차원 직각좌표계 ④ UTM좌표계

> **TIP** 경 · 위도좌표계는 지구상의 어떤 점의 절대위치를 표시하기 위한 방법 중 하나로, 경도와 위도로 나타내는 방법을 말한다.

26 다음 중 지구상의 위치를 표시하는 데 주로 사용하는 좌표계가 아닌 것은?

① 평면직각좌표계 ② 경 · 위도좌표계
③ 4차원 직각좌표계 ④ UTM좌표계

> **TIP** 지구좌표계
> 경 · 위도좌표계, 평면직각좌표계, 극좌표계, UTM · UPS좌표계, 3차원 직각좌표계 등이 있다.
> ※ 4차원 직각좌표계는 현재 없다.

정답 23 ② 24 ④ 25 ② 26 ③

27 일반적인 측량에 많이 이용되는 좌표는 어느 것인가?

① 구면좌표
② 직각좌표
③ 극좌표
④ 사좌표

TIP 일반적으로 측량에서 널리 이용되고 있는 좌표계는 직각좌표계이며, 특수한 경우에 극좌표를 사용할 수도 있다.

28 다음은 UTM좌표에 대한 설명이다. 옳은 것은 어느 것인가?

① 중앙자오선에서 축척계수는 0.9996이다.
② 좌표계의 간격은 경도 3°씩이다.
③ 종좌표(N)의 원점은 위도 38°이다.
④ 축척은 중앙자오선에서 멀어짐에 따라 적어진다.

TIP UTM좌표의 개요
- 좌표계의 간격은 경도 6°마다 60지대로 나누고 각 지대의 중앙자오선에 대하여 횡메르카토르투영을 적용한다.
- 경도의 원점은 중앙자오선이다.
- 위도의 원점은 적도상에 있다.
- 길이의 단위는 m이다.
- 중앙자오선에서의 축척계수는 0.9996이다.
- 중앙자오선에서 축척계수는 0.9996으로 최솟값을 나타내며, 중앙자오선에서 횡방향으로 멀어짐에 따라 증가한다.

29 우리나라 측량의 기준으로서 위치 측정의 기준인 세계측지계에 대한 설명으로 옳지 않은 것은?

① 지구를 편평한 회전타원체로 상정하여 실시하는 위치 측정의 기준이다.
② 극지방의 지오이드가 회전타원체 면과 일치하여야 한다.
③ 회전타원체의 단축이 지구의 자전축과 일치하여야 한다.
④ 회전타원체의 중심이 지구의 질량 중심과 일치하여야 한다.

TIP 「공간정보의 구축 및 관리 등에 관한 법률 시행령」 제7조(세계측지계 등)
세계측지계는 지구를 편평한 회전타원체로 상정하여 실시하는 위치 측정의 기준으로서 다음의 요건을 갖춘 것을 말한다.
- 회전타원체의 장반경 및 편평률은 다음 각 목과 같을 것
  - 장반경 : 6,378,137미터
  - 편평률 : 298.257222101분의 1
- 회전타원체의 중심이 지구의 질량 중심과 일치할 것
- 회전타원체의 단축이 지구의 자전축과 일치할 것

30 우리나라에 설치되어 있는 수준점의 표고는?

① 삼각점으로부터의 높이를 나타낸다.
② 도로의 높이를 나타낸다.
③ 만조면으로부터의 높이를 나타낸다.
④ 평균해수면으로부터의 높이를 나타낸다.

TIP 우리나라에 설치되어 있는 수준점의 표고는 인천만의 평균해수면으로부터의 높이를 이용하고 있다.

정답 27 ② 28 ① 29 ② 30 ④

31 우리나라 수준원점의 표고로 옳은 것은?

① 28.6871m
② 26.6871m
③ 27.6871m
④ 25.6871m

TIP 대한민국 수준원점은 인천광역시 남구 인하로 100(인하공업전문대학)에 설치한 수준원점에 인천만의 평균해수면을 연결하여 그 표고를 26.6871m로 확정하였다.

32 수준측량에서 특별기준면에 대한 설명으로 관계가 먼 것은?

① 내륙에서 멀리 떨어진 섬 특유의 수준측량기준이다.
② 하천의 감조부에서 표고의 불편함으로 인해 수준측량에 편리한 기준을 정한 면이다.
③ 항만 또는 해안공사에서 해저 표고로 인한 불편을 해소하기 위해 정한 면이다.
④ 경제 특구와 같은 경제적 특수성을 갖는 지역의 개발을 위한 기준면이다.

TIP
• 내륙에서 멀리 떨어져 있는 섬에서는 내륙의 기준면을 직접 연결할 수 없어 하천이나 항만공사 등에서 필요에 따라 편리한 기준면을 정하는 경우가 있는데, 이것을 특별기준면이라 한다.
• 경제 특구와 같은 경제적 특수성을 갖는 지역의 개발을 위한 기준면은 국가기준면(평균해수면)으로 수준측량한다.

33 내륙에서 멀리 떨어져 있는 섬에서는 내륙의 기준면을 직접 연결할 수 없어 하천이나 항만공사 등에서 필요에 따라 편리한 기준면을 정하는 경우가 있는데, 이것을 무엇이라 하는가?

① 수준면
② 기준면
③ 수준원점
④ 특별기준면

TIP **특별기준면**
한나라에서 멀리 떨어져 있는 섬에는 본국의 기준면을 직접 연결할 수 없으므로 그 섬 특유의 기준면을 사용한다. 또한 하천 및 항만공사에서는 전국의 기준면을 사용하는 것보다 그 하천 및 항만의 계획에 편리하도록 각자의 기준면을 가진 것도 있다. 이것을 특별기준면이라 한다.

34 우리나라 측량의 평면직각좌표원점 중 서부원점의 위치는?

① 동경 125° 북위 38°
② 동경 127° 북위 38°
③ 동경 129° 북위 38°
④ 동경 131° 북위 38°

TIP 우리나라 평면직각좌표 원점

명칭	경도	위도
서부좌표계(서)	동경 125°00′00″	북위 38°
중부좌표계(중)	동경 127°00′00″	북위 38°
동부좌표계(동)	동경 129°00′00″	북위 38°
동해좌표계(동해)	동경 131°00′00″	북위 38°

정답 31 ② 32 ④ 33 ④ 34 ①

35 우리나라에서 현재 사용하고 있는 지도투영법은?

① 횡메르카토르도법　　② 람베르트도법
③ 심사도법　　　　　　④ 카시니도법

> **TIP** 투영법
> - 지구의 표면을 평면상에 표현하기 위한 방법이다.
> - 우리나라의 지도투영법은 횡메르카토르(TM)도법을 사용한다.

36 해안선은 다음의 어느 면을 기준한 것인가?

① 수준면　　② 기준면
③ 최고고조면　　④ 최저저조면

> **TIP** 우리나라 측량의 각종 기준
> - 표고 : 평균해수면
> - 수심 : 약최저저조면
> - 해안선 : 약최고고조면

37 측량의 3요소와 거리가 먼 것은?

① 각측량　　② 고저차측량
③ 골조측량　　④ 거리측량

> **TIP**
> - 측량의 2요소 : 거리, 각
> - 측량의 3요소 : 거리, 각, 높이
> - 측량의 4요소 : 거리, 각, 높이, 시간

38 다음 중 국제단위계(SI Unit)의 기본단위에 해당하지 않는 것은?

① 길이　　② 시간
③ 광도　　④ 라디안

> **TIP**
> - 기본단위 : 길이(m), 질량(kg), 시간(원자시), 전류(A), 온도(K), 물량(mol), 광도(Candela)
> - 보조단위 : 라디안(Rad), 스테라디안(Sr)

정답　35 ①　36 ③　37 ③　38 ④

CHAPTER 02 거리측량 및 측량의 오차

PART 1

1 한눈에 보기

※ 중요 부분은 **집중 이해하기**에 자세히 설명되어 있음을 알려드립니다.

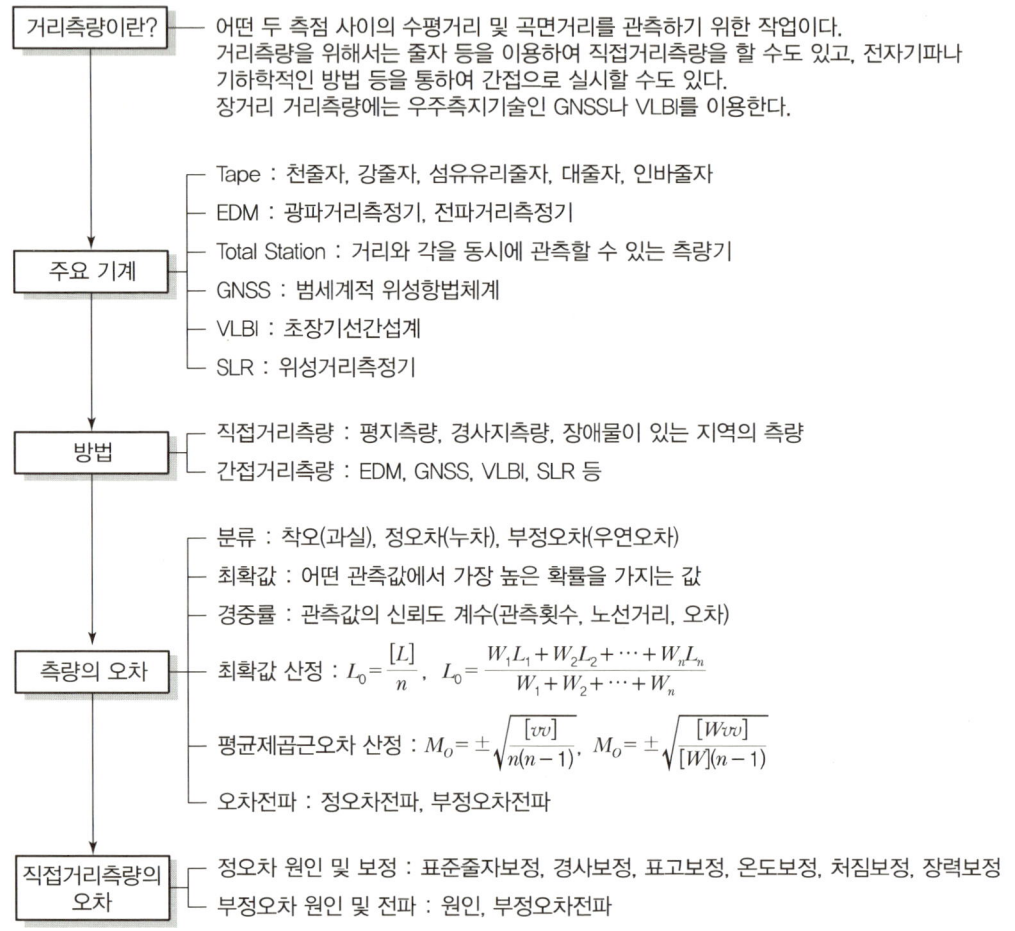

2 집중 이해하기

1 거리측량(Distance Surveying)

어떤 두 측점 사이의 수평거리 및 곡면거리를 관측하기 위한 작업이다. 거리측량을 위해서는 줄자 등을 이용하여 직접거리측량을 할 수도 있고, 전자기파나 기하학적인 방법 등을 통하여 간접으로 실시할 수도 있다. 장거리 거리측량에는 우주측지기술인 GNSS나 VLBI를 이용한다.

2 거리측량 기계

(1) 줄자(Tapeline)

줄자의 종류 : 천줄자, 강철줄자, 섬유유리줄자, 대줄자, 인바줄자(Invar Tape)

(2) 전자파거리측량기(Electromagnetic Distance Meter : EDM)

1) 광파거리측정기

측점에서 세운 기계로부터 발사하여 이것을 목표점의 반사경에서 반사하여 되돌아오는 반사파의 위상과 발사파의 위상차로부터 거리를 구하는 기계이다.

2) 전파거리측정기

측점에 세운 주국으로부터 목표점의 종국에 대해 극초단파를 변조 고주파로 하여 반사하고 되돌아오는 반사파의 위상과 발사파의 위상차로부터 거리를 구하는 기계이다.

3) 전자파거리측량기 보정

굴절률에 영향을 주는 온도, 기압, 습도보정과 경사보정 등을 한다.

4) 전자파거리측량기 오차

① 거리에 비례하는 오차 : 광속도의 오차, 광변조 주파수의 오차, 굴절률의 오차
② 거리에 비례하지 않는 오차 : 위상차 관측오차, 기계정수 및 반사경 정수의 오차

5) 광파거리측량기와 전파거리측량기의 비교

항목	광파거리측량기	전파거리측량기
정확도	±(5mm+5ppm)	±(15mm+5ppm)
최소 조작인원	1명(목표점에 반사경 설치)	2명(주국, 종국 각 1명)
기상조건	안개, 비, 눈 등 기후의 영향을 많이 받는다.	기후의 영향을 받지 않는다.
방해물	두 점 간의 시준만 되면 가능	장애물 (송전선, 자동차, 고압선 부근은 좋지 않다)
관측가능거리	짧다(1m~4km).	길다(100m~60km).

항목	광파거리측량기	전파거리측량기
한변조작시간	10~20분	20~30분
대표기종	Geodimeter	Tellurometer

예제

01. 전자기파거리측량기에 의한 거리관측오차 중 거리에 비례하는 오차가 아닌 것은?
① 굴절률 오차　　　　　　　② 광속도의 오차
③ 반사경 상수의 오차　　　　④ 광변조주파수의 오차

정답 ③

(3) 토털스테이션(Total Station : TS)

TS는 지상에서 각과 거리를 동시에 관측할 수 있는 대표적인 측량기를 말한다. 토털스테이션의 등장은 그 동안 직접관측으로는 획득하기 어려웠던 수평거리와 높이차는 물론이고 좌표획득까지 가능하게 되었다.

1) 특징
① 거리뿐만 아니라 수평 및 연직각을 관측할 수 있다.
② 관측된 Data가 자동적으로 저장되고 지형도 제작이 가능하다.
③ 사전계획에 의해 트래버스측량과 세부측량을 동시에 수행할 수 있다.
④ 시간과 비용을 줄일 수 있으며, 정확도를 높일 수 있다.
⑤ 수치 Data를 얻을 수 있으므로 GSIS뿐만 아니라 다양한 분야에 활용 가능하다.

2) 사용 시 주의사항
① 측량작업 전에는 항상 기계의 이상 여부를 점검한다.
② 이동 시에는 기계를 삼각대에서 분리시켜 이동한다.
③ 이동은 어깨에 메지 말고 될 수 있는 한 수직이 되게 하며, 심한 충격을 주지 않도록 한다.
④ 큰 진동이나 충격으로부터 기계를 보호한다.
⑤ 기계는 지면에 직접 닿지 않도록 주의한다.
⑥ 기계에 직사광선을 주지 않도록 양산을 준비한다.
⑦ 기계 조작 시 몸이나 옷이 기계에 닿지 않도록 주의한다.
⑧ 기계는 사용 후 전원 스위치를 내린 후 배터리를 본체로부터 분리한다.

> **예제**
>
> **02. 토털스테이션의 사용상 주의사항으로 틀린 것은?**
> ① 측량작업 전에는 항상 기계의 이상 여부를 점검한다.
> ② 이동 시 기계와 삼각대는 결합하여 운반한다.
> ③ 큰 진동이나 충격으로부터 기계를 보호한다.
> ④ 전원 스위치를 내린 후 배터리를 본체로부터 분리시킨다.
>
> **정답** ②

[그림 2-1] 광파거리측량기

[그림 2-2] 토털스테이션

(4) GNSS(Global Navigation Satellite System)

위성에서 발사되는 전파를 수신하여 측점에 대한 3차원 위치, 속도 및 시간정보를 제공하도록 고안된 위성항법체계이다.

(5) VLBI(Very Long Baseline Interferometry : 초장기선간섭계)

지구상에서 1,000~10,000km 정도 떨어진 1조의 전파간섭계를 설치하여 전파원으로부터 나온 전파를 수신, 2개의 간섭계에 도달하는 전파의 시간차를 관측하여 거리를 관측한다. 시간차로 인한 오차는 30cm 이하이고 10,000km 긴 기선의 경우 관측소의 위치로 인한 오차는 15cm 이내가 가능하다.

(6) 위성 레이저 측정기(Satellite Laser Ranging : SLR)

지상에서 레이저 광선을 인공위성을 향해 발사하여 위성의 역반사기에 반사되어 돌아오는 왕복시간을 관측해 위성까지의 거리를 구하는 고정밀 거리측정방법이다.

> **예제**
>
> 03. 동일 전파원으로부터 발사된 전파를 멀리 떨어진 2점에서 동시에 수신하여 도달하는 시간차를 정확히 관측하여 2점 간의 거리를 구하는 장치는?
>   ① 위성거리측량기
>   ② GPS(Global Positioning System)
>   ③ 토털스테이션(Total Station)
>   ④ VLBI(Very Long Baseline Interferometry)
>
>   **정답** ④

3 거리측량 방법

(1) 직접거리측량 방법

1) 평지측량

   A, B 두 점 간의 수평거리를 줄자, EDM, TS, GNSS 등으로 관측하는 방법이다.

2) 경사지의 측량

   계단식 실측방법과 경사거리를 관측하여 수평거리로 환산하는 방법 등이 있다.

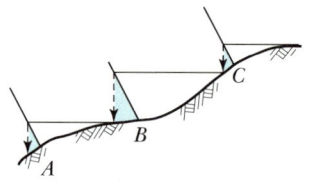

[그림 2-3] 계단식 방법

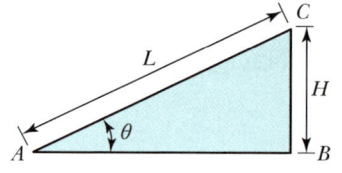

$$\overline{AB} = L\cos\theta$$
$$\overline{AB} = L - \frac{H^2}{2L}$$

[그림 2-4] 수평거리 산정

3) 장애물이 있을 때 관측방법

   ① 양 측점의 접근이 가능한 경우(그림 2-5)

   △ABC ∼ △CDE 이므로

   $\overline{AB} : \overline{DE} = \overline{BC} : \overline{CD}$

   $$\therefore \overline{AB} = \frac{\overline{BC}}{\overline{CD}} \times \overline{DE}$$

   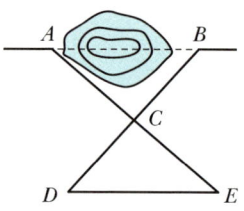

   [그림 2-5] 장애물이 있을 때 측량방법(Ⅰ)

   또는 $\overline{AB} : \overline{DE} = \overline{AC} : \overline{CE}$

   $$\therefore \overline{AB} = \frac{\overline{AC}}{\overline{CE}} \times \overline{DE}$$

② 한 측점의 접근이 가능한 경우(그림 2-6)
$\triangle ABC \sim \triangle BCD$
$\overline{AB} : \overline{BC} = \overline{BC} : \overline{BD}$
$\overline{BC}^2 = \overline{AB} \times \overline{BD}$

$$\therefore \overline{AB} = \frac{\overline{BC}^2}{\overline{BD}}$$

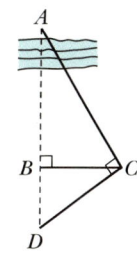

[그림 2-6] 장애물이 있을 때 측량방법(Ⅱ)

③ 양 측점의 접근이 곤란한 경우(그림 2-7)
$\overline{AB} : \overline{AP} = \overline{CD} : \overline{CP}$

$$\therefore \overline{AB} = \frac{\overline{AP}}{\overline{CP}} \times \overline{CD}$$

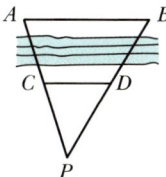

[그림 2-7] 장애물이 있을 때 측량방법(Ⅲ)

(2) 간접거리측량 방법

① 전자파거리측량에 의한 방법
② 사진측량에 의한 방법
③ VLBI에 의한 방법
④ GNSS에 의한 방법
⑤ SLR에 의한 방법

예제

04. 그림에서 $\overline{BE} = 20\text{m}$, $\overline{CE} = 6\text{m}$, $\overline{CD} = 12\text{m}$인 경우에 $\overline{AB}$의 거리는?

① 10m
② 26m
③ 36m
④ 40m

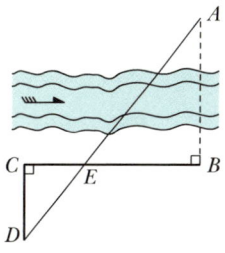

정답 ④
해설 $\overline{BE} : \overline{AB} = \overline{CE} : \overline{CD}$
$$\therefore \overline{AB} = \frac{\overline{BE} \times \overline{CD}}{\overline{CE}} = \frac{20 \times 12}{6} = 40\text{m}$$

4 측량의 오차

오차란 참값과 관측값의 차를 말한다. 측량에 있어서 요구되는 정확도를 미리 정하고 관측값의 오차가 허용오차 범위 내에 있음을 확인하는 것이 매우 중요한 일이다. 이러한 오차는 자연오차나 기계의 결함 또는 관측자의 습관과 부주의에 의해 일어난다.

(1) 오차의 분류

1) 착오, 과실, 과대오차(Blunders, Mistakes)
   ① 관측자의 미숙, 부주의에 의한 오차(눈금읽기, 야장기입 잘못 등)이다.
   ② 주의하면 방지 가능하다.

2) 정오차, 계통오차, 누차(Constant Error, Systematic Error)
   ① 일정 조건하에서 같은 방향과 같은 크기로 발생되는 오차로 오차가 누적되므로 누차라고도 한다.
   ② 원인과 상태만 알면 제거 가능하다.

3) 부정오차, 우연오차, 상차(Random Error, Compensating Error)
   ① 원인이 불명확한 오차이다.
   ② 서로 상쇄되기도 하므로 상차라고 한다.
   ③ 최소제곱법에 의한 확률법칙에 의해 추정 가능하다.

> **예제**
>
> **05.** 관측자의 미숙과 부주의에 의해 발생되는 오차는?
> ① 착오   ② 정오차
> ③ 부정오차   ④ 수준오차
>
> **정답** ①

(2) 최확값(Most Probable Value)

측량은 반복 관측하여도 참값을 얻을 수 없으며 참값에 가까운 값에 도달될 수밖에 없다. 이 값을 참값에 대한 최확값이라 한다. 최확값은 어떤 관측값에서 가장 높은 확률을 가지는 값이다. 관측값들의 경중률이 다르면 최확값을 구할 때 경중률을 고려해야 한다.

1) 경중률(Weight) : 무게, 중량값, 비중

경중률은 관측값의 신뢰도를 나타내며 다음과 같은 성질을 가진다.

① 경중률은 관측횟수(N)에 비례한다.

$$W_1 : W_2 : W_3 = N_1 : N_2 : N_3$$

② 경중률은 노선거리(S)에 반비례한다.

$$W_1 : W_2 : W_3 = \frac{1}{S_1} : \frac{1}{S_2} : \frac{1}{S_3}$$

③ 경중률은 평균제곱근오차(m)의 제곱에 반비례한다.

$$W_1 : W_2 : W_3 = \frac{1}{m_1^2} : \frac{1}{m_2^2} : \frac{1}{m_3^2}$$

2) 최확값 산정

경중률이 일정할 때	경중률을 고려할 때
$L_0 = \dfrac{L_1 + L_2 + \cdots + L_n}{n}$	$L_0 = \dfrac{W_1 L_1 + W_2 L_2 + \cdots + W_n L_n}{W_1 + W_2 + \cdots + W_n}$

여기서, L_0 : 최확값
$L_1, L_2, \cdots, L_n$: 관측값
$W_1, W_2, W_3, \cdots, W_n$: 경중률

예제

06. 두 점의 거리 관측을 실시하여 3회 관측의 평균이 530.5m, 2회 관측의 평균이 531.0m, 5회 관측의 평균이 530.3m였다면 이 거리의 최확값은?

① 530.3m　　　　　　　　　② 530.4m
③ 530.5m　　　　　　　　　④ 530.6m

정답 ③

해설
- 경중률은 관측횟수(N)에 비례하므로 $W_1 : W_2 : W_3 = N_1 : N_2 : N_3 = 3 : 2 : 5$
- 경중률을 고려하여 최확값을 구하면,

$$\therefore \text{거리의 최확값}(L_0) = \frac{W_1 L_1 + W_2 L_2 + W_3 L_3}{W_1 + W_2 + W_3} = \frac{(3 \times 530.5) + (2 \times 531.0) + (5 \times 530.3)}{3 + 2 + 5}$$
$$= 530.5\text{m}$$

(3) 평균제곱근오차(표준오차) 산정

밀도함수 68.26% 범위에서 잔차의 제곱을 산술평균한 값의 제곱근을 말한다.

① 경중률이 일정할 때

$$M_o = \pm \sqrt{\frac{[vv]}{n(n-1)}}$$

② 경중률을 고려할 때

$$M_o = \pm \sqrt{\frac{[Wvv]}{[W](n-1)}}$$

여기서, M_0 : 평균제곱근오차
n : 관측횟수
v : 잔차(관측값 − 최확값)
W : 경중률

예제

07. 어느 거리를 동일 조건으로 6회 관측한 결과로 잔차의 제곱의 합(Σv^2)을 ±0.02686을 얻었다면 표준오차는?

① ±0.014m   ② ±0.024m   ③ ±0.030m   ④ ±0.044m

정답 ③

해설 표준오차(평균제곱근오차) $= \pm \sqrt{\dfrac{[vv]}{n(n-1)}} = \pm \sqrt{\dfrac{\Sigma v^2}{n(n-1)}} = \pm \sqrt{\dfrac{0.02686}{6 \times (6-1)}} = \pm 0.030m$

(4) 확률오차 및 정도

확률오차는 밀도함수 전체의 50% 범위를 나타내는 오차를 말하며, 표준편차승수 K가 0.6745인 오차를 말한다.

1) 확률오차(γ_0) 산정

① 경중률이 일정할 때

$$\gamma_o = \pm 0.6745 \sqrt{\frac{[vv]}{n(n-1)}}$$

② 경중률을 고려할 때

$$\gamma_o = \pm 0.6745 \sqrt{\frac{[Wvv]}{[W](n-1)}}$$

2) 정도(R) 산정

$$R = \frac{M_0}{L_0} \text{ or } \frac{\gamma_0}{L_0}$$

여기서, M_0 : 평균제곱근오차
γ_0 : 확률오차
L_0 : 최확값

◢ 예제

08. 어떤 측선의 길이를 관측하여 다음 표의 결과를 얻었다. 확률오차 및 정확도는 얼마인가?

측정군	측정값(m)	측정횟수
I	100.352	4
II	100.348	2
III	100.354	3

① ±0.05m, 1/12,000
② ±0.005m, 1/120,000
③ ±0.01m, 1/10,000
④ ±0.001m, 1/100,000

정답 ④

해설

측정군	최확값(m)	측정값(m)	v(mm)	vv	W	Wvv
I		100.352	0	0	4	0
II	100.352	100.348	4	16	2	32
III		100.354	2	4	3	12

$[W] = 9$, $[Wvv] = 44$

- 경중률은 관측횟수(N)에 비례하므로 $W_1 : W_2 : W_3 = N_1 : N_2 : N_3 = 4 : 2 : 3$
- 최확값(L_0) $= \dfrac{W_1 L_1 + W_2 L_2 + W_3 L_3}{W_1 + W_2 + W_3} = \dfrac{(4 \times 100.352) + (2 \times 100.348) + (3 \times 100.354)}{4 + 2 + 3}$

  $= 100.352\text{m}$

- 확률오차(γ_o) $= \pm 0.6745 \sqrt{\dfrac{[Wvv]}{[W](n-1)}} = \pm 0.6745 \sqrt{\dfrac{44}{9 \times (3-1)}} = \pm 1.05\text{mm} = \pm 0.001\text{m}$

- 정확도 $= \dfrac{\gamma_0}{L_0} = \dfrac{0.001}{100.352} = \dfrac{1}{100,352} ≒ \dfrac{1}{100,000}$

(5) 정확도, 정밀도

① 정밀도 : 관측값의 분포 정도, 표준편차(δ)가 척도이다.
② 정확도 : 참값에 가까운 정도, 평균제곱오차(M^2)가 척도이다.

(6) 오차의 전파(부정오차의 전파)

측량에서는 한번에 측정할 수 없는 경우 구간을 나누어 관측하므로, 각각의 관측값에는 오차가 포함되어 계산 관측값에 누적되므로 이를 고려해야 한다.
정오차는 관측횟수에 비례하여 점점 누적되는 데 비하여 우연오차는 확률법칙에 따라 전파된다.

① $Y = X_1 + X_2 + \cdots + X_n$인 경우

$$M = \pm \sqrt{m_1^2 + m_2^2 + m_3^2 + \cdots + m_n^2}$$

여기서, M : 부정오차 총합
$m_1, m_2, \cdots, m_n$: 각 구간의 평균제곱근오차

② $Y = X_1 \cdot X_2$인 경우

$$M = \pm \sqrt{(X_2 \cdot m_1)^2 + (X_1 \cdot m_2)^2}$$

5 직접거리측량의 정오차 원인 및 보정

(1) 줄자의 길이가 표준길이와 다를 경우(정수보정)

$$횟수 = \frac{L}{l}, \ C_i = 횟수 \times \Delta l, \ L_0 = L \oplus_{\ominus} \frac{\Delta l}{l} L$$

여기서, C_i : 표준 줄자 보정량
L_0 : 진길이(정확한 길이)
L : 관측 전 길이
l : 구간 관측길이
Δl : 구간 관측오차

예제

09. 표준길이보다 2cm 짧은 25m 테이프로 관측한 거리가 353.28m일 때 실제거리는?

① 353.56m ② 353.42m
③ 353.14m ④ 353.00m

정답 ④

해설 실제길이 $= \dfrac{부정길이 \times 관측길이}{표준길이} = \dfrac{24.98 \times 353.28}{25} ≒ 353.00\text{m}$
여기서, 부정길이 $= 25 - 0.02 = 24.98\text{m}$

(2) 줄자가 수평이 아닐 때(경사보정)

① 고저차(h)를 잰 경우

$$C_i = -\frac{h^2}{2L}, \ L_0 = L - \frac{h^2}{2L}$$

여기서, C_i : 경사보정량
h : 고저차
L : 경사거리
L_0 : 수평거리

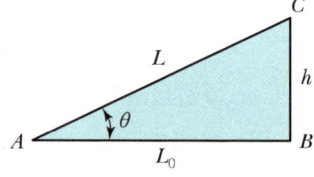

[그림 2-8] 경사보정

> **예제**
>
> **10.** 두 점 간의 경사거리가 50m이고, 고저차가 1.5m일 때 경사보정량은?
>
> ① -0.015m   ② -0.023m
> ③ -0.033m   ④ -0.045m
>
> **정답** ②
>
> **해설** 경사보정량(C_i) $= -\dfrac{h^2}{2L} = -\dfrac{1.5^2}{2 \times 50} = -0.023$m

② 경사각(θ)을 관측한 경우

$$L_0 = L \cos \theta$$

(3) 표고보정(기준면상의 보정)

높이보정 또는 투영보정이라 말하며, 평균표고 H인 곳에 수평거리 L을 기준면상의 길이 L_0로 보정한다.

$$C_h = -\frac{H}{R}L, \ L_0 = L - \frac{H}{R}L$$

여기서, C_h : 표고보정량
 R : 지구반경
 L : 수평거리
 H : 높이
 L_0 : 기준면상의 거리

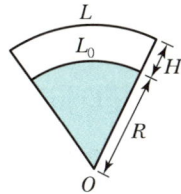

[그림 2-9] 표고보정

(4) 관측 시 온도가 표준온도(15°C)와 다를 때(온도보정)

$$C_g = \alpha \cdot L(t-t_0), \ L_0 = L \overset{\oplus}{\underset{\ominus}{}} \alpha \cdot L(t-t_0)$$

여기서, C_g : 온도보정량
 L : 관측길이
 α : 선팽창계수
 t : 당시의 온도
 t_0 : 표준온도(15°C)

(5) 줄자가 처질 때(처짐보정)

$$C_s = -\frac{L}{24} \cdot \frac{W^2 l^2}{P^2},\ L_0 = L - \frac{L}{24} \cdot \frac{W^2 l^2}{P^2}$$

여기서, C_s : 처짐보정량
P : 장력(kg)
W : 쇠줄자의 자중(g/m)
L : AB의 길이(m)
l : 등간격의 길이(m)

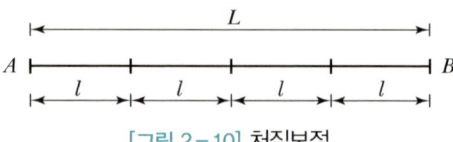

[그림 2-10] 처짐보정

(6) 관측 시 장력이 표준장력과 다를 때(장력보정)

$$C_p = \frac{L}{AE} \cdot (P - P_0),\ L_0 = L \overset{\oplus}{\underset{\ominus}{}} \frac{L}{AE} \cdot (P - P_0)$$

여기서, C_p : 장력보정량
P_0 : 표준장력(kg)
P : 관측 시 장력(kg)
A : 줄자의 단면적(cm^2)
E : 탄성계수(kg/cm^2)

6 직접거리측량의 부정오차 원인 및 전파

(1) 원인

① 관측 중 장력의 수시변화
② 관측 중 온도의 수시변화
③ 눈금을 정확히 읽을 수 없을 때

(2) 부정오차 전파

① 구간거리가 다르고 평균제곱근오차가 다를 때

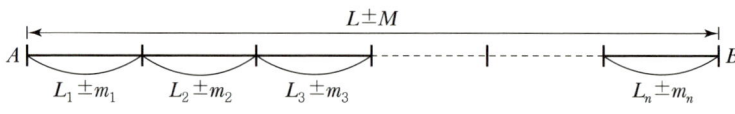

[그림 2-11] 부정오차 전파(Ⅰ)

$$L = L_1 + L_2 + \cdots + L_n$$
$$M = \pm \sqrt{m_1^2 + m_2^2 + \cdots + m_n^2}$$

여기서, $L_1, L_2, \cdots, L_n$: 구간 최확값
$m_1, m_2, \cdots, m_n$: 구간 평균제곱근오차
L : 전 구간 최확길이
M : 최확값의 평균제곱근오차

예제

11. 어느 거리를 세 구간으로 나누어 관측한 결과 구간별 오차가 각각 ± 0.004m, ± 0.009m, ± 0.007m라면 전체 거리에 대한 오차는?

① ± 0.007m
② ± 0.012m
③ ± 0.016m
④ ± 0.019m

정답 ②

해설

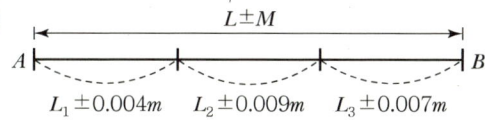

부정오차 전파법칙 $M = \pm \sqrt{m_1^2 + m_2^2 + m_3^2}$ 를 이용하여 전체 거리오차(M)를 구하면
∴ $M = \pm \sqrt{0.004^2 + 0.009^2 + 0.007^2} = \pm 0.012$m

② 평균제곱근오차를 같다고 가정할 때

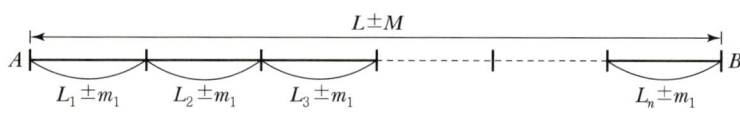

[그림 2-12] 부정오차 전파(Ⅱ)

$$L = L_1 + L_2 + \cdots + L_n$$
$$M = \pm \sqrt{m_1^2 + m_1^2 + \cdots + m_1^2} = \pm m_1 \sqrt{n}$$

여기서, m_1 : 1구간 평균제곱근오차
n : 관측횟수

> **예제**
>
> **12.** 20m 강철 테이프를 사용하여 2,000m를 측정하였다. 이때 예상되는 오차는?(단, 이 테이프는 20m에 ±3mm의 오차가 생긴다.)
>
>   ① ±25mm   ② ±30mm
>   ③ ±35mm   ④ ±45mm
>
>   **정답** ②
>   **해설** 부정오차 전파법칙 $M = \pm m_1 \sqrt{n}$ ⇒
> $m_1 = \pm 3\text{mm}$, $n = \dfrac{2,000}{20} = 100$회
>   ∴ $M = \pm 3\sqrt{100} = \pm 30\text{mm}$

③ 면적 관측 시 부정오차 전파

$$A = L_1 \cdot L_2$$
$$M = \pm \sqrt{(L_2 \cdot m_1)^2 + (L_1 \cdot m_2)^2}$$

여기서, L_1, L_2 : 구간 최확값
m_1, m_2 : 구간 평균제곱근오차

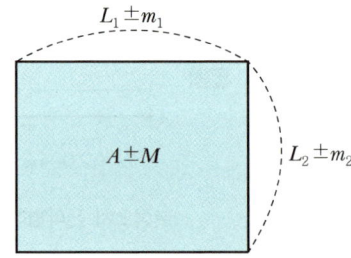

[그림 2-13] 부정오차 전파(Ⅲ)

7 기타

① 축척 $= \dfrac{1}{m} = \dfrac{\text{도상거리}}{\text{실제거리}}$

② (축척)$^2 = \left(\dfrac{1}{m}\right)^2 = \dfrac{\text{도상면적}}{\text{실제면적}}$

③ 실제길이 $= \dfrac{\text{부정길이} \times \text{관측길이}}{\text{표준길이}}$

④ 실제면적 $= \dfrac{(\text{부정길이})^2 \times \text{관측면적}}{(\text{표준길이})^2}$

3 핵심 문제 익히기

01 다음 중 거리측량을 실시할 수 없는 측량장비는?

① 토털스테이션　　② 레이저 레벨
③ VLBI　　④ GPS

> **TIP** 거리측량 장비
> 줄자, 토털스테이션, GNSS(GPS), 사진측량, VLBI 등이 있다.
> ※ 레이저 레벨은 레이저를 이용하여 수준측량(고저측량)을 하는 기계의 한 가지이다.

02 거리측정기에 대한 설명 중 옳지 않은 것은?

① 전파거리측정기는 광파거리측정기보다 먼 거리를 측정할 수 있다.
② 전파거리측정기는 광파거리측정기보다 안개, 비 등의 기상조건에 대한 장해를 받기 쉽다.
③ 전파거리측정기는 광파거리측정기보다 시가지 건물 및 산림 등의 장해를 받기 쉽다.
④ 지오디미터는 광파거리측정기의 일종이다.

> **TIP** 전자파거리측량기
> 전파 및 광파에 의한 간접거리측량을 할 수 있는 장비를 말한다.
> ※ 전파거리측정기는 광파거리측정기에 비해 기상의 영향을 받지 않는다.

03 광파거리측정기와 전파거리측정기에 대한 설명으로 틀린 것은?

① 광파거리측정기는 적외선, 레이저광, 가시광선 등을 이용한다.
② 전파거리측정기는 주로 중·단거리 관측용으로 가볍고 조작이 간편하다.
③ 전파거리측정기는 안개나 구름과 같은 기상조건에 비교적 영향을 받지 않는다.
④ 일반 건설현장에서는 광파거리측정기가 많이 사용된다.

> **TIP** 전파거리측정기는 주로 중·장거리 관측용으로 무겁고 조작시간이 광파거리측정기에 비해 길다.

04 전자파거리측정기(Electronic Distance Measurement Devices : EDM)에서 발생하는 오차 중 반사 프리즘의 실제적인 중심이 이론적인 중심과 일치하지 않아 발생하는 오차는 무엇인가?

① 정오차　　② 부정오차
③ 착오　　④ 개인오차

> **TIP** 전자기파거리측정기 오차
> • 거리에 비례하는 오차 : 광속도 오차, 광변조 주파수 오차, 굴절률 오차
> • 거리에 비례하지 않는 오차 : 위상차 관측 오차, 기계 정수 및 반사경 정수 오차
> • 반사 프리즘의 실제적인 중심이 이론적 중심과 일치하지 않아 발생하는 오차는 반사경 정수 오차로 기계오차이므로 정오차에 해당된다.

정답 01 ② 02 ② 03 ② 04 ①

05 전자기파거리측량기에 의한 거리관측오차 중 거리에 비례하는 오차가 아닌 것은?

① 굴절률 오차
② 광속도의 오차
③ 반사경 상수의 오차
④ 광변조주파수의 오차

> **TIP** 전자기파거리측량기 오차
> • 거리에 비례하는 오차 : 광속도의 오차, 변조주파수의 오차, 굴절률의 오차
> • 거리에 비례하지 않는 오차 : 위상차 관측오차, 기계정수 및 반사경 정수의 오차

06 광파거리측정기에 의한 거리측정 시에는 어떤 대기보정을 주로 실시하는가?

① 기온 및 습도
② 기온 및 기압
③ 습도 및 기압
④ 기온, 습도 및 기압

> **TIP** 적외선 또는 전파의 공기 중에서 전달속도는 온도, 기압, 습도에 좌우되므로 광파거리측정기에 의한 정확한 거리 관측을 위해서는 반드시 온도, 기압, 습도 등의 기상상태를 측정하여야 한다.

07 토털스테이션의 기능이 아닌 것은?

① EDM이 갖고 있는 거리 측정 기능
② 디지털 데오드라이트가 갖고 있는 측각 기능
③ 각과 거리 측정에 의한 좌표 계산 기능
④ 3차원 형상을 측정하여 체적을 구하는 기능

> **TIP** 토털스테이션(Total Station)
> 각도와 거리를 동시에 관측할 수 있는 기능이 함께 갖추어져 있는 측량기이다. 즉, 전자식 데오드라이트와 광파거리측량기를 조합한 측량기이다. 마이크로프로세서에서 자료를 짧은 시간에 처리하거나 표시하고, 결과를 출력하는 전자식 거리 및 각 측정기기이다.
> ※ 3차원 형상을 측정하여 체적을 구할 수 있는 장비는 사진측량, LiDAR측량 등이 이용된다.

08 토털스테이션의 사용상 주의사항으로 틀린 것은?

① 측량작업 전에는 항상 기계의 이상 여부를 점검한다.
② 이동 시 기계와 삼각대는 결합하여 운반한다.
③ 큰 진동이나 충격으로부터 기계를 보호한다.
④ 전원 스위치를 내린 후 배터리를 본체로부터 분리시킨다.

> **TIP** 토털스테이션 장비의 이동 시에는 기계를 삼각대에서 분리시켜 이동한다.

09 토털스테이션의 사용상 주의사항이 아닌 것은?

① 이동 시에는 기계를 삼각대에서 분리시켜 이동한다.
② 기계는 지면에 직접 닿도록 내려놓는다.
③ 전원 스위치를 내린 후 배터리를 본체로부터 분리한다.
④ 커다란 진동이나 충격으로부터 기계를 보호한다.

> **TIP** 토털스테이션 기계는 지면에 직접 닿지 않도록 주의한다.

정답 05 ③ 06 ④ 07 ④ 08 ② 09 ②

10 동일 전파원으로부터 발사된 전파를 멀리 떨어진 2점에서 동시에 수신하여 도달하는 시간차를 정확히 관측하여 2점 간의 거리를 구하는 장치는?

① 위성거리측량기
② GPS(Global Positioning System)
③ 토털스테이션(Total Station)
④ VLBI(Very Long Baseline Interferometry)

> **TIP**
> - 위성거리 측량기(SLR) : 지상에서 레이저광선을 인공위성을 향해 발사하여 반사되어 돌아오는 왕복시간을 관측해 위성까지의 거리를 구하는 측량기
> - GPS : 인공위성을 이용한 지구위치결정체계(상대측위에 의한 거리관측)
> - 토털스테이션 : 지상에서 각과 거리를 동시에 관측할 수 있는 대표적인 측량기
> - VLBI : 수십억 광년 떨어진 준성에서 방사되는 전파를 수신하여 그 도달시각의 차이를 정밀하게 계측하여 관측점 간의 거리를 구하는 장치

11 줄자를 이용하여 기울기 30°, 경사거리 20m를 관측하였을 때 수평거리는?

① 10.00m
② 11.55m
③ 17.32m
④ 18.32m

> **TIP**
>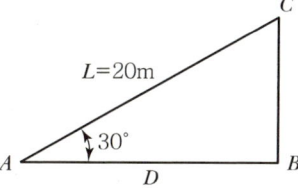
> ∴ 수평거리($\overline{AB}$) $= L \times \cos\theta = 20 \times \cos 30° = 17.32\text{m}$

12 그림과 같이 연직방향을 기준으로 한 경사각이 60°, AB의 경사거리가 57.735m일 때 수평거리 D는?

① 30m
② 50m
③ 60m
④ 70m

> **TIP**
>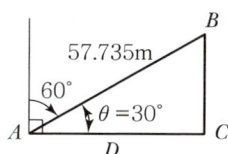
> ∴ 수평거리(D) $= L \times \cos\theta = 57.735 \times \cos 30° = 50\text{m}$
> 여기서, $\theta = 90° - 60° = 30°$

13 나무의 높이를 알아보기 위하여 간이측량을 실시하였다. 관측 결과가 그림과 같을 때 나무의 대략적인 높이(h)는?(단, 팔의 길이 60cm, 막대 길이 20cm이다.)

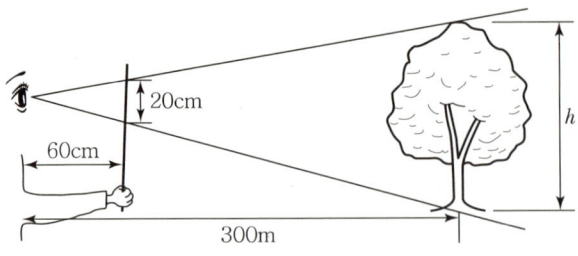

① 75m ② 80m
③ 100m ④ 150m

TIP $300 : h = 0.6 : 0.2$

$$\therefore h = \frac{300 \times 0.2}{0.6} = 100\text{m}$$

14 다음 그림과 같이 $\overline{AB}$ 측선은 연못 때문에 직접 측정할 수 없으므로 $\overline{AC}$ 및 $\overline{BC}$ 를 관측함으로써 거리를 구하였다. $\overline{AB}$ 의 거리는 얼마인가?

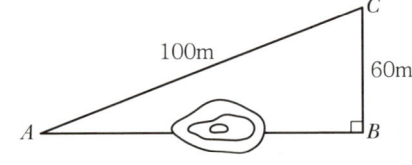

① 70m
② 90m
③ 80m
④ 85m

TIP 피타고라스 정리에 의해 $\overline{AB}$ 를 구하면,

$$\therefore \overline{AB} = \sqrt{\overline{AC}^2 - \overline{BC}^2} = \sqrt{100^2 - 60^2} = 80\text{m}$$

15 그림에서 $\overline{BE} = 20\text{m}$, $\overline{CE} = 6\text{m}$, $\overline{CD} = 12\text{m}$인 경우에 $\overline{AB}$ 의 거리는?

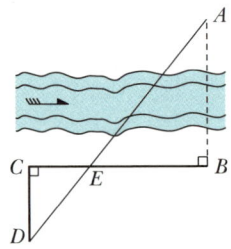

① 10m
② 26m
③ 36m
④ 40m

TIP $\overline{BE} : \overline{AB} = \overline{CE} : \overline{CD}$

$$\therefore \overline{AB} = \frac{\overline{BE} \times \overline{CD}}{\overline{CE}} = \frac{20 \times 12}{6} = 40\text{m}$$

16 오차론에 의해서 처리할 수 있는 오차는?

① 누차　　　　② 착오　　　　③ 정오차　　　　④ 우연오차

> **TIP** • 오차론은 관측값을 참값이 아닌 최확값과 어떤 특정한 편차를 갖는 불규칙한 확률분포의 표본값으로 추정한다.
> • 오차론은 주로 우연오차를 대상으로 한다.

17 오차의 종류 중 관측자의 부주의로 인하여 발생하는 오차는?

① 착오　　　　　　　　　　　　② 부정오차
③ 우연오차　　　　　　　　　　④ 정오차

> **TIP** 오차의 종류
> • 착오(과대오차) : 관측자의 부주의로 인하여 발생하는 오차
> • 정오차(누적오차) : 일정한 방향과 크기로 발생하는 오차
> • 부정오차(우연오차) : 예측할 수 없이 불규칙하게 발생하는 오차

18 수학적 또는 물리적인 법칙에 따라 일정하게 발생하며, 원인과 상태를 알면 일정한 법칙에 따라 보정할 수 있는 오차를 무엇이라 하는가?

① 정오차　　　　② 우연오차　　　　③ 상차　　　　④ 착오

> **TIP** • 정오차란 일정한 조건하에서 일련의 관측값에 항상 같은 크기로 발생하는 오차를 말한다.
> • 정오차는 관측횟수에 따라 오차가 누적되므로 누차라고도 한다.
> • 오차가 일정한 법칙에 따라 발생하므로 원인과 상태만 알면 오차를 제거할 수 있다.

19 오차에 대한 설명으로 틀린 것은?

① 참오차는 관측값과 참값의 차이다.
② 잔차는 최확값과 관측값의 차이다.
③ 최확값에 대한 표준편차를 과대오차라 한다.
④ 오차의 일반법칙은 우연오차를 대상으로 한다.

> **TIP** • 최확값에 대한 표준편차를 부정오차(우연오차)라 한다.
> • 과대오차는 관측자의 미숙, 부주의에 의한 오차를 말한다.

20 다음 측량의 오차 중 기계적 원인의 오차에 해당되는 것은?

① 광선의 굴절　　　　　　　　② 조작의 불량
③ 부주의 및 과오　　　　　　　④ 기계의 조정 불완전

> **TIP** • 원인에 의한 오차의 분류 : 개인오차, 기계오차, 자연적 오차
> • 기계의 조정 불완전은 기계적 원인의 오차에 해당된다.

정답　16 ④　17 ①　18 ①　19 ③　20 ④

21 발생 원인이 확실하지 않으며 여러 번 반복 측정할 때 부분적으로 서로 상쇄되어 없어지기도 하는 오차는?

① 우연오차　　　　　　　　　② 착오
③ 정오차　　　　　　　　　　④ 누적오차

> **TIP** 부정오차(우연오차)
> 원인이 불명확한 오차를 말하며 서로 상쇄되기도 하므로 상차라고도 한다.

22 다음의 오차에서 최소제곱법의 원리를 이용하여 처리할 수 있는 것은?

① 정오차　　　　　　　　　　② 우연오차
③ 잔차　　　　　　　　　　　④ 물리적 오차

> **TIP** 최소제곱법에 의한 확률법칙에 의해 처리할 수 있는 오차는 부정오차(우연오차)이다.

23 관측값을 조정하는 목적에 가장 가까운 것은 어느 것인가?

① 관측 정확도를 균일하게 한다.
② 관측 중의 부정오차를 무리하지 않게 배분한다.
③ 관측 정확도를 향상시킨다.
④ 정오차를 제거시킨다.

> **TIP** 측량에서 부정오차는 제거가 어려우므로 확률법칙에 의해 추정하여 무리하지 않게 배분한다.

24 어떤 관측값에서 가장 높은 확률로 가지는 값을 무엇이라 하는가?

① 잔차　　　　　　　　　　　② 경중률
③ 최확값　　　　　　　　　　④ 표차

> **TIP** 최확값은 어떤 관측값에서 가장 높은 확률을 가지는 값이다.

25 관측값의 신뢰도를 표시하는 값에서 경중률에 대한 설명으로 틀린 것은?

① 경중률은 관측횟수에 비례한다.
② 경중률은 관측거리에 반비례한다.
③ 경중률은 표준편차의 제곱에 반비례한다.
④ 경중률은 관측오차에 비례한다.

> **TIP** • 경중률(Weight)은 관측값들의 신뢰도를 나타내는 값이다.
> • 일반적으로 관측횟수에 비례하고, 관측거리에 반비례하며, 평균제곱근오차(표준편차)의 제곱에 반비례한다.

26 최확값과 경중률에 관한 설명으로 옳지 않은 것은?

① 관측값들의 경중률이 다르면 최확값을 구할 때 경중률을 고려하여야 한다.
② 최확값은 어떤 관측값에서 가장 높은 확률을 가지는 값이다.
③ 경중률은 표준편차의 제곱에 반비례한다.
④ 경중률은 관측거리의 제곱에 비례한다.

TIP
- 최확값이란 일련의 관측값들로부터 얻어질 수 있는 참값에 가장 가까운 측정값을 말한다.
- 경중률은 일반적으로 관측횟수에 비례하고, 관측거리에 반비례하며, 평균제곱근오차(표준편차)의 제곱에 반비례한다.

27 경중률에 대한 설명으로 옳은 것은?

① 오차의 제곱에 비례한다.
② 표준편차의 제곱에 비례한다.
③ 직접수준측량에서는 거리에 반비례한다.
④ 같은 정도로 측정했을 때에는 측정횟수에 반비례한다.

TIP
- ①문항 : 오차의 제곱에 반비례한다.
- ②문항 : 표준편차의 제곱에 반비례한다.
- ④문항 : 같은 정도로 측정했을 때에는 측정횟수에 비례한다.

28 두 점 간의 거리를 4회 관측한 결과 525.36m를 얻었고, 다시 2회 관측하여 525.63m를 얻었다. 이때 두 점 간의 거리에 대한 최확값은?

① 525.40m ② 525.45m ③ 525.50m ④ 525.55m

TIP
- 경중률은 관측횟수(N)에 비례하므로,
  $W_1 : W_2 = N_1 : N_2 = 4 : 2$
- 경중률을 고려하여 최확값을 구하면,
  $$\therefore 최확값(L_0) = \frac{W_1 L_1 + W_2 L_2}{W_1 + W_2} = \frac{(4 \times 525.36) + (2 \times 525.63)}{4+2} = 525.45\text{m}$$

29 두 점의 거리 관측을 실시하여 3회 관측의 평균이 530.5m, 2회 관측의 평균이 531.0m, 5회 관측의 평균이 530.3m였다면 이 거리의 최확값은?

① 530.3m ② 530.4m ③ 530.5m ④ 530.6m

TIP
- 경중률은 관측횟수(N)에 비례하므로,
  $W_1 : W_2 : W_3 = N_1 : N_2 : N_3 = 3 : 2 : 5$
- 경중률을 고려하여 최확값을 구하면,
  $$\therefore 최확값(L_0) = \frac{W_1 L_1 + W_2 L_2 + W_3 L_3}{W_1 + W_2 + W_3} = \frac{(3 \times 530.5) + (2 \times 531.0) + (5 \times 530.3)}{3+2+5} = 530.5\text{m}$$

정답 26 ④ 27 ③ 28 ② 29 ③

30 어떤 기선을 측정하여 다음 표와 같은 결과를 얻었을 때 최확값은?

측정군	측정값	측정횟수
I	80.186m	1
II	80.249m	2
III	80.223m	3

① 80.186m   ② 80.210m   ③ 80.226m   ④ 80.249m

TIP
- 경중률은 관측횟수(N)에 비례하므로,
  $W_1 : W_2 : W_3 = N_1 : N_2 : N_3 = 1 : 2 : 3$
- 경중률을 고려하여 최확값을 구하면,
  $\therefore$ 최확값$(L_0) = \dfrac{W_1 L_1 + W_2 L_2 + W_3 L_3}{W_1 + W_2 + W_3} = \dfrac{(1 \times 80.186) + (2 \times 80.249) + (3 \times 80.223)}{1 + 2 + 3} \fallingdotseq 80.226\text{m}$

31 어느 거리를 관측하여 48.18m, 48.12m, 48.15m, 48.25m의 관측값을 얻었고 이들의 경중률이 각각 1, 2, 3, 4라고 할 때 최확값은?

① 48.123m   ② 48.187m
③ 48.250m   ④ 48.246m

TIP
- 경중률은 관측횟수(N)에 비례하므로,
  $W_1 : W_2 : W_3 : W_4 = N_1 : N_2 : N_3 : N_4 = 1 : 2 : 3 : 4$
- 경중률을 고려하여 최확값을 구하면,
  $\therefore$ 최확값$(L_0) = \dfrac{W_1 L_1 + W_2 L_2 + W_3 L_3 + W_4 L_4}{W_1 + W_2 + W_3 + W_4} = \dfrac{(1 \times 48.18) + (2 \times 48.12) + (3 \times 48.15) + (4 \times 48.25)}{1 + 2 + 3 + 4}$
  $= 48.187\text{m}$

32 어느 거리를 동일 조건으로 6회 관측한 결과로 잔차의 제곱의 합(Σv^2)을 ±0.02686을 얻었다면 표준오차는?

① ±0.014m   ② ±0.024m
③ ±0.030m   ④ ±0.044m

TIP 표준오차(평균제곱근오차) $= \pm\sqrt{\dfrac{[vv]}{n(n-1)}} = \pm\sqrt{\dfrac{\Sigma v^2}{n(n-1)}} = \pm\sqrt{\dfrac{0.02686}{6 \times (6-1)}} = \pm 0.030\text{m}$

33 두 점 간의 거리를 측정하여 표준오차(σ_m)가 ±6mm일 때 확률오차(γ_m)는?

① ±4mm   ② ±6mm
③ ±8mm   ④ ±10mm

TIP 확률오차$(\gamma_m) = 0.6745 \times$ 표준오차$(\sigma_m) = 0.6745 \times 6 \fallingdotseq \pm 4\text{mm}$

정답 30 ③   31 ②   32 ③   33 ①

34 A, B 두 점 간에 거리를 왕복 관측한 결과가 164.30m, 164.46m일 때, 거리 정확도는?

① $\dfrac{1}{1,027.38}$ ② $\dfrac{1}{328.96}$ ③ $\dfrac{1}{4,112}$ ④ $\dfrac{1}{8,224}$

TIP

$$A \xleftrightarrow[164.46\text{m}]{164.30\text{m}} B$$

- 최확값 = $\dfrac{164.30 + 164.46}{2} = 164.38\text{m}$
- 교차(오차) = $164.46 - 164.30 = 0.16\text{m}$
- 거리정확도 = $\dfrac{\text{오차}}{\text{최확값}} = \dfrac{0.16}{164.38} = \dfrac{1}{1,027.38}$

35 두 점 간의 거리를 측정하니 최확값이 100m이고 평균제곱근오차가 각각 4mm이었다면 정밀도는?

① $\dfrac{1}{1,000}$ ② $\dfrac{1}{2,000}$ ③ $\dfrac{1}{25,000}$ ④ $\dfrac{1}{50,000}$

TIP 정밀도 = $\dfrac{\text{오차}}{\text{전거리}} = \dfrac{\text{오차}}{\text{최확값}} = \dfrac{0.004}{100} = \dfrac{1}{25,000}$

36 어느 거리를 세 구간으로 나누어 관측한 결과 구간별 오차가 각각 ±0.004m, ±0.009m, ±0.007m라면 전체 거리에 대한 오차는?

① ±0.007m ② ±0.012m ③ ±0.016m ④ ±0.019m

TIP

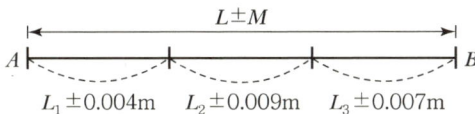

부정오차 전파법칙 $M = \pm\sqrt{m_1^2 + m_2^2 + m_3^2}$ 를 이용하여 전체 거리오차(M)를 구하면,

∴ $M = \pm\sqrt{0.004^2 + 0.009^2 + 0.007^2} = \pm 0.012\text{m}$

37 광파기를 이용하여 50m 거리를 ±0.0001m의 오차로 관측하였다. 이와 동일한 조건으로 5km의 거리를 나누어 관측할 경우, 연속 관측값에 대한 오차는?

① ±0.001m ② ±0.007m ③ ±0.0001m ④ ±0.0007m

TIP 부정오차 전파법칙 $M = \pm m_1 \sqrt{n} \Rightarrow m_1 = \pm 0.0001\text{m}$, $n = \dfrac{5,000}{20} = 100$회

∴ $M = \pm 0.0001\sqrt{100} = \pm 0.001\text{m}$

정답 34 ① 35 ③ 36 ② 37 ①

38 EDM을 이용하여 1km의 거리를 ±0.004m의 오차로 측정하였다. 동일한 오차가 얻어지도록 같은 조건으로 25km의 거리를 측정한 경우 연속 측정값에 대한 오차는?

① ±0.05m ② ±0.04m ③ ±0.03m ④ ±0.02m

TIP 부정오차 전파법칙 $M = \pm m_1 \sqrt{S} \Rightarrow m_1 = \pm 0.004m, S = 25km$
∴ $M = \pm 0.004 \sqrt{25} = \pm 0.02m$

39 거리측량에서 1회 관측에 ±4mm의 우연오차가 있었다면 9회 관측에 의한 우연오차는?

① ±3mm ② ±6mm ③ ±9mm ④ ±12mm

TIP 부정오차 전파법칙 $M = \pm m_1 \sqrt{n} \Rightarrow m_1 = \pm 4mm, n = 9$회
∴ $M = \pm 4 \sqrt{9} = \pm 12mm$

40 4km 거리를 20m 줄자로 관측하여 20m마다 ±3mm의 우연오차가 발생하였다면 전체 우연오차는?

① ±32.33mm ② ±42.43mm ③ ±346.41mm ④ ±600.00mm

TIP 부정오차 전파법칙 $M = \pm m_1 \sqrt{n} \Rightarrow m_1 = \pm 3mm, n = \frac{4,000}{20} = 200$회
∴ $M = \pm 3 \sqrt{200} ≒ \pm 42.43mm$

41 거리측량에서 발생할 수 있는 오차의 종류와 예가 올바르게 연결된 것은?

① 정오차 – 눈금을 잘못 읽었다.
② 부정오차 – 테이프의 길이가 표준길이보다 길거나 짧았다.
③ 정오차 – 측정할 때 온도가 표준온도와 다르다.
④ 부정오차 – 측량할 때 수평이 되지 않았다.

TIP
- ①문항 : 착오
- ②문항 : 정오차
- ③문항 : 정오차
- ④문항 : 정오차

42 표준길이보다 2cm 짧은 25m 테이프로 관측한 거리가 353.28m일 때 실제거리는?

① 353.56m ② 353.42m ③ 353.14m ④ 353.00m

TIP 실제길이 $= \frac{\text{부정길이} \times \text{관측길이}}{\text{표준길이}} = \frac{24.98 \times 353.28}{25} ≒ 353.00m$
여기서, 부정길이 $= 25 - 0.02 = 24.98m$

정답 38 ④ 39 ④ 40 ② 41 ③ 42 ④

43 표준길이가 50m보다 5mm 짧은 강철테이프로 어느 구간의 거리를 측정한 결과 600m를 얻었다면 이 구간의 정확한 거리는?

① 599.06m
② 599.94m
③ 600.06m
④ 600.94m

> **TIP** 실제길이 $= \dfrac{\text{부정길이} \times \text{관측길이}}{\text{표준길이}} = \dfrac{49.995 \times 600}{50} = 599.94\text{m}$
> 여기서, 부정길이 $= 50 - 0.005 = 49.995\text{m}$

44 표준길이보다 3cm가 긴 30m의 테이프로 거리를 관측하니 300m이었다면 이 거리의 정확한 값은?

① 297.0m
② 299.7m
③ 300.3m
④ 303.0m

> **TIP** 실제길이 $= \dfrac{\text{부정길이} \times \text{관측길이}}{\text{표준길이}} = \dfrac{30.03 \times 300}{30} = 300.3\text{m}$
> 여기서, 부정길이 $= 30 + 0.03 = 30.03\text{m}$

45 테이프를 이용하여 기울기가 20°인 경사거리를 관측하여 20m를 얻었다. 이 테이프의 길이는 50m 이고 표준길이보다 2cm가 짧다면 수평거리는?

① 17.314m
② 18.786m
③ 19.265m
④ 20.621m

> **TIP**
>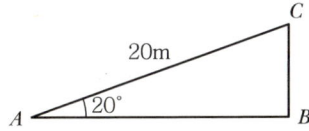
>
> • 수평거리 $(\overline{AB}) = 20 \times \cos 20° = 18.794\text{m}$
> ∴ 실제길이 $= \dfrac{\text{부정길이} \times \text{관측길이}}{\text{표준길이}} = \dfrac{49.98 \times 18.794}{50} ≒ 18.786\text{m}$
> 여기서, 부정길이 $= 50 - 0.02 = 49.98\text{m}$

46 50m에 대해 5mm가 긴 테이프로 토지를 측량하였더니 그 넓이가 10,000m²이었다면 실제 넓이는?

① 9,998m²
② 9,999m²
③ 10,001m²
④ 10,002m²

> **TIP** 실제면적 $= \dfrac{(\text{부정길이})^2 \times \text{관측면적}}{(\text{표준길이})^2} = \dfrac{(50.005)^2 \times 10,000}{(50)^2} ≒ 10,002\text{m}^2$
> 여기서, 부정길이 $= 50 + 0.005 = 50.005\text{m}$

정답 43 ② 44 ③ 45 ② 46 ④

47 표준길이보다 2cm가 짧은 20m 줄자로 테니스장의 면적을 관측하였더니 600m²가 되었다. 이 테니스장을 표준자로 관측한다면 몇 m²가 되겠는가?

① 598.8m² ② 599.4m² ③ 600.4m² ④ 601.2m²

> **TIP** 실제면적 $= \dfrac{(부정길이)^2 \times 관측면적}{(표준길이)^2} = \dfrac{(19.98)^2 \times 600}{(20)^2} = 598.8\text{m}^2$
> 여기서, 부정길이 $= 20 - 0.02 = 19.98\text{m}$

48 두 점 간의 경사거리가 50m이고, 고저차가 1.5m일 때 경사보정량은?

① -0.015m ② -0.023m ③ -0.033m ④ -0.045m

> **TIP**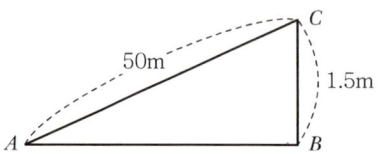
> $\therefore 경사보정량(C_i) = -\dfrac{h^2}{2L} = -\dfrac{1.5^2}{2 \times 50} = -0.023\text{m}$

49 기선 양단의 고저차 $h = 45$cm, 기선을 관측한 거리가 320m일 때 경사보정량은?

① -0.0003m ② -0.0005m ③ -0.0007m ④ -0.0008m

> **TIP** 경사보정량 $(C_i) = -\dfrac{h^2}{2L} = -\dfrac{0.45^2}{2 \times 320} ≒ -0.0003\text{m}$

50 고저차가 0.35m인 두 점을 스틸 테이프로 경사거리를 관측하여 30m를 얻었다. 수평거리로 보정할 때 보정값은?

① -1mm ② -2mm ③ -3mm ④ -4mm

> **TIP** 경사보정량 $(C_i) = -\dfrac{h^2}{2L} = -\dfrac{0.35^2}{2 \times 30} = -0.002\text{m} = -2\text{mm}$

51 100m² 정방형 면적을 0.1m²까지 정확히 구하기 위해서는 각 변장을 측정할 때 테이프의 눈금을 어느 정도까지 정확히 읽어야 하는가?

① 5cm ② 1cm ③ 5mm ④ 1mm

> **TIP** $A = l^2$에 미분하면 $dA = 2l\,dl$
> $\dfrac{dA}{A} = 2\dfrac{dl}{l}$
> $\therefore dl = \dfrac{l}{2} \cdot \dfrac{dA}{A} = \dfrac{10 \times 0.1}{2 \times 100} = 0.005\text{m} = 5\text{mm}$

정답 47 ① 48 ② 49 ① 50 ② 51 ③

52 거리측정에서 생기는 오차 중 우연오차에 해당되는 것은?

① 측정하는 줄자의 길이가 정확하지 않기 때문에 생기는 오차
② 온도나 습도가 측정 중에 때때로 변해서 생기는 오차
③ 줄자의 경사를 보정하지 않기 때문에 생기는 오차
④ 일직선상에서 측정하지 않기 때문에 생기는 오차

> **TIP**
> - 부정오차란 예측할 수 없이 불의로 일어나는 오차이며, 오차 제거가 어렵다. 우연오차라고도 하며 통계학으로 추정된다.
> - 거리측정에서 온도나 습도가 측정 중에 때때로(불규칙) 변해서 생기는 오차는 부정오차(우연오차)에 해당된다.

53 20m 강철 테이프를 사용하여 2,000m를 측정하였다. 이때 예상되는 오차는?(단, 이 테이프는 20m에 ±3mm의 오차가 생긴다.)

① ±25mm
② ±30mm
③ ±35mm
④ ±45mm

> **TIP** 부정오차 전파법칙 $M = \pm m_1 \sqrt{n} \Rightarrow m_1 = \pm 3mm$, $n = \frac{2,000}{20} = 100$회
> ∴ $M = \pm 3\sqrt{100} = \pm 30mm$

54 실제거리 750m를 30m 줄자로 측정하였다. 줄자에 의한 거리 측정의 오차가 30m에 대해 ±3mm라면 전체 길이에 대한 거리측정오차는?

① ±5mm
② ±15mm
③ ±50mm
④ ±75mm

> **TIP** 부정오차 전파법칙 $M = \pm m_1 \sqrt{n} \Rightarrow m_1 = \pm 3mm$, $n = \frac{750}{30} = 25$회
> ∴ $M = \pm 3\sqrt{25} = \pm 15mm$

55 축척과 정확도에 대한 설명으로 틀린 것은?

① 축척의 분모수가 작은 것이 대축척이다.
② 축척의 분모수가 큰 것이 정확도가 높다.
③ 도상거리와 실제거리의 비가 축척이다.
④ 정확도는 참값과 관측값의 편차를 나타낸다.

> **TIP**
> - 축척 $= \frac{1}{m} = \frac{도상거리}{실제거리}$
> - 축척의 분모수가 큰 것은 소축척이므로 정확도가 낮다.

정답 52 ② 53 ② 54 ② 55 ②

56 다음 중 축척이 가장 큰 것은?

① 1/500　　　② 1/1,000　　　③ 1/3,000　　　④ 1/5,000

TIP • 축척 $= \dfrac{1}{m} = \dfrac{도상거리}{실제거리}$

• 축척 분모가 작을수록 대축척이므로, 본 문제에서는 $\dfrac{1}{500}$ 이 가장 큰 축척이다.

57 다음 중에서 가장 대축척인 것은?

① 1/5,000　　　② 1/10,000　　　③ 1/100,000　　　④ 1/1,000,000

TIP 축척 분모가 작을수록 대축척이므로, 본 문제에서는 $\dfrac{1}{5,000}$ 이 가장 큰 축척이다.

58 다음 중 정도가 가장 높은 것은?

① 1/500　　　② 1/1,000　　　③ 1/5,000　　　④ 1/10,000

TIP 분모가 클수록 정도(정확도)가 높으므로, 본 문제에서는 $\dfrac{1}{10,000}$ 이 가장 정도가 높다.

59 실제 두 점 간의 거리 50m를 도상에서 2mm로 표시하는 경우 축척은?

① 1 : 1,000　　　② 1 : 2,500　　　③ 1 : 25,000　　　④ 1 : 50,000

TIP 축척 $= \dfrac{1}{m} = \dfrac{도상거리}{실제거리} = \dfrac{0.002}{50} = \dfrac{1}{25,000}$

60 축척 1 : 1,200의 도면에서 도면상 1cm의 실제거리는?

① 1.2m　　　② 12m　　　③ 120m　　　④ 1,200m

TIP 축척 $= \dfrac{1}{m} = \dfrac{도상거리}{실제거리}$

∴ 실제거리 $= m \times 도상거리 = 1,200 \times 0.01 = 12m$

61 거리 1 : 600 도면에서 도상면적이 25cm^{2}일 때 실제면적은?

① 500m^2　　　② 700m^2　　　③ 900m^2　　　④ 1,200m^2

TIP $(축척)^2 = \left(\dfrac{1}{m}\right)^2 = \dfrac{도상면적}{실제면적}$

∴ 실제면적 $= m^2 \times 도상면적 = 600^2 \times 25 = 9,000,000cm^2 = 900m^2$

정답　56 ①　57 ①　58 ④　59 ③　60 ②　61 ③

CHAPTER 03 각측량

PART 1

1 한눈에 보기

※ 중요 부분은 **집중 이해하기**에 자세히 설명되어 있음을 알려드립니다.

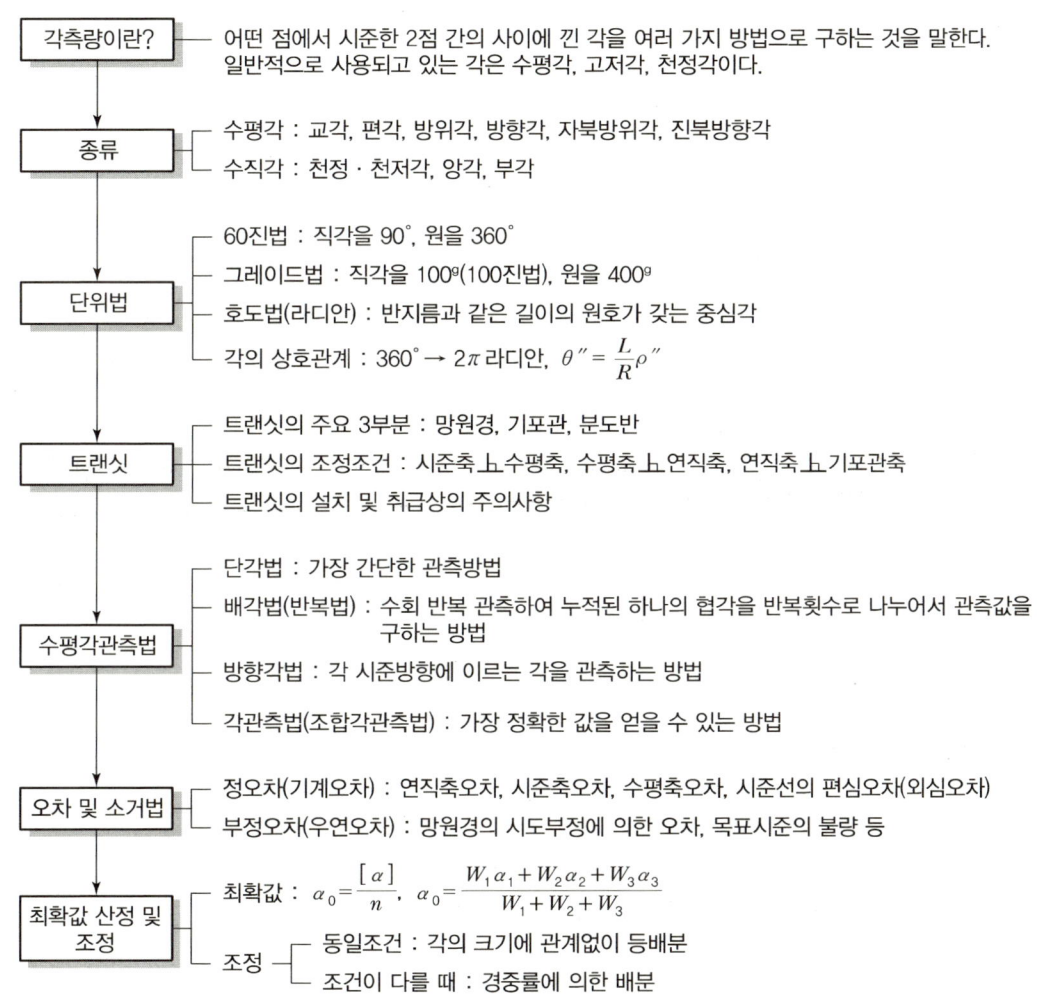

- 각측량이란? — 어떤 점에서 시준한 2점 간의 사이에 낀 각을 여러 가지 방법으로 구하는 것을 말한다. 일반적으로 사용되고 있는 각은 수평각, 고저각, 천정각이다.

- 종류
  - 수평각 : 교각, 편각, 방위각, 방향각, 자북방위각, 진북방향각
  - 수직각 : 천정·천저각, 앙각, 부각

- 단위법
  - 60진법 : 직각을 90°, 원을 360°
  - 그레이드법 : 직각을 100^g(100진법), 원을 400^g
  - 호도법(라디안) : 반지름과 같은 길이의 원호가 갖는 중심각
  - 각의 상호관계 : 360° → 2π 라디안, $\theta'' = \dfrac{L}{R}\rho''$

- 트랜싯
  - 트랜싯의 주요 3부분 : 망원경, 기포관, 분도반
  - 트랜싯의 조정조건 : 시준축⊥수평축, 수평축⊥연직축, 연직축⊥기포관축
  - 트랜싯의 설치 및 취급상의 주의사항

- 수평각관측법
  - 단각법 : 가장 간단한 관측방법
  - 배각법(반복법) : 수회 반복 관측하여 누적된 하나의 협각을 반복횟수로 나누어서 관측값을 구하는 방법
  - 방향각법 : 각 시준방향에 이르는 각을 관측하는 방법
  - 각관측법(조합각관측법) : 가장 정확한 값을 얻을 수 있는 방법

- 오차 및 소거법
  - 정오차(기계오차) : 연직축오차, 시준축오차, 수평축오차, 시준선의 편심오차(외심오차)
  - 부정오차(우연오차) : 망원경의 시도부정에 의한 오차, 목표시준의 불량 등

- 최확값 산정 및 조정
  - 최확값 : $\alpha_0 = \dfrac{[\alpha]}{n}$, $\alpha_0 = \dfrac{W_1\alpha_1 + W_2\alpha_2 + W_3\alpha_3}{W_1 + W_2 + W_3}$
  - 조정
    - 동일조건 : 각의 크기에 관계없이 등배분
    - 조건이 다를 때 : 경중률에 의한 배분

2 집중 이해하기

1 각측량(Angle Surveying)

어떤 점에서 시준한 2점 사이에 낀 각을 여러 가지 방법으로 구하는 것을 말한다. 일반적으로 사용되고 있는 각은 수평각, 고저각(연직각), 천정·천저각이며, 이외에도 대지측량 및 천문측량 등에 이용되는 곡면각과 입체각이 있다.

2 각의 종류 및 단위

(1) 각의 종류

1) 수평각

　① 평면각(Plane Angle) : 소규모 지역에 널리 이용된다.
　　• 교각 : 어떤 측선이 그 앞의 측선과 이루는 각
　　• 편각 : 각 측선이 그 앞측선의 연장선과 이루는 각
　　• 방위각 : 진북에서 어느 측선에 이루는 각
　　• 방향각 : 임의 기준에서 어느 측선에 이루는 각
　② 곡면각(Curved Surface) : 대규모 지역에 이용된다.
　③ 입체각(Steradian) : 공간상에서 이용된다.

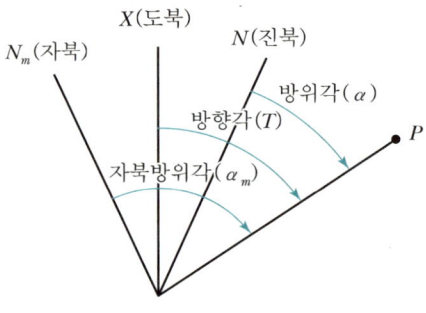

[그림 3-1] 수평각의 종류

2) 수직각

　① 앙각 : 기계고보다 높은 곳에 있는 측점에 대한 연직각을 말한다.
　② 부각 : 기계고보다 낮은 곳에 있는 측점에 대한 연직각을 말한다.
　③ 천정각 : 연직선 위쪽 방향을 기준으로 목표물에 대하여 시준선까지 내려서 잰 각을 말한다.
　④ 천저각 : 연직선 아래쪽 방향을 기준으로 목표물에 대하여 시준선까지 올려서 잰 각을 말한다.

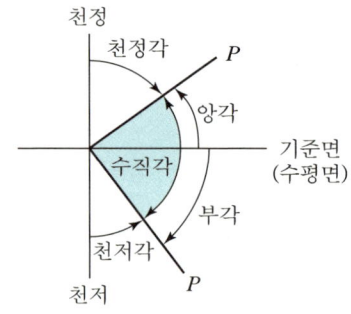

[그림 3-2] 수직각의 종류

> **예제**
>
> **01.** 방위각의 기준에 대한 설명으로 옳은 것은?
>   ① 임의의 방향을 기준으로 한다.   ② 적도를 기준으로 한다.
>   ③ 자북을 기준으로 한다.   ④ 자오선의 북쪽을 기준으로 한다.
>
>   정답 ④

(2) 각의 단위

① 60진법

원주를 360등분할 때 그 한 호에 대한 중심각을 1도라 하며, 도, 분, 초로 나타낸다.

② 100진법

원주를 400등분할 때 그 한 호에 대한 중심각을 1그레이드(Grade)로 정하여, 그레이드, 센티그레이드, 센티센티그레이드로 나타낸다.

③ 호도법

원의 반경과 같은 호에 대한 중심각을 1라디안(Radian)으로 표시한다.

3 각의 상호관계

(1) 도와 그레이드

$\alpha° : \beta^g = 90 : 100$ 이므로 $\alpha° = \dfrac{9}{10}\beta^g$ 또는 $\beta^g = \dfrac{10}{9}\alpha°$

$$\therefore\ 1^g = 0.900°,\ 1^c = 0.540',\ 1^{cc} = 0.324'',\ 1^g = 0.9° = 54' = 3{,}240''$$

> **예제**
>
> **02.** 1g(Grade)는 몇 분에 해당되는가?
>   ① 54′   ② 55′   ③ 56′   ④ 58′
>
>   정답 ①
>   해설 $1\,Grade = \dfrac{90°}{100} = 0.9° = 54'$

(2) 호도와 각도

1개의 원에 있어서 중심각과 그것에 대한 호의 길이는 서로 비례하므로 반경 R과 같은 길이의 호 $\widehat{AB}$를 잡고 이것에 대한 중심각을 ρ로 잡으면

$$\frac{R}{2\pi R} = \frac{\rho°}{360°} \quad \therefore \rho° = \frac{180°}{\pi}$$

이 ρ는 반경 R에 관계없이 정수에 의해서만 결정되므로 이것을 각의 단위로 하여 라디안(호도)이라 부른다.

$\rho° = \dfrac{180°}{\pi} = 57.29578°$

$\rho' = 60 \times \rho° = 3,437.7468'$

$\rho'' = 60 \times \rho' = 206,264.806''$

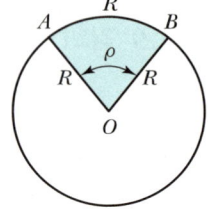

[그림 3-3] 호도법

반경 R인 원에 있어서 호의 길이 L에 대한 중심각 $\theta = \dfrac{L}{R}$(Radian)을 도, 분, 초로 고치면

$$\theta° = \frac{L}{R}\rho°, \ \theta' = \frac{L}{R}\rho', \ \theta'' = \frac{L}{R}\rho''$$

TIP

각도(60진법)	라디안(호도법)
360° →	2π
180° →	π
90° →	$\dfrac{\pi}{2}$

θ가 미소각인 경우에 L이 R에 비하여 현저하게 작아지므로

[그림 3-4] 호도와 각도

$$\therefore \theta'' = \frac{L}{R}\rho''$$

> 예제

03. 거리가 4km 떨어진 두 점의 각 관측에서 관측오차가 15″ 발생했을 때 위치오차는?

① 284mm ② 291mm
③ 296mm ④ 310mm

정답 ②

해설
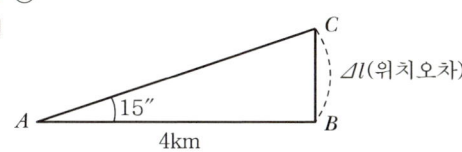

$$\theta'' = \frac{\Delta l}{D}\rho'' \Rightarrow \Delta l = \frac{\theta''D}{\rho''} = \frac{15''\times 4}{206,265''} ≒ 0.000291\text{km} ≒ 291\text{mm}$$

4 트랜싯(Transit)

트랜싯은 망원경과 분도원을 갖춘 측각기계로 데오드라이트라고도 한다. 최근에는 종합관측기인 토털스테이션(TS)이 주로 활용된다.

(1) 트랜싯의 조정조건

① 기포관축과 연직축은 직교해야 한다($L \perp V$).
② 시준선과 수평축은 직교해야 한다($C \perp H$).
③ 수평축과 연직축은 직교해야 한다($H \perp V$).

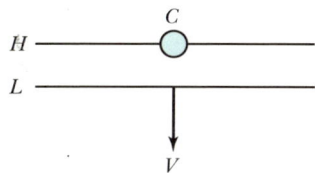

[그림 3-5] 트랜싯의 축

(2) 트랜싯의 설치 및 취급상의 주의사항

① 삼각대는 거리를 잴 때나 망원경을 들여다 볼 때 방해가 되지 않도록 세운다.
② 기계의 높이는 관측자의 눈높이 보다 약간 낮은 것이 좋다.
③ 삼각대는 정삼각형에 가깝도록 세운다.
④ 측점이 비탈에 있을 때는 삼각대 두 다리를 아래로, 한 다리를 위쪽에 두는 것이 좋다.
⑤ 이동 시에는 기계를 삼각대에서 분리시켜 이동한다.
⑥ 정준나사의 조임은 적당히 할 필요가 있다.
⑦ 시준할 때는 보통 한 눈은 감고 한 눈으로 관측하나 되도록 두 눈을 뜬 채 관측하는 것이 눈의 피로가 적어서 좋다.
⑧ 기계 조작 시 몸이나 옷이 기계에 닿지 않도록 주의한다.

[그림 3-6] 분도반 트랜싯

[그림 3-7] Digital 트랜싯

5 수평각의 관측과 정확도

수평각을 관측하는 데에는 단측법, 배각법, 방향각법, 각관측법(조합각관측법) 4종류가 있다.

(1) 단측법

1개의 각을 1회 관측하는 방법으로 수평각관측법 중 가장 간단한 관측방법인데, 관측결과는 좋지 않다. 결과는 '나중 읽음 값 − 처음 읽음 값'으로 구해진다.

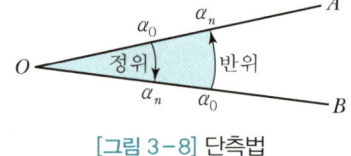
[그림 3-8] 단측법

$$\angle AOB = \alpha_n - \alpha_0$$

(2) 배각법(반복법)

한 각을 수회 반복 관측하여 누적된 하나의 협각을 반복횟수로 나누어서 관측각을 구하는 방법으로 읽음오차를 줄이는 데 특징이 있다.

1) 방법

1개의 각을 2회 이상 관측하여 관측횟수로 나누어서 구하는 방법이다.

$$\angle AOB = \frac{\alpha_n - \alpha_0}{n}$$

여기서, α_n : 나중 읽음 값
α_0 : 처음 읽음 값
n : 관측횟수

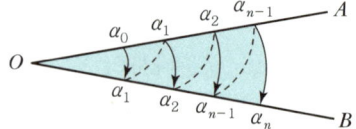
[그림 3-9] 배각법

2) 1각에 생기는 배각법의 오차(M)

$$M = \pm \sqrt{{m_1}^2 + {m_2}^2} = \pm \sqrt{\frac{2}{n}\left(\alpha^2 + \frac{\beta^2}{n}\right)}$$

3) 배각법의 특징
   ① 배각법은 방향각법과 비교하여 읽음오차 β의 영향을 적게 받는다.
   ② 눈금을 직접 측량할 수 없는 미량의 값을 계적하여 반복횟수로 나누면 세밀한 값을 읽을 수 있다.
   ③ 눈금의 부정에 의한 오차를 최소로 하기 위하여 n회의 반복결과가 360°에 가깝게 해야 한다.
   ④ 내축과 외축을 이용하므로 내축과 외축의 연직선에 대한 불일치에 의하여 오차가 생기는 경우가 있다.
   ⑤ 배각법은 방향수가 적은 경우에는 편리하나 삼각측량과 같이 많은 방향이 있는 경우에는 적합하지 않다.

> **예제**
>
> **04.** 수평각관측법 중 1측점에서 1개의 각을 높은 정밀도로 측정할 때 사용하는 방법으로 같은 각을 여러 번 관측하여 시준할 때의 오차를 줄일 수 있고 최소 눈금 미만의 정밀한 관측값을 얻을 수 있는 방법은?
>
> ① 단각법 ② 배각법
> ③ 방향각법 ④ 조합각관측법
>
> **정답** ②

(3) 방향각법

① 방법

어떤 시준 방향을 기준으로 하여 각 시준 방향에 이르는 각을 관측하는 방법으로 1점에서 많은 각을 관측할 때 사용하며, 배각법(반복법)에 비하여 시간이 절약되고 3등 이하의 삼각측량에 이용된다.

② n회 관측한 평균값에 있어서 오차(M)

$$M = \pm \sqrt{\frac{2}{n}(\alpha^2 + \beta^2)}$$

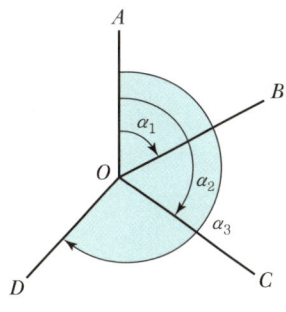

[그림 3-10] 방향각법

(4) 각관측법(조합각관측법)

수평각 각관측방법 중 가장 정확한 값을 얻을 수 있는 방법으로 1등 삼각측량에 이용된다. 여러 개의 방향선의 각을 차례로 방향각법으로 관측하여 얻어진 여러 개의 각을 최소제곱법에 의하여 최확값을 구한다.

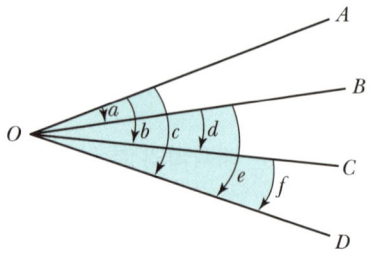

[그림 3-11] 조합각관측법

$$측각\ 총수 = \frac{1}{2}S(S-1)$$

$$조건식\ 총수 = \frac{1}{2}(S-1)(S-2)$$

여기서, S : 측점 수

예제

05. 하나의 측점에서 5개의 방향선이 구성되어 있을 때 조합각관측법(각관측법)으로 관측할 경우 관측하여야 할 각의 수는?

① 7개　　　② 8개　　　③ 9개　　　④ 10개

정답 ④

해설 조합각관측법의 측각 총수 $= \frac{1}{2}S(S-1)$

∴ 측각 총수 $= \frac{1}{2} \times 5 \times (5-1) = 10$개

---

6 고저각과 천정각거리

고저각은 수평면을 기선으로 목표에 대한 시준선과 이룬 각을 말한다. 상향각(또는 앙각)을 +, 하향각(또는 부각)을 −로 한다. 이것에 대한 연직선 방향을 기준으로 나타낸 각을 천정각거리라 말한다. 그러므로 천정각거리와 고저각 α와는 여각($\alpha = 90° - Z$)의 관계가 있다.

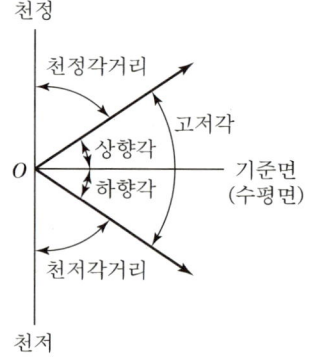

[그림 3-12] 고저각과 천정각거리

7 각관측 시 발생하는 오차 및 소거법

(1) 기계오차(정오차)

① 연직축 오차

연직축이 연직하지 않기 때문에 생기는 오차로 망원경을 정위와 반위로 관측하여도 소거는 불가능하다.

② 시준축 오차

시준선이 수평축과 직각이 아니기 때문에 생기는 오차로, 이것은 망원경을 정위와 반위로 관측한 값의 평균값을 구하면 소거가 가능하다.

③ 수평축 오차

수평축이 수평이 아니기 때문에 생기는 오차로, 망원경을 정위와 반위로 관측한 평균값을 사용하면 소거가 가능하다.

④ 시준선의 편심오차(외심오차)

시준선이 기계의 중심을 통과하지 않기 때문에 생기는 오차로, 망원경을 정위와 반위로 관측한 다음 평균값을 취하면 소거가 가능하다.

예제

06. 수평각을 관측할 경우 망원경을 정·반위 상태로 관측하여 평균값을 취해도 소거되지 않는 오차는?

① 연직축 오차　　　　　　② 시준축 오차
③ 수평축 오차　　　　　　④ 편심오차

정답 ①

---

(2) 부정오차(우연오차)

각관측 시 부정오차가 발생하면 그 제거가 어려우므로 면밀한 주의를 요한다. 각관측 시 주요한 부정오차로는 망원경의 시도부정에 의한 오차, 목표시준의 불량, 빛의 굴절에 의한 오차, 기계진동, 관측자의 피로 등에 의한 오차가 있다.

8 각의 최확값 산정 및 조정

(1) 각관측의 최확값 산정(독립 최확값 산정)

① 어느 일정한 각을 관측한 경우

$$\alpha_0 = \frac{[\alpha]}{n}$$

여기서, $[\alpha] : \alpha_1 + \alpha_2 + \cdots + \alpha_n$
n : 측각횟수

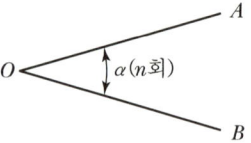

[그림 3-13] 독립 최확값

② 관측횟수(N)를 다르게 하였을 경우

경중률을 관측횟수에 비례하여 최확값을 산정

$W_1 : W_2 : W_3 = N_1 : N_2 : N_3$

$$\alpha_0 = \frac{W_1 \alpha_1 + W_2 \alpha_2 + W_3 \alpha_3}{W_1 + W_2 + W_3}$$

예제

07. 서로 다른 세 사람이 동일 조건하에서 한 각을 한 사람이 1회 측정하니 $47°37'21''$, 다음 사람이 4회 측정하여 평균하니 $47°37'20''$이고 끝 사람이 5회 측정하여 $47°37'18''$의 평균값을 얻었다. 이 값의 최확값은?

① $47°37'21.1''$ ② $47°37'20.1''$
③ $47°37'19.1''$ ④ $47°37'18.1''$

정답 ③
해설 $W_1 : W_2 : W_3 = 1 : 4 : 5$

$\therefore$ 최확값$(\alpha_0) = \dfrac{W_1 \alpha_1 + W_2 \alpha_2 + W_3 \alpha_3}{W_1 + W_2 + W_3} = 47°37' + \dfrac{(1 \times 21'') + (4 \times 20'') + (5 \times 18'')}{1 + 4 + 5} = 47°37'19.1''$

---

(2) 조건부 최확값

① 관측횟수(n)를 같게 하였을 경우

- 조건 : $\alpha + \beta = \gamma$
- 오차(E) = $(\alpha + \beta) - \gamma$
- 조정량(d) = $\dfrac{E}{n} = \dfrac{E}{3}$

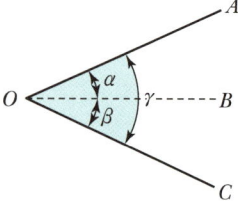

[그림 3-14] 조건부 최확값

② 관측횟수(N)를 다르게 하였을 경우

경중률을 관측횟수에 반비례하여 조정량을 구함

$$W_1 : W_2 : W_3 = \frac{1}{N_1} : \frac{1}{N_2} : \frac{1}{N_3}$$

$$조정량(d) = \frac{오차}{경중률의\ 합} \times 조정할\ 각의\ 경중률$$

예제

08. 다음과 같은 각을 관측할 때 ∠AOC의 최확치는?

관측각	관측횟수
$\alpha = 25°25'40''$	2
$\beta = 30°16'46''$	3
$\gamma = 55°42'38''$	5

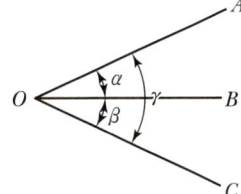

① 55°42′32″
② 55°42′44″
③ 55°42′40.32″
④ 55°42′35.68″

정답 ④

해설 $\alpha + \beta = \gamma$의 조건에서 $(\alpha+\beta) - \gamma = -12''$이므로 α와 β에는 조정량만큼 (+)해주고, γ에는 (−)해 준다.

$$W_1 : W_2 : W_3 = \frac{1}{N_1} : \frac{1}{N_2} : \frac{1}{N_3} = \frac{1}{2} : \frac{1}{3} : \frac{1}{5} = 15 : 10 : 6$$

조정량 계산

(1) 조정량 = $\frac{오차}{경중률\ 합} \times$ 조정할 각의 경중률

(2) α 조정량 = $\frac{12''}{15+10+6} \times 15 = 5.81''$

(3) β 조정량 = $\frac{12''}{15+10+6} \times 10 = 3.87''$

(4) γ 조정량 = $\frac{12''}{15+10+6} \times 6 = 2.32''$

∴ ∠AOC의 최확값(γ) = $55°42'38'' - 2.32'' = 55°42'35.68''$

9 각측량 야장의 용어

① 윤곽 : 영방향을 최초로 시준하였을 때의 처음 읽음 값의 눈금위치이다.

② 배각 : 어떤 대회에 있어서 동일 방향에 대한 망원경의 정위와 반위 결과의 초수의 합을 말한다.

③ 배각차 : 각 대회 중의 동일시준점에 배각의 최댓값의 차를 말한다.

④ 교차 : 같은 양을 동일 정밀도로 2회 관측하였을 때 그 차(일반적 교차), 1대회의 망원경 정위 및 반위 결과의 초차(방향각법)이다.

⑤ 관측차 : 각 대회의 동일 시준점에 대한 교차의 최댓값과 최솟값의 차를 말한다.

3 핵심 문제 익히기

01 서로 이웃하는 두 개의 측선이 만나 이루는 각을 무엇이라 하는가?
① 교각　　　　　　　　　　　② 복각
③ 배각　　　　　　　　　　　④ 방향각

TIP
- 교각 : 서로 이웃하는 두 개의 측선이 만나 이루는 각
- 복각 : 지자기 3요소 중 하나로, 지구 자력선 방향이 그곳의 수평면과 이루는 경사각
- 배각 : 어떤 대회에 있어서 동일방향에 대한 망원경의 정위와 반위 결과의 총수의 합
- 방향각 : 임의의 기준에서 어느 측선에 이루는 각

02 방위각의 기준에 대한 설명으로 옳은 것은?
① 임의의 방향을 기준으로 한다.　　② 적도를 기준으로 한다.
③ 자북을 기준으로 한다.　　　　　④ 자오선의 북쪽을 기준으로 한다.

TIP
- ①문항 : 방향각(T)
- ③문항 : 자북방위각(α_m)
- ④문항 : 방위각(α)

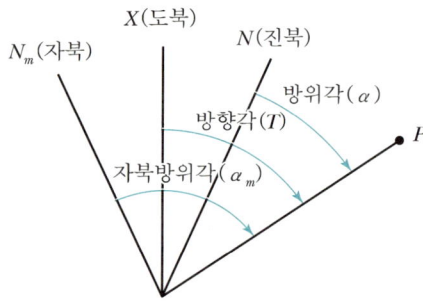

03 자오선의 북을 기준으로 어느 측선까지 시계방향으로 측정한 각은?
① 방향각　　　　　　　　　　② 방위각
③ 고저각　　　　　　　　　　④ 천정각

TIP 자오선의 북(진북)을 기준으로 어느 측선까지 시계방향으로 측정한 각을 방위각이라 한다.

04 임의의 기준선으로부터 어느 측선까지 시계방향으로 잰 수평각을 무엇이라 하는가?
① 방향각　　　　　　　　　　② 방위각
③ 연직각　　　　　　　　　　④ 천정각

TIP
- 방향각 : 임의의 기준선으로부터 어느 측선까지 시계방향으로 잰 수평각
- 방위각 : 자오선의 북(진북)을 기준으로 어느 측선까지 시계방향으로 잰 수평각
- 연직각 : 수직면 내에서 수평면과 어떤 측선이 이루는 각
- 천정각 : 연직선 위쪽 방향을 기준으로 목표물에 대하여 시준선까지 내려서 잰 각

정답　01 ①　02 ④　03 ②　04 ①

05 수직각 중 연직선 아래쪽 방향을 기준으로 목표물에 대하여 시준선까지 올려서 잰 각을 무엇이라 하는가?

① 방향각　　② 고저각　　③ 천정각　　④ 천저각

> **TIP**
> - 방향각 : 임의의 기준선으로부터 어느 측선까지 시계방향으로 잰 각
> - 고저각 : 수직면 내에서 수평면과 어떤 측선이 이루는 각
> - 천정각 : 연직선 위쪽 방향을 기준으로 목표물에 대하여 시준선까지 내려서 잰 각
> - 천저각 : 연직선 아래쪽 방향을 기준으로 목표물에 대하여 시준선까지 올려서 잰 각

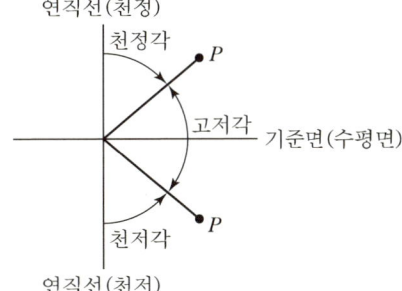

06 다음 각의 종류에 대한 설명이 옳지 않은 것은?

① 방향각 : 임의의 기준선으로부터 어느 측선까지 시계방향으로 잰 수평각
② 방위각 : 자오선을 기준으로 하여 어느 측선까지 시계방향으로 잰 수평각
③ 고저각 : 수평선을 기준으로 목표에 대한 시준선과 이루는 각
④ 천정각 : 수평선을 기준으로 90°까지를 잰 시준각

> **TIP** 천정각
> 연직선 위쪽 방향을 기준으로 목표물에 대하여 시준선까지 내려서 잰 시준각

07 다음 각도의 측정단위에 관한 사항 중 옳은 것은?

① 원주를 360등분할 때 호에 대한 중심각을 1라디안이라 한다.
② 원의 반경과 같은 길이의 호에 대한 중심각을 1그레이드(g)라 한다.
③ 90°는 100그레이드(g)이고 ρ°는 $\frac{180°}{\pi}$이다.
④ 원주를 400등분할 때 그 한 호에 대한 중심각을 1°라 한다.

> **TIP**
> - 호도법 : 원의 반경과 같은 호에 대한 중심각을 1라디안으로 표시
> - 60진법 : 원주를 360등분할 때 그 한 호에 대한 중심각을 1도라 하며, 도, 분, 초로 표시
> - 100진법 : 원주를 400등분할 때 그 한 호에 대한 중심각을 1그레이드(Grade)로 정하여 그레이드, 센티그레이드, 센티센티그레이드로 표시
> - 90°는 100그레이드(g), 360°는 400그레이드(g), $\rho° = \frac{180°}{\pi}$, $\rho' = 60 \times \rho°$, $\rho'' = 60 \times \rho'$

08 1g(Grade)는 몇 분에 해당하는가?

① 54′　　② 55′　　③ 56′　　④ 58′

> **TIP** $100^g : 90° = 1^g : x$
> $\therefore x = \frac{1^g \times 90°}{100^g} = 0.9° = 54'$

09 30°는 몇 라디안(rad)인가?

① 0.52rad ② 0.57rad
③ 0.79rad ④ 1.42rad

> **TIP** $180° : \pi \text{ 라디안} = 30° : x$
> $\therefore x = \dfrac{\pi \text{ 라디안} \times 30°}{180°} = 0.52 \text{ 라디안(rad)}$

10 45°는 약 몇 라디안인가?

① 0.174rad ② 0.571rad
③ 0.785rad ④ 1.571rad

> **TIP** $180° : \pi \text{ 라디안} = 45° : x$
> $\therefore x = \dfrac{\pi \text{ 라디안} \times 45°}{180°} = 0.785 \text{ 라디안(rad)}$

11 어느 측점에서 20.5km 떨어진 두 지점의 점 간 거리가 2m일 때, 두 점 사이의 각은?

① 7.81″ ② 10.31″ ③ 15.62″ ④ 20.12″

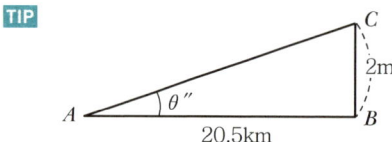

$\therefore \theta'' = \dfrac{\Delta l}{D}\rho'' = \dfrac{2}{20,500} \times 206,265'' \fallingdotseq 20.12''$

12 거리가 2km 떨어진 두 점의 각 관측에서 측각오차가 3″일 때 발생되는 거리오차는 몇 cm인가?

① 2.9cm ② 3.6cm ③ 5.9cm ④ 6.5cm

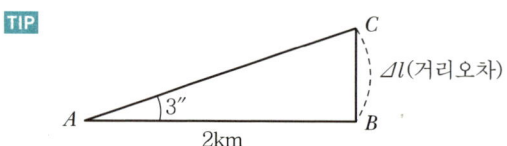

$\theta'' = \dfrac{\Delta l}{D}\rho''$

$\therefore \Delta l = \dfrac{\theta'' D}{\rho''} = \dfrac{3'' \times 2}{206,265''} = 0.000029\text{km} \fallingdotseq 2.9\text{cm}$

13 각오차 30″와 같은 정밀도의 100m에 대한 거리오차는?

① 0.0145m ② 0.0454m ③ 0.1454m ④ 0.2931m

> **TIP** $\theta'' = \dfrac{\Delta l}{D}\rho'' \Rightarrow \therefore \Delta l = \dfrac{\theta'' D}{\rho''} = \dfrac{30'' \times 100}{206,265''} = 0.0145\text{m}$

정답 09 ① 10 ③ 11 ④ 12 ① 13 ①

14 측점 A에 토털스테이션을 세우고 250m 되는 거리에 있는 B점에 세운 프리즘을 시준하였다. 이 때 프리즘이 말뚝 중심에서 좌로 1.5cm가 떨어져 있었다면 이로 인한 각도의 오차는?

① 10.38″
② 12.38″
③ 13.38″
④ 14.38″

TIP $\theta'' = \dfrac{\Delta l}{D}\rho'' = \dfrac{0.015}{250} \times 206,265'' = 12.38''$

15 각의 관측에 사용할 수 없는 기계는?

① 토털스테이션
② 트랜싯
③ 세오돌라이트
④ 레이저 레벨

TIP 레이저 레벨은 레이저를 이용하여 수준(고저)측량을 하는 기계의 한가지이다.

16 각관측기의 망원경 배율에 대한 설명으로 옳은 것은?

① 대물렌즈의 초점거리(F)와 접안렌즈의 초점거리(f)와의 비$\left(\dfrac{F}{f}\right)$를 말한다.

② 접안렌즈의 초점거리(f)와 대물렌즈의 초점거리(F)와의 비$\left(\dfrac{f}{F}\right)$를 말한다.

③ 접안렌즈로부터 기계 중심까지의 거리(c)와 기계 중심에서 대물렌즈까지의 거리(C)와의 비$\left(\dfrac{c}{C}\right)$를 말한다.

④ 대물렌즈로부터 기계 중심까지의 거리(C)와 기계 중심에서 접안렌즈까지의 거리(c)와의 비$\left(\dfrac{C}{c}\right)$를 말한다.

TIP • 망원경 배율은 어떤 목표물을 망원경으로 볼 때의 각 크기가 맨 눈으로 볼 때의 각 크기보다 몇 배로 커지는가로 정의된다.
∴ 망원경 배율 $= \dfrac{\text{대물렌즈 초점거리}}{\text{접안렌즈 초점거리}} = \dfrac{F}{f}$

17 데오드라이트(세오돌라이트)의 세우기와 시준 시 유의사항에 대한 설명으로 옳지 않은 것은?

① 정확한 관측을 위해 한쪽 눈을 감고 시준한다.
② 망원경의 높이는 눈의 높이보다 약간 낮게 한다.
③ 삼각대는 대체로 정삼각형을 이루게 하여 세운다.
④ 기계 조작 시 몸이나 옷이 기계에 닿지 않도록 주의한다.

TIP 시준할 때는 보통 한쪽 눈은 감고 한쪽 눈으로 관측하나 되도록 두 눈을 뜬 채 관측하는 것이 눈의 피로가 적어서 좋다.

정답 14 ② 15 ④ 16 ① 17 ①

18 각관측방법에 대한 설명으로 옳지 않은 것은?

① 조합각관측법은 관측할 여러 개의 방향선 사이의 각을 차례로 방향각법으로 관측하여 최소제곱법에 의하여 각각의 최확값을 구한다.
② 단측법은 높은 정확도를 요구하지 않을 경우에 사용하며 정·반위 관측하여 평균을 한다.
③ 배각법은 반복 관측으로 한 측점에서 한 개의 각을 높은 정밀도로 측정할 때 사용한다.
④ 방향각법은 수평각관측법 중 가장 정확한 값을 얻을 수 있는 방법으로 1등 삼각측량에서 주로 이용된다.

> **TIP** 수평각관측법 중 가장 정확한 값을 얻을 수 있는 방법으로 1등 삼각측량에 주로 이용되는 방법은 각관측법(조합각관측법)이다.

19 수평각관측법 중 1측점에서 1개의 각을 높은 정밀도로 측정할 때 사용하는 방법으로 같은 각을 여러 번 관측하여 시준할 때의 오차를 줄일 수 있고 최소 눈금 미만의 정밀한 관측값을 얻을 수 있는 방법은?

① 단각법 ② 배각법 ③ 방향각법 ④ 조합각관측법

> **TIP** 배각법
> - 한 각을 수회 반복 관측하여 누적된 하나의 협각을 반복횟수로 나누어서 관측각을 구하는 방법이다.
> - 읽음 오차를 줄이는 데 특징이 있으며, 반복법이라고도 한다.

20 어느 측점에 데오드라이트를 설치하여 A, B 두 지점을 2배각으로 관측한 결과 정위 $126°12'36''$, 반위 $126°12'24''$를 얻었다면 두 지점의 내각은?

① $63°06'06''$ ② $63°06'12''$
③ $63°06'15''$ ④ $63°06'30''$

> **TIP** • 배각법은 반복 관측으로 한 측점에서 한 개의 각을 높은 정밀도로 측정할 때 사용한다.
> • 정위일 때 내각 $= \dfrac{126°12'36''}{2} = 63°06'18''$
> • 반위일 때 내각 $= \dfrac{126°12'24''}{2} = 63°06'12''$
> ∴ 두 지점의 내각 $= \dfrac{63°06'18'' + 63°06'12''}{2} = 63°06'15''$

21 시준오차 $±5''$, 눈금읽기오차를 $±10''$로 한 경우 측정횟수가 4일 때 배각법관측의 오차는 어느 것인가?

① $±1.0''$ ② $±3.0''$ ③ $±5.0''$ ④ $±7.0''$

> **TIP** $M = ±\sqrt{\dfrac{2}{n}\left(\alpha^2 + \dfrac{\beta^2}{n}\right)} = ±\sqrt{\dfrac{2}{4}\times\left(5^2 + \dfrac{10^2}{4}\right)} = ±5.0''$

정답 18 ④ 19 ② 20 ③ 21 ③

22 수평각 측정에서 그림과 같이 1점 주위에 여러 개의 각을 측정할 때 한 점을 기준으로 순차적으로 시준하여 측정값을 기록하고 그 차로 각각의 각을 얻는 방법은?

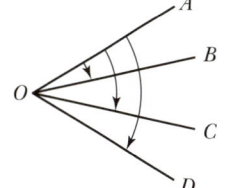

① 배각법
② 조합각관측법
③ 단측법
④ 방향각법

> **TIP** 방향각법은 어떤 시준방향을 기준으로 하여 각 시준방향에 이르는 각을 관측하는 방법으로 1점에서 많은 각을 관측할 때 사용하며, 3등 이하의 삼각측량에 이용된다.

23 시준오차 ±5″, 눈금읽기오차를 ±10″로 한 경우 측정횟수가 4일 때 방향각법의 관측오차는 어느 것인가?

① ±5″ ② ±7.9″ ③ ±10.0″ ④ ±15.0″

> **TIP** $M = \pm\sqrt{\dfrac{2}{n}(\alpha^2+\beta^2)} = \pm\sqrt{\dfrac{2}{4}\times(5^2+10^2)} = \pm 7.9″$

24 수평각관측법 중에서 가장 정확한 값을 얻을 수 있는 방법은?

① 조합각관측법(각관측법)   ② 방향각법(방향관측법)
③ 배각법(반복법)   ④ 단측법(단각법)

> **TIP** 조합각관측법(각관측법)은 한 측점의 둘레에 몇 개의 측선이 있을 때, 기준 측선에서 각 측선 사이에 생긴 각을 모두 1각씩 관측하는 방법이다. 수평각관측법 중에서 가장 정확한 값을 얻을 수 있는 방법으로 1등 삼각측량에서 주로 이용된다.

25 1등 삼각측량을 할 때 수평각 측정 시 사용하는 수평각관측방법은?

① 단측법 ② 배각법 ③ 방향각법 ④ 조합각관측법

> **TIP** 조합각관측법(각관측법)은 수평각관측법 중에서 가장 정확한 값을 얻을 수 있는 방법으로 1등 삼각측량에서 주로 이용된다.

26 하나의 측점에서 5개의 방향선이 구성되어 있을 때 조합각관측법(각관측법)으로 관측할 경우 관측하여야 할 각의 수는?

① 7개 ② 8개 ③ 9개 ④ 10개

> **TIP** • 조합각관측법의 측각 총수 $= \dfrac{1}{2}S(S-1)$
> ∴ 측각 총수 $= \dfrac{1}{2}\times 5\times(5-1) = 10$개

정답 22 ④ 23 ② 24 ① 25 ④ 26 ④

27 각측량에서 기계오차에 해당되지 않는 것은?

① 수평축 오차
② 편심오차
③ 시준오차
④ 연직축 오차

TIP
- 기계오차 : 연직축 오차, 시준축 오차, 수평축 오차, 시준선의 편심오차
- 시준오차는 목표물의 시준 불량으로 발생하는 오차로 부정오차(우연오차)에 해당된다.

28 시준선이 수평축에 직교되지 않기 때문에 발생하는 오차는?

① 시준축 오차
② 구심오차
③ 연직축 오차
④ 눈금오차

TIP
- 시준축 오차 : 시준선이 수평축과 직교되지 않기 때문에 발생하는 오차
- 수평축 오차 : 수평축이 연직축과 직교되지 않기 때문에 발생하는 오차
- 연직축 오차 : 연직축이 기포관축과 직교되지 않기 때문에 발생하는 오차(연직축이 정확히 연직선에 있지 않아 발생되는 오차)

29 다음 중 수평각관측에서 트랜싯의 조정 불완전에서 오는 오차를 소거하는 방법으로 가장 적합한 것은?

① 관측거리를 멀리한다.
② 방향각법으로 관측한다.
③ 관측자를 교체하여 관측하고 평균을 취한다.
④ 망원경 정·반위 위치에서 관측하여 그 평균을 취한다.

TIP 트랜싯의 조정 불완전으로 인한 오차를 소거하는 방법으로는 망원경을 정·반위 관측하여 평균값을 취하는 것이 가장 적합하다.

30 각관측에서 망원경을 정·반으로 관측하여 평균하여 소거되지 않는 오차는?

① 시준축과 수평축이 직교하지 않아 발생되는 오차
② 수평축과 연직축이 직교하지 않아 발생되는 오차
③ 연직축이 정확히 연직선에 있지 않아 발생되는 오차
④ 회전축에 대하여 망원경의 위치가 편심되어 발생되는 오차

TIP
- ①문항 : 시준축 오차
- ②문항 : 수평축 오차
- ③문항 : 연직축 오차
- ④문항 : 시준선 편심오차(외심오차)

※ 연직축 오차는 망원경을 정위, 반위로 측정하여 평균값을 취해도 소거되지 않는 오차이다.

정답 27 ③ 28 ① 29 ④ 30 ③

31 망원경의 정위, 반위로 얻은 값을 평균하여도 소거되지 않는 오차는?

① 시준축 오차
② 연직축 오차
③ 수평축 오차
④ 시준선의 편심오차

> **TIP**
> • 망원경을 정·반위 상태로 관측하여 평균값을 취하여 소거되는 오차 : 시준축 오차, 수평축 오차, 시준선의 편심오차 (외심오차)
> • 망원경을 정·반위 상태로 관측하여 평균값을 취해도 소거되지 않는 오차 : 연직축 오차

32 1개의 각관측오차가 ±5″인 기계를 이용하여 1점에서 9개의 각측량을 실시하였을 때 각 오차의 총합은?

① ±15″ ② ±20″ ③ ±30″ ④ ±45″

> **TIP** 부정오차 전파법칙
> $M = \pm m_1 \sqrt{n}$
> 여기서, M : 부정오차 총합, m_1 : 한 각의 부정오차, n : 횟수
> ∴ $M = \pm 5'' \sqrt{9} = \pm 15''$

33 동등한 정도로 측각하였을 경우 중량평균이라 함은?

① 관측 시의 습도와 관계가 있다.
② 관측 시의 기압과 관계가 있다.
③ 관측 시의 온도와 관계가 있다.
④ 관측횟수와 관계가 있다.

> **TIP** 동등한 정확도로 측량하였더라도 관측횟수에 따라 경중률(중량)에 차이가 있다.

34 같은 사람이 20″ 읽기 또는 40″ 읽기 트랜싯을 사용하여 측각하였다. 이 관측치에 대한 중량비는?

① $P_1 : P_2 = 2 : 1$
② $P_1 : P_2 = 4 : 1$
③ $P_1 : P_2 = 6 : 1$
④ $P_1 : P_2 = 9 : 1$

> **TIP** $P_1 : P_2 = \dfrac{1}{E_1^2} : \dfrac{1}{E_2^2} = \dfrac{1}{20^2} : \dfrac{1}{40^2} = 4 : 1$

35 동일한 각을 측정횟수를 다르게 하여 다음과 같은 값을 얻었다면 최확값은?(단, 47°37′38″(1회 측정값), 47°37′21″(4회 측정 평균값), 47°37′30″(9회 측정 평균값))

① 47°37′30″ ② 47°37′36″ ③ 47°37′28″ ④ 47°37′32″

> **TIP**
> • 경중률은 관측횟수(N)에 비례하므로,
> $W_1 : W_2 : W_3 = N_1 : N_2 : N_3 = 1 : 4 : 9$
> • 경중률을 고려하여 최확값을 구하면,
> ∴ 최확값(α_0) $= \dfrac{W_1 \alpha_1 + W_2 \alpha_2 + W_3 \alpha_3}{W_1 + W_2 + W_3} = \dfrac{(1 \times 47°37′38″) + (4 \times 47°37′21″) + (9 \times 47°37′30″)}{1+4+9} = 47°37′28″$

정답 31 ② 32 ① 33 ④ 34 ② 35 ③

36 서로 다른 세 사람이 동일 조건하에서 한 각을 한 사람이 1회 측정하니 47°37′21″, 다음 사람이 4회 측정하여 평균하니 47°37′20″이고 끝 사람이 5회 측정하여 47°37′18″의 평균값을 얻었다. 이 값의 최확값은?

① 47°37′21.1″   ② 47°37′20.1″   ③ 47°37′19.1″   ④ 47°37′18.1″

TIP $W_1 : W_2 : W_3 = 1 : 4 : 5$

∴ 최확값(α_0) = $\dfrac{W_1\alpha_1 + W_2\alpha_2 + W_3\alpha_3}{W_1 + W_2 + W_3}$ = 47°37′ + $\dfrac{(1 \times 21″) + (4 \times 20″) + (5 \times 18″)}{1 + 4 + 5}$ = 47°37′19.1″

37 측점 O에서 $X_1 = 30°$, $X_2 = 45°$, $X_3 = 77°$의 각관측값을 얻었다. X_1의 조정된 값은?(단, 각 각의 관측 조건은 동일하다.)

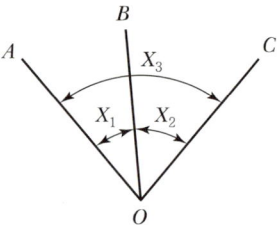

① 30°40′   ② 30°20′   ③ 29°40′   ④ 29°20′

TIP $(X_1 + X_2) - X_3 = (30° + 45°) - 77° = -2°$이므로 X_1과 X_2에는 조정량만큼 (+)해주고, X_3에는 (−)해준다.

X_1 조정량 = $\dfrac{2°}{3}$ = 0°40′(⊕조정)

∴ $X_1 = 30° + 0°40′ = 30°40′$

38 그림에서 ∠A 관측값의 오차 조정량으로 옳은 것은?(단, 동일 조건에서 ∠A, ∠B, ∠C와 전체 각을 관측하였다.)

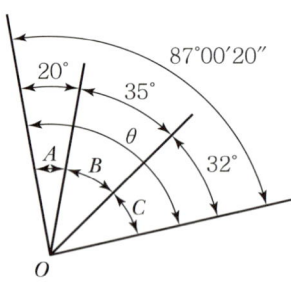

① +5″   ② +6″   ③ +8″   ④ +10″

TIP (∠A + ∠B + ∠C) − θ = (20° + 35° + 32°) − 87°00′20″ = −20″

∴ ∠A 조정량 = $\dfrac{20″}{4}$ = 5″(⊕조정)

39 다음과 같은 각을 관측할 때 ∠AOC의 최확치는?

관측각	관측횟수
$\alpha = 25°25'40''$	2
$\beta = 30°16'46''$	3
$\gamma = 55°42'38''$	5

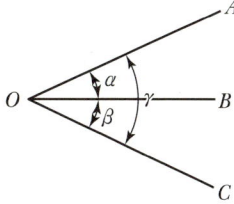

① 55°42′32″
② 55°42′44″
③ 55°42′40.32″
④ 55°42′35.68″

TIP
- $\alpha+\beta=\gamma$의 조건에서 $(\alpha+\beta)-\gamma=-12''$이므로 α와 β에는 조정량만큼 (+)해주고 γ에는 (−)해 준다.

$$W_1 : W_2 : W_3 = \frac{1}{N_1} : \frac{1}{N_2} : \frac{1}{N_3} = \frac{1}{2} : \frac{1}{3} : \frac{1}{5} = 15 : 10 : 6$$

- 조정량 계산

  (1) 조정량 $= \dfrac{\text{오차}}{\text{경중률 합}} \times \text{조정할 각의 경중률}$

  (2) α 조정량 $= \dfrac{12''}{15+10+6} \times 15 = 5.81''$

  (3) β 조정량 $= \dfrac{12''}{15+10+6} \times 10 = 3.87''$

  (4) γ 조정량 $= \dfrac{12''}{15+10+6} \times 6 = 2.32''$

  ∴ ∠AOC의 최확값(γ) $= 55°42'38'' - 2.32'' = 55°42'35.68''$

정답 39 ④

CHAPTER 04 삼각 및 삼변측량

PART 1

1 한눈에 보기

※ 중요 부분은 **집중 이해하기**에 자세히 설명되어 있음을 알려드립니다.

1 삼각측량

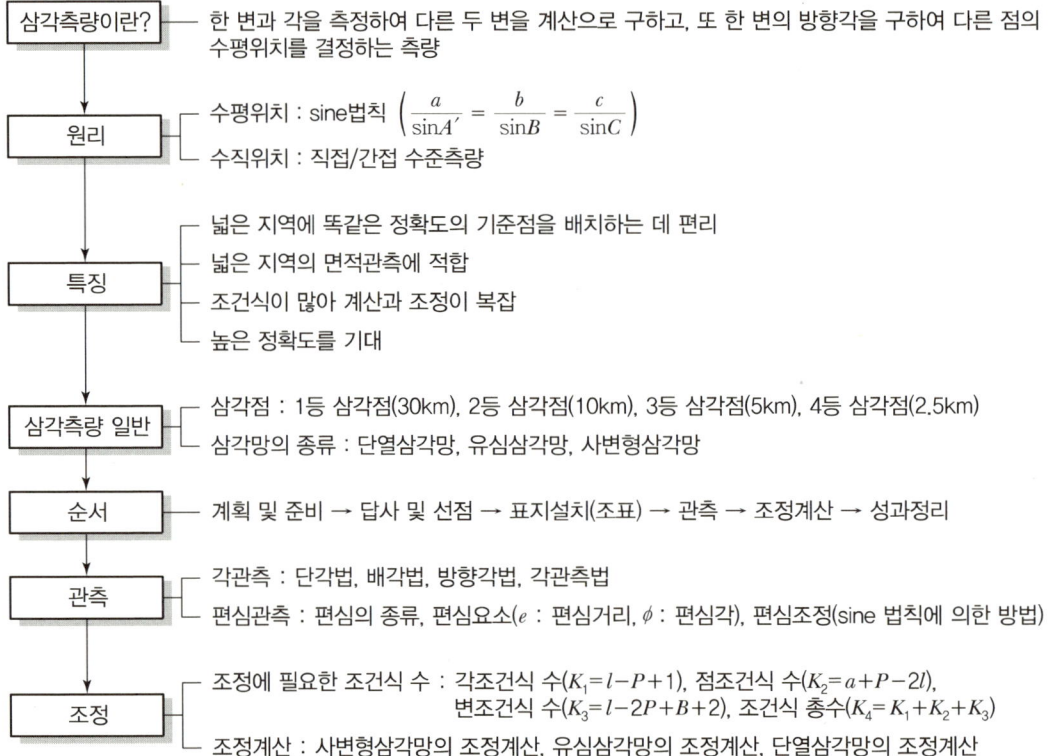

2 삼변측량

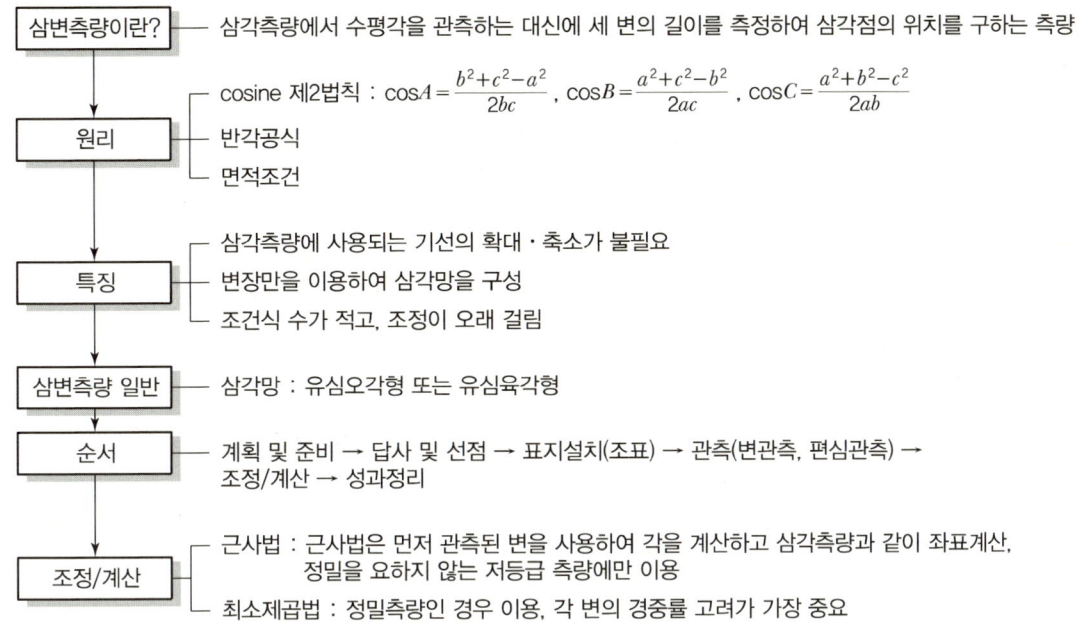

2 집중 이해하기

1 삼각측량(Triangulation)

삼각측량은 다각측량, 지형측량, 지적측량 등 기타 각종 측량에서 골격이 되는 기준점 위치를 sine 법칙으로 정밀하게 결정하기 위해 실시하는 측량법으로 최고의 정확도를 얻을 수 있다.

2 삼각측량의 원리 및 특징

(1) 삼각측량의 원리

① **수평위치** : 한 지점의 수평위치를 결정하려면 방향과 거리를 알면 된다. 그러므로 각 측선의 수평각과 삼각측량의 기준이 되는 기선을 관측하여 sine법칙에 의해 수평위치를 결정한다.
② **수직위치** : 삼각점의 높이는 직접수준측량 또는 간접수준측량으로 구할 수 있으며, 국가수준점을 기준으로 한다.

$$\frac{a}{\sin A'} = \frac{b}{\sin B} = \frac{c}{\sin C}$$

$$b = \frac{\sin B}{\sin A'} \cdot a, \quad c = \frac{\sin C}{\sin A'} \cdot a$$

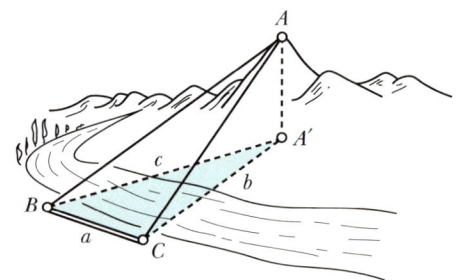

[그림 4-1] 삼각측량의 원리

예제

01. 삼각형의 내각이 각각 $\angle A = 90°$, $\angle B = 30°$, $\angle C = 60°$일 때, 측선 $\overline{AC}(b)$의 길이는?

① 100.0m ② 105.0m
③ 173.2m ④ 200.0m

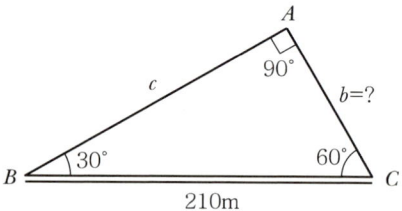

정답 ②

해설 $\dfrac{210}{\sin 90°} = \dfrac{\overline{AC}(b)}{\sin 30°}$

$\therefore \overline{AC}(b) = \dfrac{\sin 30°}{\sin 90°} \times 210 = 105\text{m}$

(2) 특징

① 넓은 지역에 똑같은 정확도의 기준점을 배치하는 데 편리하다.
② 넓은 면적의 측량에 적합하다.
③ 조건식이 많아 계산 및 조정방법이 복잡하다.
④ 각 단계에서 정확도를 점검할 수 있다.
⑤ 높은 정확도를 기대할 수 있다.

3 삼각점 및 삼각망의 종류

(1) 삼각점

① 삼각점은 서로 시통이 잘 되어야 하고, 또 후속 측량에 이용되므로 일반적으로 전망이 좋은 곳에 설치하여야 한다.
② 삼각점은 각관측 정확도에 의해 1등 삼각점, 2등 삼각점, 3등 삼각점, 4등 삼각점 등 4등급으로 나누어진다.

구분	대삼각		소삼각	
	본점(1등)	보점(2등)	3등	4등
평균변의 길이	30km	10km	5km	2.5km
협각	약 60°	30~120°	25~130°	15° 이상
최소읽음값	0.1″	0.1″	1″	1″

(2) 삼각망의 종류

1) 단열삼각망

① 폭이 좁고 거리가 먼 지역에 적합하다.
② 노선, 하천, 터널측량 등에 이용한다.
③ 거리에 비해 관측수가 적으므로 측량이 신속하고 경비가 적게 드나 조건식이 적어 정도가 낮다.

[그림 4-2] 단열삼각망

2) 유심삼각망

① 동일 측점수에 비하여 표면적이 넓다.
② 농지측량 등 방대한 지역의 측량에 적합하다.
③ 정도는 단열삼각망보다 높으나 사변형삼각망보다는 낮다.

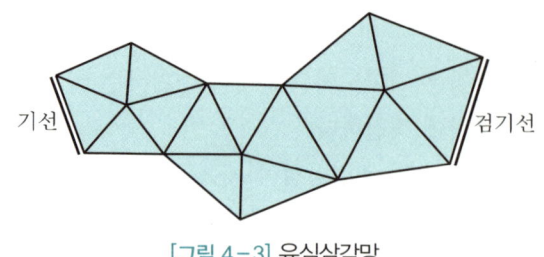

[그림 4-3] 유심삼각망

3) 사변형삼각망
① 기선삼각망에 이용한다.
② 조건식의 수가 가장 많아 정밀도가 높다.
③ 조정이 복잡하고 포함 면적이 적으며 시간과 비용이 많이 든다.

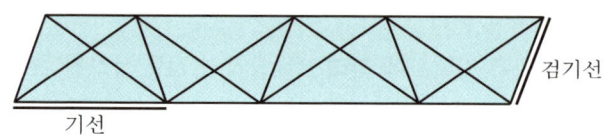

[그림 4-4] 사변형삼각망

예제

02. 삼각망의 종류에 대한 설명으로 옳지 않은 것은?
① 단열삼각망 : 하천, 도로, 터널측량 등 좁고 긴 지역에 적합하며 경제적이다.
② 사변형삼각망 : 가장 정도가 낮으며, 피복면적이 작아 비경제적이다.
③ 유심삼각망 : 측점수에 비해 피복면적이 가장 넓다.
④ 사변형삼각망 : 조건식이 많아서 가장 정도가 높으므로 기선삼각망에 사용된다.

정답 ②

---

4 삼각측량의 작업순서

(1) 삼각측량의 일반적 순서

(2) 선점

① 가능한 한 측점수가 적고 세부측량에 이용가치가 커야 한다.
② 삼각형은 정삼각형에 가까울수록 좋으나 가능한 한 1개의 내각은 30~120° 이내로 한다.
③ 삼각점의 위치는 다른 삼각점과 시준이 잘 되어야 한다.

④ 견고한 땅이어야 하고 위치의 이동이 없고 침하하지 않는 곳이 좋다.
⑤ 많은 나무의 벌채를 요하거나 높은 측표를 요하는 지점은 가능한 한 피한다.
⑥ 삼각점은 측량구역 내에서 한쪽에 편중되지 않도록 고른 밀도로 배치한다.
⑦ 미지점은 최소 3개, 최대 5개의 기지점에서 정·반 양방향으로 시통이 되도록 한다.

예제

03. 삼각점의 선점 시 주의사항으로 옳지 않은 것은?

① 측점수가 적고 세부측량 등에 이용가치가 큰 점이어야 한다.
② 삼각형은 될 수 있는 대로 정삼각형으로 한다.
③ 지반이 견고하고 이동, 침하 및 동결 지반은 피한다.
④ 삼각망의 한 내각의 크기는 90~130°로 해야 한다.

정답 ④

---

(3) 각관측

1) 수평각관측

수평각은 기선과 함께 변장계산의 요소가 되므로 삼각측량의 목적, 정도에 따라 정밀하게 관측하여야 하며, 삼각측량에서는 정밀도가 높은 토털스테이션(TS)이 사용된다. 각관측방법은 정도에 따라 단측법, 배각법, 방향각법, 각관측법 등을 이용한다.

2) 편심(귀심)관측

① 삼각측량에서는 삼각점의 표석, 측표 및 기계의 중심이 연직선상에 일치되어 있는 것이 이상적이나 현지의 상황에 따라 이 조건이 만족되지 않는 조건하에서 측량하는 것을 편심관측이라 한다.

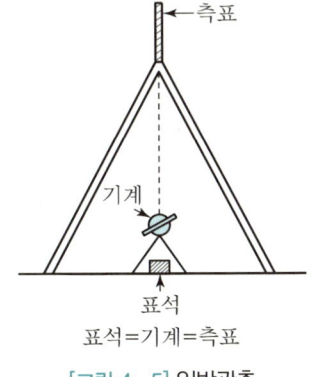

표석=기계=측표

[그림 4-5] 일반관측

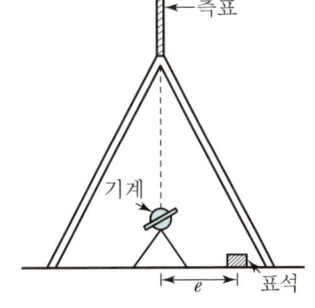

표석≠기계=측표

[그림 4-6] 편심관측(I)

② 편심측량 계산

$$\frac{e}{\sin x_1} = \frac{S_1'}{\sin(360°-\phi)}$$

$$\therefore x_1 = \sin^{-1}\frac{e\sin(360°-\phi)}{S_1'}$$

또는 $x_1'' = \frac{e\sin(360°-\phi)}{S_1'}\rho''$

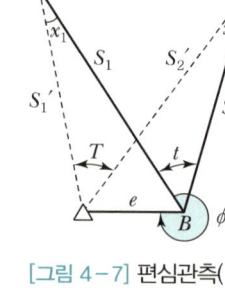

[그림 4-7] 편심관측(Ⅱ)

$$\frac{e}{\sin x_2} = \frac{S_2'}{\sin(360°-\phi+t)}$$

$$\therefore x_2 = \sin^{-1}\frac{e\sin(360°-\phi+t)}{S_2'}$$

또는 $x_2'' = \frac{e\sin(360°-\phi+t)}{S_2'}\rho''$

$$\therefore T = t + x_2 - x_1$$

여기서, S_1, S_2 : 시준거리
  $e \leq S_1$, S_2 이므로 $S_1' \fallingdotseq S_1$, $S_2' \fallingdotseq S_2$
T, t : 관측각
e : 편심거리
ϕ : 편심각

예제

04. 삼각점 A에 기계를 설치하여 삼각점 B가 시준되지 않기 때문에 점 P를 관측하여 $T' = 68°32'15''$를 얻었을 때 보정각 T는?(단, $S = 1.3$km, $e = 5$m, $\phi = 302°56'$)

① $69°21'09.2''$
② $68°48'07''$
③ $68°21'09.2''$
④ $69°18'07''$

정답 ③

해설 $\frac{S'}{\sin(360°-\phi)} = \frac{e}{\sin x} \Rightarrow \sin x = \frac{e \times \sin(360°-\phi)}{S'}$

$\therefore x'' = \frac{e \times \sin(360°-\phi)}{S'}\rho'' = \frac{5 \times \sin(360°-302°56')}{1,300} \times 206,265'' = 665.8'' = 0°11'05.8''$

$\therefore T = T' - x'' = 68°32'15'' - 0°11'05.8'' = 68°21'09.2''$

[그림 4-8] 삼각측량 및 삼변측량

(4) 조정계산

1) 각관측 3조건
   ① 삼각망 중 각각 삼각형 내각의 합은 180°가 될 것(각조건)
   ② 한 측점 주위에 있는 모든 각의 총합은 360°가 될 것(점조건)
   ③ 삼각망 중에서 임의 한 변의 길이는 계산순서에 관계없이 동일할 것(변조건)

2) 조정에 필요한 조건식 수
   ① 각조건식 수 : $K_1 = l - P + 1$
   ② 점조건식 수 : $K_2 = a + P - 2l$
   ③ 변조건식 수 : $K_3 = l - 2P + B + 2$
   ④ 조건식 총수 : $K_4 = a + B - 2P + 3$, $K_4 = K_1 + K_2 + K_3$

   여기서, l : 변의 수
   B : 기선의 수
   P : 삼각점의 수
   a : 관측각의 수

예제

05. 그림과 같은 사변형에서 각조건식의 수는?

① 2개
② 3개
③ 4개
④ 5개

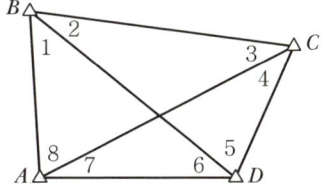

정답 ②

해설 각 조건식 수(K_1) = $l - P + 1 = 6 - 4 + 1 = 3$개
여기서, l : 변의 수, P : 삼각점의 수

3) 각종 삼각망의 조정 계산

① 사변형삼각망의 조정 계산

사변형삼각망	조정 계산방법
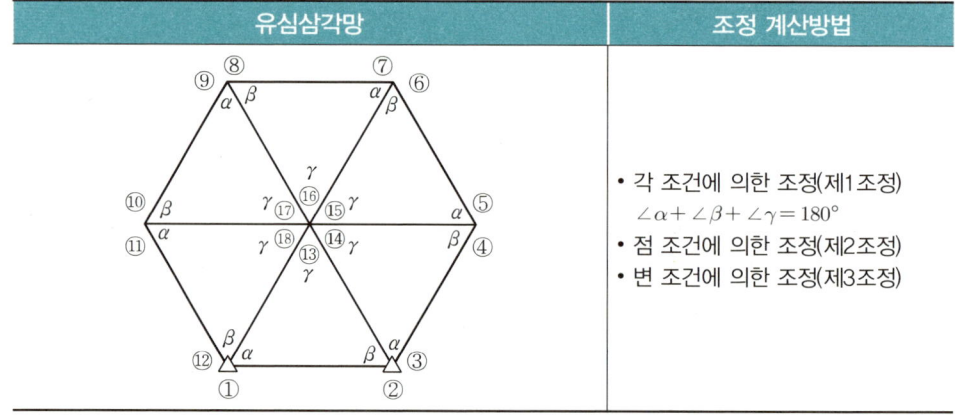	• 각 조건에 의한 조정(제1조정) $\angle① + \angle② + \cdots + \angle⑧ = 360°$ $\angle① + \angle② = \angle⑤ + \angle⑥$ $\angle③ + \angle④ = \angle⑦ + \angle⑧$ • 변 조건에 의한 조정(제2조정) $\dfrac{\sin② \cdot \sin④ \cdot \sin⑥ \cdot \sin⑧}{\sin① \cdot \sin③ \cdot \sin⑤ \cdot \sin⑦} = 1$

② 유심삼각망의 조정 계산

유심삼각망	조정 계산방법
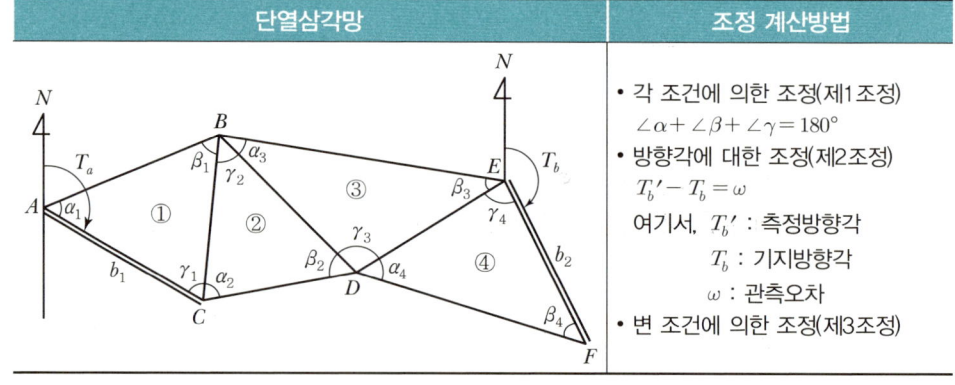	• 각 조건에 의한 조정(제1조정) $\angle\alpha + \angle\beta + \angle\gamma = 180°$ • 점 조건에 의한 조정(제2조정) • 변 조건에 의한 조정(제3조정)

③ 단열삼각망 조정 계산

단열삼각망	조정 계산방법
	• 각 조건에 의한 조정(제1조정) $\angle\alpha + \angle\beta + \angle\gamma = 180°$ • 방향각에 대한 조정(제2조정) $T_b' - T_b = \omega$ 여기서, T_b' : 측정방향각 　　　　T_b : 기지방향각 　　　　ω : 관측오차 • 변 조건에 의한 조정(제3조정)

예제

06. 점 C와 D의 평면좌표를 구하기 위하여 기지 삼각점 A, B로부터 사변형삼각망에 의한 삼각측량을 실시하였다. 변조정에 앞서 각 조정 실시에 필요한 최소한의 조건식이 아닌 것은?

① $\alpha_1 + \alpha_2 = \alpha_5 + \alpha_6$
② $\alpha_1 + \alpha_2 + \alpha_7 + \alpha_8 = 180°$
③ $\alpha_3 + \alpha_4 = \alpha_7 + \alpha_8$
④ $\sum_{i=1}^{8} \alpha_i = 360°$

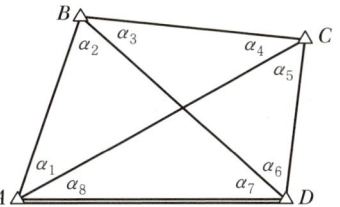

정답 ②

5 지구의 곡률오차 및 빛의 굴절오차에 의한 오차

(1) 지구의 곡률에 의한 오차(구차)

지구가 회전타원체인 것에서 기인된 오차를 말하며, 이 오차만큼 크게 조정한다.

$$E_c = + \frac{S^2}{2R}$$

(2) 빛의 굴절에 의한 오차(기차)

지구 공간에 대기가 지표면에 가까울수록 밀도가 커지면서 생기는 오차를 말하며, 이 오차만큼 작게 조정한다.

$$E_r = - \frac{KS^2}{2R}$$

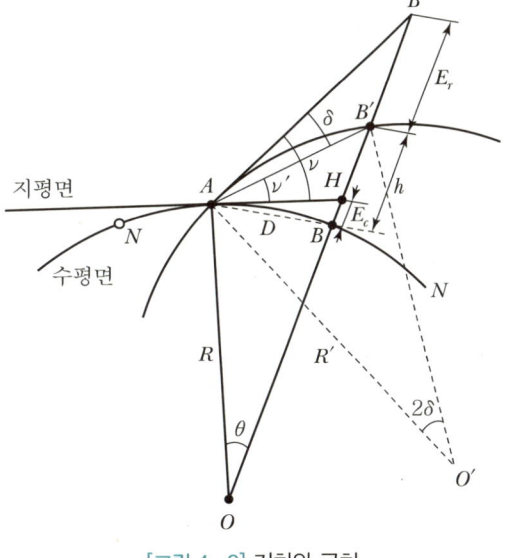

[그림 4-9] 기차와 구차

(3) 양차

구차와 기차의 합을 말한다.

$$\Delta E = E_c + E_r = \frac{S^2}{2R} - \frac{KS^2}{2R} = \frac{(1-K)S^2}{2R}$$

여기서, E_c : 구차, E_r : 기차, ΔE : 양차,
R : 지구반경, S : 수평거리, K : 빛의 굴절계수

> **예제**
>
> **07.** 삼각수준측량에서 A, B 두 점 간의 거리가 10km이고 굴절계수가 0.14일 때 양차는? (단, 지구 반지름=6,370km)
>
> ① 4.32m　　　　　　　　② 5.38m
> ③ 6.75m　　　　　　　　④ 7.05m
>
> **정답** ③
>
> **해설** 양차(ΔE) $= \dfrac{S^2}{2R} - \dfrac{KS^2}{2R} = \dfrac{(1-K)}{2R} \times S^2 = \dfrac{(1-0.14)}{2 \times 6,370} \times 10^2 = 0.00675\text{km} = 6.75\text{m}$

6 삼변측량(Trilateration)

삼각측량에서 수평각을 관측하는 대신에 세 변의 길이를 측정하여 삼각점의 위치를 구하는 측량으로 최근 토털스테이션(TS), GNSS측량과 같은 관측기기를 이용하여 높은 정밀도의 삼변측량을 수행하고 있다.

7 삼변측량의 원리

삼변측량은 cosine 제2법칙, 반각공식, 면적조건을 이용하여 변길이로부터 각을 구하고 이 각과 변길이에 의해 수평위치를 구한다.

(1) cosine 제2법칙

$$\cos A = \frac{b^2 + c^2 - a^2}{2bc}$$

$$\cos B = \frac{a^2 + c^2 - b^2}{2ac}$$

$$\cos C = \frac{a^2 + b^2 - c^2}{2ab}$$

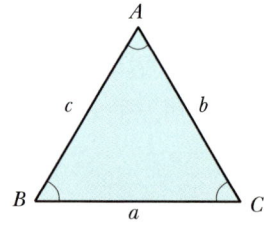

[그림 4-10] cosine 제2법칙

(2) 반각공식

$$\sin\frac{A}{2} = \sqrt{\frac{(S-b)(S-c)}{bc}},\ \cos\frac{A}{2} = \sqrt{\frac{S(S-a)}{bc}},\ \tan\frac{A}{2} = \sqrt{\frac{(S-b)(S-c)}{S(S-a)}}$$

단, $S = \dfrac{1}{2}(a+b+c)$

(3) 면적조건

$$\sin A = \frac{2}{bc}\sqrt{S(S-a)(S-b)(S-c)} \quad 단, \ S = \frac{1}{2}(a+b+c)$$

예제

08. 삼각형 세 변이 각각 $a=43m$, $b=46m$, $c=39m$로 주어질 때 각 α는?

① $51°50'41''$
② $60°06'38''$
③ $68°02'41''$
④ $72°00'26''$

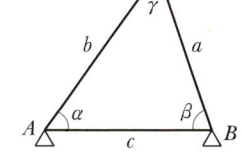

정답 ②

해설 cosine 제2법칙에서 $\cos\alpha = \dfrac{b^2+c^2-a^2}{2bc}$

$\therefore \alpha = \cos^{-1}\dfrac{b^2+c^2-a^2}{2bc} = \cos^{-1}\dfrac{46^2+39^2-43^2}{2\times 46\times 39} = 60°06'38''$

8 삼변측량의 특징

① 변장만을 이용하여 삼각망을 구성한다(변의 길이를 정확히 측정).
② 삼각측량에 사용되는 기선의 확대·축소가 불필요하다.
③ 적당한 각을 관측하여 삼각망의 오차를 점검할 수도 있다.
④ 조건식 수가 적고, 조정이 오래 걸린다.
⑤ 정확도를 높이기 위해서는 많은 복수변장 관측이 필요하다.

예제

09. 삼변측량에 대한 설명으로 옳지 않은 것은?

① 삼각측량에서 수평각을 관측하는 대신에 삼 변의 길이를 관측하여 삼각점의 위치를 정확히 구하는 측량이다.
② 삼변측량에서는 변장 측정값에는 오차가 따르지 않는다고 가정한다.
③ 전파나 광파를 이용한 거리측량기가 발달하여 높은 정밀도로 장거리를 측량할 수 있게 됨으로써 삼변측량방법이 발전되었다.
④ 토털스테이션을 사용하여 삼변측량을 할 경우, 삼각측량과 같이 삼각점 간의 시준이 필요하다.

정답 ②

9 삼변망

① 삼변측량에서는 변을 적게 관측하면 조건수식이 성립되지 않으므로 정밀도를 검증하기 위해서는 많은 잉여조건이 필요하게 되며, 이러한 잉여조건을 충족시키기 위해서는 복잡한 기하학적인 도형이 필요하게 된다.

② 이론적으로 유심오각형 또는 유심육각형 삼변망이 가장 이상적인 도형이나 실제로 현장에서는 모두 이러한 도형을 구성하기가 불가능하므로 추가 측선을 가진 유심사각형 또는 유심오각형이 실제적으로 가장 바람직한 삼변망이다.

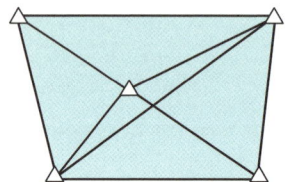 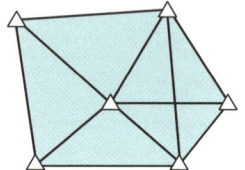

[그림 4-11] 삼변망

[그림 4-12] GNSS에 의한 삼변측량

10 삼변측량의 조정

① 삼변망의 조정은 삼각망의 조정과 같이 간이조정법과 엄밀조정법으로 구분할 수 있으며, 간이법은 먼저 측정된 변을 사용하여 각을 계산하고 삼각측량 측정각 조정에 의해 좌표를 산정한다.

② 간이법은 정밀을 요하지 않는 저등급의 측량에만 사용하며 정밀한 측량의 경우에는 최소제곱법의 원리를 이용한다.

3 핵심 문제 익히기

01 삼각측량에 대한 설명으로 틀린 것은?

① 삼각법에 의해 삼각점의 높이를 결정한다.
② 각 측점을 연결하여 다수의 삼각형을 만든다.
③ 삼각망을 구성하는 삼각형의 내각을 관측한다.
④ 삼각망의 한 변의 길이를 정확하게 관측하여 기선을 정한다.

> **TIP** 삼각측량은 각 측선의 수평각과 삼각측량의 기준이 되는 기선을 관측하여 sine법칙에 의해 수평위치(x, y)를 결정한다.

02 삼각측량과 다각측량에 대한 다음 설명 중 부적당한 것은?

① 삼각측량은 주로 각을 실측하고 삼각점의 거리는 간접적으로 구해서 위치를 정한다.
② 다각측량은 주로 각과 거리를 실측하여 점의 위치를 개별로 구한다.
③ 삼각측량이 곤란한 지역에서는 다각측량이 일반적으로 행해진다.
④ 다각측량으로 구한 위치는 근거리측량이므로 삼각점의 위치보다도 일반적으로 정확도가 좋다.

> **TIP** 삼각측량은 각종 측량의 골격이 되는 기준점 위치를 sine법칙으로 정밀하게 결정하기 위하여 실시하는 측량으로 최고의 정확도를 얻을 수 있다(일반적으로 삼각측량이 다각측량보다 정확도가 높다).

03 삼각측량의 특징에 대한 설명으로 옳지 않은 것은?

① 넓은 면적 측량에 적합하다.
② 단계별 정확도를 점검할 수 있다.
③ 넓은 지역에 같은 정확도로 기준점을 배치하는 데 편리하다.
④ 계산을 위한 조건식이 적어 계산 및 조정방법이 단순하다.

> **TIP** 삼각측량은 조건식이 많아 계산 및 조정방법이 복잡하다.

04 삼각측량의 특징에 대한 설명으로 옳지 않은 것은?

① 넓은 면적의 측량에 적합하다.
② 높은 정확도를 기대할 수 있다.
③ 다른 기준점측량과 비교하여 조건식이 많아 계산 및 조정방법이 복잡하다.
④ 평야지대나 산림지대에서는 작업이 매우 간단하여 유용하다.

> **TIP** 산림지대에서는 시통이 어려우므로 작업이 매우 복잡하다.

정답 01 ① 02 ④ 03 ④ 04 ④

05 평면 삼각형 ABC에서 $\angle A$, $\angle B$와 변의 길이 a를 알고 있을 때 변의 길이 b를 구할 수 있는 식은?

① $b = \dfrac{a}{\sin \angle A} \sin \angle B$

② $b = \dfrac{a}{\cos \angle A} \cos \angle B$

③ $b = \dfrac{a}{\cos \angle B} \sin \angle A$

④ $b = \dfrac{a}{\sin \angle A} \sin \angle A$

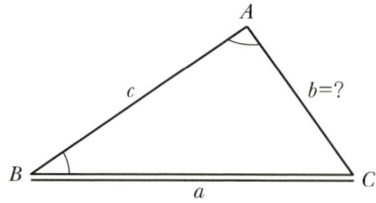

TIP sine법칙에 의해 $\overline{AC}(b)$변을 구하면,

$$\dfrac{a}{\sin \angle A} = \dfrac{b}{\sin \angle B}$$

$$\therefore b = \dfrac{\sin \angle B}{\sin \angle A} \times a$$

06 다음 삼각형에서 $\overline{AB}$의 거리는?(단, $\angle A = 61°25'30''$, $\angle B = 59°38'26''$, $\angle C = 58°56'04''$이며 $\overline{BC}$의 거리는 287.58m이다.)

① 296.69m

② 285.48m

③ 282.56m

④ 280.50m

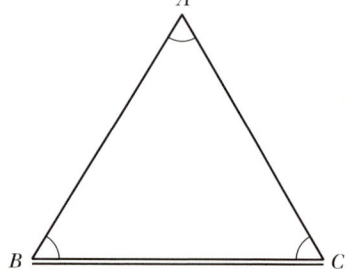

TIP sine법칙에 의해 $\overline{AB}$변을 구하면,

$$\dfrac{287.58}{\sin 61°25'30''} = \dfrac{\overline{AB}}{\sin 58°56'04''}$$

$$\therefore \overline{AB} = \dfrac{\sin 58°56'04''}{\sin 61°25'30''} \times 287.58 = 280.50 \text{m}$$

07 삼각측량에서 기선 $a = 450$m일 때 변 b의 길이는?(단, $\angle A = 60°15'28''$, $\angle B = 59°27'32''$)

① 432.558m

② 446.371m

③ 468.229m

④ 563.988m

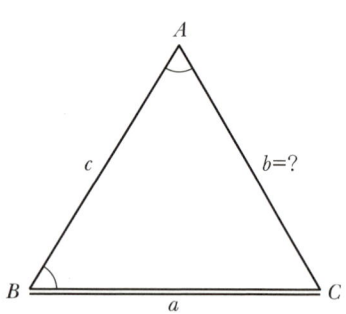

TIP sine법칙에 의해 $\overline{AC}(b)$변을 구하면,

$$\dfrac{450}{\sin 60°15'28''} = \dfrac{b}{\sin 59°27'32''}$$

$$\therefore b = \dfrac{\sin 59°27'32''}{\sin 60°15'28''} \times 450 = 446.371 \text{m}$$

정답 05 ① 06 ④ 07 ②

08 삼각측량에서 삼각법(사인법칙)에 의해 변 a의 길이를 구하는 식으로 옳은 것은?(단, b는 기선)

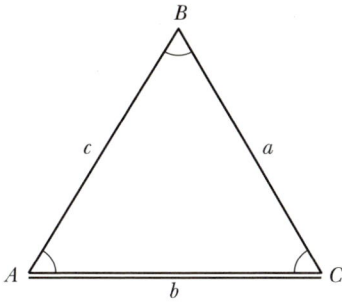

① $\log a = \log b + \log \sin A + \log \sin B$
② $\log a = \log b + \log \sin A - \log \sin B$
③ $\log a = \log b - \log \sin A - \log \sin B$
④ $\log a = \log b - \log \sin A + \log \sin B$

TIP sine법칙에 의해 $\overline{BC}(a)$변을 구하면,
$\dfrac{a}{\sin A} = \dfrac{b}{\sin B} = \dfrac{c}{\sin C}$
$\Rightarrow a = \dfrac{\sin A}{\sin B} \cdot b$
여기서, log를 취하면,
$\therefore \log a = \log b + \log \sin A - \log \sin B$

09 삼각망의 변조정 계산에서 sine 법칙에 의한 계산식 $a = b\dfrac{\sin A}{\sin B}$에 대수를 취한 것으로 옳은 것은?

① $\log a = \log b + \log \sin A - \log \sin B$
② $\log a = \log b - \log \sin A + \log \sin B$
③ $\log a = \log b + \log \sin A + \log \sin B$
④ $\log a = \log b - \log \sin A - \log \sin B$

TIP sine법칙에 의해 계산식 $a = b\dfrac{\sin A}{\sin B}$에 log를 취하면,
$\therefore \log a = \log b + \log \sin A - \log \sin B$

10 변 길이 계산에서 대수를 취한 조건의 식과 같은 것은?

$$\log c = \log b + \log \sin C - \log \sin B$$

① $c = b\dfrac{\sin C}{\sin B}$
② $c = b\dfrac{\sin B}{\sin C}$
③ $c = b\dfrac{\log C}{\log B}$
④ $c = b\dfrac{\log B}{\log C}$

TIP sine법칙에 의해 $c = \dfrac{\sin C \times b}{\sin B}$에 log를 취하면,
$\therefore \log c = \log b + \log \sin C - \log \sin B$

정답 08 ② 09 ① 10 ①

11 그림과 같은 삼각망에서 측선 $\overline{CD}$ 의 거리는?

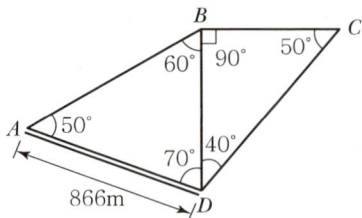

① 776m   ② 866m   ③ 1,000m   ④ 1,562m

TIP sine법칙에 의해 먼저 $\overline{BD}$ 거리를 구하면,

$$\frac{866}{\sin 60°} = \frac{\overline{BD}}{\sin 50°}$$

$$\Rightarrow \overline{BD} = \frac{\sin 50°}{\sin 60°} \times 866 = 766\text{m}$$

$\overline{BD}$ 거리를 이용하여 sine법칙을 적용 $\overline{CD}$ 거리를 구하면,

$$\frac{\overline{CD}}{\sin 90°} = \frac{766}{\sin 50°}$$

$$\therefore \overline{CD} = \frac{\sin 90°}{\sin 50°} \times 766 ≒ 1,000\text{m}$$

12 다음 삼각망에서 $\overline{BD}$ 의 거리는 얼마인가?

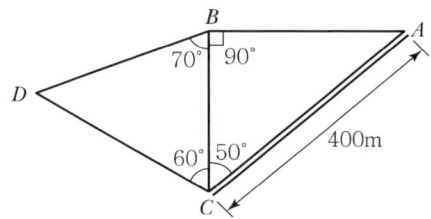

① 257.115m   ② 290.673m   ③ 314.358m   ④ 343.274m

TIP sine법칙에 의해 먼저 $\overline{BC}$ 거리를 구하면,

$$\frac{400}{\sin 90°} = \frac{\overline{BC}}{\sin 40°}$$

여기서, $\angle A = 180° - (90° + 50°) = 40°$

$$\Rightarrow \overline{BC} = \frac{\sin 40°}{\sin 90°} \times 400 = 257.115\text{m}$$

$\overline{BC}$ 거리를 이용하여 sine법칙을 적용 $\overline{BD}$ 거리를 구하면,

$$\frac{257.115}{\sin 50°} = \frac{\overline{BD}}{\sin 60°}$$

여기서, $\angle D = 180° - (70° + 60°) = 50°$

$$\therefore \overline{BD} = \frac{\sin 60°}{\sin 50°} \times 257.115 = 290.673\text{m}$$

정답 11 ③ 12 ②

13 기선 $D=20\text{m}$, 수평각 $\alpha=80°$, $\beta=70°$, 연직각 $V=40°$를 측정하였다. 높이 H는?(단, A, B, C점은 동일 평면이다.)

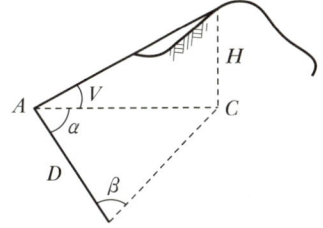

① 31.54m
② 32.42m
③ 32.63m
④ 33.56m

> **TIP** sine법칙에 의해 $\overline{AC}$ 변을 구하면,
> $$\frac{20}{\sin 30°} = \frac{\overline{AC}}{\sin 70°}$$
> $\Rightarrow \overline{AC} = 37.59\text{m}$
> $\overline{AC}$ 변을 이용하여 H를 구하면,
> $$\tan V = \frac{H}{\overline{AC}}$$
> $\therefore H = \overline{AC} \times \tan V = 37.59 \times \tan 40° = 31.54\text{m}$

14 삼각망의 종류에서 조건식의 수는 많으나 가장 높은 정확도로 측량할 수 있는 방법은?

① 유심삼각망 ② 복합삼각망 ③ 단열삼각망 ④ 사변형삼각망

> **TIP**
> • 사변형삼각망 : 조건식의 수가 가장 많아 정밀도가 높다.
> • 단열삼각망 : 조건식의 수가 적어 정도가 낮다.
> • 유심삼각망 : 정도는 단열삼각망보다 높으나 사변형삼각망보다는 낮다.

15 삼각망의 종류에 대한 설명으로 옳지 않은 것은?

① 단열삼각망 : 하천, 도로, 터널측량 등 좁고 긴 지역에 적합하며 경제적이다.
② 사변형삼각망 : 가장 정도가 낮으며, 피복면적이 작아 비경제적이다.
③ 유심삼각망 : 측점수에 비해 피복면적이 가장 넓다.
④ 사변형삼각망 : 조건식이 많아서 가장 정도가 높으므로 기선삼각망에 사용된다.

> **TIP** 사변형삼각망은 조건식의 수가 가장 많고 정밀도가 높아 기선삼각망에 이용된다. 그러나 조정이 복잡하고 포함 면적이 적으며, 시간과 비용이 많이 든다.

16 삼각망의 한 종류로서 농지측량 등 방대한 지역의 측량에 적합하고 측점수에 비하여 포함면적이 가장 넓은 것은?

① 유심삼각망 ② 사변형삼각망 ③ 단열삼각망 ④ 팔각형삼각망

> **TIP** 유심삼각망
> • 동일 측점수에 비하여 포함 면적이 넓다.
> • 농지측량 등 방대한 지역의 측량에 적합하다.
> • 정도는 단열삼각망보다 높으나 사변형삼각망보다는 낮다.

정답 13 ① 14 ④ 15 ② 16 ①

17 하천조사 측량의 골조측량에 주로 사용되는 삼각망의 형태는?

① 단열삼각망 ② 유심다각망
③ 사변형삼각망 ④ 육각형삼각망

> **TIP** 단열삼각망
> • 폭이 좁고 거리가 먼 지역에 적합하다.
> • 노선, 하천, 터널측량 등의 골조측량에 이용된다.
> • 거리에 비해 관측수가 적으므로 측량이 신속하고 경비가 적게 드나 조건식이 적어 정도가 낮다.

18 단열삼각망의 특징에 대한 설명으로 틀린 것은?

① 노선, 하천, 터널 등과 같이 폭이 좁고 거리가 먼 지역에 적합하다.
② 조건식의 수가 많아 삼각측량이나 기선삼각망 등에 주로 사용한다.
③ 거리에 비하여 측점수가 적으므로 측량이 신속하다.
④ 다른 삼각망에 비해 정확도가 낮다.

> **TIP** ②문항 : 사변형삼각망

19 삼각측량의 작업순서로 옳은 것은?

① 답사 및 선점 – 관측 – 조표 – 계산 – 성과표 작성
② 조표 – 성과표 작성 – 답사 및 선점 – 관측 – 계산
③ 조표 – 관측 – 답사 및 선점 – 성과표 작성 – 계산
④ 답사 및 선점 – 조표 – 관측 – 계산 – 성과표 작성

> **TIP** 삼각측량의 작업순서
> 계획 및 준비 – 답사 및 선점 – 표지설치(조표) – 관측 – 조정/계산 – 성과정리

20 삼각측량의 작업순서로 옳은 것은?

① 조표 – 선점 – 각관측 – 계산 – 성과표 작성 – 기선측량 – 삼각망도 작성
② 선점 – 조표 – 기선측량 – 각관측 – 계산 – 성과표 작성 – 삼각망도 작성
③ 선점 – 조표 – 각관측 – 계산 – 기선측량 – 성과표 작성 – 삼각망도 작성
④ 조표 – 선점 – 기선측량 – 각관측 – 성과표 작성 – 계산 – 삼각망도 작성

> **TIP** 삼각측량의 작업순서
> 계획 및 준비 – 답사 및 선점 – 표지설치(조표) – 기선측량 – 각관측 – 조정/계산 – 성과정리

정답 17 ① 18 ② 19 ④ 20 ②

21 다음은 삼각측량방법의 순서이다. ( ) 안에 적당한 것은?

> 도상계획 → (　　　) → 조표 → 기선측량 → … → 삼각망의 조정

① 수직각관측　　② 수평각관측
③ 삼각망 계산　　④ 답사 및 선점

TIP 삼각측량의 작업순서
계획 및 준비 – 답사 및 선점 – 표지설치(조표) – 관측 – 조정/계산 – 성과정리

22 삼각측량의 작업순서가 옳은 것은?

① 도상계획 → 답사 및 선점 → 조표 → 각관측 → 삼각망의 조정 → 좌표 계산
② 도상계획 → 답사 및 선점 → 조표 → 각관측 → 좌표 계산 → 삼각망의 조정
③ 답사 및 선점 → 조표 → 도상계획 → 각관측 → 삼각망의 조정 → 좌표 계산
④ 답사 및 선점 → 조표 → 도상계획 → 각관측 → 좌표 계산 → 삼각망의 조정

TIP 삼각측량의 작업순서
계획(도상계획) 및 준비 – 답사 및 선점 – 표지설치(조표) – 관측(각관측) – 조정/계산 – 성과정리

23 삼각점의 선점은 측량의 목적, 정확도 등을 고려하여 실시하여야 한다. 이때 주의하여야 할 사항에 대한 설명으로 옳지 않은 것은?

① 삼각점은 될 수 있는 한 정확한 측량을 위해 점 수를 늘려 많게 한다.
② 삼각점은 지반이 견고해야 하며, 이동, 침하 및 동결 지반이 아니어야 한다.
③ 삼각점 위치는 트래버스측량, 세부측량 등의 후속측량이 편리한 곳에 설치하여야 한다.
④ 삼각형은 가능한 한 정삼각형의 형태로 하는 것이 관측의 정확도를 높이는 데 유리하다.

TIP 삼각점의 선점 시 삼각점은 가능한 한 측점수가 적고, 세부측량에 이용가치가 커야 한다.

24 삼각점의 선점 시 주의사항으로 옳지 않은 것은?

① 측점수가 적고 세부측량 등에 이용가치가 큰 점이어야 한다.
② 삼각형은 될 수 있는 대로 정삼각형으로 한다.
③ 지반이 견고하고 이동, 침하 및 동결 지반은 피한다.
④ 삼각망의 한 내각의 크기는 90~130°로 해야 한다.

TIP 삼각점의 선점 시 삼각망의 한 내각의 크기는 30~120°로 한다.

정답　21 ④　22 ①　23 ①　24 ④

25 삼각측량을 위한 삼각점 선점을 위하여 고려하여야 할 사항으로 가장 거리가 먼 것은?

① 삼각형은 되도록 정삼각형에 가까울 것
② 다음 측량을 하기에 편리한 위치일 것
③ 삼각점의 보존이 용이한 곳일 것
④ 직접수준측량이 용이한 곳일 것

TIP 삼각점은 서로 시통이 잘 되어야 하고, 또 후속측량에 이용되므로 일반적으로 전망이 좋은 곳에 설치해야 한다(직접수준측량이 용이한 곳과는 무관하다).

26 삼각측량의 삼각망 구성에 있어서 삼각형의 모양으로 가장 이상적인 것은?

① 직각삼각형
② 정삼각형
③ 이등변삼각형
④ 임의의 삼각형

TIP 삼각측량의 삼각망 구성에 있어서 가장 이상적인 삼각망의 형태는 정삼각형에 가까울수록 좋다.

27 삼각점을 선점할 때 피해야 할 장소로써 중요도가 가장 적은 것은?

① 편심관측을 요하는 곳
② 많은 나무의 벌목을 요하는 곳
③ 기계나 측표가 동요하는 습지나 하상
④ 높은 측표를 요하는 곳

TIP 삼각점 선점 시 높은 측표 및 많은 벌목을 요하는 지점은 가능한 한 피하고 편심관측을 하는 것이 유리하다.

28 다음 〈보기〉의 삼각점 선점에 대한 설명 중 ( ) 안에 알맞은 것은?

> 삼각점의 선점은 측량의 목적, 정확도 등을 고려하여 설정한다. 삼각형은 정삼각형에 가까울수록 각관측 오차가 변 길이 계산에 끼치는 영향이 적으므로 정삼각형이 되게 하고 지형에 따라 부득이할 때에는 한 내각의 크기는 (   ) 내에 있도록 해야 한다.

① 10~70°
② 20~80°
③ 30~120°
④ 40~150°

TIP 삼각점 선점 시 삼각형은 정삼각형에 가까울수록 좋으나, 가능한 한 1개의 내각은 30~120° 이내로 한다.

29 삼각측량의 경우 내각의 크기를 보통 30~120°로 하는 이유는?

① 조정계산의 편리를 위하여
② 각관측오차를 제거하기 위하여
③ 변 길이 계산에 영향을 줄이기 위하여
④ 기계오차를 없애기 위하여

TIP 삼각측량에서 내각의 크기를 30~120°로 하는 이유는 각이 지니는 오차가 변 길이 계산에 영향을 주는 것을 줄이기 위함이다.

정답 25 ④ 26 ② 27 ① 28 ③ 29 ③

30 방위각과 방향각의 차이는 다음 중 어느 것인가?

① 방위각은 우회전하며, 방향각은 이와 반대이다.
② 방위각은 진북을 기준으로 한 것이며, 방향각은 적도를 기준으로 한 것이다.
③ 방위각은 진북방향과 측선이 이루는 우회각이며, 방향각은 기준선과 측선과의 사잇각을 말한다.
④ 방위각과 방향각은 동일한 것이다.

TIP 방위각은 진북에서 어느 측선까지 시계방향으로 관측한 각이며, 방향각은 임의의 기준에서 어느 측선까지 시계방향으로 관측한 값이다.

31 편심관측에서 요구되는 편심요소로서 옳게 짝지어진 것은?

① 중심각, 표고
② 편심점, 중심각
③ 편심거리, 표고
④ 편심각, 편심거리

TIP 편심관측
- 삼각측량에서 삼각점의 표석, 측표, 기계의 중심이 연직선으로 일치되어 있는 것이 이상적이나 현지의 상황에 따라 이들 3자가 일치할 수 없는 조건일 경우 편심시켜 관측을 하여야 하는데, 이것을 편심관측이라 한다.
- 편심관측에서 요구되는 편심요소는 편심각(ϕ), 편심거리(e)이다.

32 그림과 같이 A점에서 B점이 보이지 않아 P점을 관측하여 P점의 방위각 $T' = 59°$를 관측하였다. 이때 $\overline{AB}$ 측선의 방위각 T는?(단, 선분 $\overline{AB} = 150\mathrm{m}$, $e = 3\mathrm{m}$, P의 외각 $\phi = 300°$)

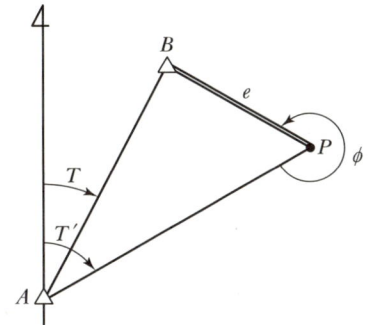

① 55°18′17″
② 57°17′12″
③ 58°00′27″
④ 59°00′00″

TIP sine법칙에 의하여 먼저 ∠A를 구하면,

$$\frac{e}{\sin \angle A} = \frac{\overline{AB}}{\sin(360° - \phi)} \Rightarrow$$
$$\sin \angle A = \frac{e \cdot \sin(360° - \phi)}{\overline{AB}}$$
$$\angle A = \sin^{-1} \frac{3 \times \sin(360° - 300°)}{150} = 0°59'33''$$
$$\therefore T = T' - \angle A = 59°00'00'' - 0°59'33'' = 58°00'27''$$

33 삼각점 A에 기계를 설치하여 삼각점 B가 시준되지 않기 때문에 점 P를 관측하여 $T' = 68°32'15''$를 얻었을 때 보정각 T는? (단, $S = 1.3\text{km}$, $e = 5\text{m}$, $\phi = 302°56'$)

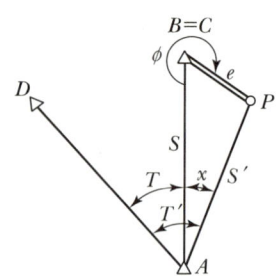

① $69°21'09.2''$
② $68°48'07''$
③ $68°21'09.2''$
④ $69°18'07''$

TIP
$$\frac{S'}{\sin(360°-\phi)} = \frac{e}{\sin x} \Rightarrow \sin x = \frac{e \times \sin(360°-\phi)}{S'}$$
여기서, $S \fallingdotseq S'$이므로
$$\therefore x'' = \frac{e \times \sin(360°-\phi)}{S'}\rho'' = \frac{5 \times \sin(360°-302°56')}{1,300} \times 206,265'' = 665.8'' = 0°11'05.8''$$
$$\therefore T = T' - x'' = 68°32'15'' - 0°11'05.8'' = 68°21'09.2''$$

34 삼각망의 조정에 대한 설명으로 옳지 않은 것은?

① 한 측점에서 여러 방향의 협각을 관측했을 때 여러 각 사이의 관계를 표시하는 조건을 측점조건이라 한다.
② 삼각형 내각의 합은 180°라는 각조건을 만족하여야 한다.
③ 삼각형 중의 한 변의 길이는 계산순서에 따라 달라질 수 있다.
④ 한 측점의 둘레에 있는 모든 각의 합은 360°이다.

TIP 각관측 3조건
• 각조건 : 삼각망 중 각각 삼각형 내각의 합은 180°가 될 것
• 점조건 : 한 측점 주위에 있는 모든 각의 총합은 360°가 될 것
• 변조건 : 삼각망 중에서 임의 한 변의 길이는 계산순서에 관계없이 동일할 것

35 삼각망의 조정을 위한 조건 중 "삼각형 내각의 합은 180°이다."의 설명과 관계가 깊은 것은?

① 측점조건
② 각조건
③ 변조건
④ 기선조건

TIP 각조건은 삼각망 중 각각 삼각형 내각의 합은 180°가 되어야 한다는 조건이다.

36 "삼각망 중의 임의의 한 변의 길이는 계산해가는 순서와는 관계없이 같은 값을 갖는다."는 것은 삼각망의 기하학적 조건 중 어느 것에 해당하는가?

① 각조건
② 변조건
③ 측점조건
④ 다항조건

TIP 변조건은 삼각망 중에서 임의 한 변의 길이는 계산순서에 관계없이 동일해야 한다는 조건이다.

정답 33 ③ 34 ③ 35 ② 36 ②

37 삼각망 조정을 위한 기하학적 조건에 대한 설명으로 옳지 않은 것은?

① 삼각형 내각의 오차는 각의 크기에 비례하여 배분한다.
② 삼각형 내각의 합은 180°이다.
③ 삼각망 중 한 변의 길이는 계산 순서에 관계없이 일정하다.
④ 한 측점의 둘레에 있는 모든 각의 합은 360°이다.

TIP 삼각형 내각의 오차는 각의 정확도가 같은 경우 각의 크기에 관계없이 등배분한다.

38 삼각망의 조정계산에 필요한 3가지 조건이 아닌 것은?

① 각조건
② 변조건
③ 지형조건
④ 측점조건

TIP 각관측 3조건
• 각조건: 삼각망 중 각각 삼각형 내각의 합은 180°가 될 것
• 점조건: 한 측점 주위에 있는 모든 각의 총합은 360°가 될 것
• 변조건: 삼각망 중에서 임의 한 변의 길이는 계산순서에 관계없이 동일할 것

39 삼각망 조정에서 기하학적 조건에 대한 설명으로 틀린 것은?

① 삼각형 내각의 합은 180°이다.
② 한 측점 둘레에 있는 모든 각의 합은 360°이다.
③ 삼각망 중에 한 변의 길이는 계산순서에 따라 다르게 나타나므로 시계방향으로 계산하여야 한다.
④ 한 측점에서 측정한 여러 각의 합은 그 전체를 한 각으로 관측한 각과 같다.

TIP 각관측 3조건
• 각조건: 삼각망 중 각각 삼각형 내각의 합은 180°가 될 것
• 점조건: 한 측점 주위에 있는 모든 각의 총합은 360°가 될 것
• 변조건: 삼각망 중에서 임의 한 변의 길이는 계산순서에 관계없이 동일할 것

40 1점을 중심으로 6개의 삼각형으로 구성된 유심삼각망의 조건식에 대한 설명으로 틀린 것은?

① 관측각의 수는 18개이다.
② 중심각의 수는 6개이다.
③ 변의 수는 12개이다.
④ 삼각점의 수는 6개이다.

TIP

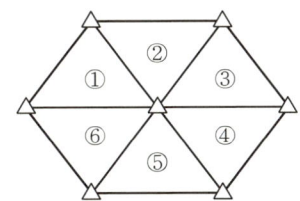

여기서, △ : 삼각점

∴ 삼각점의 수는 7개이다.

정답 37 ① 38 ③ 39 ③ 40 ④

41 그림과 같은 사변형에서 각조건식의 수는?

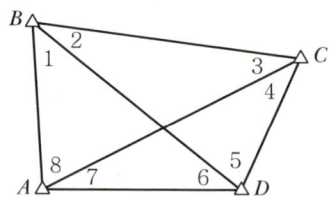

① 2개   ② 3개   ③ 4개   ④ 5개

TIP 각 조건식 수$(K_1) = l - P + 1 = 6 - 4 + 1 = 3$개
여기서, l : 변의 수
P : 삼각점의 수

42 그림과 같은 사변형삼각망 조정에서 조건식의 총수는?

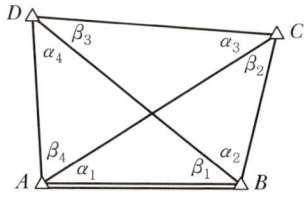

① 4개   ② 5개   ③ 6개   ④ 7개

TIP 조건식 총수$(K_4) = a + B - 2P + 3 = 8 + 1 - (2 \times 4) + 3 = 4$개
여기서, a : 관측각 수
B : 기선의 수
P : 삼각점의 수

43 그림과 같은 사변형삼각망의 조정에서 성립되는 각조건식으로 옳은 것은?(단, 1, 2, …, 8은 표시된 각을 의미한다.)

① $\angle 2 + \angle 3 = \angle 6 + \angle 7$
② $\angle 1 + \angle 2 = \angle 5 + \angle 6$
③ $\angle 1 + \angle 8 + \angle 4 + \angle 5 = \angle 2 + \angle 3 + \angle 6 + \angle 7$
④ $\angle 1 + \angle 3 + \angle 5 + \angle 7 = \angle 2 + \angle 4 + \angle 6 + \angle 8$

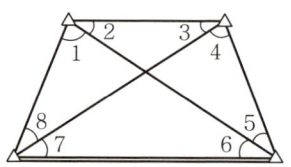

TIP
• 각조건식 수$(K_1) = l - P + 1 = 6 - 4 + 1 = 3$개
여기서, l : 변의 수
P : 삼각점의 수
• $\angle 1 + \angle 2 + \angle 3 + \cdots + \angle 8 = 360°$
• $\angle 1 + \angle 8 = \angle 4 + \angle 5$
• $\angle 2 + \angle 3 = \angle 6 + \angle 7$

정답 41 ② 42 ① 43 ①

44 점 C와 D의 평면좌표를 구하기 위하여 기지삼각점 A, B로부터 사변형삼각망에 의한 삼각측량을 실시하였다. 변조정에 앞서 각조정 실시에 필요한 최소한의 조건식이 아닌 것은?

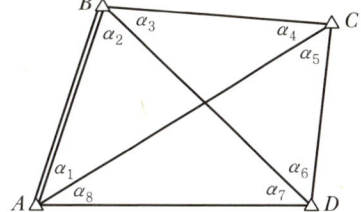

① $\alpha_1 + \alpha_2 = \alpha_5 + \alpha_6$
② $\alpha_1 + \alpha_2 + \alpha_7 + \alpha_8 = 180°$
③ $\alpha_3 + \alpha_4 = \alpha_7 + \alpha_8$
④ $\sum_{i=1}^{8} \alpha_i = 360°$

TIP ①, ③, ④ 문항이 사변형삼각망의 각조정(제1조정)이다.

45 단삼각망에서 $\angle A$의 보정각은?

측점	관측각
A	79°34′51″
B	37°13′23″
C	63°11′28″

① 79°34′50″
② 79°34′55″
③ 79°34′57″
④ 79°34′59″

TIP • 단삼각망의 측각오차 $= (79°34′51″ + 37°13′23″ + 63°11′28″) - 180° = -18″$
• 보정량 $= \dfrac{18″}{3} = 6″(\oplus 보정)$
∴ 보정각($\angle A$) $= 79°34′51″ + 6″ = 79°34′57″$

46 삼각형의 내각을 측정하였더니 $\angle A = 68°01′10″$, $\angle B = 51°59′06″$, $\angle C = 60°00′05″$이었다면, 각 보정 후의 $\angle B$는?

① 51°58′50″
② 51°58′59″
③ 51°59′00″
④ 51°59′05″

TIP $E_\alpha = (\angle A + \angle B + \angle C) - 180° = (68°01′10″ + 51°59′06″ + 60°00′05″) - 180° = 21″$
보정량 $= \dfrac{E_\alpha}{n} = \dfrac{21″}{3} = 7″(\ominus 보정)$
∴ $\angle B = 51°59′06″ - 0°00′07″ = 51°58′59″$

정답 44 ② 45 ③ 46 ②

47 단열삼각망에서 삼각형의 내각이 ∠A = 92°21′20″, ∠B = 52°30′20″, ∠C = 35°08′29″라면 각 오차의 배분방법으로 옳은 것은?(단, 관측의 경중률은 동일하다.)

① 각 관측각에 −3″를 보정한다.   ② 각 관측각에 +3″를 보정한다.
③ 각 관측각에 −2″를 보정한다.   ④ 각 관측각에 +2″를 보정한다.

TIP $E_\alpha = (∠A + ∠B + ∠C) − 180° = (92°21′20″ + 52°30′20″ + 35°08′29″) − 180° = 9″$

∴ 보정량 $= \dfrac{E_\alpha}{n} = \dfrac{9″}{3} = 3″(\ominus 보정)$

※ 관측의 경중률이 동일하므로 각 관측각에 −3″씩 보정한다.

48 삼각망의 조정에서 제2조정각 54°56′15″에 대한 표차값은?

① 11.54   ② 12.81   ③ 13.45   ④ 14.78

TIP 대수 7자리 기준

∴ 표차 $= \dfrac{1}{\tan\theta} \times 21.055 = \dfrac{1}{\tan 54°56′15″} \times 21.055 = 14.78$

49 사변형삼각망 변조정에서 $\sum \log \sin A = 39.2434474$, $\sum \log \sin B = 39.2433974$이고, 표차 총합이 199.4일 때 변조정량의 크기는?

① 1.42″   ② 1.93″   ③ 2.51″   ④ 3.62″

TIP 변조정량 $= \dfrac{\sum \log \sin A - \sum \log \sin B}{\text{표차의 합}} = \dfrac{39.2434474 - 39.2433974}{199.4} = 2.51″$

50 그림과 같은 삼각측량 결과에서 방위각 T_{CB}는?

① 150°
② 180°
③ 245°
④ 250°

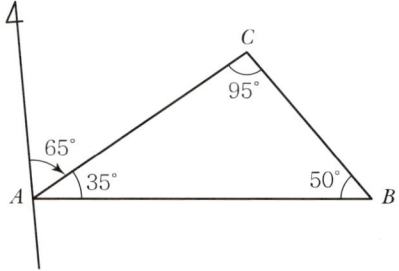

TIP

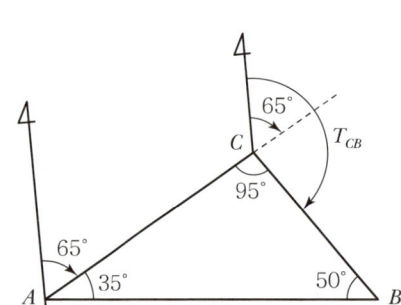

∴ T_{CB} 방위각 $= T_{AC}$ 방위각 $+ 180° - ∠C$
$= 65° + 180° - 95° = 150°$

정답 47 ① 48 ④ 49 ③ 50 ①

51 삼각망에서 기지점의 좌표(X_a, Y_a)로부터 변의 길이(L)와 방위각(α)을 이용하여 미지점의 좌표 (X_b, Y_b)를 구하기 위한 식으로 옳은 것은?

① $X_b = X_a + L\sec\alpha$, $Y_b = Y_a + L\cos\alpha$
② $X_b = X_a + L\cos\alpha$, $Y_b = Y_a + L\sin\alpha$
③ $X_b = X_a + L\sin\alpha$, $Y_b = Y_a + L\cos\alpha$
④ $X_b = X_a + L\sin\alpha$, $Y_b = Y_a + L\sec\alpha$

TIP

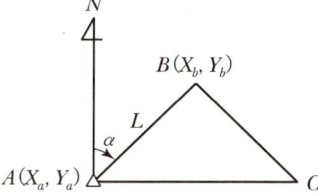

∴ $X_b = X_a + L\cos\alpha$, $Y_b = Y_a + L\sin\alpha$

52 삼각수준측량의 관측값에서 대기의 굴절오차(기차)와 지구의 곡률오차(구차)의 조정방법 중 옳은 것은?

① 기차는 높게, 구차는 낮게 조정한다.
② 기차는 낮게, 구차는 높게 조정한다.
③ 기차와 구차를 함께 높게 조정한다.
④ 기차와 구차를 함께 낮게 조정한다.

TIP 구차 $= +\dfrac{S^2}{2R}$, 기차 $= -\dfrac{KS^2}{2R}$

양차 = 구차 + 기차 $= +\dfrac{S^2}{2R} - \dfrac{KS^2}{2R} = \dfrac{S^2(1-K)}{2R}$

53 평탄지역에서 15km 떨어진 지점을 관측하려면 양 지점의 측표의 높이를 얼마로 하면 되는가?

① 1.77m
② 17.7m
③ 1.50m
④ 15.0m

TIP 구차 $= +\dfrac{S^2}{2R} = \dfrac{15^2}{2 \times 6,370} = 0.0177\text{km} = 17.7\text{m}$

54 삼각수준측량에서 A, B 두 점 간의 거리가 10km이고 굴절계수가 0.14일 때 양차는?(단, 지구 반지름 = 6,370km)

① 4.32m
② 5.38m
③ 6.75m
④ 7.05m

TIP 양차$(\Delta E) = \dfrac{1-K}{2R} \times S^2 = \dfrac{1-0.14}{2 \times 6,370} \times 10^2 = 0.00675\text{km} = 6.75\text{m}$

정답 51 ② 52 ② 53 ② 54 ③

55 거리 10km 떨어진 곳에 대한 양차로 옳은 것은?(단, 지구의 반지름은 6,370km이고 굴절계수는 0.12로 한다.)

① 9.6m　　　　　　　　② 7.4m
③ 6.9m　　　　　　　　④ 4.7m

> **TIP** 양차 $(\Delta E) = \dfrac{1-K}{2R} \times S^2 = \dfrac{1-0.12}{2 \times 6{,}370} \times 10^2 = 0.0069\text{km} = 6.9\text{m}$

56 전자파거리측정기 등을 이용한 높은 정확도로 중·장거리를 정확히 관측하여 삼각점의 위치를 결정하는 측량방법은?

① 삼각측량　　　　　　② 삼변측량
③ 삼각수준측량　　　　④ 수준측량

> **TIP** **삼변측량**
> 삼각측량에서 수평각을 관측하는 대신에 전자파거리측량기 등을 이용한 높은 정확도로 세 변의 길이를 측정하여 삼각점의 위치를 결정하는 방법이다.

57 삼변측량에 대한 설명 중 틀린 것은?

① 삼각측량에서 수평각을 관측하는 대신에 세 변의 길이를 관측하여 삼각점의 위치를 정확히 구하는 측량이다.
② 각측량의 수에 비하여 조건식의 수가 적고 측량값의 기상보정이 애매한 것이 결점이다.
③ 전파나 광파를 이용한 거리측량기가 발달하여 높은 정밀도로 장거리를 측량할 수 있게 됨으로써 삼변측량법이 연구되었다.
④ 삼변측량의 변장측정값에는 오차가 따르지 않는다고 생각한다.

> **TIP** 삼변측량에서 변장측정값은 오차가 발생하므로 정확하게 측량하여야 한다.

58 삼변측량에 대한 설명으로 옳지 않은 것은?

① 삼각측량에서 수평각을 관측하는 대신에 세 변의 길이를 관측하여 삼각점의 위치를 정확히 구하는 측량이다.
② 삼변측량에서는 변장 측정값에는 오차가 따르지 않는다고 가정한다.
③ 전파나 광파를 이용한 거리측량기가 발달하여 높은 정밀도로 장거리를 측량할 수 있게 됨으로써 삼변측량방법이 발전되었다.
④ 토털스테이션을 사용하여 삼변측량을 할 경우, 삼각측량과 같이 삼각점 간의 시준이 필요하다.

> **TIP** 삼변측량에서 변장측정값은 오차가 발생하므로 정확하게 측량하여야 한다.

정답　55 ③　56 ②　57 ④　58 ②

59 삼변측량에 관한 설명으로 옳지 않은 것은?

① 삼각점의 위치를 변장측정으로 구하는 측량이다.
② 삼변측량도 기하학적 조건을 만족시킨다.
③ cosine 제2법칙이 이용된다.
④ 1개 각을 관측하기 위해서 정밀한 측각기가 필요하다.

> **TIP** 삼변측량은 수평각 대신 삼변의 길이를 측정하여 삼각점의 위치를 구하는 측량으로 EDM, TS, GNSS를 이용한 거리측정기가 필요하다.

60 삼각형 세 변이 각각 $a=43m$, $b=46m$, $c=39m$로 주어질 때 각 α는?

① 51°50′41″
② 60°06′38″
③ 68°02′41″
④ 72°00′26″

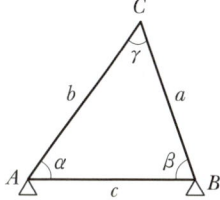

> **TIP** cosine 제2법칙에서 $\cos\alpha = \dfrac{b^2+c^2-a^2}{2bc}$
>
> $\therefore \alpha = \cos^{-1}\dfrac{b^2+c^2-a^2}{2bc} = \cos^{-1}\dfrac{46^2+39^2-43^2}{2\times 46\times 39} = 60°06′38″$

61 세 변을 측정하여 값 a, b, c를 구했다. a변의 대응각 A를 반각공식으로 구하여야 할 때 $\sin\dfrac{A}{2}$의 값은?

① $\sqrt{\dfrac{(S-b)(S-c)}{bc}}$
② $\sqrt{\dfrac{(S-b)(S-c)}{S(S-a)}}$
③ $\sqrt{\dfrac{S(S-A)}{bc}}$
④ $\sqrt{S(S-a)(S-b)(S-c)}$

> **TIP** $\sin\dfrac{A}{2} = \sqrt{\dfrac{(S-b)(S-c)}{bc}}$
>
> 여기서, $S = \dfrac{1}{2}(a+b+c)$

정답 59 ④ 60 ② 61 ①

CHAPTER 05 다각(트래버스)측량

PART 1

1 한눈에 보기

※ 중요 부분은 **집중 이해하기**에 자세히 설명되어 있음을 알려드립니다.

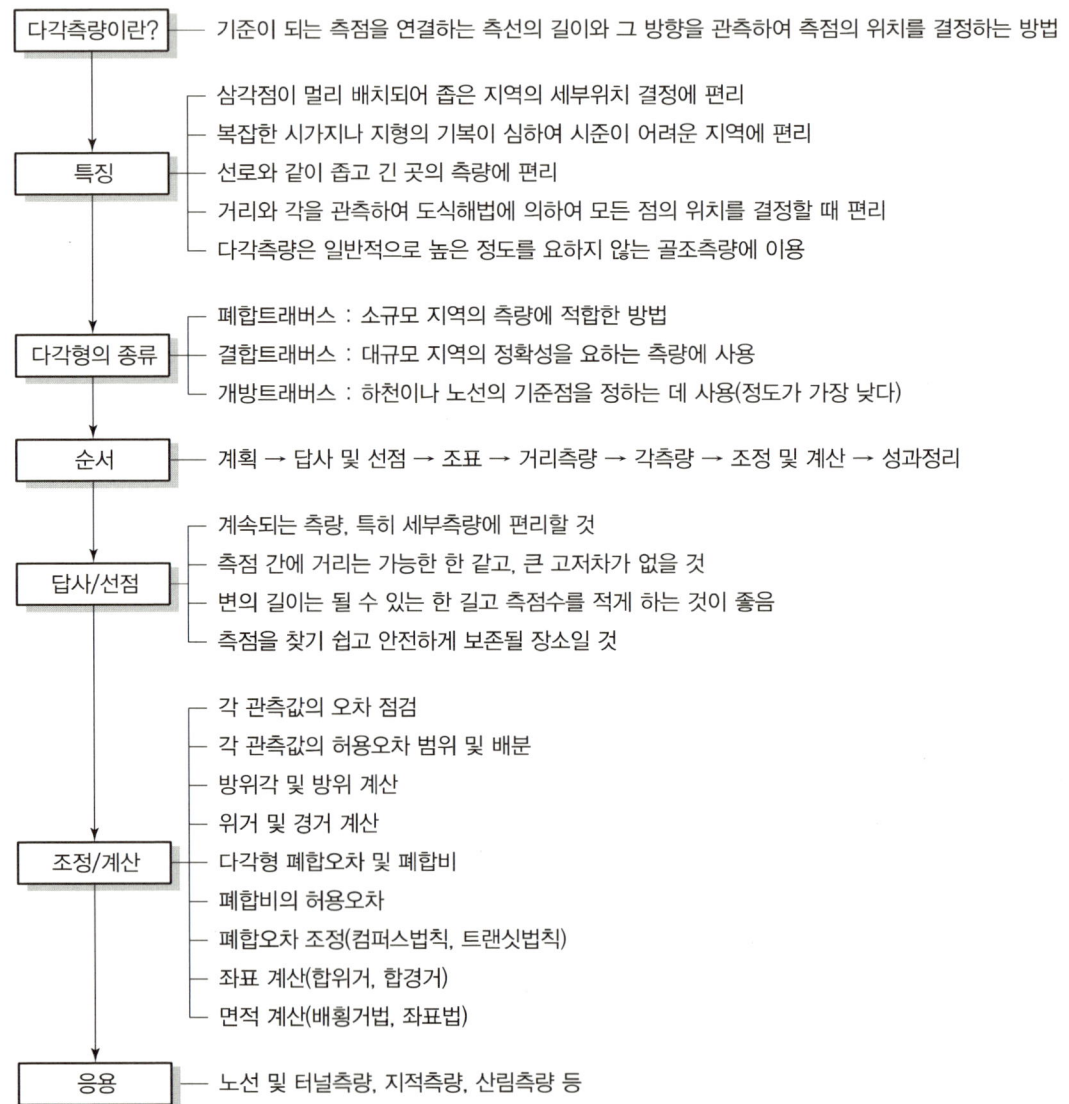

- **다각측량이란?** — 기준이 되는 측점을 연결하는 측선의 길이와 그 방향을 관측하여 측점의 위치를 결정하는 방법

- **특징**
  - 삼각점이 멀리 배치되어 좁은 지역의 세부위치 결정에 편리
  - 복잡한 시가지나 지형의 기복이 심하여 시준이 어려운 지역에 편리
  - 선로와 같이 좁고 긴 곳의 측량에 편리
  - 거리와 각을 관측하여 도식해법에 의하여 모든 점의 위치를 결정할 때 편리
  - 다각측량은 일반적으로 높은 정도를 요하지 않는 골조측량에 이용

- **다각형의 종류**
  - 폐합트래버스 : 소규모 지역의 측량에 적합한 방법
  - 결합트래버스 : 대규모 지역의 정확성을 요하는 측량에 사용
  - 개방트래버스 : 하천이나 노선의 기준점을 정하는 데 사용(정도가 가장 낮다)

- **순서** — 계획 → 답사 및 선점 → 조표 → 거리측량 → 각측량 → 조정 및 계산 → 성과정리

- **답사/선점**
  - 계속되는 측량, 특히 세부측량에 편리할 것
  - 측점 간에 거리는 가능한 한 같고, 큰 고저차가 없을 것
  - 변의 길이는 될 수 있는 한 길고 측점수를 적게 하는 것이 좋음
  - 측점을 찾기 쉽고 안전하게 보존될 장소일 것

- **조정/계산**
  - 각 관측값의 오차 점검
  - 각 관측값의 허용오차 범위 및 배분
  - 방위각 및 방위 계산
  - 위거 및 경거 계산
  - 다각형 폐합오차 및 폐합비
  - 폐합비의 허용오차
  - 폐합오차 조정(컴퍼스법칙, 트랜싯법칙)
  - 좌표 계산(합위거, 합경거)
  - 면적 계산(배횡거법, 좌표법)

- **응용** — 노선 및 터널측량, 지적측량, 산림측량 등

2 집중 이해하기

1 다각측량

다각측량(Traverse Surveying)은 기준이 되는 측점을 연결하는 측선의 길이와 그 방향을 관측하여 측점의 수평위치를 결정하는 방법으로 지적측량, 각종 응용 및 조사측량에 널리 이용되는 측량이다.

2 다각측량의 특징

① 삼각점이 멀리 배치되어 있어 좁은 지역에 세부측량의 기준이 되는 점을 추가 설치할 때 편리하다.
② 복잡한 시가지나 지형의 기복이 심하여 시준이 어려운 지역의 측량에 적합하다.
③ 선로와 같이 좁고 긴 곳의 측량(도로, 수로, 철도 등)에 편리하다.
④ 거리와 각을 관측하여 도식해법에 의하여 모든 점의 위치를 결정할 때 편리하다.
⑤ 다각측량은 일반적으로 높은 정확도를 요하지 않는 골조측량에 이용한다.

3 다각형 종류

(1) 폐합트래버스(Closed Traverse)

소규모 지역의 측량에 적합한 방법이며, 임의의 한 점에서 출발하여 최후에 다시 시작점에 폐합시키는 트래버스이다.

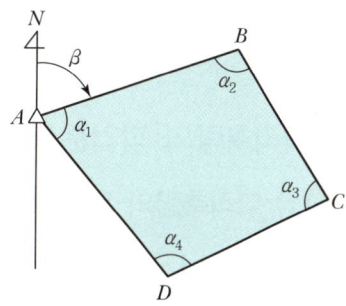

[그림 5-1] 폐합트래버스

(2) 결합트래버스(Decisive Traverse)

어떤 기지점에서 출발하여 다른 기지점에 결합시키는 방법이며, 대규모 지역의 정확성을 요하는 측량에 사용한다.

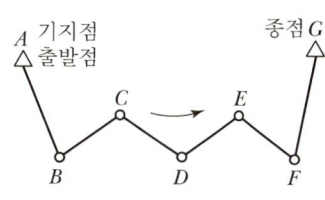

[그림 5-2] 결합트래버스

(3) 개방트래버스(Open Traverse)

임의의 한 점에서 출발하여 아무런 관계나 조건이 없는 다른 점에서 끝나는 트래버스이며 정도가 가장 낮다. 하천이나 노선의 기준점을 정하는 데 이용하며 오차조정이 불가능하다.

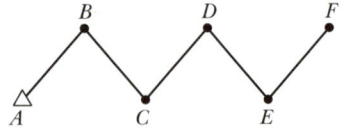

[그림 5-3] 개방트래버스

(4) 트래버스망(Traverse Net)

트래버스를 조합한 것으로서 넓은 지역에서 높은 정밀도의 기준점측량에 많이 이용된다. 다각망의 구성에는 Y형, X형, H형, θ형, A형 등이 있다.

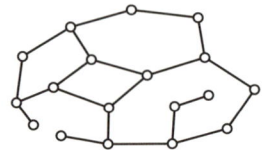

[그림 5-4] 트래버스망

예제

01. 높은 정확도를 요구하는 대규모 지역의 측량에 이용되는 트래버스는?
① 개방트래버스   ② 폐합트래버스
③ 결합트래버스   ④ 수렴트래버스

정답 ③

---

4 다각측량의 작업순서

(1) 다각측량의 일반적 순서

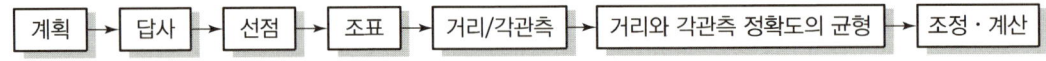

(2) 선점

다각측량의 선점은 계획에 따라 적절한 곳에 트래버스 측점을 선정하는 것을 말하며, 다음과 같은 사항을 고려하여야 한다.

① 기계를 세우거나 시준하기 좋고, 지반이 튼튼한 장소이어야 한다.
② 계속되는 측량, 특히 세부측량에 편리하여야 한다.
③ 측점 간의 거리는 가능한 한 같고, 큰 고저차가 없어야 한다.
④ 변의 길이는 될 수 있는 대로 길고, 측점의 수를 적게 하는 것이 좋으나, 변의 길이는 30~200m 정도로 한다.
⑤ 측점을 찾기 쉽고, 안전하게 보존될 수 있는 장소이어야 한다.

> **예제**
>
> **02.** 트래버스측량에서 선점 시 유의해야 할 사항으로 옳지 않은 것은?
> ① 측선의 거리는 될 수 있는 대로 짧게 하고, 측점수는 많게 하는 것이 좋다.
> ② 측선거리는 될 수 있는 대로 동일하게 하고, 고저차가 크지 않게 한다.
> ③ 기계를 세우거나 시준하기 좋고, 지반이 견고한 장소이어야 한다.
> ④ 후속측량, 특히 세부측량에 편리하여야 한다.
>
> **정답** ①

(3) 조표

영구 보전하기 위해서는 표석 또는 콘크리트의 말뚝을 사용하지만, 잠시 사용하는 경우에는 적당한 크기의 나무 말뚝을 사용한다.

(4) 각관측방법

1) 교각법(Intersection Angle Method)

   어떤 측선이 그 앞의 측선과 이루는 각을 관측하는 것으로 내각과 외각을 관측하는 방법이다.

   ① 배각법(반복법)을 사용하여 측각의 정밀도를 높일 수 있다.
   ② 각 측점마다 독립하여 측각할 수 있으므로 작업순서에 관계하지 않는다.
   ③ 측각이 잘 되지 않아도 다른 각에 영향을 주지 않으며, 그 각만 재측량하여 점검할 수 있다.

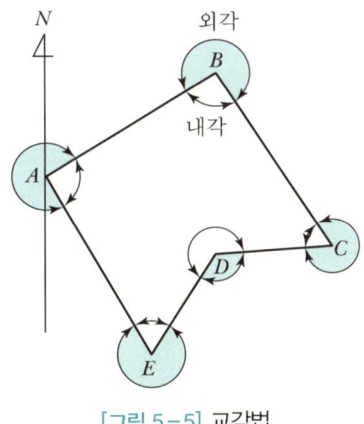

[그림 5-5] 교각법

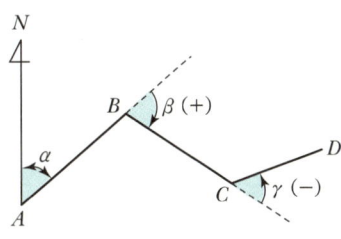

[그림 5-6] 편각법

2) 편각법(Deflection Angle Method)

   각측선이 그 앞측선의 연장선과 이루는 각을 편각이라 하고, 그 편각을 관측하여 철도, 도로, 수로 등 노선의 중심선측량에 주로 이용된다.

3) 방위각법(전원법)

각측선의 진북방향과 이루는 방위각을 시계방향으로 관측하는 방법이다.

① 방위각을 관측하므로 계산과 제도가 편리하다.
② 한 번 오차가 생기면 끝까지 영향을 미친다.
③ 험준한 지형에는 부적합하다.
④ 신속히 관측할 수 있어 노선측량, 지형측량에 이용한다.

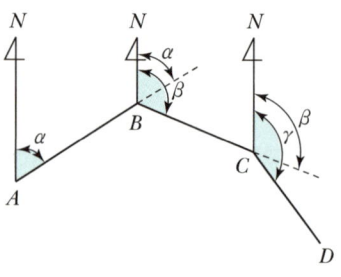

[그림 5-7] 방위각법

예제

03. 트래버스측량에서 서로 이웃하는 2개의 측선이 만드는 각을 측정해 나가는 방법은?
① 편각법　　　　② 방위각법
③ 교각법　　　　④ 전원법

정답 ③

---

(5) 거리와 각관측 정확도의 균형

다각측량은 거리와 각도를 조합함으로써 다각점의 위치를 구하는 것으로 다각점의 정확도는 거리와 각의 관측 정확도에 따라 좌우된다. 그러므로 거리관측 정확도와 각관측 정확도의 균형을 고려함이 원칙이다.

$$\frac{\theta''}{\rho''} = \frac{\Delta l}{D}$$

여기서, D : 관측거리
Δl : 위치오차
θ'' : 측각오차

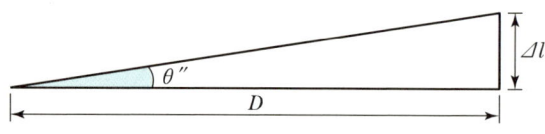

[그림 5-8] 측각오차 및 위치오차

5 다각측량의 계산

(1) 순서

① 각관측값의 오차 점검
② 각관측값의 허용오차 범위 및 배분
③ 방위각 및 방위 계산
④ 위거 및 경거 계산

⑤ 다각형 폐합오차 및 폐합비
⑥ 폐합비의 허용범위
⑦ 폐합오차의 조정
⑧ 좌표 계산
⑨ 면적 계산

예제

04. 트래버스측량의 내업 순서로 옳은 것은?

| ㉠ 방위각 계산 | ㉡ 좌표 계산 |
| ㉢ 위거 및 경거의 계산 | ㉣ 결합오차 조정 |

① ㉡>㉠>㉢>㉣ ② ㉠>㉢>㉡>㉣
③ ㉡>㉠>㉣>㉢ ④ ㉠>㉢>㉣>㉡

정답 ④

(2) 각관측오차 계산

1) 폐합트래버스

① 내각관측 시 : $E_\alpha = [\alpha] - 180°(n-2)$
② 외각관측 시 : $E_\alpha = [\alpha] - 180°(n+2)$
③ 편각관측 시 : $E_\alpha = [\alpha] - 360°$

여기서, E_α : 각오차
n : 관측각의 수
$[\alpha] : \alpha_1 + \alpha_2 + \alpha_3 + \cdots + \alpha_n$

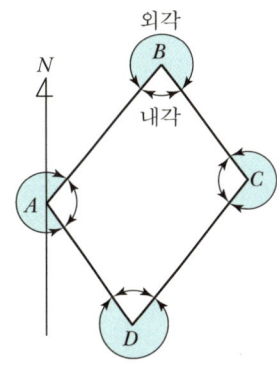

[그림 5-9] 폐합트래버스 각관측

예제

05. 18각형 외각의 합계는 몇 도인가?

① 2,880° ② 2,900°
③ 3,240° ④ 3,600°

정답 ④
해설 외각의 합계 $= 180°(n+2) = 180° \times (18+2) = 3,600°$

2) 결합트래버스

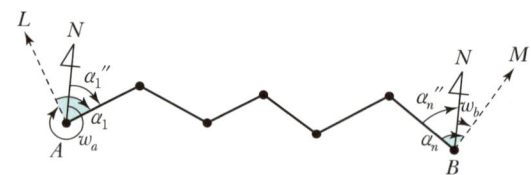

$$E_\alpha = w_a - w_b + [\alpha] - 180°(n+1)$$

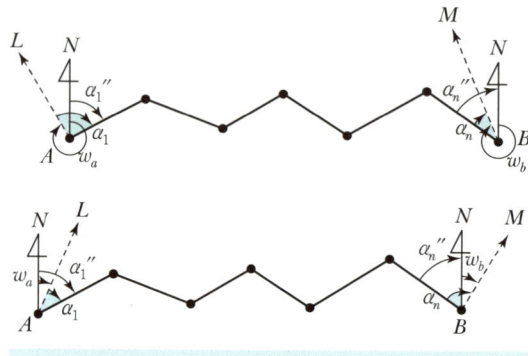

$$E_\alpha = w_a - w_b + [\alpha] - 180°(n-1)$$

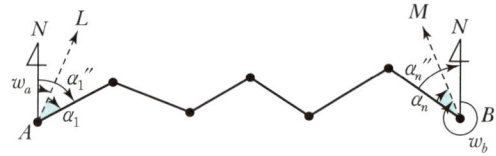

$$E_\alpha = w_a - w_b + [\alpha] - 180°(n-3)$$

[그림 5-10] 결합트래버스의 측각오차

예제

06. 그림과 같은 결합다각측량의 측각오차는?
(단, $A_1 = 40°20'20''$, $A_n = 252°06'35''$,
$\alpha_1 = 30°23'40''$, $\alpha_2 = 120°15'20''$,
$\alpha_3 = 260°18'30''$, $\alpha_4 = 115°18'15''$,
$\alpha_5 = 45°30'20''$)

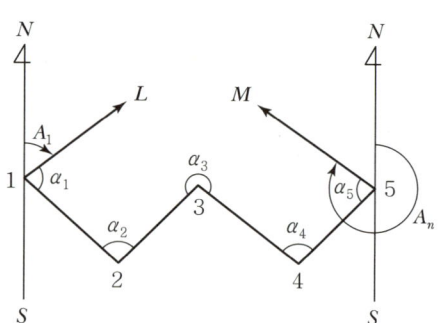

① $-10''$　　② $-20''$
③ $-30''$　　④ $-40''$

정답 ①

해설 $E_\alpha = A_1 - A_n + [\alpha] - 180°(n-3) = 40°20'20'' - 252°06'35'' + 571°46'05'' - 180° \times (5-3) = -10''$

(3) 각관측값의 허용오차 한도 및 오차 배분

1) 허용오차 한도

$$E_\alpha = \pm \varepsilon_\alpha \sqrt{n}$$

여기서, E_α : n개 각의 각오차
ε_α : 1개 각의 각오차
n : 측각수

2) 허용오차
① 시가지 : $0.3\sqrt{n} \sim 0.5\sqrt{n}$ (분) $= 20\sqrt{n} \sim 30\sqrt{n}$ (초)
② 평지 : $0.5\sqrt{n} \sim 1\sqrt{n}$ (분) $= 30\sqrt{n} \sim 60\sqrt{n}$ (초)
③ 산지 : $1.5\sqrt{n}$ (분) $= 90\sqrt{n}$ (초)

3) 오차배분
① 각관측의 정확도가 같을 때는 오차를 각의 크기에 관계없이 등배분
② 각관측의 경중률이 다른 경우에는 그 오차를 경중률에 비례해서 배분
③ 변의 길이의 역수에 비례하여 배분

예제

07. 평탄지에서 9변을 트래버스측량하여 1′10″의 측각오차가 있었다면 이 오차의 처리방법은?(단, 허용오차 $= 0.5'\sqrt{n}$, n : 측량한 변의 수이다.)

① 오차가 너무 크므로 재측한다.   ② 오차를 각각 등분해 배분한다.
③ 변의 크기에 비례하여 배분한다.   ④ 각의 크기에 비례하여 배분한다.

정답 ②
해설 • 허용오차 $= 0.5'\sqrt{n} = 0.5'\sqrt{9} = 1'30''$ ⇒ 허용오차(1′30″) > 측각오차(1′10″)
• 측각오차가 허용오차 안에 있으므로 각의 크기에 관계없이 등배분한다.

(4) 방위각 및 방위 계산

1) 방위각 계산

① 교각관측 시 방위각 계산방법

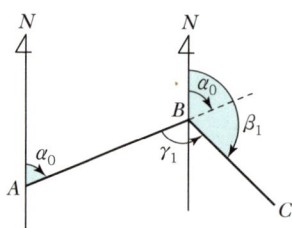

진행방향 : 시계방향
측각방향 : 우측
$\overline{BC}$ 의 방위각 $\beta_1 = \alpha_0 + 180° - \gamma_1$

[그림 5-11] 방위각 산정(Ⅰ)

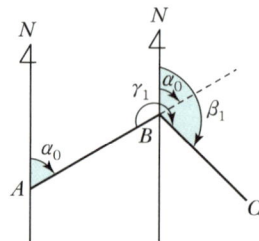

진행방향 : 시계방향
측각방향 : 좌측
$\overline{BC}$ 의 방위각 $\beta_1 = \alpha_0 - 180° + \gamma_1$

[그림 5-12] 방위각 산정(Ⅱ)

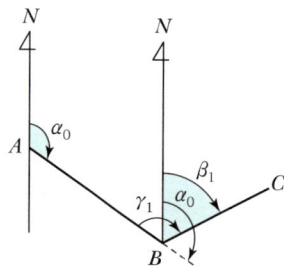

진행방향 : 반시계방향
측각방향 : 좌측
$\overline{BC}$ 의 방위각 $\beta_1 = \alpha_0 - 180° + \gamma_1$

[그림 5-13] 방위각 산정(Ⅲ)

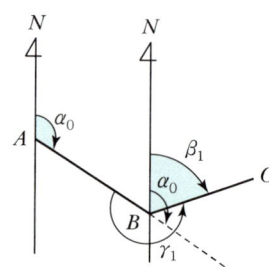

진행방향 : 반시계방향
측각방향 : 우측
$\overline{BC}$ 의 방위각 $\beta_1 = \alpha_0 + 180° - \gamma_1$

[그림 5-14] 방위각 산정(Ⅳ)

② 편각관측 시 방위각 계산방법

연장선에서 시계방향 관측각을 (+)편각, 반시계방향 관측각을 (-)편각이라 정한다.

$$\beta = \alpha_0 + \alpha_1, \ \gamma = \beta - \alpha_2$$

즉, 어느 측선의 방위각 = 하나 앞의 측선의 방위각
± 그 측점의 편각

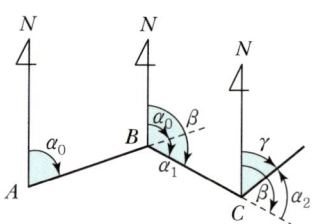

[그림 5-15] 방위각 산정(Ⅴ)

/ 예제 /

08. 임의 측선의 방위각 계산에서 진행방향 오른쪽 교각을 측정했을 때의 방위각 계산은?

① 전 측선 방위각 + 180° - 그 측점의 교각
② 전 측선 방위각 × 180° + 그 측점의 교각
③ 전 측선 방위각 × 180° - 그 측점의 교각
④ 전 측선 방위각 - 180° + 그 측점의 교각

정답 ①

2) 방위 계산

4개의 상한으로 나누어 남북선을 기준으로 하여 90° 이하의 각도로 나타낸다.

① 방위각과 방위의 관계

방위각	상한	방위
0~90°	제1상한	N0°~90°E
90~180°	제2상한	S0°~90°E
180~270°	제3상한	S0°~90°W
270~360°	제4상한	N0°~90°W

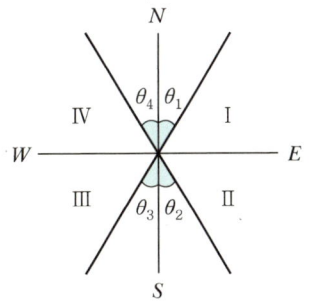

[그림 5-16] 방위표현

/ 예제 /

09. 방위각 105°39′42″에 대한 방위는?

① N15°39′12″W
② S15°39′42″E
③ S74°20′18″E
④ N74°20′18″E

정답 ③

해설

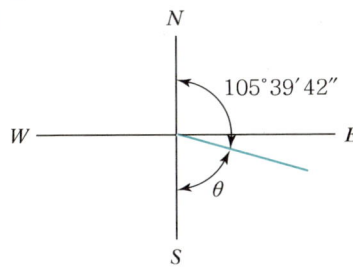

방위(θ) = 180° - 105°39′42″ = 74°20′18″
∴ 방위 = S74°20′18″E

(5) 위거(Latitude) 및 경거(Departure) 계산

1) 위거

일정한 자오선에 대한 어떤 측선의 정사투영거리를 그의 위거라 하며 측선이 북쪽으로 향할 때 위거는 (+)로 하고 측선이 남쪽으로 향할 때 위거는 (−)로 한다.

2) 경거

일정한 동서선에 대한 어떤 측선의 정사투영거리를 그의 경거라 하며 측선이 동쪽으로 향할 때 경거는 (+)로 하고 측선이 서쪽으로 향할 때 경거는 (−)로 한다.

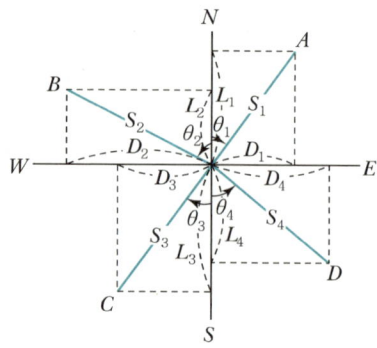

[그림 5-17] 위거 · 경거 표현

$$L_1 = +S_1\cos\theta_1, \; D_1 = +S_1\sin\theta_1$$
$$L_2 = +S_2\cos\theta_2, \; D_2 = -S_2\sin\theta_2$$

3) 경 · 위거 산정 목적

① 경거, 위거 계산결과로부터 폐합오차와 폐합비를 구하여 트래버스의 정밀도 확인 및 오차 조정을 한다.
② 경거, 위거로부터 합경거, 합위거를 구하면 이것이 원점으로부터 좌푯값이 되므로 트래버스의 제도를 합리적으로 할 수 있다.
③ 횡거와 배횡거를 계산하여 트래버스 면적을 계산할 수 있다.

예제

10. 어느 측선의 방위각이 330°이고, 측선길이가 120m라 하면 그 측선의 경거는?

① −60.000m ② 36.002m ③ 95.472m ④ 103.923m

정답 ①

해설 측선의 경거 = 측선거리 × sin 측선방위각(α) = 120 × sin330° = −60.000m

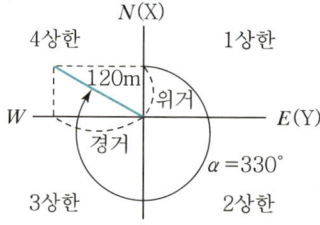

※ 방위각이 330°이므로 측선이 4상한에 위치하므로 위거(X)는 ⊕, 경거(Y)는 ⊖이다.

(6) 폐합오차와 폐합비

1) 폐합오차

① 폐합트래버스

$$E = \sqrt{(\Delta l)^2 + (\Delta d)^2}$$

여기서, Δl : 위거오차
Δd : 경거오차
E : 폐합오차

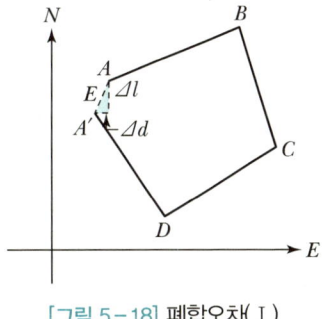

[그림 5-18] 폐합오차(Ⅰ)

② 결합트래버스

$$E = \sqrt{(\Delta l)^2 + (\Delta d)^2}$$
$$\begin{cases} \Delta l = X_n - (\Sigma L + X_1) \\ \Delta d = Y_n - (\Sigma D + Y_1) \end{cases}$$

[그림 5-19] 폐합오차(Ⅱ)

2) 폐합비

① 폐합비

$$\text{폐합비} = \frac{\text{폐합오차}}{\text{전거리}} = \frac{\sqrt{(\Delta l)^2 + (\Delta d)^2}}{\Sigma l}$$

② 허용오차

폐합비의 허용범위
- 시가지 : 1/5,000~1/10,000
- 평지 : 1/1,000~1/3,000
- 완경사지 : 1/500~1/1,000
- 산지 및 복잡지형 : 1/300~1/500

> **예제**
>
> **11.** 측선 길이의 합이 640m인 폐합트래버스측량에서 위거의 오차가 0.05m이고, 경거의 오차가 0.04m일 때 폐합비는?
>
> ① 1/5,000　　　　　　　　　② 1/10,000
> ③ 1/15,000　　　　　　　　　④ 1/20,000
>
> **정답** ②
>
> **해설** 폐합비 $= \dfrac{\text{폐합오차}}{\text{전거리}} = \dfrac{\sqrt{(\Delta l)^2 + (\Delta d)^2}}{\Sigma l} = \dfrac{\sqrt{0.05^2 + 0.04^2}}{640} \fallingdotseq \dfrac{1}{10,000}$

(7) 폐합오차의 조정

1) **컴퍼스법칙**

각관측의 정도와 거리관측의 정도가 동일할 때 실시하는 방법으로 각 측선의 길이에 비례하여 오차를 배분한다.

① 위거오차 배분량(ε_l)

$$\varepsilon_l = E_L \times \dfrac{L}{[L]}$$

② 경거오차 배분량(ε_d)

$$\varepsilon_d = E_D \times \dfrac{L}{[L]}$$

여기서, $[L]$: 측선장의 합
　　　　L : 보정할 측선의 길이
　　　　E_L : 위거오차
　　　　E_D : 경거오차
　　　　ε_l : 위거조정량
　　　　ε_d : 경거조정량

2) **트랜싯법칙**

각측량의 정밀도가 거리의 정밀도보다 높을 때 이용되며 위거, 경거의 오차를 각 측선의 위거 및 경거에 비례하여 배분한다.

① 위거오차 배분량(ε_l)

$$\varepsilon_l = E_L \times \dfrac{L}{\Sigma |L|}$$

② 경거오차 배분량(ε_d)

$$\varepsilon_d = E_D \times \frac{D}{\sum |D|}$$

여기서, $\sum |L|$: 위거절대치의 합
$\sum |D|$: 경거절대치의 합
L : 보정할 측선의 위거
D : 보정할 측선의 경거
ε_l : 위거조정량
ε_d : 경거조정량

(8) 좌표 계산

$$x_2 = x_1 + L_1,\ y_2 = y_1 + D_1$$
$$x_3 = x_2 + L_2 = x_1 + L_1 + L_2$$
$$y_3 = y_2 + D_2 = y_1 + D_1 + D_2$$

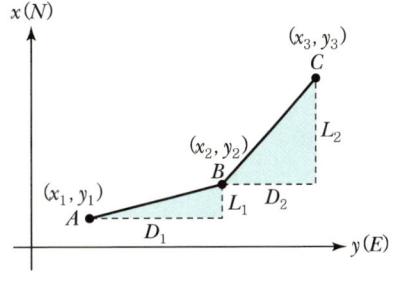

[그림 5-20] 좌표계산

$$\overline{AB} = \sqrt{(x_2 - x_1)^2 + (y_2 - y_1)^2}$$
$$\tan\theta = \frac{y_2 - y_1}{x_2 - x_1}$$
$$\theta = \tan^{-1} \frac{y_2 - y_1}{x_2 - x_1}$$

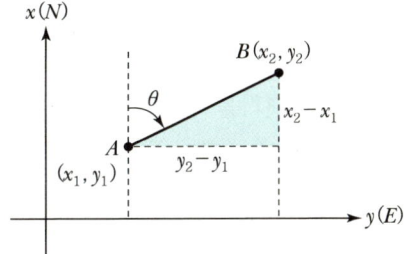

[그림 5-21] 거리 및 방위 산정

> **예제**

12. A의 좌표가 $X_A = 50\text{m}$, $Y_A = 100\text{m}$이고 $\overline{AB}$의 거리가 1,000m, $\overline{AB}$의 방위각이 60°일 때 B점의 좌표는?

① $X_B = 550\text{m}$, $Y_B = 966\text{m}$ ② $X_B = 966\text{m}$, $Y_B = 550\text{m}$
③ $X_B = 916\text{m}$, $Y_B = 600\text{m}$ ④ $X_B = 600\text{m}$, $Y_B = 916\text{m}$

정답 ①

해설
- $\overline{AB}$ 위거 = $\overline{AB}$ 거리 $\times \cos \overline{AB}$ 방위각 = $1,000 \times \cos 60° = 500\text{m}$
- $\overline{AB}$ 경거 = $\overline{AB}$ 거리 $\times \sin \overline{AB}$ 방위각 = $1,000 \times \sin 60° = 866\text{m}$
- $X_B = X_A + \overline{AB}$ 위거 = $50 + 500 = 550\text{m}$
- $Y_B = Y_A + \overline{AB}$ 경거 = $100 + 866 = 966\text{m}$
- $\therefore X_B = 550\text{m}$, $Y_B = 966\text{m}$

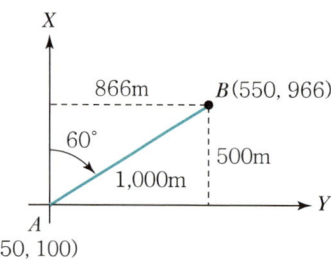

(9) 면적 계산

어떤 측선의 중점으로부터 기준선(남북자오선)에 내린 수선의 길이를 횡거라 한다. 다각측량에서 면적을 계산할 때 위거에 의하는데, 이때 횡거를 그대로 이용하면 계산이 불편하므로 횡거의 2배인 배횡거를 사용한다.

① 배횡거

> - 제1측선의 배횡거 = 그 측선의 경거
> - 임의의 측선의 배횡거 = 하나 앞 측선의 배횡거 + 하나 앞 측선의 경거
>   + 그 측선의 경거

② 면적(A)

> $$A = \frac{1}{2} \times |\Sigma(\text{배횡거} \times \text{위거})|$$

예제

13. A점이 좌표의 종축에 접하는 폐합트래버스측량에 있어서 아래와 같은 측량 결과를 얻었을 때 측선 $\overline{CD}$ 의 배횡거는?

① 60.25m
② 115.90m
③ 135.45m
④ 165.90m

측선	위거(m)	경거(m)
$\overline{AB}$	+65.39	+83.57
$\overline{BC}$	−34.57	+19.68
$\overline{CD}$	−65.43	−40.60
$\overline{DA}$	+34.61	−62.65

정답 ④

해설
- 제1측선의 배횡거 = 그 측선의 경거
- 임의의 측선의 배횡거 = 하나 앞 측선의 배횡거 + 하나 앞 측선의 경거 + 그 측선의 경거
  $\overline{AB}$ 의 배횡거 = +83.57m
  $\overline{BC}$ 의 배횡거 = 83.57 + 83.57 + 19.68 = 186.82m
  $\overline{CD}$ 의 배횡거 = 186.82 + 19.68 − 40.60 = 165.90m

6 다각측량의 응용

다각측량은 삼각측량의 대용으로 건설, 농림, 지적 그 밖의 기초공사 및 시공용 지도의 기준점 설치를 위해 널리 이용되고 있다.

(1) 노선측량에 응용

① 예정노선 지역의 대축척도 작성
② 노선중심선의 현지 설정

(2) 터널측량에 응용

터널의 양쪽에 예정된 입구를 잇는 중심선의 거리와 방위각을 구할 경우 지형의 악조건 때문에 중심선측량이나 삼각측량이 불가능하면 다각측량을 이용한다.

(3) 지적측량에 응용

지적용 기준점 설치에 널리 이용된다.

3 핵심 문제 익히기

01 세부측량에 사용할 기준점의 좌표를 결정하기 위하여 각 변의 방향과 거리를 측정하여 측점의 좌표를 결정하는 측량은?

① 트래버스측량 ② 스타디아측량
③ 수준측량 ④ GPS측량

> **TIP** 트래버스측량
> 기준이 되는 측점을 연결하는 측선의 길이와 그 방향을 관측하여 측점의 좌표를 결정하는 방법이다.

02 삼각측량과 다각측량에 대한 다음 설명 중 틀린 것은?

① 다각측량으로 구한 위치는 근거리이므로 삼각측량에서 구한 위치보다 정밀도가 좋다.
② 다각측량은 주로 각과 거리를 측정하여 점의 위치를 정한다.
③ 삼각점은 서로 시준이 곤란한 지역에서는 다각측량이 행해진다.
④ 삼각측량은 주로 각을 측정하고 삼각형의 거리는 대부분 계산에 의한다.

> **TIP** 다각측량은 일반적으로 높은 정도를 요하지 않는 골조측량에 이용된다(일반적으로 삼각측량에 비해 정도가 낮다).

03 다각측량의 필요성에 대한 사항 중 적당하지 않은 것은?

① 삼각점만으로는 소정의 세부측량에서 기준점의 수가 부족할 때 충분한 밀도로 전개시키기 위해서 필요하다.
② 시가지나 산림 등 시준이 좋지 않아 단거리마다 기준점이 필요할 때 행해진다.
③ 면적을 정확히 파악하고자 할 때 경계측량 등에 사용한다.
④ 삼각측량에 비해서 경비가 고가이나 정확도가 높다.

> **TIP** 다각측량은 일반적으로 높은 정확도를 요하지 않는 골조측량에 이용되며, 삼각측량에 비해서 정확도가 낮다.

04 트래버스측량에서 어떤 두 점의 위치관계를 구하기 위해 일반적으로 사용되는 좌표는?

① 구면좌표 ② 극좌표
③ UTM좌표 ④ 평면직각좌표

> **TIP**
> • 트래버스측량에서 일반적으로 사용되는 좌표는 평면직각좌표이다.
> • 평면직각좌표계는 원점에서의 자오선을 X축으로 하고, 이에 직교하는 선을 Y축으로 하는 2차원 직각좌표계이다.

정답 01 ① 02 ① 03 ④ 04 ④

05 트래버스측량에 대한 설명으로 옳지 않은 것은?
① 트래버스측량은 측선의 거리와 그 측선들이 만나서 이루는 수평각을 측정하여 각 측선의 위거와 경거를 계산하고 각 측점의 좌표를 구한다.
② 개방트래버스측량은 종점이 시점으로 돌아오지 않는 형태의 측량으로, 높은 정확도를 요구하는 측량에는 사용되지 않는다.
③ 폐합트래버스측량은 종점이 시점으로 되돌아와 합치하여 하나의 다각형을 형성하는 측량으로, 트래버스측량 중에 정확도가 가장 높다.
④ 결합트래버스측량은 기지점에서 출발하여 다른 기지점으로 연결하는 측량으로, 높은 정확도를 요구하는 대규모 지역의 측량에 이용된다.

TIP 트래버스측량 중에 정확도가 가장 높은 트래버스는 결합트래버스이다.

06 트래버스에 대한 설명으로 옳은 것은?
① 개방트래버스는 노선측량의 답사 등에 이용되며 정확도가 높다.
② 폐합트래버스는 출발점에서 시작하여 다시 시작점으로 되돌아오는 방법이다.
③ 결합트래버스는 높은 정확도의 측량보다 소규모 측량에 이용된다.
④ 트래버스의 종류는 형태만 차이가 있을 뿐 정확도에는 차이가 없다.

TIP
- ①문항 : 정확도가 낮다.
- ③문항 : 대규모 측량에 이용된다.
- ④문항 : 정확도에는 차이가 많다.

07 트래버스측량에 대한 설명 중 옳지 않은 것은?
① 수평각측정법에는 교각법, 편각법, 방위각법 등이 있다.
② 트래버스측량은 도로, 수로 등과 같은 좁고 긴 곳의 측량에 편리하다.
③ 트래버스의 형태에서 정확도가 가장 높은 것은 폐합트래버스이다.
④ 트래버스측량은 일반적으로 각관측과 거리관측의 정확도를 균형 있게 유지하는 것이 원칙이다.

TIP 트래버스측량에서 정확도가 가장 높은 것은 결합트래버스이다.

08 시작점과 종점의 각각의 좌표를 알고 있는 상태에서 측점들의 위치를 결정하는 트래버스는?
① 폐합트래버스　　　　　② 결합트래버스
③ 개방트래버스　　　　　④ 트래버스 망

TIP 결합트래버스
시작점의 좌표와 종점의 좌표를 알고 있는 조건에서 각 측점들의 위치를 결정하는 트래버스이다.

정답 05 ③ 06 ② 07 ③ 08 ②

09 트래버스측량을 실시하여 출발점으로 돌아왔을 경우 출발점과 정확하게 일치되지 않을 때, 이 오차를 무엇이라 하는가?

① 폐합오차　　② 시준오차　　③ 허용오차　　④ 기계오차

> **TIP** 트래버스측량을 실시하여 출발점으로 되돌아왔을 경우 출발점과 정확하게 일치하지 않을 때의 오차를 폐합오차라 한다.

10 트래버스의 종류 중에서 측량 결과에 대한 점검이 되지 않기 때문에 노선측량의 답사 등에 주로 이용되는 트래버스는?

① 트래버스망　　② 폐합트래버스　　③ 개방트래버스　　④ 결합트래버스

> **TIP** 개방트래버스는 측량 결과의 점검이나 정확도의 계산이 될 수 없어서 노선측량의 답사 등 높은 정확도를 요구하지 않는 곳에 이용되는 트래버스이다.

11 트래버스측량에 대한 설명으로 옳지 않은 것은?

① 세부측량에 사용할 기준점의 좌표를 결정한다.
② 각 변의 방향과 거리를 측정하여 수평위치를 결정한다.
③ 외업의 성과로부터 방위각, 위거, 경거를 계산하고 조정하여 각 측점의 좌표를 얻는다.
④ 트래버스 종류 중 가장 정확도가 높은 것은 폐합트래버스이다.

> **TIP** • 결합트래버스는 양쪽 기지점의 좌표가 측량 결과를 점검하기 위한 조건이 되기 때문에 오차 점검이 가능하다.
> • 그래서 대규모 지역의 정확도 높은 기준점측량에 사용한다.

12 좌표를 알고 있는 기지점으로부터 출발하여 다른 기지점에 연결하는 측량방법으로 높은 정확도를 요구하는 대규모 지역의 측량에 이용되는 트래버스는?

① 폐합트래버스　　② 개방트래버스　　③ 결합트래버스　　④ 트래버스망

> **TIP** • 결합트래버스는 어떤 기지점에서 출발하여 다른 기지점에 결합시키는 방법이며, 대규모 지역의 정확성을 요하는 측량에 사용한다.
> • 각종 트래버스 가운데 가장 정밀도가 높다.

13 트래버스측량의 순서로 옳은 것은?

| a. 답사 및 선점 | b. 조표 | c. 계획 및 준비 | d. 계산 및 제도 | e. 관측 |

① c → b → e → a → d
② c → a → b → e → d
③ c → e → b → d → a
④ c → a → d → b → e

> **TIP** 다각측량 작업순서
> 계획 및 준비 → 답사 및 선점 → 표지 설치(조표) → 관측(거리/각) → 계산 및 제도

정답　09 ①　10 ③　11 ④　12 ③　13 ②

14 트래버스측량의 순서로 옳은 것은?

① 답사-조표-선점-관측-방위각 계산
② 선점-답사-조표-방위각 계산-관측
③ 답사-선점-조표-관측-방위각 계산
④ 선점-조표-답사-관측-방위각 계산

> **TIP** 트래버스측량 작업순서
> 계획 및 답사 → 선점 → 표지 설치(조표) → 관측(거리/각) → 조정 및 계산 → 성과정리

15 트래버스측량의 내업 순서로 옳은 것은?

| ㉠ 방위각 계산 | ㉡ 좌표 계산 |
| ㉢ 위거 및 경거의 계산 | ㉣ 결합오차 조정 |

① ㉡ → ㉠ → ㉢ → ㉣
② ㉠ → ㉢ → ㉡ → ㉣
③ ㉡ → ㉠ → ㉣ → ㉢
④ ㉠ → ㉢ → ㉣ → ㉡

> **TIP** 트래버스측량 내업순서
> 방위각 계산 → 위거 및 경거의 계산 → 결합오차 조정 → 좌표 계산

16 트래버스측량에서 선점 시 유의해야 할 사항으로 옳지 않은 것은?

① 측선의 거리는 될 수 있는 대로 짧게 하고, 측점수는 많게 하는 것이 좋다.
② 측선거리는 될 수 있는 대로 동일하게 하고, 고저차가 크지 않게 한다.
③ 기계를 세우거나 시준하기 좋고, 지반이 견고한 장소이어야 한다.
④ 후속측량, 특히 세부측량에 편리하여야 한다.

> **TIP** 트래버스측량에서 변의 길이는 가능한 한 길고, 측점수를 적게 하는 것이 좋다.

17 트래버스측량에서 선점 시 주의사항으로 옳은 것은?

① 시준이 잘되는 굴뚝이나 바위 등이 좋다.
② 기계를 세울 때 삼각대가 잘 꽂히는 늪지대 같은 곳이 좋다.
③ 기계를 세우거나 시준하기 좋고 지반이 튼튼한 곳이 좋다.
④ 변의 길이는 될 수 있는 대로 짧고 측점수는 많게 하는 것이 좋다.

> **TIP** 트래버스측점을 선점할 경우 기계를 세우거나 시준하기 좋고, 지반이 튼튼한 장소를 선정하는 것이 좋다.

18 트래버스측량에서 선점할 때의 유의사항에 대한 설명으로 틀린 것은?

① 지반이 견고한 장소이어야 한다.
② 세부측량에 편리해야 한다.
③ 측점수는 많게 하는 것이 좋다.
④ 측선의 거리는 가능한 길게 한다.

> **TIP** 트래버스측량에서 선점할 때 변의 길이는 될 수 있는 대로 길고, 측점의 수를 적게 하는 것이 좋다.

정답 14 ③ 15 ④ 16 ① 17 ③ 18 ③

19 트래버스측량의 수평각관측법 중 서로 이웃하는 두 개의 측선이 이루는 각을 관측해 나가는 방법은?

① 방위각법
② 교각법
③ 편각법
④ 고저각법

TIP
- 교각법 : 어떤 측선이 그 앞의 측선과 이루는 각을 관측하는 것
- 편각법 : 각 측선이 그 앞 측선의 연장선과 이루는 각을 관측하는 것
- 방위각법 : 각 측선의 진북방향과 이루는 방위각을 시계 방향으로 관측하는 것

20 트래버스측량의 수평각 관측에서 그림과 같이 진북을 기준으로 어느 측선까지의 각을 시계방향으로 각관측하는 방법은?

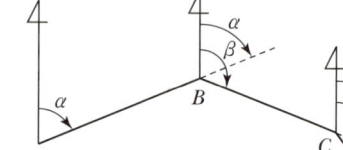

① 교각법
② 편각법
③ 방향각법
④ 방위각법

TIP
- 방위각법 : 각 측선의 진북방향과 이루는 방위각을 시계방향으로 관측하여 수평각을 결정하는 방법이다.
- 예를 들어 그림에서 $\angle B = 180° - (방위각\beta - 방위각\alpha)$이다.

21 5각형 폐합트래버스의 내각을 측정하고자 한다. 각관측 오차가 다른 각에 영향을 주지 않는 각관측 방법은?

① 방향각법
② 방위각법
③ 편각법
④ 교각법

TIP 교각법
어떤 측선이 그 앞의 측선과 이루는 각을 관측하는 방법으로 각 측점마다 독립하여 측각할 수 있으므로 측각이 잘되지 않아도 다른 각에 영향을 주지 않으므로 그 각만 재측량하여 점검할 수 있다.

22 트래버스측량에서 교각법의 특징으로 옳지 않은 것은?

① 각 측점마다 독립하여 관측을 할 수 있다.
② 반복법을 사용하여 각 관측의 정밀도를 높일 수 있다.
③ 각관측에 오차가 있어도 다른 각에 영향을 주지 않는다.
④ 각관측 및 관측값 계산이 가장 신속하다.

TIP 교각법 특징
- 반복법을 사용하여 측각의 정밀도를 높일 수 있다.
- 각 측점마다 독립하여 측각할 수 있으므로 작업 순서에 관계하지 않는다.
- 측각이 잘되지 않아도 다른 각에 영향을 주지 않으며, 그 각만 재측량하여 점검할 수 있다.
- 각관측이 가장 신속한 방법은 일반적으로 방위각법이다.

정답 19 ② 20 ④ 21 ④ 22 ④

23 진북을 기준으로 어느 측선까지 시계방향(우회전)으로 측정하는 각관측방법은?

① 교각법
② 편각법
③ 방위각법
④ 부전법

TIP 방위각법
각 측선의 진북방향과 이루는 방위각을 시계방향으로 관측하는 방법이다.

24 폐합트래버스의 거리 및 수평각관측에 대한 설명으로 옳지 않은 것은?

① 폐합트래버스를 구성하는 측점 간 거리는 가능하면 등간격으로 하고 현저하게 짧은 측선은 피하도록 한다.
② 교각법은 측정 순서에 관계없이 측정할 수 있으며 오측이 발견될 때에는 그 각만을 재측하여 점검하기 쉽다.
③ 방위각법은 교각법에 비해 작업이 신속하나 한 번 오차가 발생하면 끝까지 영향을 미치므로 주의하여야 한다.
④ 수평각오차가 크더라도 거리오차를 작게 할 경우 측점의 위치 오차는 현저하게 감소시킬 수 있다.

TIP
• 다각측량은 거리와 각도를 조합함으로써 다각점의 위치를 구하는 것으로 거리와 각의 관측 정확도에 의해 좌우된다.
• 그러므로 거리관측 정확도와 각관측 정확도의 균형을 고려함이 원칙이다.

25 트래버스측량에서 절점 간의 평균거리를 200m, 내각의 측각오차를 ±20″라 한다. 거리관측과 각관측의 정도를 같게 하기 위해서는 거리관측의 오차가 얼마라야 하는가?

① ±6cm
② ±10cm
③ ±4cm
④ ±2cm

TIP $\dfrac{\Delta l}{D} = \dfrac{\theta''}{\rho''}$

$\therefore \Delta l = \dfrac{\theta'' D}{\rho''} = \dfrac{20'' \times 200}{206,265''} = 0.02\text{m} = 2\text{cm}$

26 폐합트래버스에서 내각의 총합을 구하는 식은?(단, n : 폐합트래버스의 변의 수)

① $180°(n+2)$
② $180°(n-2)$
③ $360°(n-2)$
④ $360°(n+2)$

TIP
• ①문항 : 외각의 총합
• ②문항 : 내각의 총합

정답 23 ③ 24 ④ 25 ④ 26 ②

27 18각형 외각의 합계는 몇 도인가?

① 2,880° ② 2,900°
③ 3,240° ④ 3,600°

TIP 외각의 합계 $= 180°(n+2) = 180° \times (18+2) = 3,600°$

28 내각을 관측하여 육각형 폐합트래버스를 측량한 결과 719°59′12″일 때 각 측점의 조정량은?

① 2″ ② −2″
③ 8″ ④ −8″

TIP 측각오차(E_α) = $[\alpha] - 180°(n-2) = 719°59′12″ - 180°(6-2) = -48″$

∴ 조정량 $= \dfrac{E_\alpha}{n} = \dfrac{-48″}{6} = -8″$ (⊕조정)

⇒ 육각형 폐합트래버스 내각의 총합이 720°가 되지 않으므로 각 측점에 8″씩 더해준다.

29 측점수가 7개인 폐합트래버스의 외각을 측정하는 경우 외각의 총합은?

① 1,260° ② 1,440°
③ 1,620° ④ 1,800°

TIP 외각의 총합 $= 180°(n+2) = 180° \times (7+2) = 1,620°$

30 그림과 같이 출발점 A 및 종점 B에서 다른 기지의 삼각점 L 및 M이 시준되며, $\alpha_1, \alpha_2, \cdots, \alpha_n$을 관측한 경우 측각오차($\Delta\alpha$)를 구하는 식은?(단, $[\alpha]$는 관측각의 총합)

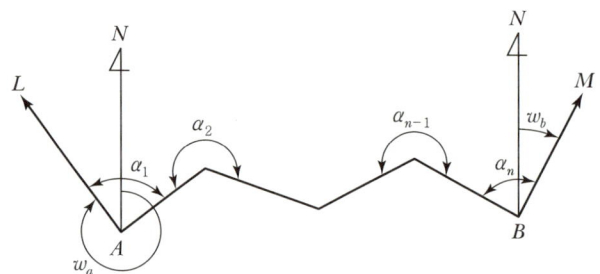

① $\Delta\alpha = w_a + [\alpha] - 180°(n-1) - w_b$
② $\Delta\alpha = w_a + [\alpha] - 180°(n-3) - w_b$
③ $\Delta\alpha = w_a + [\alpha] - 180°(n+1) - w_b$
④ $\Delta\alpha = w_a + [\alpha] - 180°(n+3) - w_b$

TIP 삼각점 L 및 M이 진북(N) 바깥에 있으므로, 측각오차($\Delta\alpha$) = $w_a + [\alpha] - 180°(n+1) - w_b$이다.

정답 27 ④ 28 ③ 29 ③ 30 ③

31 그림과 같은 결합다각측량의 측각오차는?(단, $A_1 = 40°20'20''$, $A_n = 252°06'35''$, $\alpha_1 = 30°23'40''$, $\alpha_2 = 120°15'20''$, $\alpha_3 = 260°18'30''$, $\alpha_4 = 115°18'15''$, $\alpha_5 = 45°30'20''$)

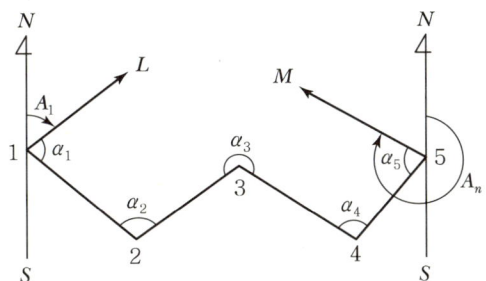

① $-10''$ ② $-20''$
③ $-30''$ ④ $-40''$

TIP $E_\alpha = A_1 + [\alpha] - A_n - 180°(n-3) = 40°20'20'' + 571°46'05'' - 252°06'35'' - 180° \times (5-3) = -10''$

32 트래버스의 계산에 대한 설명으로 옳은 것은?

① 폐합트래버스의 편각의 총합은 720°이다.
② 방위각이 92°인 측선의 역방위각은 272°이다.
③ 폐합트래버스인 n다각형의 내각의 합은 $(n-3) \times 180°$이다.
④ 방위각 계산에서 $(-)$각이 생기면 180°를 더해 주어야 한다.

TIP
- ①문항 : 편각의 총합은 360°
- ②문항 : 역방위각=92°+180°=272°
- ③문항 : n개 다각형의 내각의 합은 $(n-2) \times 180°$
- ④문항 : 360°를 더해 주어야 한다.

33 평탄지에서 9변을 트래버스측량하여 $1'10''$의 측각오차가 있었다면 이 오차의 처리방법은?(단, 허용오차=$0.5'\sqrt{n}$, n : 측량한 변의 수이다.)

① 오차가 너무 크므로 재측한다.
② 오차를 각각 등분해 배분한다.
③ 변의 크기에 비례하여 배분한다.
④ 각의 크기에 비례하여 배분한다.

TIP
- 허용오차 $= 0.5'\sqrt{n} = 0.5'\sqrt{9} = 1'30'' \Rightarrow$ 허용오차($1'30''$) > 측각오차($1'10''$)
- 측각오차가 허용오차 안에 있으므로 각의 크기에 관계없이 등배분한다.

34 다각측량에서 1각의 오차가 ±10″인 9개의 각이 있을 경우에 그 각오차의 총합은?

① ±10″   ② ±20″
③ ±40″   ④ ±30″

TIP $M = \pm\sigma\sqrt{n}$
여기서, σ : 1각의 오차, n : 각수
∴ $M = \pm 10''\sqrt{9} = \pm 30''$

35 트래버스측량 시 각관측에서 오차가 발생하였을 때, 관측각의 오차 배분 조정방법으로 틀린 것은?
① 각관측의 경중률이 다를 경우 오차를 경중률에 비례하여 배분한다.
② 변의 길이 역수에 비례하여 배분한다.
③ 각관측의 정확도가 같을 경우 각의 크기에 비례하여 배분한다.
④ 오차가 허용범위를 초과할 경우 측량을 다시 하여야 한다.

TIP 각관측의 정확도가 같을 경우 각의 크기에 관계없이 등배분한다.

36 결합트래버스측량에서 각측정의 경중률이 같은 경우에 수평각오차를 배분하는 방법으로 옳은 것은?(단, 오차는 허용 범위 내에 있음)
① 각의 크기에 상관없이 동일하게 배분한다.
② 측선의 길이에 비례하여 배분한다.
③ 측선의 길이의 역수에 비례하여 배분한다.
④ 각의 크기에 비례하여 배분한다.

TIP 결합트래버스측량에서 각 측정의 경중률이 같은 경우에 수평각오차는 각의 크기에 관계없이 등배분한다.

37 제3상한에 해당되는 방위를 $S\theta°W$ 로 표현할 수 있다면 방위각(α)을 계산하는 식은?

① $\alpha = \theta°$ ② $\alpha = 360° - \theta°$ ③ $\alpha = 180° - \theta°$ ④ $\alpha = 180° + \theta°$

TIP 방위
4개의 상한으로 나누어 남북선을 기준으로 하여 90° 이하의 각도로 나타낸다.

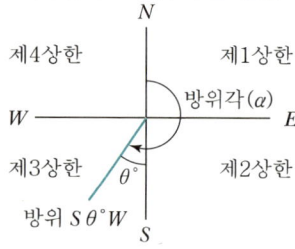

∴ 방위각(α) = 180° + $\theta°$

38 방위각 105°39′42″에 대한 방위는?

① $N15°39′12″W$ ② $S15°39′42″E$ ③ $S74°20′18″E$ ④ $N74°20′18″E$

TIP

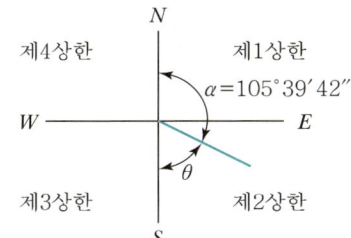

방위(θ) = 180° − 105°39′42″ = 74°20′18″
∴ 방위 = $S74°20′18″E$

39 방위각 175°는 몇 상한에 위치하는가?

① 제1상한 ② 제2상한 ③ 제3상한 ④ 제4상한

TIP

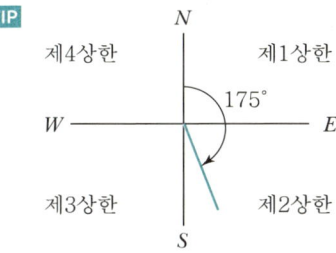

· 방위각 175°는 제2상한에 위치한다.

40 임의 측선의 방위각 계산에서 진행방향 오른쪽 교각을 측정했을 때의 방위각 계산은?

① 전 측선 방위각 + 180° − 그 측점의 교각
② 전 측선 방위각 × 180° + 그 측점의 교각
③ 전 측선 방위각 × 180° − 그 측점의 교각
④ 전 측선 방위각 − 180° + 그 측점의 교각

TIP

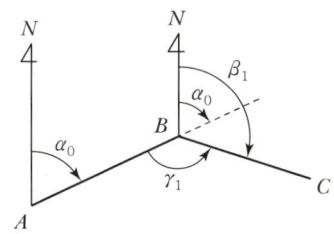

· 진행방향 : 시계방향
· 측각방향 : 우측
· $\overline{BC}$ 의 방위각(β_1)
   = 전 측선 방위각(α_0) + 180° − 그 측점의 교각(γ_1)

41 방위각 247°20′40″를 방위로 표시한 것으로 옳은 것은?

① $N67°20′40″W$
② $S22°39′20″W$
③ $S67°20′40″W$
④ $N22°39′20″W$

정답 38 ③ 39 ② 40 ① 41 ③

> [!TIP]
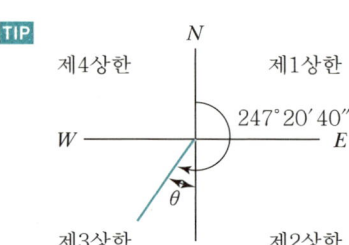
- 방위각 247°20′40″는 제3상한에 위치한다.
- 방위(θ) = 247°20′40″ − 180° = 67°20′40″
- ∴ $S\,67°20′40″\,W$

42 방위각 180~270°는 몇 상한에 해당하는가?

① 제1상한　② 제2상한　③ 제3상한　④ 제4상한

> [!TIP]
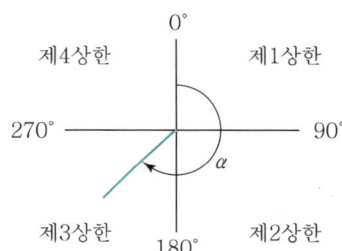
- 방위각(α) 180~270°는 제3상한에 해당한다.

43 방위 $N\,70°\,W$의 역방위각은 얼마인가?

① 290°　② 160°　③ 110°　④ 70°

> [!TIP]
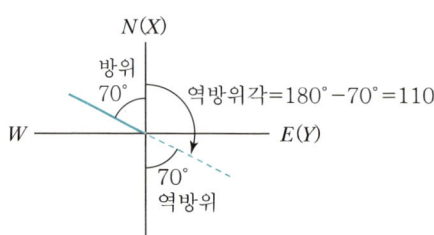
역방위 = $S\,70°\,E$
∴ 역방위각 = 180° − 70° = 110°

44 트래버스측량에서 어느 측선의 방위가 $S\,40°\,E$이라고 할 때 이 측선의 방위각은?

① 140°　② 130°　③ 220°　④ 320°

> [!TIP]
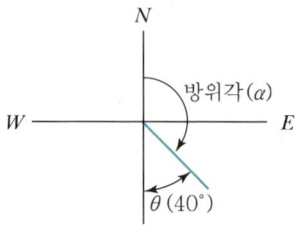
∴ 방위각(α) = 180° − θ = 180° − 40° = 140°

정답　42 ③　43 ③　44 ①

45 측점 A, B의 좌표에서 $\overline{AB}$ 측선에 대한 상한별 방위는 θ로 표시할 수 있다. 측점 A, B가 제1상한에 있기 위한 방위각 α는?

① $\alpha = \theta$
② $\alpha = 180° - \theta$
③ $\alpha = 180° + \theta$
④ $\alpha = 360° - \theta$

TIP

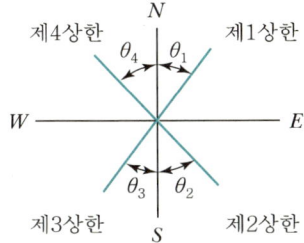

- 제1상한(θ_1) → $\alpha = \theta_1$
- 제2상한(θ_2) → $\alpha = 180° - \theta_2$
- 제3상한(θ_3) → $\alpha = 180° + \theta_3$
- 제4상한(θ_4) → $\alpha = 360° - \theta_4$

46 측선 $\overline{AB}$의 방위각은 210°이다. 이 측선의 역방위는?

① $S\,30°\,W$
② $N\,60°\,E$
③ $N\,30°\,E$
④ $S\,60°\,W$

TIP

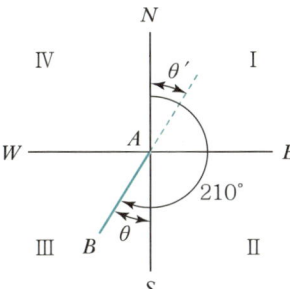

방위(θ) = $\overline{AB}$ 방위각 $- 180° = 210° - 180° = 30° = S\,30°\,W$
∴ 역방위(θ') $= \theta = 30° = N\,30°\,E$

47 방위각이 300°일 경우, 상한과 위거, 경거의 부호로 맞는 것은?(단, 부호의 순서는 위거, 경거의 순으로 표시)

① 제3상한($-$, $+$)
② 제3상한($+$, $-$)
③ 제4상한($+$, $-$)
④ 제4상한($-$, $+$)

TIP

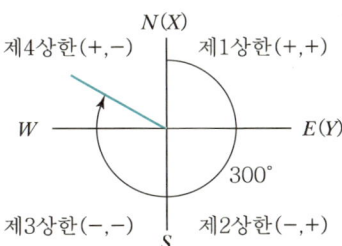

∴ 방위각이 300°일 경우에는 제4상한($+$, $-$)에 위치한다.

정답 45 ① 46 ③ 47 ③

48 그림에서 $\overline{CD}$ 측선의 방위는?

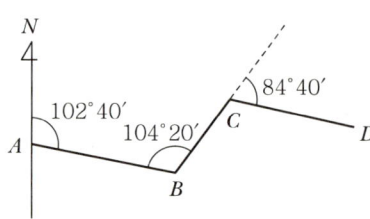

① $N\,27°40'\,W$
② $S\,68°20'\,E$
③ $N\,36°40'\,E$
④ $S\,27°30'\,W$

TIP

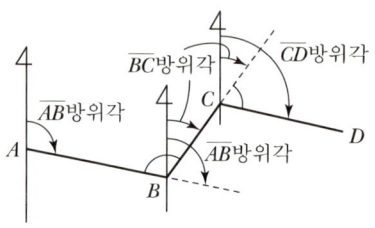

- $\overline{AB}$ 방위각 $= 102°40'$
- $\overline{BC}$ 방위각 $= 102°40' - 180° + 104°20' = 27°00'$
- $\overline{CD}$ 방위각 $= 27°00' + 84°40' = 111°40'$
- $\overline{CD}$ 측선 방위 $= 180° - 111°40' = 68°20'$
- $\therefore\ \overline{CD}$ 측선 방위 $= S\,68°20'\,E$

49 그림에서 $\overline{DE}$ 측선의 방위는 얼마인가?

① $N\,34°35'\,E$
② $N\,26°10'\,W$
③ $S\,44°30'\,E$
④ $N\,49°00'\,E$

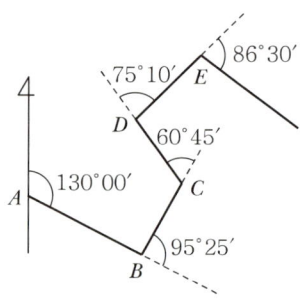

TIP

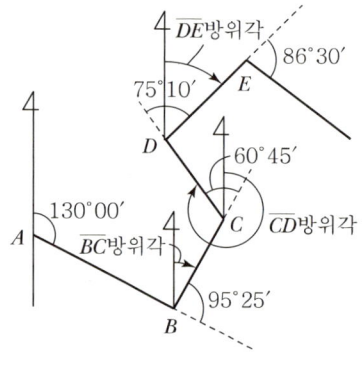

- $\overline{AB}$ 방위각 $= 130°00'$
- $\overline{BC}$ 방위각 $= \overline{AB}$ 방위각 $- 180° + \angle B = 130°00' - 180° + (180° - 95°25') = 34°35'$
- $\overline{CD}$ 방위각 $= \overline{BC}$ 방위각 $+ 180° + \angle C = 34°35' + 180° + (180° - 60°45') = 333°50'$
- $\overline{DE}$ 방위각 $= (\overline{CD}$ 방위각 $+ 180° - \angle D) - 360° = (333°50' + 180° - (180° - 75°10')) - 360° = 49°00'$ (1상한)
- $\overline{DE}$ 측선은 제1상한에 위치한다.
- $\therefore\ \overline{DE}$ 측선 방위 $= N\,49°00'\,E$

정답 48 ② 49 ④

50 그림과 같은 다각형을 교각법으로 측정한 결과 $\overline{CD}$ 측선의 방위각은?

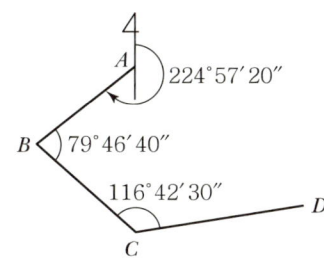

① 61°26′30″
② 61°27′30″
③ 60°26′27″
④ 60°27′27″

TIP

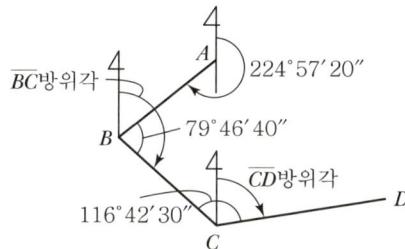

- $\overline{AB}$ 방위각 $= 224°57′20″$
- $\overline{BC}$ 방위각 $= 224°57′20″ - 180° + 79°46′40″$
  $= 124°44′00″$
- ∴ $\overline{CD}$ 방위각 $= 124°44′00″ - 180° + 116°42′30″$
  $= 61°26′30″$

51 그림에서 $\overline{CD}$ 방위각이 144°00′이고 $\overline{DA}$ 의 방위각이 225°30′일 때 D점의 내각은?

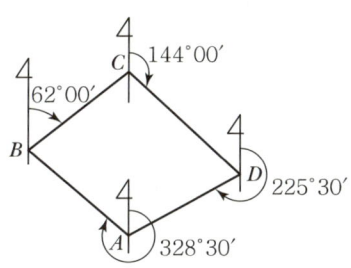

① 98°30′
② 98°00′
③ 86°30′
④ 77°00′

TIP

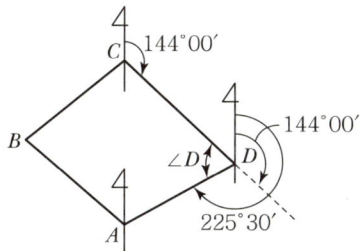

$\overline{DA}$ 방위각 $- \overline{CD}$ 방위각 $= 225°30′ - 144°00′ = 81°30′$
∴ D점의 내각 $= 180° - 81°30′ = 98°30′$

정답 50 ① 51 ①

52 그림과 같이 $\overline{AB}$ 측선의 방위각이 328°30′, $\overline{BC}$ 측선의 방위각이 50°00′일 때 B점의 내각 ($\angle ABC$)은?

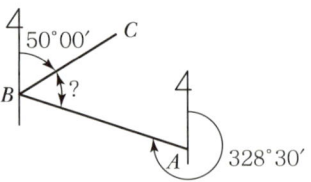

① 85°00′ ② 87°30′
③ 86°00′ ④ 98°30′

TIP

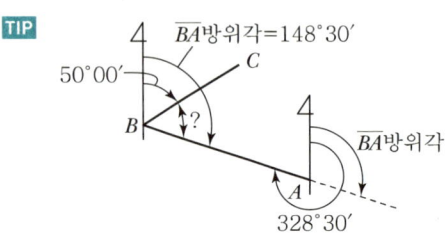

$\overline{BA}$방위각 $= \overline{AB}$ 방위각 $- 180°$
$\qquad = 328°30′ - 180° = 148°30′$
∴ B점 내각 $= \overline{BA}$방위각 $- \overline{BC}$방위각
$\qquad = 148°30′ - 50° = 98°30′$

53 그림과 같은 폐다각형에서 4각을 관측한 결과가 다음과 같다. $\overline{DC}$ 측선의 방위각은?

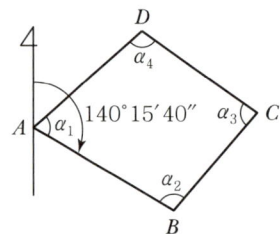

- $\alpha_1 : 87°26′20″$
- $\alpha_2 : 70°44′00″$
- $\alpha_3 : 112°47′40″$
- $\alpha_4 : 89°02′00″$

① 47°42′00″ ② 89°52′40″
③ 143°47′20″ ④ 233°21′00″

TIP

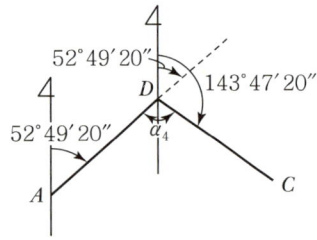

$\overline{AD}$ 방위각 $= \overline{AB}$ 방위각 $- \alpha_1$
$\qquad = 140°15′40″ - 87°26′20″ = 52°49′20″$
∴ $\overline{DC}$ 방위각 $= \overline{AD}$ 방위각 $+ 180° - \alpha_4$
$\qquad = 52°49′20″ + 180° - 89°02′00″ = 143°47′20″$

정답 52 ④ 53 ③

54 측선 $\overline{AB}$ 의 방위각과 거리가 그림과 같을 때, 측점 B의 좌표 계산으로 괄호 안에 알맞은 것은?

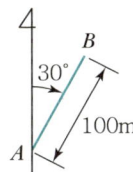

$B_X = A_X + 100 \times (\,\text{㉠}\,)$
$B_Y = A_Y + 100 \times (\,\text{㉡}\,)$

① ㉠ $\cos 30°$, ㉡ $\sin 30°$
② ㉠ $\cos 30°$, ㉡ $\tan 30°$
③ ㉠ $\sin 30°$, ㉡ $\tan 30°$
④ ㉠ $\tan 30°$, ㉡ $\cos 30°$

TIP
- $B_X = A_X + (\overline{AB}\,\text{거리} \times \cos \overline{AB}\,\text{방위각})$
- $B_Y = A_Y + (\overline{AB}\,\text{거리} \times \sin \overline{AB}\,\text{방위각})$
∴ ㉠ : $\cos 30°$, ㉡ : $\sin 30°$

55 측선 $\overline{AB}$ 의 길이가 80m, 그 측선의 방위각이 150°일 때 위거 및 경거는?

① 위거 -69.3m, 경거 $+40.0$m
② 위거 $+69.3$m, 경거 -40.0m
③ 위거 -40.0m, 경거 $+69.3$m
④ 위거 $+40.0$m, 경거 -69.3m

TIP

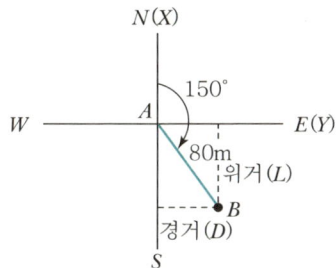

- $\overline{AB}$ 위거 $= \overline{AB}$ 거리 $\times \cos \overline{AB}$ 방위각
  $= 80 \times \cos 150° = -69.3$m
- $\overline{AB}$ 경거 $= \overline{AB}$ 거리 $\times \sin \overline{AB}$ 방위각
  $= 80 \times \sin 150° = 40.0$m

56 어느 측선의 방위가 $S\,40°E$이고 측선길이가 80m일 때, 이 측선의 위거는?

① -51.423m
② -61.284m
③ 51.423m
④ 61.284m

TIP

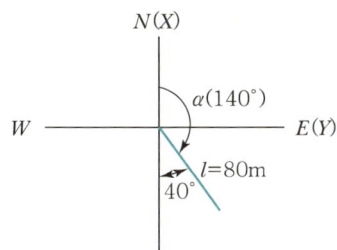

∴ 측선의 위거 $=$ 측선거리 $\times \cos$ 측선방위각(α)
$= 80 \times \cos 140° = -61.284$m

57 어느 측선의 방위각이 330°이고, 측선길이가 120m라 하면 그 측선의 경거는?

① -60.000m   ② 36.002m
③ 95.472m   ④ 103.923m

TIP

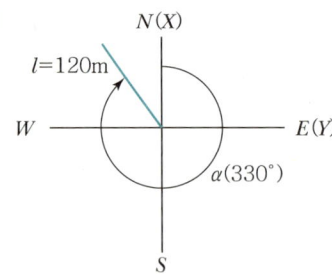

∴ 측선의 경거 = 측선거리 × sin 측선방위각(α)
= 120 × sin330° = -60.000m

58 어느 측선의 방위가 $S\,45°20'\,W$ 이고 측선의 길이가 64.210m일 때 이 측선의 위거는?

① +45.403m   ② -45.403m
③ +45.138m   ④ -45.138m

TIP 측선의 위거 = 측선거리 × cos 측선의 방위각 = 64.210 × cos225°20' = -45.138m
여기서, 측선의 방위각 = 180° + 45°20' = 225°20'

59 트래버스측량에서 경거 및 위거의 용도가 아닌 것은?

① 오차 및 정도의 계산   ② 실측도의 좌표계산
③ 오차의 합리적 배분   ④ 측점의 표고계산

TIP 측점의 표고(H)는 수준측량에 의해 계산된다.

60 폐합트래버스측량을 실시한 후 폐합오차를 계산하기 위하여 모든 측선의 위거·경거의 합을 계산한 결과, 각각 -0.02m, -0.043m일 때 폐합오차는?

① 0.035m   ② 0.041m
③ 0.047m   ④ 0.049m

TIP 폐합오차 = $\sqrt{(\Delta l)^2 + (\Delta d)^2} = \sqrt{(-0.02)^2 + (-0.043)^2} = 0.047$m

정답 57 ① 58 ④ 59 ④ 60 ③

61 트래버스측량의 결합오차 조정에 대한 설명 중 옳은 것은?

① 컴퍼스법칙은 각관측의 정확도가 거리관측의 정확도보다 좋은 경우에 사용된다.
② 트랜싯법칙은 각관측과 거리관측의 정밀도가 서로 비슷한 경우에 사용된다.
③ 컴퍼스법칙은 결합오차를 각측선의 길이의 크기에 반비례하여 배분한다.
④ 트랜싯법칙은 위거 및 경거의 결합오차를 각측선의 위거 및 경거의 크기에 비례 배분하여 조정하는 방법이다.

TIP
- ①문항 : 각관측의 정확도와 거리관측의 정확도가 서로 비슷한 경우에 사용
- ②문항 : 각측량의 정확도가 거리관측의 정확도보다 높을 때 사용
- ③문항 : 폐합오차를 각 측선의 길이의 크기에 비례하여 배분

62 트래버스측량의 조정방법에 대한 설명으로 틀린 것은?

① 컴퍼스법칙은 각측량과 거리측량의 정밀도가 대략 같은 경우에 사용한다.
② 트랜싯법칙은 각측선의 길이에 비례하여 조정한다.
③ 컴퍼스법칙은 각측선의 길이에 비례하여 조정한다.
④ 트랜싯법칙은 거리측량보다 각측량 정밀도가 높을 때 사용한다.

TIP 트랜싯법칙은 각측선의 위거 및 경거의 길이에 비례하여 조정한다.

63 총 거리가 500m인 트래버스측량을 하여 폐합오차가 0.01m였다. 이때의 폐합비는?

① 1/500
② 1/5,000
③ 1/25,000
④ 1/50,000

TIP 폐합비 = $\dfrac{\text{폐합오차}}{\text{전거리}} = \dfrac{0.01}{500} = \dfrac{1}{50,000}$

64 총 길이 2km인 폐합트래버스측량을 하여 위거의 오차 60cm, 경거의 오차 80cm가 발생하였다면 폐합비는?

① $\dfrac{1}{1,000}$
② $\dfrac{1}{2,000}$
③ $\dfrac{1}{2,500}$
④ $\dfrac{1}{3,333}$

TIP 폐합비 = $\dfrac{\text{폐합오차}}{\text{전거리}} = \dfrac{\sqrt{(\Delta l)^2+(\Delta d)^2}}{\sum L} = \dfrac{\sqrt{0.60^2+0.80^2}}{2,000} = \dfrac{1}{2,000}$

정답 61 ④ 62 ② 63 ④ 64 ②

65 측선길이의 합이 640m인 폐합트래버스측량에서 위거의 오차가 0.05m이고, 경거의 오차가 0.04m일 때 폐합비는?

① 1/5,000
② 1/10,000
③ 1/15,000
④ 1/20,000

> **TIP** 폐합비 $= \dfrac{\text{폐합오차}}{\text{전거리}} = \dfrac{\sqrt{(\Delta l)^2 + (\Delta d)^2}}{\sum l} = \dfrac{\sqrt{0.05^2 + 0.04^2}}{640} \fallingdotseq \dfrac{1}{10,000}$

66 트래버스측량에서 폐합비의 일반적인 허용범위로 옳지 않은 것은?

① 시가지 : 1/5,000~1/10,000
② 산림, 임야 : 1/500~1/1,000
③ 산악지 : 1/3,000~1/5,000
④ 논, 밭, 대지 등의 평지 : 1/1,000~1/2,000

> **TIP** 산악지 허용오차 범위 : 1/300~1/500

67 트래버스측량의 폐합오차 조정에 대한 설명 중 옳은 것은?

① 컴퍼스법칙은 각관측의 정확도가 거리관측의 정확도보다 좋은 경우에 사용된다.
② 트랜싯법칙은 각관측과 거리 관측의 정밀도가 서로 비슷한 경우에 사용된다.
③ 컴퍼스법칙은 폐합오차를 각 측선의 길이의 크기에 반비례하여 배분한다.
④ 트랜싯법칙은 위거 및 경거의 폐합오차를 각 측선의 위거 및 경거의 크기에 비례 배분하여 조정하는 방법이다.

> **TIP** • ①문항 : 컴퍼스법칙은 각관측의 정확도와 거리관측의 정확도가 서로 비슷할 때 조정하는 방법이다.
> • ②문항 : 트랜싯법칙은 각관측의 정확도가 거리관측의 정확도보다 높을 때 조정하는 방법이다.
> • ③문항 : 컴퍼스법칙은 폐합오차를 각 측선의 길이의 크기에 비례하여 배분한다.

68 폐합트래버스측량을 하여 허용오차범위 이내로 폐합오차가 생겼을 경우 컴퍼스법칙에 의한 오차 처리는?

① 각측선의 위거 및 경거의 크기에 비례 배분하여 조정한다.
② 각측선의 위거 및 경거의 크기에 반비례 배분하여 조정한다.
③ 각측선의 길이에 비례하여 조정한다.
④ 각측선의 길이에 반비례하여 조정한다.

> **TIP** 컴퍼스법칙은 각관측의 정확도와 거리관측의 정확도가 서로 비슷할 때 실시하는 방법으로 폐합오차를 각측선의 길이에 비례하여 조정한다.

정답 65 ② 66 ③ 67 ④ 68 ③

69 전측선 길이의 총합이 200m, 위거오차가 +0.04m일 때 길이 50m인 측선의 컴퍼스법칙에 의한 위거보정량은?

① +0.01m
② -0.01m
③ +0.02m
④ -0.02m

TIP
- 컴퍼스법칙 = $\dfrac{오차}{전거리} \times$ 조정할 측선의 거리
- 위거보정량 = $\dfrac{위거오차}{전거리} \times$ 조정할 측선의 거리 = $\dfrac{0.04}{200} \times 50 = 0.01\text{m}$ (⊖보정)
- ∴ 위거보정량 = -0.01m

70 다음 ( ) 안에 알맞은 용어는?

> 어느 측선의 ( ) = 전 측선의 조정경거 + 전 측선의 배횡거 + 그 측선의 조정경거

① 배면적
② 배횡거
③ 합위거
④ 합경거

TIP
- 배횡거 : 측선의 중심에서 자오선에 이르는 거리(횡거)의 2배를 그 측선의 배횡거
- 임의 측선의 배횡거 = 하나 앞 측선의 배횡거 + 하나 앞 측선의 조정경거 + 그 측선의 조정경거

71 트래버스측량에서 다음 결과를 얻었을 때 측선 $\overline{EA}$ 의 거리는?(단, 폐합이며 오차는 없음)

측선	위거(m) (+)	위거(m) (−)	경거(m) (+)	경거(m) (−)
$\overline{AB}$		56.6	43.2	
$\overline{BC}$		29.7		26.8
$\overline{CD}$		25.9		96.6
$\overline{DE}$	53.5			49.7

① 142.547m
② 149.628m
③ 153.532m
④ 156.315m

TIP

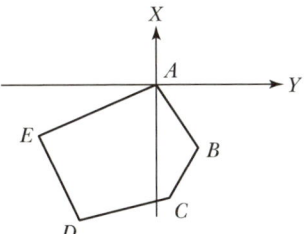

측점	합위거(X)(m)	합경거(Y)(m)
A	0.00	0.00
B	−56.60	43.20
C	−86.30	16.40
D	−112.20	−80.20
E	−58.70	−129.90

∴ $\overline{EA}$ 거리 $= \sqrt{(X_A - X_E)^2 + (Y_A - Y_E)^2} = \sqrt{(0-(-58.70))^2 + (0-(-129.90))^2} = 142.547\text{m}$

정답 69 ② 70 ② 71 ①

72 평면직각좌표에서 삼각점의 좌표가 (−4,325.68m, 585.25m)라 하면 이 삼각점은 좌표 원점을 중심으로 몇 상한에 있는가?

① 제1상한 ② 제2상한 ③ 제3상한 ④ 제4상한

TIP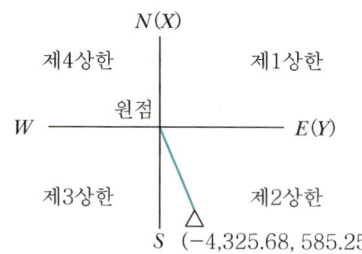

• 삼각점은 좌표 원점을 중심으로 제2상한에 위치되어 있다.

73 표의 ㉠, ㉡에 들어갈 배횡거로 옳게 짝지어진 것은?(단, 단위는 m임)

① ㉠ 0, ㉡ 0
② ㉠ 30, ㉡ −30
③ ㉠ −30, ㉡ 30
④ ㉠ −30, ㉡ −30

측선	위거(L)	경거(D)	배횡거(M)
$\overline{1-2}$	30	−30	㉠
$\overline{2-3}$	30	30	−30
$\overline{3-4}$	−30	30	㉡
$\overline{4-5}$	−30	−30	30

TIP
• $\overline{1-2}$ 배횡거 = −30m(㉠)
• $\overline{2-3}$ 배횡거 = −30+(−30)+30 = −30m
• $\overline{3-4}$ 배횡거 = −30+30+30 = 30m(㉡)
• $\overline{4-5}$ 배횡거 = 30+30+(−30) = 30m
∴ ㉠ : −30m, ㉡ : 30m

74 A의 좌표가 $X_A = 50$m, $Y_A = 100$m이고 $\overline{AB}$의 거리가 1,000m, $\overline{AB}$의 방위각이 60°일 때 B점의 좌표는?

① $X_B = 550$m, $Y_B = 966$m
② $X_B = 966$m, $Y_B = 550$m
③ $X_B = 916$m, $Y_B = 600$m
④ $X_B = 600$m, $Y_B = 916$m

TIP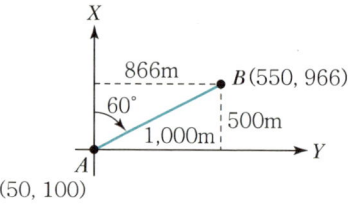

• $\overline{AB}$ 위거 = $\overline{AB}$ 거리 × cos $\overline{AB}$ 방위각 = 1,000 × cos60° = 500m
• $\overline{AB}$ 경거 = $\overline{AB}$ 거리 × sin $\overline{AB}$ 방위각 = 1,000 × sin60° = 866m
• $X_B = X_A + \overline{AB}$ 위거 = 50+500 = 550m
• $Y_B = Y_A + \overline{AB}$ 경거 = 100+866 = 966m
∴ $X_B = 550$m, $Y_B = 966$m

정답 72 ② 73 ③ 74 ①

75 측점 A, B의 좌표가 각각 $A(10, 20)$, $B(20, 40)$일 때 $\overline{AB}$의 수평거리는?(단, 좌표의 단위는 m이다.)

① 20.45m ② 22.36m
③ 23.57m ④ 25.69m

TIP

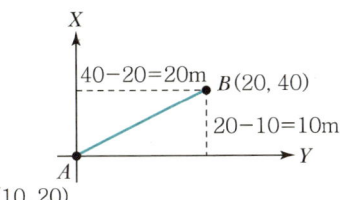

$$\therefore \overline{AB} \text{ 수평거리} = \sqrt{(X_B - X_A)^2 + (Y_B - Y_A)^2}$$
$$= \sqrt{10^2 + 20^2} = 22.36\text{m}$$

76 평면직각좌표계상에서 점 A의 좌표가 $X = 1,500$m, $Y = 1,500$m이며, 점 A에서 점 B까지의 평면거리 450m, 방위각이 120°일 때 점 B의 좌표는?

① $X = -500$m, $Y = 1,433$m ② $X = 1,275$m, $Y = 1,433$m
③ $X = 1,275$m, $Y = 1,890$m ④ $X = -250$m, $Y = 1,933$m

TIP

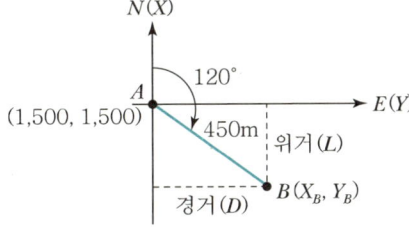

- $\overline{AB}$ 위거 $= \overline{AB}$ 거리 $\times \cos \overline{AB}$ 방위각 $= 450 \times \cos 120° = -225$m
- $\overline{AB}$ 경거 $= \overline{AB}$ 거리 $\times \sin \overline{AB}$ 방위각 $= 450 \times \sin 120° = 390$m
- $X_B = X_A + \overline{AB}$ 위거 $= 1,500 + (-225) = 1,275$m
- $Y_B = Y_A + \overline{AB}$ 경거 $= 1,500 + 390 = 1,890$m
- $\therefore X_B = 1,275$m, $Y_B = 1,890$m

77 직각좌표에 있어서 두 점 $A(2.0\text{m}, 4.0\text{m})$, $B(-3.0\text{m}, -1.0\text{m})$ 간의 거리는?

① 7.07m ② 7.48m
③ 8.08m ④ 9.04m

TIP $\overline{AB}$ 거리 $= \sqrt{(X_B - X_A)^2 + (Y_B - Y_A)^2} = \sqrt{(-3.0-2.0)^2 + (-1.0-4.0)^2} = 7.07$m

정답 75 ② 76 ③ 77 ①

78 다음 두 점(A, B)의 좌표에서 $\overline{AB}$ 의 방위각은?

① $5°26'06''$ ② $10°10'10''$
③ $18°26'06''$ ④ $45°00'00''$

측점	X(m)	Y(m)
A	15	5
B	20	10

TIP

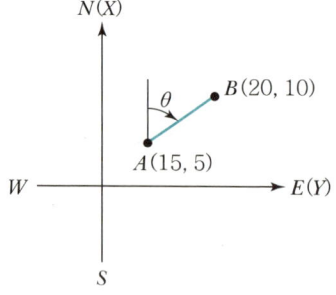

$$\tan\theta = \frac{Y_B - Y_A}{X_B - X_A} \text{에서,}$$

$$\theta = \tan^{-1}\frac{Y_B - Y_A}{X_B - X_A} = \tan^{-1}\frac{10-5}{20-15} = 45°00'00'' \text{ (1상한)}$$

∴ $\overline{AB}$ 방위각 = $45°00'00''$

79 표에서 측점의 좌표를 이용하여 폐합트래버스의 면적을 계산한 것은?(단, 단위는 m이다.)

① 30.0m^2 ② 15.0m^2
③ 10.0m^2 ④ 5.0m^2

측점	X좌표	Y좌표
A	0	0
B	5	5
C	1	5

TIP 좌표법 적용

측점	X	Y	Y_{n+1}	Y_{n-1}	ΔY	$X \cdot \Delta Y$
A	0	0	5	5	0	0
B	5	5	5	0	5	25
C	1	5	0	5	-5	-5
계						20

배면적($2A$) = 20m^2

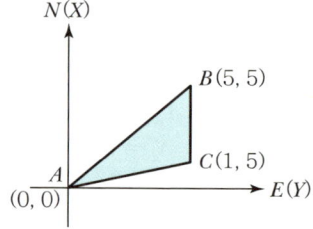

∴ 면적(A) = 배면적 × $\frac{1}{2}$ = $20 \times \frac{1}{2}$ = 10m^2

80 트래버스측량에서 좌표 원점으로부터 $\Delta X(N) = 150.25\text{m}$, $\Delta Y(E) = -50.48\text{m}$인 점의 방위는?

① $N18°34'W$ ② $N18°34'E$
③ $N71°26'W$ ④ $N71°26'E$

정답 78 ④ 79 ③ 80 ①

TIP

$\tan\theta = \dfrac{\Delta Y}{\Delta X}$ 에서,

$\theta = \tan^{-1}\dfrac{\Delta Y}{\Delta X} = \tan^{-1}\dfrac{-50.48}{150.25} = 18°34'$ (제4상한)

$\therefore$ 방위$(\theta) = N\,18°34'\,W$

81 트래버스에서 제1측선의 배횡거와 같은 값을 갖는 것은?

① 제1측선의 경거 ② 제1측선의 위거
③ 제2측선의 경거 ④ 제2측선의 위거

TIP
- 배횡거 : 측선의 중심에서 자오선에 이르는 거리(횡거)의 2배를 그 측선의 배횡거
- 제1측선의 배횡거＝제1측선의 경거

82 트래버스측량의 용도와 가장 거리가 먼 것은?

① 경계측량 ② 노선측량
③ 지적측량 ④ 종횡단 수준측량

TIP
- 종횡단 수준측량은 수직위치(H) 결정측량이다.
- 트래버스측량은 수평위치(X, Y) 결정측량으로 노선, 터널, 지적측량 등에 활용된다.

정답 81 ① 82 ④

CHAPTER 06 수준(고저)측량

PART 1

1 한눈에 보기

※ 중요 부분은 **집중 이해하기**에 자세히 설명되어 있음을 알려드립니다.

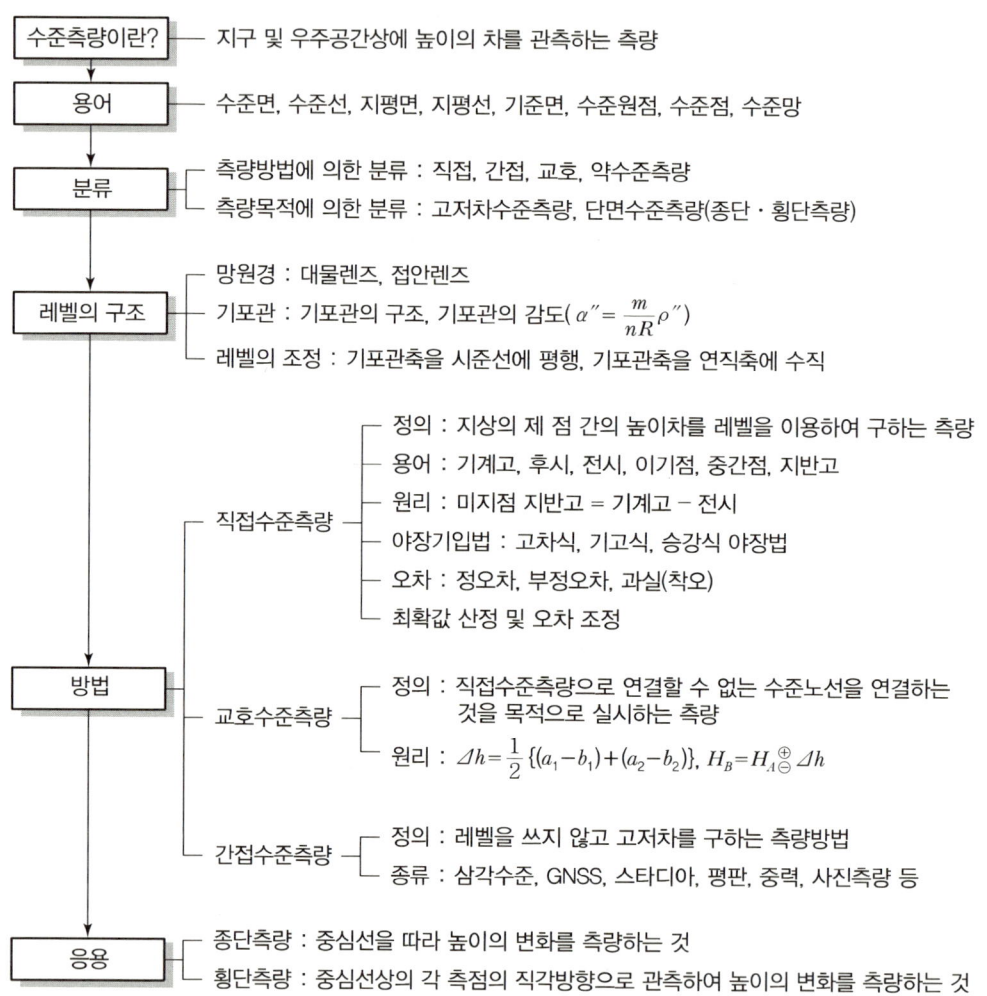

- 수준측량이란? — 지구 및 우주공간상에 높이의 차를 관측하는 측량
- 용어 — 수준면, 수준선, 지평면, 지평선, 기준면, 수준원점, 수준점, 수준망
- 분류
  - 측량방법에 의한 분류 : 직접, 간접, 교호, 약수준측량
  - 측량목적에 의한 분류 : 고저차수준측량, 단면수준측량(종단·횡단측량)
- 레벨의 구조
  - 망원경 : 대물렌즈, 접안렌즈
  - 기포관 : 기포관의 구조, 기포관의 감도($\alpha'' = \dfrac{m}{nR}\rho''$)
  - 레벨의 조정 : 기포관축을 시준선에 평행, 기포관축을 연직축에 수직
- 방법
  - 직접수준측량
    - 정의 : 지상의 제 점 간의 높이차를 레벨을 이용하여 구하는 측량
    - 용어 : 기계고, 후시, 전시, 이기점, 중간점, 지반고
    - 원리 : 미지점 지반고 = 기계고 − 전시
    - 야장기입법 : 고차식, 기고식, 승강식 야장법
    - 오차 : 정오차, 부정오차, 과실(착오)
    - 최확값 산정 및 오차 조정
  - 교호수준측량
    - 정의 : 직접수준측량으로 연결할 수 없는 수준노선을 연결하는 것을 목적으로 실시하는 측량
    - 원리 : $\varDelta h = \dfrac{1}{2}\{(a_1-b_1)+(a_2-b_2)\}$, $H_B = H_A {\oplus \atop \ominus} \varDelta h$
  - 간접수준측량
    - 정의 : 레벨을 쓰지 않고 고저차를 구하는 측량방법
    - 종류 : 삼각수준, GNSS, 스타디아, 평판, 중력, 사진측량 등
- 응용
  - 종단측량 : 중심선을 따라 높이의 변화를 측량하는 것
  - 횡단측량 : 중심선상의 각 측점의 직각방향으로 관측하여 높이의 변화를 측량하는 것

2 집중 이해하기

1 수준(고저)측량

수준측량(Leveling)이라 함은 지구상에 있는 점들의 고저차를 관측하는 것을 말하며 레벨측량이라고도 한다. 표고는 등포텐셜면을 기준으로 하고 있어 장거리수준측량에는 중력, 지구곡률, 대기굴절 등을 보정한다.

2 수준측량의 용어

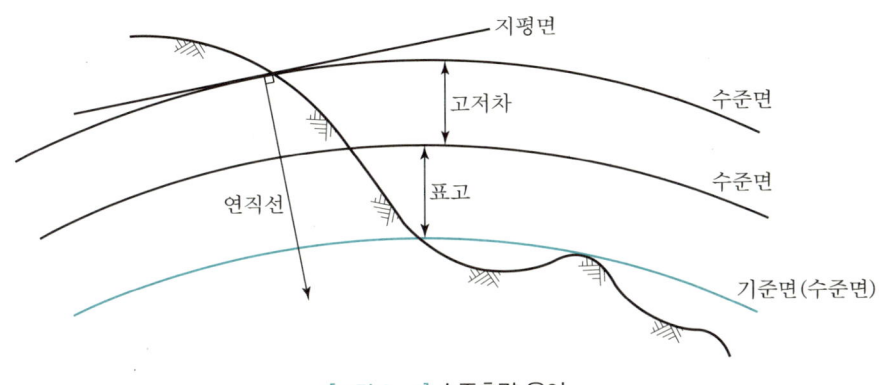

[그림 6-1] 수준측량 용어

(1) **수준면(Level Surface)**

각 점들이 중력방향에 직각으로 이루어진 곡면, 즉 지구표면이 물로 덮여 있을 때 만들어지는 형상의 표면으로 지오이드면이나 정수면과 같은 것을 말한다.

(2) **수준선(Level Line)**

지구의 중심을 포함한 평면과 수준면이 교차하는 선을 말한다.

(3) **지평면(Horizontal Plane)**

수준면의 한 점에서 접하는 평면을 말한다.

(4) **지평선(Horizontal Line)**

수준면의 한 점에서 접하는 직선을 말한다.

(5) **기준면(Datum Level)**

높이의 기준이 되는 수준면(우리나라는 평균해수면을 기준면으로 한다)을 말한다.

(6) 수준원점(Standard Datum of Leveling)

높이의 기준이 되는 점으로 우리나라는 인천 앞바다의 평균해수면을 기준으로 하여 인하공업전문대학 내에 설치하였다. 우리나라 수준원점의 표고는 26.6871m이다.

(7) 수준점(Bench Mark)

기준면에서 표고를 정확하게 측정해서 표시해둔 점을 수준점이라 하며, 우리나라는 국도 및 주요 도로에 1등 수준점이 4km, 2등 수준점이 2km마다 설치되어 있다.

(8) 수준망(Leveling Net)

수준점을 연결한 수준노선이 원점, 즉 출발점으로 돌아가거나 다른 표고의 수준점에 연결하여 망을 형성하는 것을 말한다.

예제

01. 수준측량에서 기준이 되는 점으로 기준면으로부터 정확한 높이를 측정하여 정해 놓은 점은?
① 수준원점　　　　　　　② 시준점
③ 수평점　　　　　　　　④ 특별기준점

정답 ①

---

3 수준측량의 분류

(1) 측량방법에 의한 분류

① 직접수준측량(Direct Leveling)
　레벨을 사용하여 2점에 세운 표척의 눈금차로부터 직접 고저차를 구한다.

② 간접수준측량(Indirect Leveling)
　레벨을 쓰지 않고 고저차를 구하는 측량방법이다.

③ 교호수준측량(Reciprocal Leveling)
　강, 바다 등 접근 곤란한 2점 간의 고저차를 직접 또는 간접수준측량으로 구한다.

(2) 측량 목적에 의한 분류

1) 고저차수준측량(Differential Leveling)
　두 점 사이의 고저차를 구하는 측량이다.

2) 단면수준측량(Section Leveling)
   ① 종단측량(Profile Leveling) : 도로, 철도, 하천 등과 같이 일정한 선을 따라 측점의 높이와 거리를 관측하여 종단면도를 작성하는 측량이다.
   ② 횡단측량(Cross Leveling) : 도로, 철도, 하천 등의 각 측점에서 그 직각방향으로 고저차를 관측하여 횡단면도를 작성하는 측량이다.

4 레벨의 구조

(1) 망원경(Telescope)

1) 대물렌즈(Objective Lens)
   ① 시준할 목표물의 상을 십자면에 오게 하는 역할을 한다.
   ② 2중 렌즈를 사용(플린트렌즈, 크라운렌즈)하여 구면수차와 색수차를 제거한다.
   ③ 망원경의 배율은 대물렌즈와 접안렌즈의 초점거리의 비이다.

2) 접안렌즈(Eye Lens)
   십자선 위에 있는 물체의 상을 정립으로 확대하여 관측자의 눈에 선명하게 보이게 하는 역할을 한다.

(2) 기포관(Level Tube)

① 기포관의 구조
   알코올과 에테르 같은 점성이 적은 액체를 넣어서 기포를 남기고 양단을 밀폐한 것이다.

② 기포관의 감도
   기포관의 감도란 기포 1눈금(2mm)에 대한 중심각의 변화를 초로 나타낸 것으로 $\frac{m}{R} = \frac{\Delta h}{D}$, $\theta = \frac{m}{R} = \frac{\Delta h}{D}$(라디안)이고 $\theta = n\alpha''$이므로 기포관의 감도로 표시하면 다음과 같다.

$$\alpha'' = \frac{\Delta h}{nD}\rho'', \ \alpha'' = \frac{m}{nR}\rho''$$

여기서, R : 기포관의 반경
m : 기포관 이동거리
D : 수평거리
Δh : 위치오차
α'' : 기포관의 감도
ρ'' : 206,265″

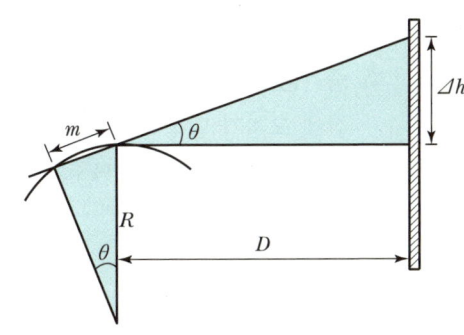

[그림 6-2] 기포관 감도

> **예제**
>
> **02.** 레벨의 감도가 한 눈금에 40″일 때 80m 떨어진 표척을 읽은 후 2눈금 이동하였다면 이때 생긴 오차량은?
>
> ① 0.02m ② 0.03m
> ③ 0.04m ④ 0.05m
>
> **정답** ②
>
> **해설** $\alpha'' = \dfrac{\Delta h}{nD}\rho'' \Rightarrow \Delta h = \dfrac{\alpha'' nD}{\rho''} = \dfrac{40'' \times 2 \times 80}{206,265''} = 0.03\text{m}$

(3) 레벨의 조정

① 기포관축을 시준선에 평행하게 할 것($L /\!/ C$)
② 기포관축을 연직축에 수직하게 할 것($L \perp V$)

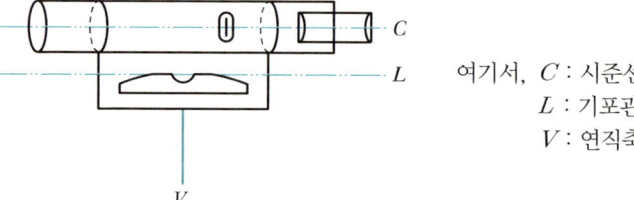

여기서, C : 시준선
L : 기포관축
V : 연직축

[그림 6-3] 레벨의 기본 구조

5 직접수준측량

(1) 용어

① 기계고(I.H : Instrument Height) : 기준면에서 망원경 시준선까지의 높이($H_A + a$)를 말한다.
② 후시(B.S : Back Sight) : 기지점에 세운 표척의 읽음 값(a)을 말한다.
③ 전시(F.S : Fore Sight) : 표고를 구하려는 점에 세운 표척의 읽음 값(b)을 말한다.
④ 이기점(T.P : Turning Point) : 전시와 후시의 연결점을 말하며 이점이라고도 한다.
⑤ 중간점(I.P : Intermediate Point) : 전시만을 취하는 점으로 표고를 관측할 점을 말하며, 그 점에 오차가 발생하여도 다른 측량할 지역에 전혀 영향을 주지 않는다.
⑥ 지반고(G.H : Ground Height) : 기지점의 표고(H_A, H_B)이다.

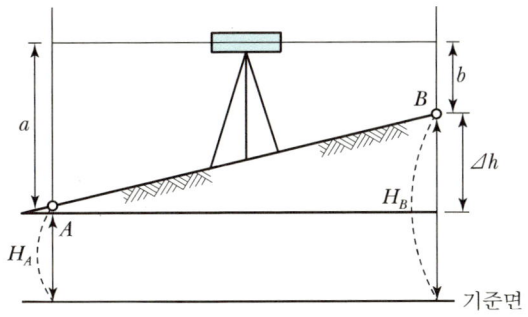

$$H_B = H_A + \Delta h = H_A + a - b$$

[그림 6-4] 직접수준측량(Ⅰ)

> **예제**
>
> **03.** 수준측량에서 후시(B.S)의 정의로 옳은 것은?
>
> ① 높이를 알고 있는 점의 표척의 읽음 값
> ② 높이를 구하고자 하는 점의 표척의 읽음 값
> ③ 측량 진행방향에서 기계 뒤에 있는 표척의 읽음 값
> ④ 그 점의 높이만 구하고자 하는 점의 표척의 읽음 값
>
> **정답** ①

(2) 원리

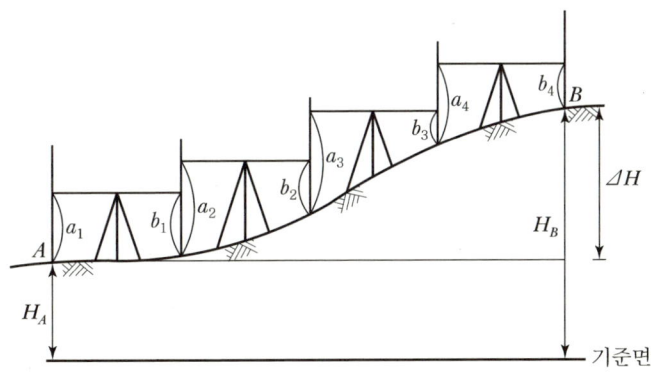

[그림 6-5] 직접수준측량(Ⅱ)

① 기계고＝기지점 지반고(G.H)＋후시(B.S)
② 미지점 지반고＝기계고(I.H)－전시(F.S)
③ 고저차＝후시(a)－전시(b)

$$\Delta H = (a_1 - b_1) + (a_2 - b_2) + (a_3 - b_3) + (a_4 - b_4)$$
$$= (a_1 + a_2 + a_3 + a_4) - (b_1 + b_2 + b_3 + b_4)$$
$$= \sum B.S - \sum F.S$$

즉, 차가 ⊕면 전시방향이 높다는 의미이고, ⊖면 반대의 의미이다.

예제

04. 기지점의 지반고 100.25m의 기지점에서의 후시 2.68m와 미지점의 전시 1.27m를 읽었을 때 미지점의 지반고는?

① 98.84m
② 101.66m
③ 97.57m
④ 101.52m

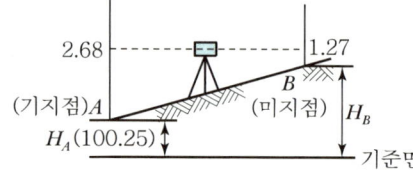

정답 ②
해설 $H_B = H_A + 후시 - 전시 = 100.25 + 2.68 - 1.27 = 101.66m$

(3) 전시와 후시의 거리를 같게 취함(등시준거리)으로써 제거되는 오차

① 시준축 오차(레벨 조정의 불완전으로 인한 오차) ⇒ 기계오차
② 지구의 곡률로 인한 오차(구차) 및 빛의 굴절로 인한 오차(기차) ⇒ 자연오차
③ 조준나사 작동에 의한 오차

〈등거리로 관측하는 이유〉

$$\Delta H = (a - b)$$
$$= \{(a_1 - d\tan v) - (b_1 - d\tan v)\}$$
$$= a_1 - b_1$$

즉, 등거리로 관측하면 a_1, b_1을 관측하여도 기계오차 및 기차, 구차가 소거된다.

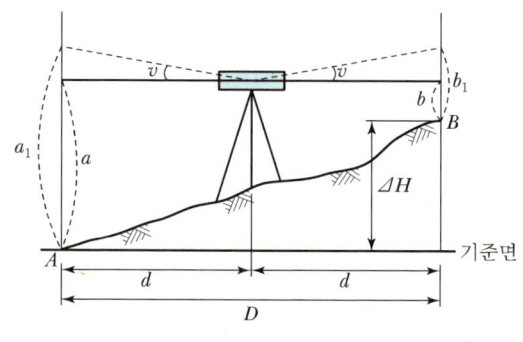

[그림 6-6] 등거리관측

> **예제**
>
> **05.** 수준측량에서 기계적 및 자연적 원인에 의한 오차를 대부분 소거시킬 수 있는 가장 좋은 방법은?
> ① 간접수준측량을 실시한다.
> ② 표척의 최댓값을 읽어 취한다.
> ③ 전시와 후시의 거리를 동일하게 한다.
> ④ 관측거리를 짧게 하여 관측횟수를 많게 한다.
>
> **정답** ③

(4) 직접수준측량의 적당한 시준거리

① 아주 높은 정확도의 수준측량 : 40m
② 보통 정확도의 수준측량 : 50~60m
③ 그 외의 수준측량 : 30~60m

(5) 야장기입법

① **고차식 야장법** : 전시의 합과 후시의 합의 차로서 고저차를 구하는 방법이다.
② **기고식 야장법** : 현재 가장 많이 사용하는 방법이다. 중간시가 많을 때 이용되며 종·횡단측량에 널리 이용되지만 중간시에 대한 완전검산이 어렵다.
③ **승강식 야장법** : 후시값과 전시값의 차가 ⊕이면 승란에 기입하고, ⊖이면 강란에 기입하는 방법이다. 완전검산이 가능하지만 계산이 복잡하고, 중간시가 많을 때는 불편하며 시간 및 비용이 많이 소요되는 단점이 있다.

> **예제**
>
> **06.** 다음 표에서 A, B 측점의 높이차는?
> (단, 단위는 m임)
>
> ① -0.196m
> ② 0.196m
> ③ -1.924m
> ④ 1.924m
>
> | 측점 | B.S | F.S | | G.H |
> |---|---|---|---|---|
> | | | T.P | I.P | |
> | A | 2.568 | | | |
> | 1 | | | 2.325 | |
> | 2 | 1.663 | 2.532 | | |
> | 3 | | | 1.125 | |
> | 4 | | | 0.977 | |
> | B | | 3.623 | | |
>
> **정답** ③
> **해설** $\Delta H = \sum \text{B.S} - \sum \text{F.S}(\text{T.P})$
> $= (2.568 + 1.663) - (2.532 + 3.623)$
> $= -1.924$m
> ∴ 측점 A, B 높이차(ΔH) $= -1.924$m

(6) 직접측량 시 주의사항

① 표척은 1, 2개를 쓰고, 출발점에 세워둔 표척은 도착점에 세워둔다. 이를 위한 기계의 정치수는 짝수회로 한다(표척의 영눈금 오차 소거).
② 표척과 기계와의 거리는 60m 내외를 표준으로 한다.
③ 전·후시의 표척거리는 등거리로 한다.
④ 관측은 보통 후시표척을 기준하고 망원경을 돌려 전시표척을 시준한다. 2회 시준 시는 후시 → 전시, 전시 → 후시로 한다.
⑤ 수준측량은 왕복관측을 원칙으로 한다.
⑥ 왕복관측할 때에는 그 왕복의 오차가 허용오차 초과 시 재측한다.

[그림 6-7] 구형레벨

[그림 6-8] 신형레벨

(7) 직접수준측량의 오차

정오차	부정오차(우연오차)	과실(착오)
• 시준축 오차(레벨 조정의 불완전) • 표척의 영 눈금오차 • 표척의 눈금 부정에 의한 오차 • 지구곡률오차(구차) • 광선의 굴절오차(기차)	• 시차에 의한 오차 • 기상변화에 의한 오차 • 기포관의 둔감 • 진동, 지진에 의한 오차	• 눈금의 오독 • 야장의 오기

(8) 직접수준측량의 최확값 산정 및 오차 조정

1) 정밀도 및 오차의 허용한계

거리 1km의 수준측량의 오차를 E라 하면, 거리 S km의 수준측량의 오차의 합(M)은 다음과 같이 표시된다.

$$M = \pm E\sqrt{S}$$

여기서, E : 1km당 오차
S : 수준측량의 편도거리(km)

예제

07. 수준측량에서 거리 7km에 대하여 왕복오차의 제한이 ±25mm일 때 거리 2km에 대한 왕복오차의 제한값은?

① ±7mm ② ±13mm
③ ±15mm ④ ±17mm

정답 ②

해설 $M = \pm\delta\sqrt{S} \Rightarrow \pm25 = \pm\delta\sqrt{7} \Rightarrow$
$\pm\delta = \dfrac{25}{\sqrt{7}} = \pm9.5\text{mm}(1\text{km당 오차})$
2km에 대한 왕복오차의 제한값
$\therefore M = \pm\delta\sqrt{S} = \pm9.5\sqrt{2} \fallingdotseq \pm13\text{mm}$

2) 우리나라 수준측량의 허용오차 한계

구분	1등 수준측량	2등 수준측량	비고
왕복차	2.5mm $\sqrt{S}$	5.0mm $\sqrt{S}$	S는 관측거리(편도, km 단위)
환폐합차	2.0mm $\sqrt{S}$	5.0mm $\sqrt{S}$	

3) 직접수준측량의 최확값 산정 및 오차 조정

① 직접수준측량의 최확값 산정 및 평균제곱근 오차 산정

동일 조건으로 두 점 간을 왕복관측한 경우에는 산술평균방식으로 최확값을 산정하고, 2점 간의 거리를 2개 이상의 다른 노선을 따라 측량한 경우에는 경중률을 고려한 최확값을 산정한다.

$$W_1 : W_2 : W_3 = \dfrac{1}{S_1} : \dfrac{1}{S_2} : \dfrac{1}{S_3}$$

$$H_0 = \dfrac{W_1 H_1 + W_2 H_2 + W_3 H_3}{W_1 + W_2 + W_3}$$

$$M = \pm \sqrt{\dfrac{[Wvv]}{[W](n-1)}}$$

여기서, H_0 : 최확값
M : 평균제곱근오차
W : 경중률

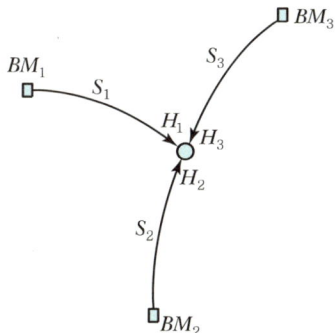

[그림 6-9] 최확값 산정

예제

08. P점의 표고를 결정하기 위해 A, B, C의 수준점으로부터 수준측량을 한 결과 다음과 같은 관측값을 얻었다. P점의 표고의 최확값은?

수준점	거리	P점의 높이
A	4km	136.783m
B	3km	136.770m
C	2km	136.776m

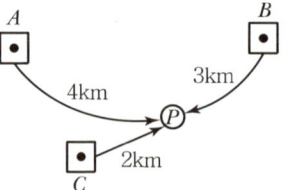

① 136.776m ② 136.783m ③ 136.758m ④ 136.744m

정답 ①

해설 $W_1 : W_2 : W_3 = \dfrac{1}{S_1} : \dfrac{1}{S_2} : \dfrac{1}{S_3} = \dfrac{1}{4} : \dfrac{1}{3} : \dfrac{1}{2} = 3 : 4 : 6$

$\therefore$ 최확값$(H_P) = \dfrac{W_1 H_1 + W_2 H_2 + W_3 H_3}{W_1 + W_2 + W_3}$

$= \dfrac{(3 \times 136.783) + (4 \times 136.770) + (6 \times 136.776)}{3 + 4 + 6} = 136.776\text{m}$

② 동일 기지점의 왕복관측 또는 다른 표고기준점에 폐합한 경우의 최확값 산정

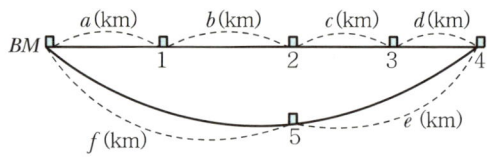

[그림 6-10] 왕복관측

[그림 6-11] 편도관측

각 측점의 조정량 $= \dfrac{\text{폐합오차}}{\text{노선거리의 합}} \times$ 조정할 측점까지 추가거리

각 측점의 최확값 = 각 측점의 관측값 $\genfrac{}{}{0pt}{}{\oplus}{\ominus}$ 조정량

예제

09. 높이 260.05m의 수준점(BM_0)으로부터 6km의 수준환에서 수준측량을 행하여 표와 같은 결과를 얻었다. 이때 BM_1의 최확값은?(단, 관측의 경중률은 모두 동일하다.)

수준점	추가거리(km)	측점의 높이(m)
BM_0	0	260.05
BM_1	2	250.24
BM_2	4	257.46
BM_0	6	260.35

① 250.34m ② 250.14m
③ 250.10m ④ 250.05m

정답 ②

해설
- 폐합오차 $= 260.05 - 260.35 = -0.30\text{m}$
- BM_1 조정량 $= \dfrac{\text{폐합오차}}{\text{전 노선거리}} \times \text{추가거리} = \dfrac{-0.30}{6} \times 2 = -0.10\text{m}$
- ∴ BM_1 최확값 $= 250.24 - 0.10 = 250.14\text{m}$

6 교호수준측량

2점 A, B의 고저차를 구할 때 전시와 후시를 같게 취하여 높이를 구하나 중간에 하천 등이 있으면 중앙에 레벨을 세울 수 없다. 이 경우 높은 정밀도를 요하지 않는 경우는 한쪽에서만 관측하여도 좋으나, 높은 정밀도를 필요로 할 경우에는 교호수준측량을 행하여 양단의 높이를 관측한다.

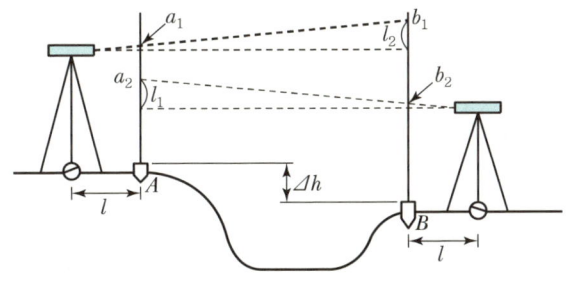

[그림 6-12] 교호수준측량

$$\Delta h = \frac{1}{2}\{(a_1 - b_1) + (a_2 - b_2)\}, \quad H_B = H_A \overset{\oplus}{\underset{\ominus}{}} \Delta h$$

여기서, a_1, a_2 : A점의 표척 읽음 값
b_1, b_2 : B점의 표척 읽음 값

〈교호수준측량으로 소거되는 오차〉
① 레벨의 시준축 오차(기계오차) : 시준선이 기포관축에 평행하지 않음으로써 생기는 오차
② 지구의 곡률에 의한 오차 : 구차
③ 빛의 굴절에 의한 오차 : 기차

예제

10. 하천 양안에서 교호수준측량을 실시하여 그림과 같은 결과를 얻었다. A점의 지반고가 100.250m일 때 B점의 지반고는?

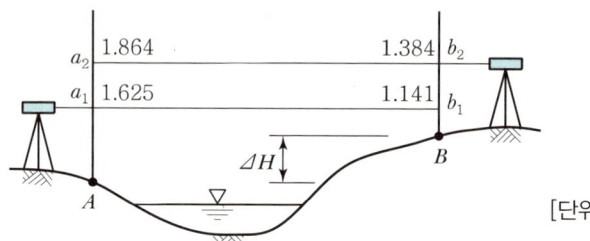

① 99.286m
② 99.768m
③ 100.732m
④ 101.214m

정답 ③

해설 $\Delta H = \dfrac{1}{2}\{(a_1 - b_1) + (a_2 - b_2)\} = \dfrac{1}{2} \times \{(1.625 - 1.141) + (1.864 - 1.384)\} = 0.482\text{m}$

∴ $H_B = H_A + \Delta H = 100.250 + 0.482 = 100.732\text{m}$

---

7 간접수준측량

(1) 삼각수준측량

트랜싯을 사용하여 고저각과 거리를 관측하며 삼각법을 응용한 계산으로 2점의 고저차를 구하는 측량으로 직접수준측량에 비해 비용 및 시간이 절약되지만 정확도는 낮다.

$$H_P = H_A + D\tan\alpha + I + \dfrac{1-K}{2R}D^2$$

여기서, $\dfrac{1-K}{2R}D^2$: 양차
D : 시준거리
I : 기계고
H_A : 지반고

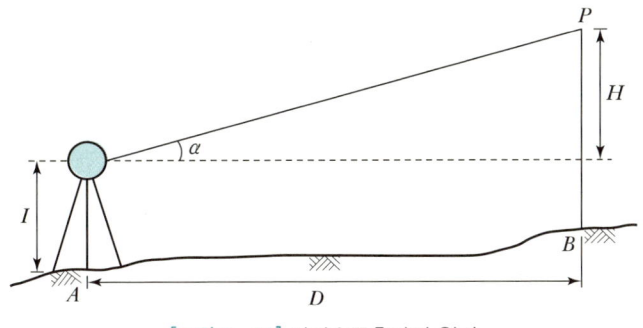

[그림 6-13] 삼각수준측량의 원리

(2) GNSS Leveling에 의한 방법

GNSS 레벨링은 동일 노선상의 수준점에서 GNSS 관측을 하여 취득한 타원체고로부터 표고값을 감산함으로써 각각의 지오이드를 구하고, 이를 기준으로 동구간 내에서 각각의 GNSS 관측값에 지오이드고를 보간하여 표고를 간접계산한다.

(3) 기타

스타디아측량에 의한 방법, 평판앨리데이드에 의한 방법, 중력에 의한 방법, 기압수준측량에 의한 방법, 사진측량에 의한 방법, 음향측심기에 의한 방법, InSAR 및 LiDAR에 의한 방법 등이 있다.

8 수준측량의 응용

(1) 종단측량

철도, 도로, 수로 등의 노선측량에는 20m(1Chain)마다 중심 말뚝을 박아 중심선을 확정하고, 그 중심선을 따라 높이의 변화를 측량하는 것을 종단측량이라 한다.
이 높이의 변화를 이용하여 도로의 구배결정, 절토고, 성토고 산정 등에 이용된다.

(2) 횡단측량

종단측량에 이용된 중심선상의 각 측점의 직각방향으로 관측하여 높이의 변화를 측량하는 것을 횡단측량이라 하며, 중심 말뚝에서의 거리와 높이를 관측하는 측량이다.
일반적으로 Hand Level을 이용하고, 높은 정확도의 측량에서는 레벨을 사용하며, 토공량 산정에 주로 이용된다.

예제

11. 다음은 횡단수준측량을 한 결과이다. d점의 지반고는?(단, No.4의 지반고는 15m이다.)

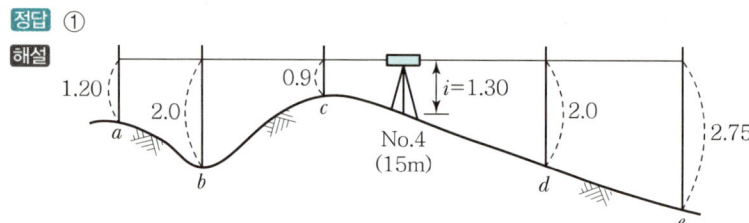

왼쪽			측점	오른쪽	
$-\dfrac{1.20}{15.00}$	$-\dfrac{2.00}{12.00}$	$-\dfrac{0.90}{4.00}$	(No.4) $\dfrac{1.30}{0}$	$-\dfrac{2.00}{8.00}$	$+\dfrac{2.75}{15.00}$
a	b	c		d	e

① 14.30m   ② 8.30m
③ 13.00m   ④ 8.00m

정답 ①

해설

∴ d점 지반고 = No.4 지반고 + i - 전시 = 15.00 + 1.30 - 2.0 = 14.30m

3 핵심 문제 익히기

01 각 점들이 중력방향에 직각으로 이루어진 곡면으로 지오이드면과 평행한 곡면을 무엇이라 하는가?
① 연직면(Plumb Plane)　　② 수준면(Level Surface)
③ 기준면(Datum Plane)　　④ 표고(Elevation)

> **TIP** 수준면(Level Surface)
> 각 점들이 중력방향에 직각으로 이루어진 곡면, 즉 지구 표면이 물로 덮여 있을 때 만들어지는 형상의 표면으로 지오이드면과 평행한 곡면이다.

02 수준측량에 사용되는 용어에 대한 설명으로 틀린 것은?
① 수준면(Level Surface) : 연직선에 직교하는 모든 점을 잇는 곡면
② 수준선(Level Line) : 수준면과 지구의 중심을 포함한 평면이 교차하는 선
③ 기준면(Datum Plane) : 지반의 높이를 비교할 때 기준이 되는 면
④ 특별기준면(Special Datum Plane) : 연직선에 직교하는 평면으로 어떤 점에서 수준면과 접하는 평면

> **TIP**
> • 지평면(Horizontal Plane) : 어떤 점에서 수준면과 접하는 평면
> • 특별기준면 : 한 나라에서 멀리 떨어져 있는 섬에는 본국의 기준면을 직접 연결할 수 없으므로 그 섬 특유의 기준면을 사용한다.

03 수준측량에서 기준이 되는 점으로 기준면으로부터 정확한 높이를 측정하여 정해 놓은 점은?
① 수준원점　　② 시준점
③ 수평점　　　④ 특별기준점

> **TIP** 수준원점
> 높이의 기준이 되는 점으로 우리나라는 인천 앞바다의 평균해수면을 기준으로 하여 인하공업전문대학 내에 설치하였다.

04 수준점을 가장 올바르게 설명한 것은?
① 어떤 점에서 중력방향에 직각인 점
② 어떤 점에서 지구의 중심방향에 수직인 점
③ 어떤 면상의 각 점에서 중력의 방향에 수직한 곡면
④ 기준면에서부터 어떤 점까지의 연직거리를 정확히 측정하여 표시한 점

> **TIP** 수준점(Bench Mark)
> 기준면으로부터 어떤 점까지의 높이를 정확하게 측정해서 표시한 점으로 1등 수준점은 4km, 2등 수준점은 2km 간격으로 설치한 점이다.

정답　01 ②　02 ④　03 ①　04 ④

05 우리나라 수준원점의 표고로 옳은 것은?

① 28.6871m
② 26.6871m
③ 27.6871m
④ 25.6871m

> **TIP** • 수준원점 : 높이의 기준이 되는 점으로 우리나라는 인천 앞바다의 평균해수면을 기준으로 하여 인하공업전문대학 내에 설치하였다.
> • 수준원점 표고(H)=26.6871m

06 수준측량용 장비 중 컴펜세이터(Compensator)에 의한 시준선이 수평이 되도록 만들어주는 레벨은?

① 디지털레벨
② 미동레벨
③ 핸드레벨
④ 자동레벨

> **TIP** 자동레벨
> 정준나사로 레벨을 거의 수평으로 하면 자동보정기구(Compensator) 및 제동장치의 작용에 의해 자동적으로 시준선이 수평이 되는 레벨이다.

07 레벨의 구조상의 조건 중 가장 중요한 것은 어느 것인가?

① 연직축과 기포관축이 직교되어 있을 것
② 기포관축과 망원경의 시준선이 평행되어 있을 것
③ 표척을 시준할 때 기포의 위치를 볼 수 있게끔 되어 있을 것
④ 망원경의 배율과 수준기의 감도가 평행되어 있을 것

> **TIP** 기포관축과 시준선의 평행은 어느 레벨의 조정에도 해당되는 중요한 조건이다.

08 기포관의 감도는 무엇으로 표시하는가?

① 기포관의 길이가 곡률 중심에 끼는 각
② 기포관의 눈금의 양단이 곡률 중심에 끼는 각
③ 기포관의 1눈금이 곡률 중심에 끼는 각
④ 기포관의 1/2눈금이 곡률 중심에 끼는 각

> **TIP** 기포관의 감도는 기포 1눈금(2mm)에 대한 중심각의 변화를 초로 나타낸 것이다.

09 기계에서 30m 떨어진 곳에 표척을 세워 기포가 4눈금 이동되었을 때 표척의 읽음 값 차가 0.024m 이었다면 수준기의 감도는?

① 21″
② 31″
③ 41″
④ 51″

> **TIP** $\alpha'' = \dfrac{\Delta h}{nD}\rho'' = \dfrac{0.024}{4\times 30}\times 206,265'' = 41''$

정답 05 ② 06 ④ 07 ② 08 ③ 09 ③

10 레벨로부터 40m 떨어진 곳에 세운 수준척의 읽음 값이 1.125m이었다. 기포를 수준척의 방향으로 2눈금 이동하여 수준척을 읽으니 1.150m이었다면 이 기포관의 곡률반경은?(단, 기포관의 한 눈금의 길이는 2mm이다.)

① 12.6m   ② 6.4m   ③ 10.4m   ④ 8.4m

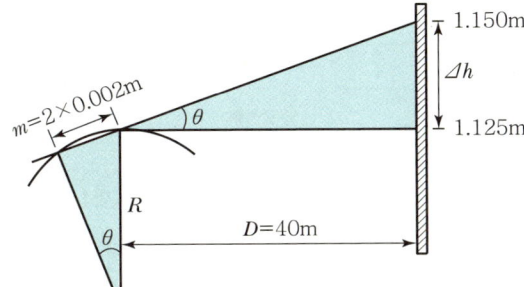

$$\frac{m}{R} = \frac{\Delta h}{D}$$

$$\therefore R = \frac{mD}{\Delta h} = \frac{2 \times 0.002 \times 40}{(1.150 - 1.125)} = 6.4\text{m}$$

11 레벨의 감도가 한 눈금에 40″일 때 80m 떨어진 표척을 읽은 후 2눈금 이동하였다면 이때 생긴 오차량은?

① 0.02m   ② 0.03m   ③ 0.04m   ④ 0.05m

TIP $\alpha'' = \frac{\Delta h}{nD}\rho'' \Rightarrow \Delta h = \frac{\alpha'' nD}{\rho''} = \frac{40'' \times 2 \times 80}{206,265''} = 0.03\text{m}$

12 수준측량의 용어 중 기준면으로부터 측점까지의 연직거리를 의미하는 것은?

① 기계고   ② 지반고   ③ 후시   ④ 전시

TIP
- ①문항 : 기준면에서 망원경 시준선까지의 높이
- ②문항 : 기준면에서부터 지표면상 측점까지의 연직거리
- ③문항 : 알고 있는 기지점에 세운 표척의 읽음 값
- ④문항 : 구하려는 점에 세운 표척의 읽음 값

13 수준측량의 용어에 대한 설명으로 옳은 것은?

① 후시 : 높이를 알고 있는 점에 세운 표척의 눈금의 읽음 값
② 지반고 : 기계를 수평으로 설치하였을 때 기준면으로부터 망원경 시준선까지의 높이
③ 중간점 : 전후의 측량을 연결하기 위하여 전시와 후시를 함께 취하는 점
④ 이기점 : 전시만 관측하는 점으로 다른 측점에 영향을 주지 않는 점

TIP
- ②문항 : 기계고
- ③문항 : 이기점
- ④문항 : 중간점

정답 10 ② 11 ② 12 ② 13 ①

14 수준측량에서 후시(B.S)의 정의로 옳은 것은?

① 높이를 알고 있는 점의 표척의 읽음 값
② 높이를 구하고자 하는 점의 표척의 읽음 값
③ 측량 진행방향에서 기계 뒤에 있는 표척의 읽음 값
④ 그 점의 높이만 구하고자 하는 점의 표척의 읽음 값

> **TIP** 후시(B.S)
> 기지점에 세운 표척의 읽음 값을 말한다.

15 수준측량에서 사용되는 용어의 설명으로 틀린 것은?

① 그 점의 표고만을 구하고자 표척을 세워 전시만 취하는 점을 중간점이라 한다.
② 기준면으로부터 측점까지의 연직거리를 지반고라 한다.
③ 기준면으로부터 기계 시준선까지의 거리를 기계고라 한다.
④ 기지점에 세운 표척의 읽음을 전시라 한다.

> **TIP** 기지점에 세운 표척의 읽음 값을 후시라 한다.

16 수준측량의 용어에 대한 설명으로 옳지 않은 것은?

① 알고 있는 점에 세운 표척의 눈금을 읽는 것을 후시라 한다.
② 표고를 구하려고 하는 점의 표척의 눈금을 읽는 것을 전시라 한다.
③ 기계를 고정시켰을 때 기준면에서 망원경 시준선까지의 높이를 기계고라 한다.
④ 전시만 취하는 점으로, 표고를 관측할 점을 이기점(Turning Point)이라 한다.

> **TIP** 중간점
> 전시만을 취하는 점으로 표고를 관측할 점을 말하며, 그 점에 오차가 발생하여도 다른 측량할 지역에 전혀 영향을 주지 않는다.

17 수준측량에서 사용하는 용어에 대한 설명으로 틀린 것은?

① 표고를 이미 알고 있는 점에 세운 수준척 눈금의 읽음을 후시라 한다.
② 표고를 알고자 하는 곳에 세운 수준척 눈금의 읽음을 전시라 한다.
③ 측량 도중 레벨을 옮겨 세우기 위하여 한 측점에서 전시와 후시를 동시에 읽을 때 그 측점을 중간점이라 한다.
④ 망원경 시준선의 표고를 기계고라 한다.

> **TIP** 측량 도중 레벨을 옮겨 세우기 위하여 한 측점에서 전시와 후시를 동시에 읽을 때 그 측점을 이기점이라 한다.

정답 14 ① 15 ④ 16 ④ 17 ③

18 어느 측점의 지반고(G.H)가 32.126m이고 이 측점의 후시값(B.S)이 1.412m이면 이 측점의 기계고는?

① 33.538m
② 34.538m
③ 46.064m
④ 63.223m

> **TIP** 기계고(I.H) = 지반고(G.H) + 후시(B.S)
> ∴ 기계고(I.H) = 32.126 + 1.412 = 33.538m

19 측점 A의 지반고가 100.000m이고 측점 B와의 (후시 − 전시)가 +1.000m이었다. 측점 B의 지반고는?

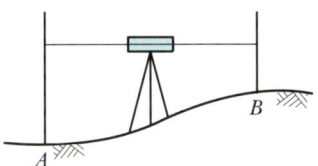

① 99.000m
② 100.000m
③ 100.001m
④ 101.000m

> **TIP** 측점 B 지반고 = 측점 A 지반고 + ΔH(후시 − 전시)
> ∴ 측점 B 지반고 = 100.000 + 1.000 = 101.000m

20 직접수준측량으로 표고를 측정하기 위하여 I점에 레벨을 세우고 B점에 세운 표척을 시준하여 관측하였다. A점에 설치한 표척의 읽음값(i_a)을 구하는 식으로 옳은 것은?(단, $i_b = B$의 표척 읽음값, $A_h = A$의 표고, $B_h = B$의 표고)

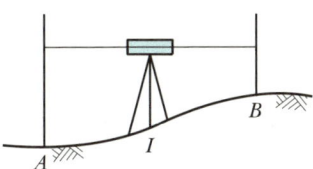

① $i_a = B_h + i_b + A_h$
② $i_a = B_h - i_b + A_h$
③ $i_a = B_h - i_b - A_h$
④ $i_a = B_h + i_b - A_h$

> **TIP**
>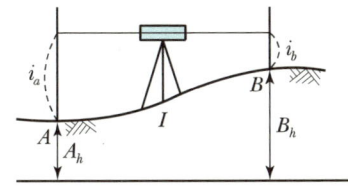
> $A_h + i_a = B_h + i_b$
> ∴ $i_a = B_h + i_b - A_h$

정답 18 ① 19 ④ 20 ④

21 그림과 같은 수준측량에서 A점의 지반고는?(단, C점의 지반고는 13m이다.)

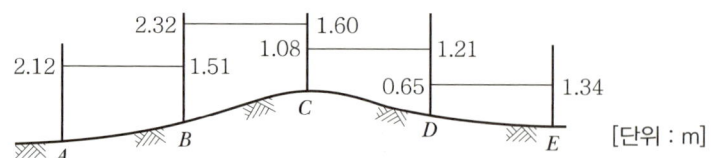

① 9.67m ② 10.67m
③ 11.67m ④ 12.67m

TIP

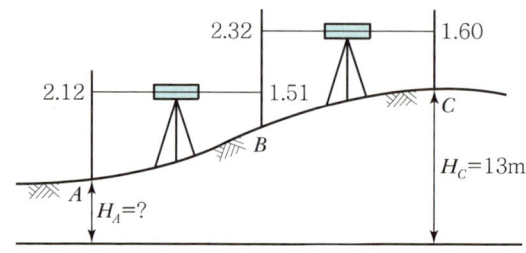

$H_B = H_C + \text{B.S} - \text{F.S} = 13 + 1.60 - 2.32 = 12.28\text{m}$
∴ $H_A = H_B + \text{B.S} - \text{F.S} = 12.28 + 1.51 - 2.12 = 11.67\text{m}$

22 그림 A, C 사이에 연속된 담장이 가로막혔을 때의 수준측량 시 C점의 지반고는?(단, A점의 지반고는 10m이다.)

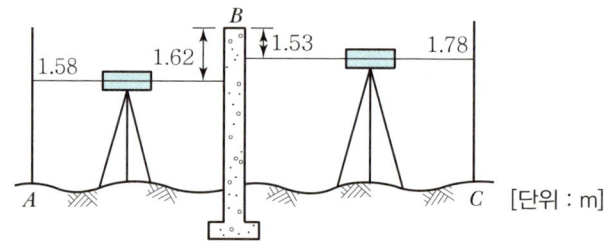

① 9.89m ② 10.62m ③ 11.86m ④ 12.54m

TIP $H_B = H_A + \text{B.S} - \text{F.S} = 10 + 1.58 - (-1.62) = 13.2\text{m}$
∴ C점의 지반고(H_C) = $H_B + \text{B.S} - \text{F.S} = 13.2 + (-1.53) - 1.78 = 9.89\text{m}$

23 수준측량에서 시점의 지반고가 215m이고 전시의 총합($\sum \text{F.S}$)이 120.4m, 후시의 총합($\sum \text{B.S}$)이 90.5m일 때 종점의 지반고는?

① 185.1m ② 244.9m ③ 355.4m ④ 425.9m

TIP 종점 지반고 = 시점 지반고 + ($\sum \text{B.S} - \sum \text{F.S}$) = 215.0 + (90.5 - 120.4) = 185.1m

정답 21 ③ 22 ① 23 ①

24 후시(B.S)가 1.550m, 전시(F.S)가 1.445m일 때 미지점의 지반고가 100.000m였다면 기지점의 높이는?

① 97.005m ② 98.450m
③ 99.895m ④ 100.695m

TIP
- ΔH = B.S − F.S = 1.550 − 1.445 = 0.105m
- 미지점 지반고 = 기지점 지반고 + ΔH
  ∴ 기지점 지반고 = 미지점 지반고 − ΔH = 100.000 − 0.105 = 99.895m

25 그림과 같은 수준측량에서 A와 B의 표고차는?(단, 단위는 m이다.)

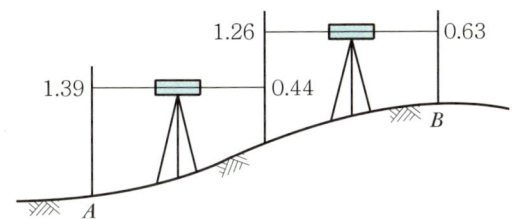

① 1.78m ② 1.65m
③ 1.44m ④ 1.58m

TIP $\Delta H = \Sigma$B.S − ΣF.S
∴ A, B의 표고차(ΔH) = (1.39 + 1.26) − (0.44 + 0.63) = 1.58m

26 수준측량의 야장기입법이 아닌 것은?

① 기고식 ② 종단식
③ 고차식 ④ 승강식

TIP 직접수준측량의 야장기입법에는 고차식, 기고식, 승강식 야장법이 있다.

27 수준측량의 야장에 관한 내용 중 옳지 않은 것은?

① 기계고는 레벨이 세워진 지면으로부터 망원경 시준선까지의 연직거리를 말한다.
② 고차식 야장기입법은 두 점 사이의 고저차를 구하는 것이 주목적이다.
③ 승강식 야장기입법은 중간점이 많을 때 계산이 복잡해진다.
④ 기고식 야장기입법은 중간점이 많을 때 적합하다.

TIP 기계고는 기준면으로부터 망원경 시준선까지의 연직거리를 말한다.

정답 24 ③ 25 ④ 26 ② 27 ①

28 수준측량 야장기입법 중 고차식에 대한 설명으로 옳은 것은?

① 전시의 합과 후시의 합의 차로서 고저차를 구하는 방법
② 임의의 점의 시준고를 구한 다음, 여기에 임의의 점의 지반고에 그 후시를 더하여 기계고를 얻고 이것에서 다른 점의 전시를 빼서 그 점의 지반고를 얻는 방법
③ 전시값이 후시값보다 적을 때는 그 차를 승란에, 클 때는 강란에 기입하는 방법
④ 노선측량의 종단측량이나 횡단측량에 많이 쓰이며 중간시가 많을 때 적당한 방법

> **TIP**
> • ②문항 : 기고식 야장법
> • ③문항 : 승강식 야장법(후시값과 전시값의 차가 ⊕이면 승란에 기입하고, ⊖이면 강란에 기입하는 방법)
> • ④문항 : 기고식 야장법

29 수준측량의 야장기입방법 중 가장 간단한 방법으로 단지 두 점 사이의 고저차를 구하는 것이 주목적일 때 사용되는 것은?

① 승강식   ② 고차식   ③ 기차식   ④ 교호식

> **TIP** 고차식 야장법
> 후시의 합과 전시의 합의 차로서 고저차를 구하는 것이 주목적일 때 사용하는 방법으로 계산이 가장 간단하다.

30 수준측량에서 중간점이 많은 경우에 편리한 야장기입방법은?

① 기고식   ② 승강식   ③ 고차식   ④ 약식

> **TIP** 기고식 야장법
> 수준측량 시 가장 많이 사용되는 방법이다. 중간점이 많을 때 이용되며 종·횡단측량에 널리 이용되지만 중간점에 대한 완전 검산이 어렵다.

31 수준측량의 야장기입방법 중 기계고(I.H)를 계산하는 난이 있는 방법은?

① 고차식   ② 기고식   ③ 승강식   ④ 종단식

> **TIP** 기고식 야장법
> 기계고를 구하여 전시값을 빼서 지반고를 구하는 방법으로 기계고를 계산하는 난이 있는 방법이다.

32 수준측량의 야장기입방법 중 기고식에 대한 설명으로 옳은 것은?

① 기계고를 구하여 이 기계고에서 표고를 알고자 하는 점의 전시를 빼 주어 표고를 얻는 방법이다.
② 후시에서 전시를 빼어 그 값의 (+), (-)를 승, 강의 칸에 기입하는 방법이다.
③ 가장 간단한 방법으로 두 점 사이의 표고차만을 구하는 것이 주목적이다.
④ 중간점이 많은 수준측량의 경우에는 계산이 복잡해지는 단점이 있다.

> **TIP** 기고식 야장기입법
> 기계고를 구하여 전시값을 빼서 지반고(표고)를 구하는 방법이다.

정답 28 ① 29 ② 30 ① 31 ② 32 ①

33 $A \sim D$까지의 수준측량 결과에 대한 기고식 야장의 일부가 오른쪽 표와 같을 때 중간점은?

① A
② B
③ C
④ D

측점	후시(B.S)	전시(F.S)
A	1.158	
B	1.158	1.158
C		1.158
D		1.158

TIP
- 측점 A : 후시(알고 있는 점에 표척을 세워 읽은 점)
- 측점 B : 이기점(전시와 후시가 동시에 읽힌 점)
- 측점 C : 중간점(전시만을 취한 점)
- 측점 D : 이기점

34 수준측량 야장에서 측점 3의 지반고는? (단, 단위는 m이고, 측점 1의 지반고는 10.00m이다.)

① 10.48m
② 10.58m
③ 10.06m
④ 9.67m

| 측점 | B.S | F.S | | 비고 |
		T.P	I.P	
1	0.85			
2			1.08	
3	0.96	0.27		
4			1.32	
5		2.44		

TIP
- 측점 1 지반고 = 10.00m
- 측점 1 기계고 = 측점 1 지반고 + 측점 1 후시 = 10.00 + 0.85 = 10.85m
- ∴ 측점 3 지반고 = 측점 1 기계고 − 측점 3 전시 = 10.85 − 0.27 = 10.58m

35 다음 수준측량 결과에 의한 측점 5의 지반고는?(단, 단위 : m)

① 3.230m
② 3.500m
③ 4.245m
④ 4.571m

| 측점 | B.S | F.S | | I.H | G.H |
		T.P	I.P		
1	1.428				4.374
2			1.231		
3	1.032	1.572			
4			1.017		
5		1.762			

TIP
$\Delta H = \sum B.S - \sum F.S(T.P)$
$= (1.428 + 1.032) - (1.572 + 1.762)$
$= -0.874m$
∴ 측점 5 지반고 = 측점 1 지반고 + ΔH = 4.374 + (−0.874) = 3.500m

정답 33 ③ 34 ② 35 ②

36 다음 표에서 A, B 측점의 높이차는?
(단, 단위는 m임)

① -0.196m
② 0.196m
③ -1.924m
④ 1.924m

TIP 높이차(ΔH) = $\sum$B.S $-$ $\sum$F.S(T.P)
∴ 측점 A, B 높이차(ΔH)
= $(2.568+1.663)-(2.532+3.623)$
= -1.924m

측점	B.S	F.S		G.H
		T.P	I.P	
A	2.568			
1			2.325	
2	1.663	2.532		
3			1.125	
4			0.977	
B		3.623		

37 수준측량의 고저차를 확인하기 위한 검산식으로 옳은 것은?

① $\sum$B.S $-$ $\sum$T.P
② $\sum$F.S $-$ $\sum$T.P
③ $\sum$I.H $-$ $\sum$F.S
④ $\sum$I.H $-$ $\sum$B.S

TIP 고저차(ΔH) = $\sum$후시(B.S) $-$ $\sum$이기점(T.P)

38 기고식 야장에서 다음 ㉮, ㉯의 값은 각각 얼마인가?(단, 수준점 A의 표고는 30.000m이다.)

측점	추가거리	후시(B.S)	기계고(I.H)	전시(F.S)		지반고(G.H)
				이기점(T.P)	중간점(I.P)	
A	0	㉮	33.512			30.000
B	50	2.654	㉯	1.238		
C	100				1.852	

① ㉮ 63.512, ㉯ 34.928
② ㉮ 63.512, ㉯ 36.166
③ ㉮ 3.512, ㉯ 34.928
④ ㉮ 3.512, ㉯ 36.166

TIP • 기계고(I.H) = 지반고(G.H) + 후시(B.S)에서,
∴ 후시(㉮) = 기계고(I.H) $-$ 지반고(G.H) = $33.512 - 30.000 = 3.512$m
• 측점 B 지반고 = 측점 A 기계고 $-$ 측점 B 전시 = $33.512 - 1.238 = 32.274$m
∴ 측점 B 기계고(㉯) = 측점 B 지반고 + 측점 B 후시 = $32.274 + 2.654 = 34.928$m

39 직접수준측량에서 발생하는 오차의 원인 중 정오차는?

① 시차에 의한 오차
② 표척 읽음 오차
③ 표척눈금 부정에 의한 오차
④ 불규칙한 기상변화에 의한 오차

정답 36 ③ 37 ① 38 ③ 39 ③

> **TIP** 직접수준측량의 정오차
> • 시준축 오차(레벨 조정의 불완전)
> • 표척의 영 눈금 오차
> • 표척의 눈금 부정에 의한 오차
> • 구차와 기차

40 수준측량 시의 오차 원인 중에서 자연적 원인에 의한 오차라고 볼 수 없는 것은?

① 관측 중 레벨과 표척의 침하에 의한 오차
② 지구곡률오차
③ 기상 변화에 의한 오차
④ 레벨 조정 불완전에 의한 오차

> **TIP** 레벨 조정 불완전에 의한 오차는 기계적 원인에 의한 오차이다.

41 수준측량에서 발생할 수 있는 오차의 원인 중 기계적 원인에 의한 오차가 아닌 것은?

① 표척 눈금이 불완전하다.
② 레벨의 조정이 불완전하다.
③ 표척 이음매 부분이 정확하지 않다.
④ 표척을 정확히 수직으로 세우지 않았다.

> **TIP** • ①, ②, ③문항이 대표적인 기계적 원인에 의한 오차이다.
> • ④문항은 표척의 기울기에 의한 오차로 표척 읽기에 커다란 오차가 생긴다.

42 수준측량의 오차 중 기계적 원인이 아닌 것은?

① 레벨 조정의 불완전
② 레벨기포관의 둔감
③ 망원경 조준 시의 시차
④ 기포관 곡률의 불균일

> **TIP** 시차가 있는 망원경으로 표척을 읽으면 눈의 위치가 변하여 정확한 값을 얻을 수 없으므로 부정오차(우연오차)라 하며 망원경을 시차가 없도록 조정해야 한다.

43 직접수준측량의 오차 원인 중 우연오차에 해당하는 것은?

① 표척의 0(零)점 오차
② 표척눈금 부정에 의한 오차
③ 구차에 의한 오차
④ 기상변화에 의한 오차

> **TIP** 직접수준측량의 부정오차(우연오차)
> • 시차에 의한 오차
> • 기상변화에 의한 오차
> • 기포관의 둔감에 의한 오차
> • 진동 · 지진에 의한 오차

정답 40 ④ 41 ④ 42 ③ 43 ④

44 수준측량에서 우연오차에 해당되는 것은?

① 구차에 의한 오차
② 시준할 때 기포가 중앙에 있지 않음에 의한 오차
③ 수시로 발생되는 기상변화에 의한 오차
④ 표척이음매 부분의 마모에 의한 오차

> **TIP** 직접수준측량의 부정오차(우연오차)
> • 시차에 의한 오차
> • 기상변화에 의한 오차
> • 기포관의 둔감에 의한 오차
> • 진동 · 지진에 의한 오차

45 수준측량에서 기계적 및 자연적 원인에 의한 오차를 대부분 소거시킬 수 있는 가장 좋은 방법은?

① 간접수준측량을 실시한다.
② 표척의 최댓값을 읽어 취한다.
③ 전시와 후시의 거리를 동일하게 한다.
④ 관측거리를 짧게 하여 관측횟수를 많게 한다.

> **TIP** 전시와 후시의 거리를 같게 취함으로써 제거되는 오차
> • 레벨 조정의 불완전으로 인한 오차 ⇒ 기계오차
> • 구차와 기차 ⇒ 자연오차

46 수준측량을 할 때 전 · 후시의 시준거리를 같게 취하고자 하는 중요한 이유는?

① 표척의 영점 오차를 없애기 위하여
② 표척 눈금의 부정확으로 생긴 오차를 없애기 위하여
③ 표척이 기울어져서 생긴 오차를 없애기 위하여
④ 구차 및 기차를 없애기 위하여

> **TIP** 전시와 후시의 거리를 같게 취함으로써 제거되는 오차
> • 레벨의 조정 불완전으로 인한 오차
> • 구차와 기차
> • 조준나사 작동에 의한 오차

47 레벨의 불완전 조정에 의한 오차를 제거하기 위하여 가장 유의하여야 할 점은?

① 관측 시 기포가 항상 중앙에 오게 한다.
② 시준선 거리를 될 수 있는 한 짧게 한다.
③ 표척을 수직으로 세운다.
④ 전시와 후시의 거리를 같게 한다.

정답 44 ③ 45 ③ 46 ④ 47 ④

TIP 전시와 후시의 거리를 같게 취함으로써 제거되는 오차
- 레벨 조정의 불완전으로 인한 오차
- 구차와 기차

48 레벨을 세우는 횟수를 짝수로 하면 없앨 수 있는 오차는?

① 구차에 의한 오차
② 기차에 의한 오차
③ 표척의 이음매에 의한 오차
④ 표척의 영눈금의 오차

TIP 표척의 영눈금의 오차
- 표척 아래 면이 마모·변형·부상할 경우는 표척의 눈금이 표척의 아래 면과 일치하지 않아 이것에 의하여 오차가 생기는 것을 말한다.
- 이 오차는 정오차이고 기계의 정치 수를 짝수횟수로 하는 것이 좋다.

49 수준측량 결과 발생하는 고저의 오차는 거리와 어떤 관계를 갖는가?

① 거리에 비례한다.
② 거리에 반비례한다.
③ 거리의 제곱근에 비례한다.
④ 거리의 제곱근에 반비례한다.

TIP $M = \pm E\sqrt{S}$ 이므로 거리의 제곱근에 비례한다.

50 수준측량에서 거리 7km에 대하여 왕복오차의 제한이 ±25mm일 때 거리 2km에 대한 왕복오차의 제한값은?

① ±7mm
② ±13mm
③ ±15mm
④ ±17mm

TIP $M = \pm\delta\sqrt{S} \Rightarrow \pm 25 = \pm\delta\sqrt{7} \Rightarrow$
$\pm\delta = \dfrac{25}{\sqrt{7}} = \pm 9.5\text{mm}$(1km당 오차)
2km에 대한 왕복오차의 제한값
∴ $M = \pm\delta\sqrt{S} = \pm 9.5\sqrt{2} ≒ \pm 13\text{mm}$

51 A, B, C 세 점으로부터 수준측량을 한 결과 P점의 관측값이 각각 P_1, P_2, P_3이었다면 P점의 최확값을 구하는 식으로 옳은 것은?(단, A, B, C로부터 P점까지의 거리 비 $A : B : C = 2 : 1 : 2$이다.)

① $\dfrac{P_1 \times 1 + P_2 \times 2 + P_3 \times 1}{1+2+1}$
② $\dfrac{P_1 \times 2 + P_2 \times 1 + P_3 \times 2}{2+1+2}$
③ $\dfrac{P_1 + P_2 + P_3}{3}$
④ $\dfrac{P_1 \times P_2 \times P_3}{3}$

정답 48 ④ 49 ③ 50 ② 51 ①

> **TIP** 경중률은 노선거리(S)에 반비례하므로 경중률을 취하여 P점의 최확값을 구하면,
> $$W_1 : W_2 : W_3 = \frac{1}{S_1} : \frac{1}{S_2} : \frac{1}{S_3} = \frac{1}{2} : \frac{1}{1} : \frac{1}{2} = 1 : 2 : 1$$
> $$\therefore P\text{점의 최확값}(H_P) = \frac{P_1 W_1 + P_2 W_2 + P_3 W_3}{W_1 + W_2 + W_3} = \frac{P_1 \times 1 + P_2 \times 2 + P_3 \times 1}{1+2+1}$$

52 P점의 지반고를 구하기 위하여 P점에서 각각 2km, 3km, 4km 떨어진 A, B, C점으로부터 수준측량을 하였다. 이때 관측값에 대한 경중률의 비는?

① $P_a : P_b : P_c = 2 : 3 : 4$
② $P_a : P_b : P_c = 6 : 4 : 3$
③ $P_a : P_b : P_c = 4 : 3 : 2$
④ $P_a : P_b : P_c = 3 : 4 : 6$

> **TIP** 경중률은 노선거리(S)에 반비례하므로 경중률을 구하면,
> $$\therefore P_a : P_b : P_c = \frac{1}{S_1} : \frac{1}{S_2} : \frac{1}{S_3} = \frac{1}{2} : \frac{1}{3} : \frac{1}{4} = 6 : 4 : 3$$

53 그림과 같이 P점의 높이를 직접수준측량에 의해 구했을 때 P점의 최확값은?(단, $A \rightarrow P = 21.542\text{m}$, $B \rightarrow P = 21.539\text{m}$, $C \rightarrow P = 21.534\text{m}$이다.)

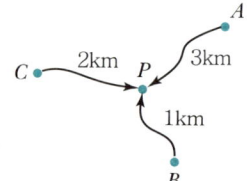

① 21.540m
② 21.538m
③ 21.536m
④ 21.537m

> **TIP** 경중률은 노선거리(S)에 반비례하므로 경중률을 취하여 P점의 최확값을 구하면,
> $$W_1 : W_2 : W_3 = \frac{1}{S_1} : \frac{1}{S_2} : \frac{1}{S_3} = \frac{1}{3} : \frac{1}{1} : \frac{1}{2} = 2 : 6 : 3$$
> $$\therefore P\text{점의 최확값}(H_P) = \frac{H_A W_1 + H_B W_2 + H_C W_3}{W_1 + W_2 + W_3} = 21.500 + \frac{(0.042 \times 2) + (0.039 \times 6) + (0.034 \times 3)}{2+6+3}$$
> $$= 21.538\text{m}$$

54 A로부터 B에 이르는 수준측량의 결과가 표와 같을 때 B점의 표고는?

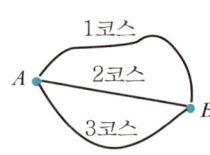

코스	측정값	거리
1	32.42m	2km
2	32.43m	4km
3	32.40m	5km

① 32.418m
② 32.420m
③ 32.432m
④ 32.440m

> **TIP** 경중률은 노선거리(S)에 반비례하므로 경중률을 취하여 B점의 표고를 구하면,
> $$W_1 : W_2 : W_3 = \frac{1}{S_1} : \frac{1}{S_2} : \frac{1}{S_3} = \frac{1}{2} : \frac{1}{4} : \frac{1}{5} = 10 : 5 : 4$$
> $$\therefore B\text{점의 표고}(H_B) = \frac{h_1 W_1 + h_2 W_2 + h_3 W_3}{W_1 + W_2 + W_3} = 32.00 + \frac{(0.42 \times 10) + (0.43 \times 5) + (0.40 \times 4)}{10+5+4} = 32.418\text{m}$$

정답 52 ② 53 ② 54 ①

55 A, B 두 점 간의 고저차를 구하기 위해 3개의 노선을 직접수준측량하여 다음 표와 같은 결과를 얻었다면 B점의 표고는?

구분	고저차(m)	노선거리(km)
노선 1	12.235	1
노선 2	12.249	3
노선 3	12.250	2

① 12.242m ② 12.245m
③ 12.247m ④ 12.250m

TIP 경중률은 노선거리(S)에 반비례하므로 경중률을 취하여 B점의 표고를 구하면,

$$W_1 : W_2 : W_3 = \frac{1}{S_1} : \frac{1}{S_2} : \frac{1}{S_3} = \frac{1}{1} : \frac{1}{3} : \frac{1}{2} = 6 : 2 : 3$$

$$\therefore B\text{점의 표고}(H_B) = \frac{h_1 W_1 + h_2 W_2 + h_3 W_3}{W_1 + W_2 + W_3}$$

$$= 12.200 + \frac{(0.035 \times 6) + (0.049 \times 2) + (0.050 \times 3)}{6 + 2 + 3}$$

$$= 12.242\text{m}$$

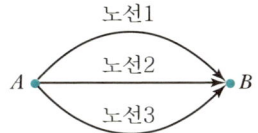

56 높이 260.05m의 수준점(BM_0)으로부터 6km의 수준환에서 수준측량을 행하여 표와 같은 결과를 얻었다. 이때 BM_1의 최확값은?(단, 관측의 경중률은 모두 동일하다.)

수준점	추가거리(km)	측점의 높이(m)
BM_0	0	260.05
BM_1	2	250.24
BM_2	4	257.46
BM_0	6	260.35

① 250.34m ② 250.14m
③ 250.10m ④ 250.05m

TIP • 폐합오차 $= 260.05 - 260.35 = -0.30$m

• BM_1 조정량 $= \frac{\text{폐합오차}}{\text{전 노선거리}} \times \text{추가거리} = \frac{-0.30}{6} \times 2 = -0.10$m

∴ BM_1 최확값 $= 250.24 - 0.10 = 250.14$m

57 시발기준점에서 여러 이점을 경유하여 140m 거리의 표고 190.560m의 수준점에 결합을 시켰더니 190.577m의 표고를 얻었다. 시발점에서 거리가 60m 떨어진 이점에 대한 오차조정량은 얼마인가?

① -0.002m ② -0.007m
③ $+0.002$m ④ $+0.007$m

TIP 폐합오차(E) $= 190.56 - 190.577 = -0.017$m, 그러므로 -0.017m를 거리에 비례조정하여 ⊖배분한다.

∴ 오차조정량 $= \frac{60}{140} \times (-0.017) = -0.007$m

정답 55 ① 56 ② 57 ②

58 하천 또는 계곡 등에 있어서 두 점 중간에 기계를 세울 수 없는 경우에 고저차를 구하는 방법으로 가장 적합한 것은?

① 삼각수준측량
② 스타디아측량
③ 교호수준측량
④ 기압수준측량

TIP 교호수준측량
강, 하천, 계곡 등이 있어서 중간에 기계를 세울 수 없는 경우 양안에서 두 점의 표고차를 관측하여 평균값을 구하는 방법이다.

59 교호수준측량에 대한 설명 중 옳은 것은?

① 두 점 간의 연직각과 수평거리도 삼각법에 의해 구한다.
② 넓은 하천 또는 계곡을 건너서 두 점 사이의 고저차를 구한다.
③ 스타디아법으로 고저차를 구한다.
④ 기압차로 고저차를 구한다.

TIP 교호수준측량
수준측량에서 하천이나 깊은 골짜기 등이 있으면 레벨을 중앙에 세울 수 없다. 이런 때에는 양안에 각각 등거리인 곳에 레벨을 세우고 양안에서 교호로 표척값을 읽어서 그 차를 평균하여 고저차를 구하는 방법으로 레벨의 오차 및 기차 등을 소거할 수 있는 고저측량방법이다.

60 두 점 사이에 강, 호수, 하천 또는 계곡 등이 있어 그 두 점 중간에 기계를 세울 수 없는 경우에 강의 기슭 양안에서 측량하여 두 점의 표고차를 평균하여 측량하는 방법은?

① 직접수준측량
② 왕복수준측량
③ 횡단수준측량
④ 교호수준측량

TIP 교호수준측량
강, 하천, 계곡 등이 있어서 중간에 기계를 세울 수 없는 경우 양안에서 두 점의 표고차를 관측하여 평균값을 구하는 방법이다.

61 하천 양안의 고저차를 측정할 때 교호수준측량을 이용하는 주요 이유는?

① 기계오차와 광선굴절오차 제거
② 연직축오차 제거
③ 수평각오차 제거
④ 기포관축오차 제거

TIP 교호수준측량을 실시하면 레벨의 조정이 불완전하여 시준선이 기포관축과 평행하지 않을 때 표척의 눈금값에 생기는 기계오차를 제거하며, 구차와 기차가 제거된다.

정답 58 ③ 59 ② 60 ④ 61 ①

62 교호수준측량에 의해 제거될 수 있는 오차는?

① 빛의 굴절에 의한 오차와 시준오차
② 관측자의 원인에 의한 오차
③ 기포 감도에 의한 오차
④ 표척의 연결부 오차

> **TIP** 교호수준측량을 실시하여 하천 양안의 고저차를 측정하면 기계오차 및 양차(구차, 기차)를 소거할 수 있다.

63 교호수준측량으로 소거되는 오차가 아닌 것은?

① 레벨의 시준축 오차
② 지구의 곡률에 의한 오차
③ 광선의 굴절에 의한 오차
④ 수준척이 연직이 아닐 때 발생하는 오차

> **TIP** 교호수준측량으로 소거되는 오차
> • 레벨의 시준축오차
> • 지구의 곡률에 의한 오차
> • 광선의 굴절에 의한 오차

64 하천 양안에서 교호수준측량을 실시하여 그림과 같은 결과를 얻었다. A점의 지반고가 100.250m일 때 B점의 지반고는?

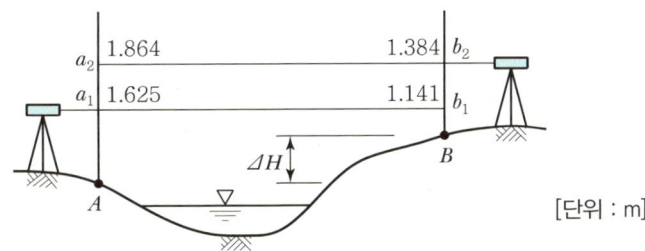

① 99.286m
② 99.768m
③ 100.732m
④ 101.214m

> **TIP** $\Delta H = \frac{1}{2}\{(a_1-b_1)+(a_2-b_2)\} = \frac{1}{2} \times \{(1.625-1.141)+(1.864-1.384)\} = 0.482\text{m}$
> (A점의 1.625와 B점의 1.141 표척값을 비교했을 때 B점의 표척값이 적음에 따라 B점이 A점보다 높으므로 높이차 (ΔH)를 A점의 지반고에 ⊕해준다.)
> ∴ B점의 지반고(H_B) = $H_A + \Delta H$ = 100.250 + 0.482 = 100.732m

정답 62 ① 63 ④ 64 ③

65 교호수준측량 결과가 각각 A점에서 $a_1 = 1.5\text{m}$, $a_2 = 2.4\text{m}$, B점에서 $b_1 = 1.1\text{m}$, $b_2 = 2.2\text{m}$일 때 B점의 표고는?(단, A점의 표고는 25.0m)

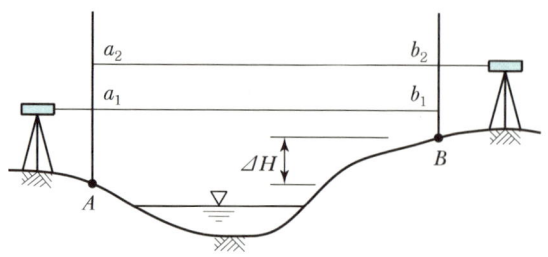

① 25.3m ② 26.3m
③ 30.3m ④ 31.3m

TIP $\Delta H = \frac{1}{2}\{(a_1-b_1)+(a_2-b_2)\} = \frac{1}{2}\times\{(1.5-1.1)+(2.4-2.2)\} = 0.3\text{m}$

∴ B점의 표고(H_B) $= H_A + \Delta H = 25.0 + 0.3 = 25.3\text{m}$

66 그림과 같이 수준측량을 실시하여 다음의 결과를 얻었다. A점 지반고가 32.578m일 때 B점의 지반고는?(단, $a_1 = 2.065\text{m}$, $a_2 = 1.573\text{m}$, $b_1 = 3.465\text{m}$, $b_2 = 2.159\text{m}$)

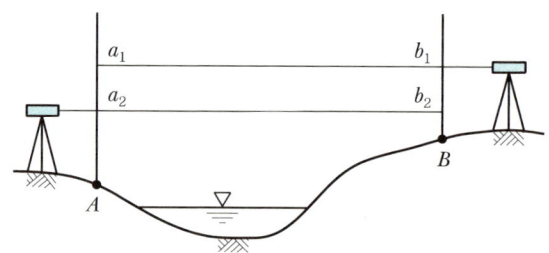

① 31.585m ② 31.858m
③ 33.478m ④ 33.748m

TIP $\Delta H = \frac{1}{2}\{(a_1-b_1)+(a_2-b_2)\} = \frac{1}{2}\times\{(2.065-3.465)+(1.573-2.159)\} = -0.993\text{m}$

∴ B점의 지반고(H_B) $= H_A + \Delta H = 32.578 - 0.993 = 31.585\text{m}$

67 간접수준측량에서 수평거리 5km일 때의 지구의 곡률오차는?(단, 지구의 곡률반경은 6,370km)

① 0.862m ② 1.962m
③ 3.925m ④ 4.862m

TIP 지구의 곡률오차 $= +\dfrac{S^2}{2R} = +\dfrac{(5\times 1{,}000)^2}{2\times 6{,}370\times 1{,}000} = 1.962\text{m}$

정답 65 ① 66 ① 67 ②

68 표고 0m인 해변에서 눈높이 1.5m인 사람이 볼 수 있는 수평선의 거리는?(단, 지구반경은 6,370km로 하고, 굴절계수는 0.14로 한다.)

① 3,240m ② 4,524m ③ 4,714m ④ 5,123m

> **TIP** 양차$(h) = \dfrac{1-K}{2R}S^2$
>
> ∴ 수평선의 거리$(S) = \sqrt{\dfrac{2hR}{1-K}} = \sqrt{\dfrac{2 \times 1.5 \times 6,370,000}{1-0.14}} ≒ 4,714\text{m}$

69 다음 수준측량 중 간접수준측량이 아닌 것은?

① 스타디아 수준측량 ② 기압수준측량
③ 항공사진측량 ④ 핸드 레벨 수준측량

> **TIP** 간접수준측량
> 레벨을 쓰지 않고 고저차를 구하는 측량방법이다.

70 2점 사이의 연직각과 수평거리 또는 경사거리를 측정하고 삼각법에 의하여 고저차를 구하는 수준측량은?

① 스타디아측량 ② 삼각수준측량
③ 교호수준측량 ④ 정밀수준측량

> **TIP** 삼각수준측량
> 트랜싯을 사용하여 고저각과 거리를 관측하며 삼각법을 응용한 계산으로 그 점의 고저차를 구하는 측량이다.

71 삼각수준측량에 관한 설명으로 틀린 것은?

① 주로 두 점 사이의 거리가 가까운 정밀수준측량에 이용된다.
② 두 점 사이의 연직각과 거리를 측정하고 계산에 의하여 고저차를 구한다.
③ 고저차가 심해서 수준측량이 어려울 때 이용되는 방법이다.
④ 간접수준측량이다.

> **TIP** 두 점 사이의 거리가 가까운 정밀수준측량에는 직접(레벨)수준측량방법이 이용된다.

72 수준측량방법 중 간접수준측량에 해당되지 않는 것은?

① 트랜싯에 의한 삼각고저측량법 ② 스타디아측량에 의한 고저측량법
③ 레벨과 수준척에 의한 고저측량법 ④ 두 점 간의 기압차에 의한 고저측량법

> **TIP** 레벨과 수준척에 의한 고저측량법은 직접수준측량에 해당된다.

정답 68 ③ 69 ④ 70 ② 71 ① 72 ③

73 다음은 횡단수준측량을 한 결과이다. d점의 지반고는?(단, No.4의 지반고는 15m이다.)

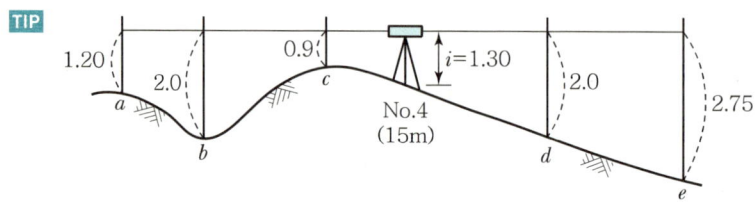

① 14.30m
② 8.30m
③ 13.00m
④ 8.00m

TIP

∴ d점 지반고 = No.4 지반고 + i - 전시 = 15.00 + 1.30 - 2.0 = 14.30m

74 종단수준측량에 대한 설명으로 틀린 것은?

① 철도, 도로, 하천 등과 같은 노선을 따라 각 측점의 고저차를 측정하는 측량을 말한다.
② 종단수준측량은 종단면도를 작성하기 위한 측량이다.
③ 종단수준측량은 중간점이 많아 기고식으로 작성하는 것이 편리하다.
④ 각 측점에서 중심선에 직각방향으로 지표면의 고저차를 측정하는 측량을 말한다.

TIP 횡단수준측량
종단측량에 이용된 중심선상의 각 측점의 직각방향으로 관측하여 높이의 변화를 측정하는 것이다.

75 수준측량의 활용분야에 해당하지 않는 것은?

① 지형도 작성을 위한 등고선측량
② 노선의 종·횡단측량
③ 터널의 중심선측량
④ 기준점 설치를 위한 삼각측량

TIP 삼각측량(Triangulation)
기선을 관측한 다음 각만을 관측하여 기선과 각에 의하여 수평위치를 결정하는 방법으로 삼각측량은 다각측량, 지형측량, 지적측량 등 기타 각종 측량에서 기준점의 위치를 삼각법으로 정밀하게 결정하기 위하여 실시하는 측량방법이다.

※ 수준측량은 고저차 관측측량으로 기준점(x, y) 설치를 위한 삼각측량과는 거리가 멀다.

CHAPTER 07 지형측량

PART 1

1 한눈에 보기

※ 중요 부분은 **집중 이해하기**에 자세히 설명되어 있음을 알려드립니다.

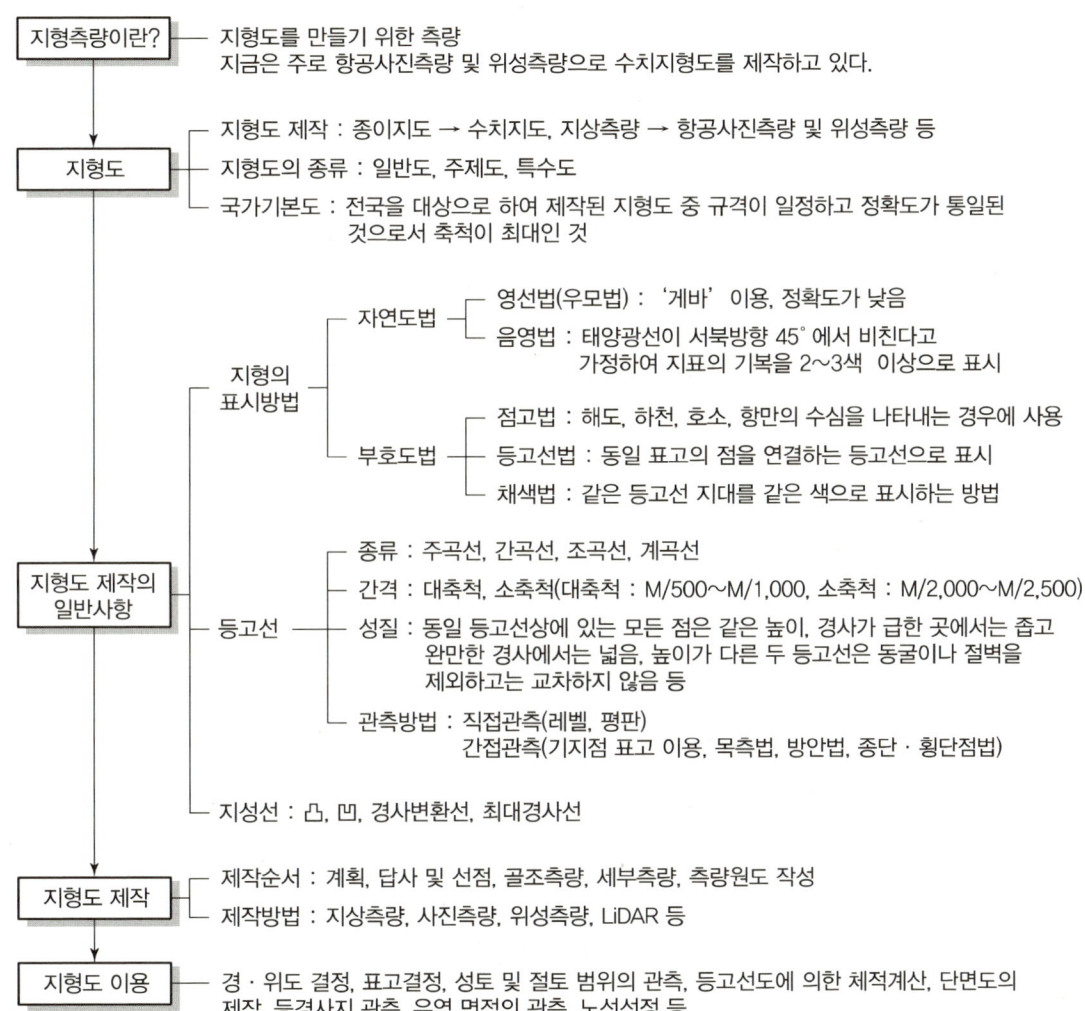

2 집중 이해하기

1 지형측량(Topographic Survey)

지표면상의 자연 및 인공적인 지물, 지모의 형태와 수평, 수직의 위치관계를 결정하여 그 결과를 일정한 축척과 도식으로 표현한 지도를 지형도(Topographical Map)라 하며 지형도를 작성하기 위한 측량을 지형측량이라 한다.

(1) 지물과 지모

① **지물** : 지표면 위의 자연적 · 인위적 물체, 즉 하천, 호수, 도로, 철도, 건축물 등
② **지모** : 산정, 구릉, 계곡, 평야 등 지표면의 기복 상태

예제

01. 다음 중 지모의 내용이 아닌 것은?
① 학교　　② 계곡　　③ 구릉　　④ 요지

정답 ①

---

2 지형도

(1) 지형도 제작

지형도 제작을 위한 측량은 과거에는 지상측량에 의하여 제작되었지만, 근래 사진측량이 발달함에 따라 국토기본도 및 대규모 지형측량에는 항공사진측량이 이용되고, 최근에는 사진을 이용한 정사투영사진지도 제작이 연구되어 실용화되고 있다.

(2) 지형도의 종류

① **일반도(General Map)** : 자연, 인문, 사회 사항을 정확하고 상세하게 표현한 지도이며, 1/5,000, 1/25,000 및 1/50,000 국토기본도, 1/25,000 토지이용도, 1/250,000 지세도, 1/1,000,000 대한민국전도 등이 대표적인 일반도이다.
② **주제도(Thematic Map)** : 어느 특정한 주제를 강조하여 표현한 지도로서, 일반도를 기초로 한다. 토지이용도, 지질도, 토양도, 산림도, 관광도, 교통도, 도시계획도, 국토개발계획도 등이 있다.
③ **특수도(Specific Map)** : 특수한 목적에 사용되는 지도로서, 항공도, 해도, 대권항법도, 천기도, 사진지도, 입체 모형지도, 지적도 등이 있다.

(3) 국가기본도(National Base Map)

국가기본도란 지물 및 지형에 대한 평면좌표와 표고의 3차원 좌표가 수록된 지형도로 한 나라의 준거적 지도를 말한다.

> **예제**
>
> **02.** 우리나라의 국토기본도가 아닌 것은?
>
> ① 1/25,000 ② 1/5,000 ③ 1/15,000 ④ 1/50,000
>
> **정답** ③

3 지형의 표현방법

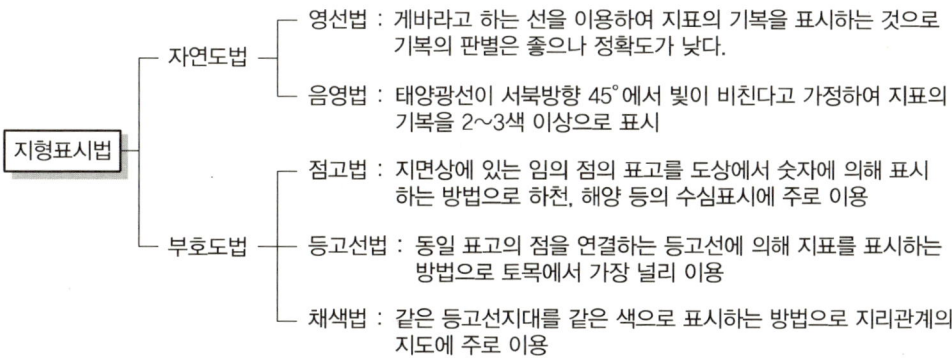

> **예제**
>
> **03.** 지형도 표시법 중 하천, 항만, 해안 등의 수심을 나타내는 경우 도상에 숫자를 기입하여 표시하는 방법은?
>
> ① 점고법   ② 우모법
> ③ 음영법   ④ 등고선법
>
> **정답** ①

4 등고선

(1) 등고선(Contour Line)의 종류

① 주곡선 : 기본 곡선으로서 가는 실선으로 표시
② 간곡선 : 완경사지에서 주곡선 사이가 너무 길 때 사용되며 파선으로 표시(주곡선 1/2)
③ 조곡선 : 점선으로 표시(주곡선 1/4, 간곡선 1/2)

④ 계곡선 : 지형의 상태와 판독을 쉽게 하기 위해서 주곡선 5개마다 굵은 실선(2호 실선)으로 표시

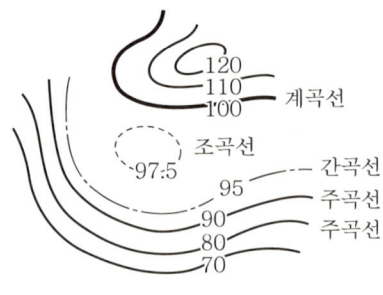

[그림 7-1] 등고선의 종류

/ 예제 /

04. 기본지형도의 등고선 표시방법으로 옳은 것은?

① 주곡선은 가는 실선이고, 간곡선은 가는 긴 파선이다.
② 간곡선은 가는 실선이고, 조곡선은 일점쇄선이다.
③ 조곡선은 이점쇄선이고, 계곡선은 실선이다.
④ 계곡선은 가는 실선이고, 주곡선은 파선이다.

정답 ①

(2) 등고선의 간격

등고선의 간격은 지도축척, 사용목적, 지형상태, 측량경비 등 종합적인 사항을 고려하여야 한다. 일반적으로 주곡선 간격은 소축척 시 $\frac{M}{2,000} \sim \frac{M}{2,500}$, 대축척 시 $\frac{M}{500} \sim \frac{M}{1,000}$ 을 기준으로 간격을 결정한다.

지형도 축척과 등고선 간격 (단위 : m)

축척 등고선 종류	1/1,000	1/2,500	1/5,000	1/10,000	1/25,000	1/50,000
주곡선	1	2	5	5	10	20
간곡선	0.5	1	2.5	2.5	5	10
조곡선	0.25	0.5	1.25	1.25	2.5	5
계곡선	5	10	25	25	50	100

(3) 등고선 간격 결정 시 주의사항

① 간격은 측량의 목적, 지형 및 지도의 축척 등에 따라 적당히 정한다.
② 간격을 좁게 하면 지형을 정밀하게 표시할 수 있으나, 소축척에서는 지형이 너무 밀집되어 확실한 지형을 나타내기가 어렵다.
③ 등고선 간격을 넓게 취하면 지형의 이해가 곤란하므로 일반적으로 주곡선 간격은 소축척 시 $\frac{M}{2,000} \sim \frac{M}{2,500}$, 대축척 시 $\frac{M}{500} \sim \frac{M}{1,000}$ 을 기준으로 간격을 결정한다.
④ 구조물의 설계나 토공량 산출에서는 간격을 좁게, 저수지측량, 노선의 예측, 지질도 측량의 경우에는 넓은 간격으로 한다.

> **예제**
>
> **05.** 중·소축척 지형도의 등고선 간격은 일반적으로 다음 중 어느 것인가?
>   ① 축척 분모수의 약 1/500   ② 축척 분모수의 약 1/1,000
>   ③ 축척 분모수의 약 1/1,500   ④ 축척 분모수의 약 1/2,000
>
>   **정답** ④

(4) 등고선의 성질

① 동일 등고선상에 있는 모든 점은 같은 높이이다.
② 등고선은 도면 내·외에서 반드시 폐합하는 폐곡선이다(그림 (a)).
③ 지도의 도면 내에서 폐합하는 경우 등고선의 내부에 산꼭대기(산정) 또는 분지가 있다.
④ 2쌍의 등고선의 볼록부가 상대할 때는 볼록부 고개를 나타낸다(그림 (b)).
⑤ 높이가 다른 두 등고선은 동굴이나 절벽을 제외하고는 교차하지 않는다(그림 (c)).
⑥ 동등한 경사의 지표에서 양 등고선의 수평거리는 같다.
⑦ 같은 경사의 평면일 때는 평행한 직선이 된다.
⑧ 최대경사의 방향은 등고선과 직각으로 교차한다.
⑨ 등고선은 경사가 급한 곳에서는 간격이 좁고 완만한 경사에서는 넓다.
⑩ 등고선은 분수선과 직각으로 만난다.
⑪ 등고선의 수평거리는 산꼭대기 및 산밑에서 크고 산중턱에서는 작다.
⑫ 등고선이 능선을 직각방향으로 횡단한 다음 능선 다른 쪽을 따라 거슬러 올라간다(그림 (d)).

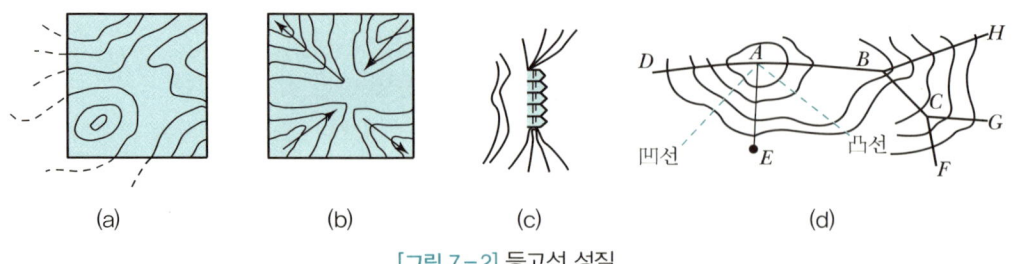

[그림 7-2] 등고선 성질

> **예제**
>
> **06.** 등고선의 성질에 대한 설명으로 틀린 것은?
>   ① 한 등고선은 도면 내외에서 반드시 폐합된다.
>   ② 등고선은 능선 또는 계곡선과 직각으로 만난다.
>   ③ 경사가 급하면 간격이 좁고, 완만하면 간격이 넓다.
>   ④ 높이가 다른 두 등고선은 절대 교차하거나 만나지 않는다.
>
>   **정답** ④

(5) 등고선 관측방법

1) 직접 관측법
① 레벨에 의한 방법

$$h_B = H_C + h_C - H_B$$

여기서, H_A, H_B, H_C : 표고
h_A, h_B, h_C : 표척고

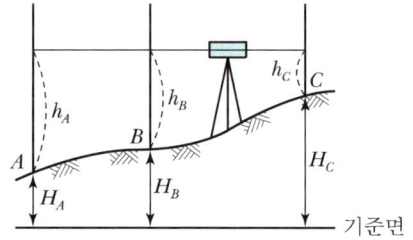

[그림 7-3] 레벨에 의한 방법

② 평판에 의한 방법

$$h_A = H_C + h_C - H_A$$

여기서, H_A, H_B, H_C : 표고
h_A, h_B, h_C : 표척고

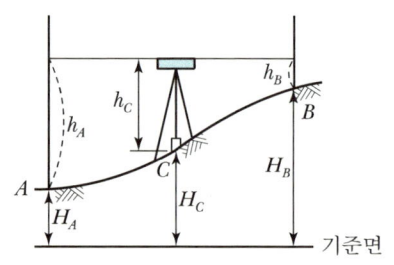

[그림 7-4] 평판에 의한 방법

③ 토털스테이션에 의한 방법

높이를 알고 있는 측점에 토털스테이션을 설치하거나, 기준점을 관측하여 측점의 높이를 결정한다.

2) 간접 관측법

① 기지점의 표고를 이용한 계산법

$$H:D = h_1:d_1, \ H:D = h_2:d_2$$
$$\therefore d_1 = \frac{D}{H} \cdot h_1, \ d_2 = \frac{D}{H} \cdot h_2$$

여기서, H : A, B의 높이차
D : A, B의 수평거리
h_1, h_2 : A에서 높이차
d_1, d_2 : A에서 수평거리

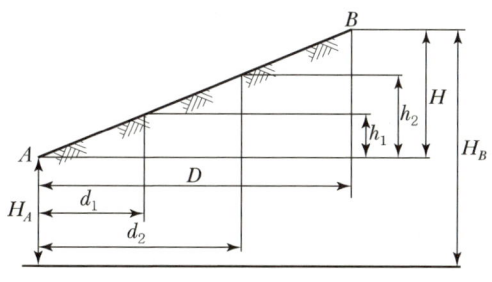

[그림 7-5] 양 기지점을 이용한 계산법

② 목측에 의한 방법

1/10,000 이하의 소축척 지형측량에 이용되며, 많은 경험이 필요하다.

③ 방안법(좌표점고법, 모눈종이법)

측량구역을 정사각형 또는 직사각형으로 분할하고, 각 교점의 표고를 관측하여 그 결과로부터 등고선을 그리는 방법으로서 지형이 복잡한 곳에 이용된다.

④ 종단점법

지성선의 방향이나 주요한 방향의 여러 개의 측선에 대해서 기준점에서 필요한 점까지의 높이를 관측하고 등고선을 그리는 방법으로 주로 소축척의 산지 등에 사용된다.

⑤ 횡단점법

노선측량의 평면도에 등고선을 삽입할 경우에 이용된다.

예제

07. $\overline{AB}$ 간을 등경사지면으로 하고, A점의 표고는 36.5m, B점의 표고를 54.8m, $\overline{AB}$ 를 축척으로 도상에 옮긴 $\overline{ab}$ 의 길이는 74.5mm이다. $\overline{ab}$ 선상에 표고 40m 지점을 표시하려면 a점으로부터의 도상거리는?

① 10.9mm　　② 11.5mm
③ 14.2mm　　④ 14.8mm

정답 ③

해설

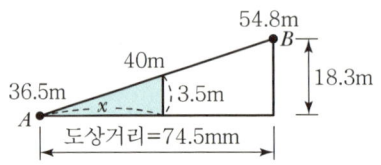

비례식을 적용하면
$74.5 : 18.3 = x : 3.5$
$\therefore x = \dfrac{74.5 \times 3.5}{18.3} = 14.25\text{mm}$

5 지성선

지형은 다수의 평면, 즉 凸선, 凹선, 경사변환선 및 최대경사선으로 이루어졌다고 생각할 때 이 평면의 접합부를 지성선(Topographical Line)이라 한다. 일명 지세선이라고도 한다.

(1) 凸선(능선)

凸선은 지표면의 가장 높은 곳을 연결한 선으로 빗물이 이것을 경계로 하여 좌우로 흐르게 되므로 분수선이라고도 한다.

(2) 凹선(합수선)

凹선은 지표면의 가장 낮은 곳을 연결한 선으로 계곡선이라고도 한다.

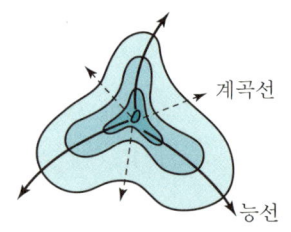

[그림 7-6] 계곡선과 능선

(3) 경사변환선

동일 방향의 경사면에서 경사의 크기가 다른 두 면의 교선을 경사변환선이라 한다.

(4) 최대경사선

지표의 임의의 한 점에 있어서 그 경사가 최대로 되는 방향을 표시한 선을 말하며 등고선에 직각으로 교차한다. 이는 물이 흐르는 방향으로 유하선이라고도 한다.

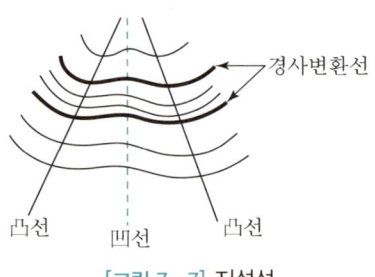

[그림 7-7] 지성선

> **예제**
>
> **08.** 경사변환선에 대한 설명으로 옳은 것은?
>   ① 동일 방향의 경사면에서 경사의 크기가 다른 두 면의 접합선
>   ② 지표면이 높은 곳의 꼭대기점을 연결한 선
>   ③ 지표면이 낮거나 움푹 패인 점을 연결한 선
>   ④ 경사가 최대로 되는 방향을 표시한 선
>
> 정답 ①

6 지형도 제작 및 이용

(1) 지상측량에 의한 지형도 제작순서

측량계획 → 조사 및 선점 → 기준점측량 → 세부측량 → 측량원도 작성 → 지도 편집

(2) 지형도 제작방법

① 지상측량에 의한 방법
② GNSS+TS+노트북에 의한 방법
③ 사진측량에 의한 방법
④ 위성측량에 의한 방법
⑤ LiDAR에 의한 방법
⑥ 차량기반 MMS에 의한 방법
⑦ SAR 영상을 위한 방법
⑧ GNSS 및 멀티빔 음향 측심기에 의한 방법

(3) 지형도의 이용

지형도는 토목공사의 계획, 조사, 설계의 중요한 자료로써, 노선측량에 있어서는 도상 선정, 면적 및 토공량 산정 등에 이용된다.

1) 단면도 제작
   지형도상에서 종·횡단면도 제작에 이용된다.

2) 등경사선의 관측
   수평선에 대해서 일정한 경사를 가진 지표면상의 선을 등경사선이라 한다.

$$i(\%) = \frac{h}{D} \times 100(\%) \qquad \alpha = \tan^{-1}\left(\frac{h}{D}\right)$$

여기서, h : 등고선 간격
i : 등경사선의 경사
D : 수평거리

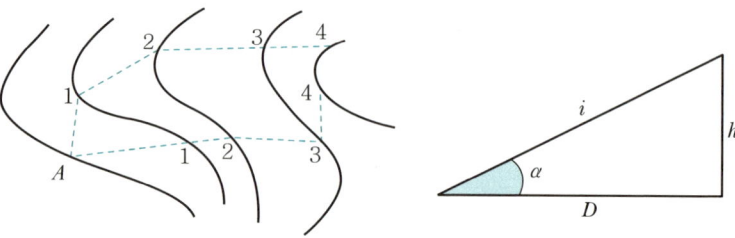

[그림 7-8] 등경사선 관측

예제

09. 축척 1 : 25,000의 지형도에서 120m 등고선상의 A점과 140m 등고선상의 B점 사이의 경사도는?(단, AB의 도상거리는 40mm이다.)

① 1% ② 2% ③ 3% ④ 4%

정답 ②

해설

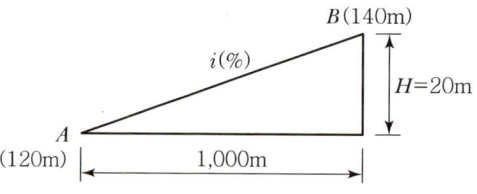

- $\overline{AB}$ 도상거리를 실제거리로 환산하면,

  $\dfrac{1}{m} = \dfrac{도상거리}{실제거리} \Rightarrow \dfrac{1}{25,000} = \dfrac{40}{실제거리}$

  ∴ $\overline{AB}$ 실제거리 $= 25,000 \times 40 = 1,000,000\text{mm} = 100,000\text{cm} = 1,000\text{m}$

- $i(\%) = \dfrac{H}{D} \times 100 = \dfrac{20}{1,000} \times 100 = 2\%$

  ∴ AB 경사도$(i) = 2\%$

3) 유역면적 산정

지점 유량의 산정이나 댐건설 수립 시 한 점에 모이는 유량을 산정하여 댐의 위치를 결정하려면 유역면적을 알아야 한다. 일반적으로 구적기를 사용하여 그 면적을 관측한다.

4) 체적 결정
   ① 양단면 평균법

   $$V = \frac{h}{2}\{A_0 + A_n + 2(A_1 + A_2 + \cdots + A_{n-1})\}$$

   ② 각주 공식

   $$V = \frac{h}{3}\{A_0 + A_n + 4\sum A_{홀수} + 2\sum A_{짝수}\}$$

   여기서, h : 등고선 간격
   A : 등고선 면적

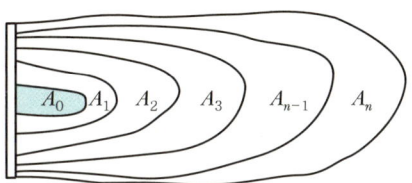

[그림 7-9] 등고선에 의한 체적 결정

5) 기타
   ① 위치 결정
   ② 방향 결정
   ③ 거리 결정
   ④ 토지이용 개발
   ⑤ 편리한 교통체계 기여
   ⑥ 쾌적한 생활환경 조성에 기여
   ⑦ 정보화 시대 자료 제공

7 투영법

지구는 구면으로서 지구 표면의 일부에 국한하여 얻어진 측량의 결과를 편평한 종이 위에 어떤 모양으로 표시할 수 있겠는가 하는 문제를 취급하는 것이 투영법이다.

지구의 투영법은 사용목적에 의하여 여러 방법이 사용된다. 우리나라에서는 횡메르카토르도법(TM 도법)을 사용하고 있다.

3 핵심 문제 익히기

01 지물과 지모의 평면적 위치 관계 또는 고저 관계를 측량하여 약속된 기호의 도식에 의하여 표현하는 측량은?

① 기준측량　　② 지형측량　　③ 노선측량　　④ 조사측량

> **TIP** 지형측량
> 지표면상의 자연 및 인공적인 지물, 지모의 형태와 수평, 수직의 위치관계를 결정하여 그 결과를 일정한 축척과 도식으로 표현한 지도를 지형도라 하며, 지형도를 작성하기 위한 측량을 말한다.

02 다음 중 지모의 내용이 아닌 것은?

① 학교　　② 계곡　　③ 구릉　　④ 凹지

> **TIP** 지모
> 산정, 구릉, 계곡, 평야 등 지표면의 기복상태
> ※ 학교는 지물에 속한다.

03 우리나라의 국토기본도가 아닌 것은?

① 1/25,000　　② 1/5,000　　③ 1/15,000　　④ 1/50,000

> **TIP** 우리나라의 주요 국토기본도의 종류
> 1/5,000, 1/25,000, 1/50,000

04 지형도의 종류 중 주제도(Thematic Map)의 내용이 아닌 것은?

① 지질도　　② 토양도　　③ 지적도　　④ 관광도

> **TIP** 지형도의 종류
> • 일반도 : 자연, 인문, 사회 사항을 정확하고 상세하게 표현한 지도
> • 주제도 : 어느 특정한 주제를 강조하여 표현한 지도(토지이용도, 지질도, 토양도, 산림도, 관광도 등)
> • 특수도 : 특수한 목적에 사용되는 지도(항공도, 해도, 지적도 등)

05 지형도 및 수치지형도에 대한 설명으로 옳지 않은 것은?

① 지형도는 지표면상의 자연적 또는 인공적인 지형의 수평 또는 수직의 상호위치관계를 관측하여 그 결과를 일정한 축척과 도식으로 도면에 나타낸 것이다.
② 지형도상에 표시되는 요소로 지형에는 지물과 지모가 있다.
③ 수치지형도의 축척은 일정하기 때문에 확대 및 축소하여 다양한 축척의 지형도를 만들 수 없다.
④ 수치지형도의 지형 및 지물은 레이어로 구분된다.

> **TIP** 수치지형도의 축척은 일정하기 때문에 확대 및 축소하여 다양한 축척의 지형도를 만들기 용이하다.

정답 01 ②　02 ①　03 ③　04 ③　05 ③

06 축척 1 : 25,000인 우리나라 지형도의 한 도엽의 크기(경도×위도)는?

① 1.25′×1.25′   ② 2.5′×2.5′
③ 7.5′×7.5′   ④ 15.0′×15.0′

> **TIP** 국토지리정보원 발행지도의 도엽 크기
> • 1/50,000 : 15′×15′
> • 1/25,000 : 7.5′×7.5′=7′30″×7′30″
> • 1/10,000 : 3′×3′

07 축척 1 : 5,000 지형도를 축소하여 동일한 크기의 축척 1 : 25,000 지형도를 편집하려고 할 때, 필요한 1 : 5,000 지형도의 수는?

① 5장   ② 15장
③ 25장   ④ 50장

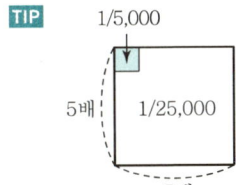

> **TIP**
> • 1/5,000 지형도를 이용하여 1/25,000 지형도를 편집하려면 5×5=25장이 필요하다.

08 지형도의 표시법을 설명한 것 중 틀린 것은?

① 음영법은 어느 특정한 곳에서 일정한 방향을 평행광선을 비칠 때 생기는 그림자를 바로 위에서 본 상태로 기복의 모양을 표시하는 방법이다.
② 우모법은 짧고 거의 평행한 선을 이용하여 이 선의 간격, 굵기, 길이, 방향 등에 의하여 지형의 기복을 알 수 있도록 표시하는 방법이다.
③ 우모법은 경사가 급하면 가늘고 길게, 완만하면 굵고 짧게 지면의 최대경사방향으로 그린다.
④ 점고법은 하천, 항만, 해양측량 등에서 수심을 나타낼 때 측점에 숫자를 기입하여 수상 등을 나타내는 방법이다.

> **TIP** 우모법(영선법)은 경사가 급하면 굵고 짧게, 완만하면 가늘고 길게 지표면의 최대경사방향으로 그린다.

09 지형도에서 지형의 표시방법과 거리가 먼 것은?

① 투시법   ② 음영법
③ 점고법   ④ 등고선법

> **TIP** 지형도에 의한 표시방법
> • 자연도법 : 영선법(우모법), 음영법
> • 부호도법 : 점고법, 등고선법, 채색법

정답 06 ③ 07 ③ 08 ③ 09 ①

10 지형의 표시방법 중 짧은 선으로 지표의 기복을 표시하는 방법은?

① 채색법
② 우모법
③ 점고법
④ 등고선법

> **TIP** 우모법
> 게바라는 직선의 길이와 폭을 변화시켜 명암 효과를 나타내는 방법으로 가늘고 긴 선은 완경사를, 굵고 짧은 선은 급경사를 나타내며, 영선법이라고도 한다.

11 지표의 같은 높이의 점을 연결한 곡선으로 지표면의 형태를 표시하는 방법은?

① 채색법
② 점고법
③ 등고선법
④ 음영법

> **TIP** 등고선법
> 동일 표고의 점을 연결하는 등고선에 의해 지표를 표시하는 방법으로 토목에서 가장 널리 사용된다.

12 지형의 표시방법 중 임의 점의 표고를 숫자로 도상에 나타내는 방법은?

① 점고법
② 우모법
③ 등고법
④ 채색법

> **TIP** 점고법
> 지면상에 있는 임의 점의 표고를 도상에서 숫자에 의해 표시하는 방법으로 하천, 해양, 호소, 항만 등의 수심 표시에 주로 이용된다.

13 지형의 표시방법에서 하천, 호소 및 항만 등의 수심을 측정하여 표고를 도상에 숫자로 나타내는 방법은?

① 채색법
② 점고법
③ 우모법
④ 등고선법

> **TIP** 점고법
> 지표상 임의 점의 표고를 도상에 있는 숫자에 의해 지표를 나타내는 방법으로 해도, 하천, 호소, 항만의 심천을 나타내는 경우에 사용하는 방법이다.

14 국가에서 발행하는 국가기본도(1/50,000, 1/25,000, 1/5,000)의 지형도 표현방법으로 옳은 것은?

① 단채법
② 점고법
③ 음영법
④ 등고선법

> **TIP** 국가에서 발행하는 국가기본도(1/50,000, 1/25,000, 1/5,000)의 지형도 표현방법은 등고선법이다.

정답 10 ② 11 ③ 12 ① 13 ② 14 ④

15 지형의 표현방법 중 지형이 높아질수록 색을 진하게, 낮아질수록 연하게 하여 농도로 지표면의 고저를 나타내는 방법은?

① 채색법 ② 우모법
③ 등고선법 ④ 음영법

> **TIP** 채색법
> 채색의 농도를 변화시켜서 지표면의 고저를 나타내는 것으로 지리관계 지도에 주로 사용되며, 단채법이라고도 한다.

16 다음 중 등고선의 종류에 해당되지 않는 것은?

① 주곡선 ② 계곡선
③ 간곡선 ④ 완화곡선

> **TIP** 등고선의 종류
> 주곡선, 간곡선, 조곡선, 계곡선 등이 있다.
> ※ 완화곡선은 차량이 직선부에서 곡선부로 진입할 때 원심력에 의한 영향을 감소시키기 위해 설치하는 곡선이다.

17 등고선의 종류 중 계곡선을 표시하는 방법으로 알맞은 것은?

① 가는 실선 ② 굵은 실선
③ 가는 긴 파선 ④ 가는 짧은 파선

> **TIP** 등고선의 종류 중 계곡선은 주곡선 5개마다 굵은 실선으로 표시하는 등고선이다.

18 기본지형도의 등고선 표시방법으로 옳은 것은?

① 주곡선은 가는 실선이고, 간곡선은 가는 긴 파선이다.
② 간곡선은 가는 실선이고, 조곡선은 일점쇄선이다.
③ 조곡선은 이점쇄선이고, 계곡선은 실선이다.
④ 계곡선은 가는 실선이고, 주곡선은 파선이다.

> **TIP** 등고선의 표시방법
> • 주곡선 : 가는 실선 • 간곡선 : 파선
> • 조곡선 : 점선 • 계곡선 : 굵은 실선

19 등고선의 종류 중 굵은 실선으로 표시되는 곡선은?

① 계곡선 ② 조곡선
③ 간곡선 ④ 주곡선

> **TIP** 계곡선은 주곡선 5개마다 굵은 실선으로 표시하는 등고선이다.

정답 15 ① 16 ④ 17 ② 18 ① 19 ①

20 지형을 표시하는 데 가장 기준이 되는 등고선은?

① 간곡선　　② 주곡선　　③ 조곡선　　④ 계곡선

> **TIP** 지형을 표시하는 데 가장 기본이 되는 등고선은 주곡선이다.

21 주곡선만으로는 지모의 상태를 상세하게 표시할 수 없는 곳에 주곡선 간격의 1/2마다 가는 긴 파선으로 나타내는 등고선은?

① 간곡선　　② 계곡선　　③ 조곡선　　④ 편곡선

> **TIP** 간곡선
> 완경사지에서 주곡선 사이가 너무 길 때 사용되며 파선으로 표시한다(주곡선 1/2).

22 축척 1 : 25,000 지형도에서 주곡선의 간격은?

① 5m　　② 10m　　③ 25m　　④ 50m

> **TIP** 축척 1 : 25,000 지형도에서 주곡선은 10m 간격이다.

23 축척 1 : 50,000의 지형도에서 주곡선의 간격은?

① 5m　　② 10m　　③ 15m　　④ 20m

> **TIP** 축척 1 : 50,000의 지형도에서 주곡선은 20m 간격이다.

24 등고선 간격에 대한 설명으로 가장 적합한 것은?

① 등고선 간의 지표의 거리
② 등고선 간의 경사방향의 거리
③ 등고선 간의 수평방향의 거리
④ 등고선 간의 수직방향의 거리

> **TIP** 등고선 간격은 이웃하는 등고선 사이의 간격으로서 수직거리, 즉 표고 차이며, 등고선 간의 수직방향의 거리는 지형도의 축척과 목적에 따라 달라진다.

25 지형도 축척에 따른 주곡선 간격으로 옳은 것은?

① 1 : 50,000 − 25m
② 1 : 25,000 − 10m
③ 1 : 10,000 − 4m
④ 1 : 5,000 − 2m

> **TIP** • ①문항 : 1/50,000 − 20m
> • ③문항 : 1/10,000 − 5m
> • ④문항 : 1/5,000 − 5m

정답　20 ②　21 ①　22 ②　23 ④　24 ④　25 ②

26 1 : 50,000 지형도에서 A, B 두 지점의 표고가 각각 186m, 102m일 때 A, B 사이에 표시되는 주곡선의 수는?

① 1개　　　　　　　　　　　② 2개
③ 3개　　　　　　　　　　　④ 4개

> **TIP** 축척 1/50,000의 주곡선 간격은 20m이므로 A, B 사이에 표시되는 주곡선의 수는 4개이다.

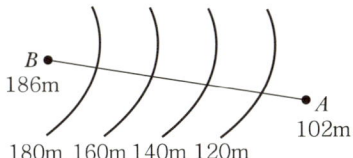

27 중·소축척 지형도의 등고선 간격은 일반적으로 다음 중 어느 것인가?

① 축척 분모수의 약 1/500　　　② 축척 분모수의 약 1/1,000
③ 축척 분모수의 약 1/1,500　　④ 축척 분모수의 약 1/2,000

> **TIP** 중·소축척 지형도의 등고선 간격 결정에는 1/2,000～1/2,500을 기본단위(1m)로 한다.

28 등고선의 성질에 대한 설명으로 틀린 것은?

① 동일 등고선상의 모든 점들은 높이가 같다.
② 등고선은 도면 내외에서 폐합한다.
③ 높이가 다른 두 등고선은 동굴이나 절벽이 아닌 곳에서 교차한다.
④ 도면 내에서 등고선이 폐합하면 등고선의 내부에 분지나 산정이 있다.

> **TIP** 높이가 다른 두 등고선은 동굴이나 절벽을 제외하고는 교차하지 않는다.

29 등고선의 성질을 설명한 것 중 틀린 것은?

① 같은 등고선 위에 있는 모든 점은 높이가 같다.
② 등고선은 경사가 급한 곳은 간격이 넓고 경사가 완만한 곳은 좁다.
③ 등고선은 도면 안 또는 밖에서 반드시 폐합하며 도중에 소실되지 않는다.
④ 등고선 간의 최단거리의 방향은 그 지표면의 최대경사의 방향을 가리키며 최대경사의 방향은 등고선에 수직한 방향이다.

> **TIP** 등고선은 경사가 급한 곳은 간격이 좁고, 경사가 완만한 곳은 간격이 넓다.

정답　26 ④　27 ④　28 ③　29 ②

30 등고선의 성질에 대한 설명으로 틀린 것은?
① 등고선은 반드시 폐합한다.
② 등고선은 능선 또는 계곡선과 직각으로 만난다.
③ 경사가 급한 곳에서는 등고선의 간격이 넓어진다.
④ 동일 등고선 위에 있는 각 점은 모두 같은 높이이다.

> **TIP** 경사가 급한 곳에서는 등고선의 간격이 좁아진다.

31 등고선에 대한 설명으로 틀린 것은?
① 동일 등고선상에 있는 모든 점은 같은 높이이다.
② 높이가 다른 두 등고선은 절대 교차하지 않는다.
③ 등고선은 도면 내외에서 반드시 폐합한다.
④ 최대경사방향은 등고선과 직각으로 교차한다.

> **TIP** 높이가 다른 두 등고선은 동굴이나 절벽을 제외하고는 교차하지 않는다.

32 등고선 측정방법 중 직접법에 해당하는 것은?
① 사각형 분할(좌표점법) ② 레벨에 의한 방법
③ 기준점법(종단점법) ④ 횡단점법

> **TIP** 직접 등고선 관측방법
> 레벨에 의한 방법, 평판에 의한 방법, TS에 의한 방법

33 다음 중 등고선의 측정방법이 아닌 것은?
① 직접법 ② 영선법 ③ 기준점법 ④ 사각형 분할법

> **TIP** 영선법은 우모법이라고도 하며, 지형의 표시방법 중 하나이다.

34 연속적인 측량이 가능한 토털스테이션을 사용하여 등고선을 측정하는 방법에 대한 설명으로 옳지 않은 것은?
① 측점으로부터의 기계고를 측정한다.
② 프리즘의 높이는 임의로 하여 수시로 변경하는 것이 편리하다.
③ 토털스테이션을 추적모드(Tracking Mode)로 설정하고 측정할 등고선의 높이를 입력한다.
④ 높이를 알고 있는 측점에 토털스테이션을 설치하거나, 기준점을 관측하여 측점의 높이를 결정한다.

> **TIP** 토털스테이션을 측점에 설치하여 등고선을 관측 시 프리즘의 높이는 등고선의 높이를 측정하는 중요한 요소이므로 수시로 변경하는 것은 좋지 않다.

정답 30 ③ 31 ② 32 ② 33 ② 34 ②

35 등고선을 측정하기 위하여 어느 한 곳에 레벨을 세우고 표고 20m 지점의 표척 읽음 값(A)이 1.6m 이었다. 21m 등고선을 구하려면 시준선의 표척 읽음 값을 얼마로 하여야 하는가?

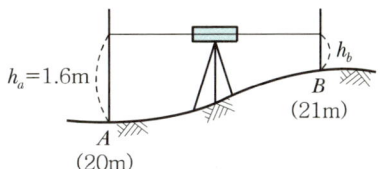

① 0.2m   ② 0.4m   ③ 0.6m   ④ 1.6m

TIP $H_A + h_a = H_B + h_b$
∴ $h_b = (H_A + h_a) - H_B = (20.0 + 1.6) - 21.0 = 0.6m$

36 레벨로 등고선 측량을 할 때, A 점의 표고가 28.35m이고, A 점의 표척읽음 값이 2.65m이다. B 점이 30m 표고의 등고선이 되기 위하여 시준하여야 할 표척의 높이는?

① 0.50m
② 1.00m
③ 1.15m
④ 1.50m

TIP $H_A + h_a = H_B + h_b$
∴ $h_b = (H_A + h_a) - H_B = (28.35 + 2.65) - 30.00 = 1.00m$

37 등고선을 간접적으로 측량하는 방법 중 일정한 중심선이나 지성선 방향으로 여러 개의 측선을 따라 기준점으로부터 필요한 점까지의 거리와 높이를 관측하여 등고선을 그리는 방법은?

① 횡단점법
② 후방 교회법
③ 정방형 분할법
④ 기준점법(종단점법)

TIP 종단점법
기지점으로부터 지성선의 방향이나 주요한 방향으로 몇 개의 측선을 설정하고 그 선상에 있는 여러 점의 지반고와 기지점으로부터 거리를 관측하고 등고선을 그리는 방법이다.

38 등고선의 측정방법 중 측량구역을 정사각형 또는 직사각형으로 분할하고, 각 교점의 표고를 구하여 교점 간에 등고선이 지나가는 점을 비례식으로 산출하는 방법은?

① 기준점법   ② 횡단점법   ③ 종단점법   ④ 좌표점법

TIP 좌표점법(방안법)
등고선을 그리는 간접법의 한 가지로서 구역을 다수의 장방향으로 나누어, 각 모서리 점의 표고를 구해서 비례식으로 등고선을 그리는 방법이다.

정답 35 ③ 36 ② 37 ④ 38 ④

39 A, B 두 점의 표고가 각각 110m, 160m이고 수평거리가 200m인 등경사일 때 A점에서 AB 위에 있는 표고 120m 지점까지의 수평거리는?

① 40m ② 70m
③ 80m ④ 100m

TIP

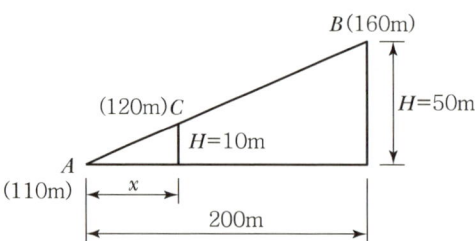

비례식을 적용하면,
$200 : 50 = x : 10$
∴ 표고 120m 지점까지 수평거리(x)
$= \dfrac{200 \times 10}{50} = 40\text{m}$

40 등경사 지형에서 A, B 두 점의 표고가 각각 43.6m, 77.0m, AB 사이의 수평거리 $D = 120$m일 때 A에서부터 50m 등고선이 지나는 점까지의 수평거리는?

① 23.0m ② 15.3m
③ 11.5m ④ 5.8m

TIP

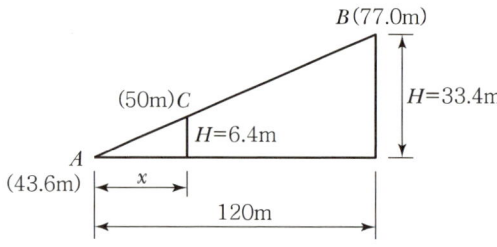

비례식을 이용하여 계산하면,
$120 : 33.4 = x : 6.4$
∴ AC 수평거리(x) $= \dfrac{120 \times 6.4}{33.4} = 23.0\text{m}$

41 지형도의 등경사지에서 A점의 표고 37.65m, B점의 표고 53.26m, AB 간의 도상 수평거리 68.5m일 경우, 표고 40m 지점을 표시할 때 A점으로부터 수평거리는?

① 9.3m ② 10.3m
③ 11.3m ④ 58.2m

TIP

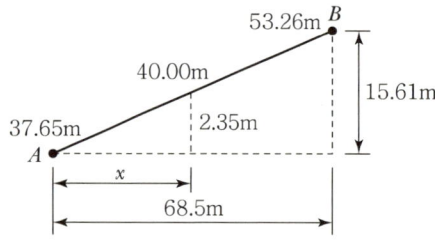

$68.5 : 15.61 = x : 2.35$
∴ $x = \dfrac{68.5 \times 2.35}{15.61} = 10.3\text{m}$

정답 39 ① 40 ① 41 ②

42 AB는 등경사의 지형으로, A의 표고는 37.65m, B의 표고는 53.26m이다. A, B를 도상에 옮긴 a, b 간의 길이가 68.5mm일 때, ab 선상에 표고 40.00m 지점은 a에서 몇 mm 떨어진 곳에 위치하는가?

① 2.0mm
② 7.9mm
③ 10.3mm
④ 15.6mm

TIP

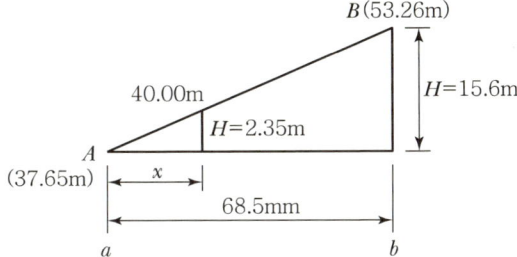

비례식을 적용하면,
$68.5 : 15.6 = x : 2.35$
∴ 표고 40m 지점까지 도상거리(x)
$= \dfrac{68.5 \times 2.35}{15.6} = 10.3$mm

43 구역을 사각형의 규칙적인 형상으로 분할하여 각 교점의 표고를 구하고 각 교점 간에 등고선이 지나가는 점을 비례식으로 산출하여 등고선을 그리는 방법은?

① 사각형 분할법(좌표점법)
② 기준점법(종단점법)
③ 횡단점법
④ 점고법

TIP 사각형 분할법(좌표점법)
등고선을 그리는 간접법의 한 가지로서 구역을 다수의 장방향으로 나누어, 각 모서리 점의 표고를 구해서 비례식으로 등고선을 그리는 방법이다.

44 다음 등고선 측정방법 중 소축척으로 산지 등의 측량에 이용되는 방법은?

① 종단점법
② 횡단점법
③ 방안법
④ 방사절측법

TIP 소축척의 산지 지형측량을 할 때는 종단점법이 널리 이용된다.

45 다음 중 지성선에 속하지 않는 것은?

① 경사변환선
② 분수선
③ 지질변환선
④ 합수선

TIP • 지성선 : 지형은 다수의 평면으로 이루어졌다고 생각할 때 이 평면의 접합부를 말한다.
• 지성선에는 능선(凸), 합수선(凹), 경사변환선, 최대경사선 등이 있다.

정답 42 ③ 43 ① 44 ① 45 ③

46 경사변환선에 대한 설명으로 옳은 것은?

① 동일 방향의 경사면에서 경사의 크기가 다른 두 면의 접합선
② 지표면이 높은 곳의 꼭대기점을 연결한 선
③ 지표면이 낮거나 움푹 패인 점을 연결한 선
④ 경사가 최대로 되는 방향을 표시한 선

TIP
- ②문항 : 凸선(능선)
- ③문항 : 凹선(합수선)
- ④문항 : 최대경사선

47 지상측량에 의한 지형도 제작순서로 옳은 것은?

① 측량계획 작성 – 세부측량 – 골조측량 – 측량원도 작성
② 측량계획 작성 – 측량원도 작성 – 골조측량 – 세부측량
③ 측량계획 작성 – 측량원도 작성 – 세부측량 – 골조측량
④ 측량계획 작성 – 골조측량 – 세부측량 – 측량원도 작성

TIP 지상측량에 의한 지형도 제작순서
측량계획 → 조사 및 선점 → 기준점측량(골조측량) → 세부측량 → 측량원도 작성 → 지도 편집

48 지형도 작성을 위한 계획 단계에서 검토해야 할 사항이 아닌 것은?

① 목적에 적합한 측량범위, 축척, 측량 정확도를 정한다.
② 측량을 하기 위하여 답사와 선점을 하여야 한다.
③ 작업기간에 따른 측량작업 인원, 사용 장비 등을 계획한다.
④ 지형도 작성을 위해 이용 가능한 자료를 수집한다.

TIP 지형도 작성을 하기 위해서는 계획, 답사, 선점, 관측, 지형도 작성 순으로 진행된다. 답사와 선점은 계획단계 이후에 실시한다.

49 지형측량의 단계를 측량계획 작성, 골조측량, 세부측량, 측량원도 작성으로 구분할 때, 세부측량에 해당되는 것은?

① 자료 수집
② 등고선 작도
③ 트래버스측량
④ 지물측량

TIP 세부측량
표현할 지물의 위치, 형상, 지모의 형상을 정해진 도식을 이용하여 도면상에 작도하는 작업이다.

정답 46 ① 47 ④ 48 ② 49 ④

50 지형측량을 해야 할 범위가 정해지고 적당한 지형도나 항공사진을 참고로 하여 도상계획을 세운 직후에 하여야 할 작업은?

① 측량원도 작성　　　　　　　　② 현지 답사
③ 측량기계, 기구 결정　　　　　④ 측점의 위치 결정

> **TIP** 지형측량 순서
> 측량계획 → 답사 및 선점 → 기준점측량 → 세부측량 → 측량원도 작성 → 지도 편집

51 지형도의 이용으로 틀린 것은?

① 신설 노선에 대하여 단면도를 작성할 수 있다.
② 저수 용량 및 유역면적을 결정할 수 있다.
③ 성토 및 절토의 범위를 결정할 수 있다.
④ 지하시설물의 3차원 해석을 할 수 있다.

> **TIP** 지형도는 지표면을 대상으로 제작되므로 지하시설물의 3차원 해석은 별도로 지하공간통합지도를 제작하여 해석하여야 한다.

52 지형도(종이지도)의 이용에 대한 설명으로 옳지 않은 것은?

① 확대지도(대축척지도) 편집　　② 하천의 유역면적 결정
③ 노선의 도면상 선정　　　　　　④ 저수량의 결정

> **TIP** 종이지도는 확대, 축소 지도 편집이 어렵다. 확대, 축소 편집이 용이한 지도는 수치지도이다.

53 A, B 두 점 간의 수평거리가 120m, 높이차가 4.8m일 때 A, B의 경사도는?

① 0.4%　　　　　　　　　　　　② 2.5%
③ 4.0%　　　　　　　　　　　　④ 25.0%

> **TIP**
>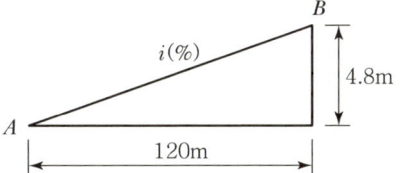
> $\therefore AB$ 경사도 $i(\%) = \dfrac{H}{D} \times 100 = \dfrac{4.8}{120} \times 100 = 4\%$

정답　50 ②　51 ④　52 ①　53 ③

54 축척 1 : 50,000 지형도에서 200m 등고선상의 A점과 300m 등고선상의 B점 간의 도상의 거리가 10cm이었다면 AB점 간의 경사도는?

① $\dfrac{1}{5}$ ② $\dfrac{1}{10}$
③ $\dfrac{1}{50}$ ④ $\dfrac{1}{100}$

TIP
- 실제 AB점 간의 수평거리(D) = 10cm × 50,000 = 500,000cm = 5,000m
- 높이차(H) = 300 − 200 = 100m

∴ 경사도(i) = $\dfrac{H}{D} = \dfrac{100}{5,000} = \dfrac{1}{50}$

55 축척 1 : 25,000의 지형도에서 120m 등고선상의 A점과 140m 등고선상의 B점 사이의 경사도는?(단, AB의 도상거리는 40mm이다.)

① 1% ② 2% ③ 3% ④ 4%

TIP

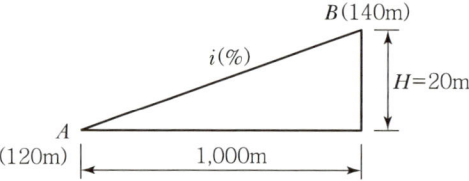

$\overline{AB}$ 도상거리를 실제거리로 환산하면,

$\dfrac{1}{m} = \dfrac{도상거리}{실제거리} \Rightarrow \dfrac{1}{25,000} = \dfrac{40}{실제거리}$

$\overline{AB}$ 실제거리 = 25,000 × 40 = 1,000,000mm = 100,000cm = 1,000m

∴ AB 경사도 $i(\%) = \dfrac{H}{D} \times 100 = \dfrac{20}{1,000} \times 100 = 2\%$

56 축척 1 : 50,000 지형도에서 A, B점의 도상 수평거리가 2cm이고, A점 및 B점의 표고가 각각 220m, 320m일 때 두 점 사이의 경사도는?

① 0.1% ② 10%
③ 20% ④ 30%

TIP

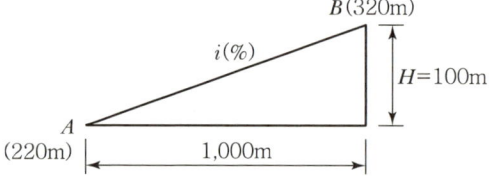

도상거리를 실제거리로 환산하면,
$\dfrac{1}{m} = \dfrac{\text{도상거리}}{\text{실제거리}} \Rightarrow \dfrac{1}{50,000} = \dfrac{2}{\text{실제거리}}$
실제거리 $= 50,000 \times 2 = 100,000\text{cm} = 1,000\text{m}$
∴ AB 경사도 $i(\%) = \dfrac{H}{D} \times 100 = \dfrac{100}{1,000} \times 100 = 10\%$

57 그림과 같은 등고선에서 A, B의 수평거리가 50m 일 때 AB의 경사는?

① 10%
② 20%
③ 30%
④ 40%

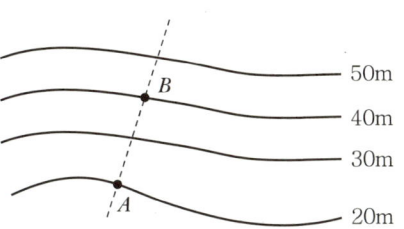

TIP 경사$(i) = \dfrac{H}{D} \times 100(\%) = \dfrac{20}{50} \times 100 = 40\%$

58 그림과 같은 1 : 50,000 지형도에서 AB의 거리를 측정하니 3.2cm이었다. B점에서의 경사각은?

① 1°16′
② 1°26′
③ 1°36′
④ 1°46′

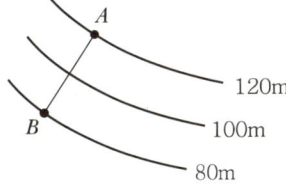

TIP

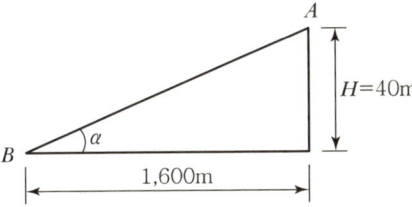

- 도상거리를 실제거리로 환산하면,
$\dfrac{1}{m} = \dfrac{\text{도상거리}}{\text{실제거리}} \Rightarrow \dfrac{1}{50,000} = \dfrac{3.2}{\text{실제거리}}$
실제거리 $= 50,000 \times 3.2 = 160,000\text{cm} = 1,600\text{m}$
- B점에서의 경사각(α)
$\tan\alpha = \dfrac{H}{D} \Rightarrow \alpha = \tan^{-1}\dfrac{H}{D} = \tan^{-1}\dfrac{40}{1,600} = 1°26′$
∴ B점에서의 경사각$(\alpha) = 1°26′$

정답 57 ④ 58 ②

59 A, B 두 점 간의 수평거리가 200m인 도로에서 높이차가 7m라고 하면 경사각은?

① 약 2°   ② 약 3°
③ 약 4°   ④ 약 5°

TIP

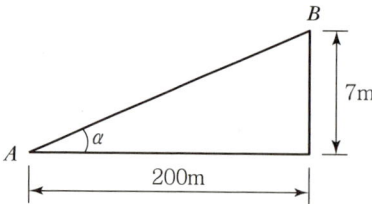

$\tan\alpha = \dfrac{H}{D} \Rightarrow \alpha = \tan^{-1}\dfrac{H}{D} = \tan^{-1}\dfrac{7}{200} ≒ 2°$

∴ 경사각(α) = 약 2°

60 1 : 50,000 지형도에서 산 정상과 산 밑의 도상거리가 40mm이고 산 정상의 표고가 442m, 산 밑의 표고가 42m일 때 이 비탈면의 경사는?

① $\dfrac{1}{2}$ ② $\dfrac{1}{3}$ ③ $\dfrac{1}{4}$ ④ $\dfrac{1}{5}$

TIP

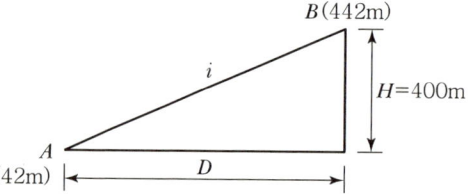

도상거리를 실제거리로 환산하면,

$\dfrac{1}{m} = \dfrac{도상거리}{실제거리} \Rightarrow \dfrac{1}{50,000} = \dfrac{40}{실제거리}$

실제거리(D) = 50,000 × 40 = 2,000,000mm = 200,000cm = 2,000m

∴ 비탈면 경사(i) = $\dfrac{H}{D} = \dfrac{400}{2,000} = \dfrac{1}{5}$

61 축척 1 : 50,000 지형도에서 200m 등고선상의 A점과 300m 등고선상의 B점 간의 도상의 거리가 15cm였다면 AB점 간의 경사도는?

① $\dfrac{1}{5}$ ② $\dfrac{1}{25}$ ③ $\dfrac{1}{50}$ ④ $\dfrac{1}{75}$

TIP 도상거리를 실제거리로 환산하면,

$\dfrac{1}{m} = \dfrac{도상거리}{실제거리} \Rightarrow \dfrac{1}{50,000} = \dfrac{15}{실제거리}$

실제거리 = 50,000 × 15 = 750,000cm = 7,500m

∴ AB점 간 경사도(i) = $\dfrac{H}{D} = \dfrac{100}{7,500} = \dfrac{1}{75}$

정답 59 ① 60 ④ 61 ④

62 등고선 간격이 10m이고 경사가 5%일 때 등고선 간의 수평거리는?

① 100m ② 150m
③ 200m ④ 250m

> **TIP** $i(\%) = \dfrac{H}{D} \times 100$
>
> $\therefore$ 수평거리$(D) = \dfrac{H}{i(\%)} \times 100 = \dfrac{10}{5} \times 100 = 200\text{m}$

63 그림과 같은 지형도상에 AB와 같은 절단으로 나타나는 절단면도의 개략적인 모양은 다음 어느 것에 가까운가?

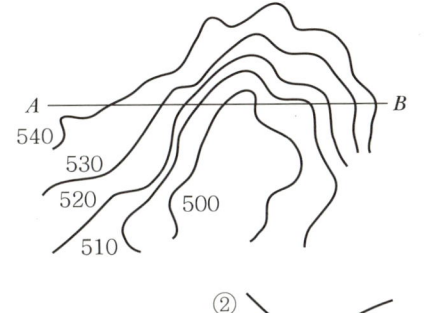

① ② ③ ④

> **TIP** 그림과 같은 지형도상의 AB 지형은 계곡형(합수형) 지형을 나타낸다.

64 우리나라의 지형도에서 사용하고 있는 평면좌표의 투영법은?

① 등각투영 ② 등적투영
③ 등거투영 ④ 복합투영

> **TIP** 우리나라의 지형도에서 사용하고 있는 평면직각좌표계의 투영법은 횡메르카토르도법이자 등각투영법이다.

정답 62 ③　63 ②　64 ①

CHAPTER 08 면적 및 체적측량

PART 1

1 한눈에 보기

※ 중요 부분은 **집중 이해하기**에 자세히 설명되어 있음을 알려드립니다.

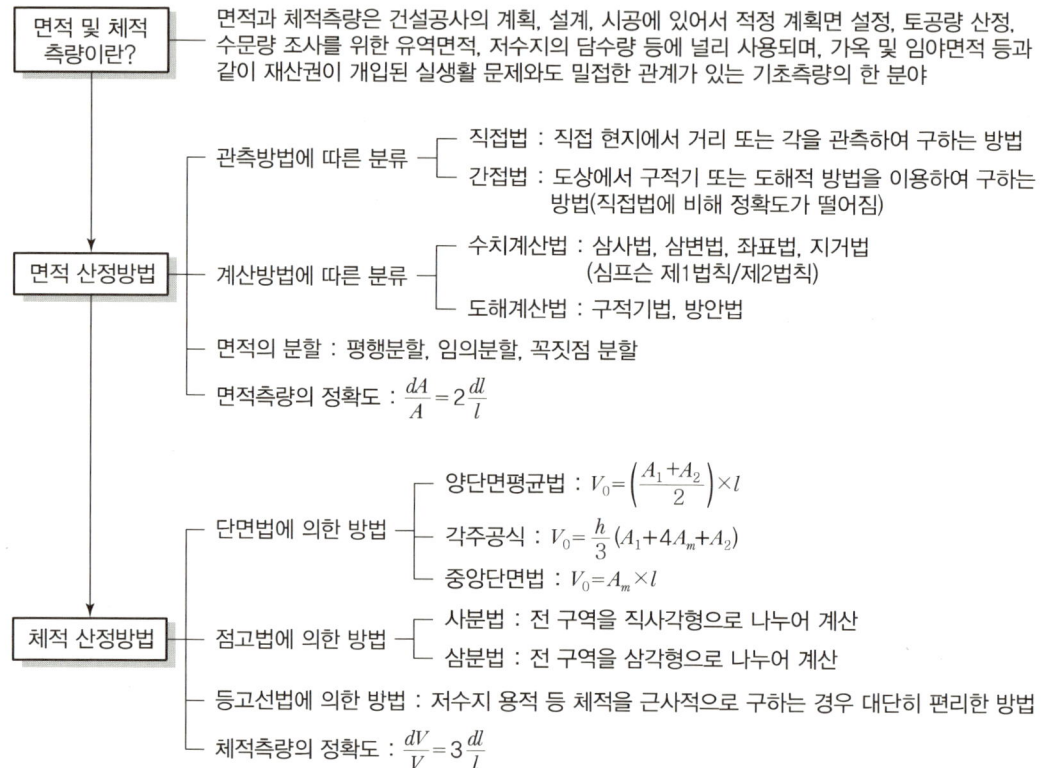

2 집중 이해하기

1 면적 및 체적측량

면적과 체적의 산정은 건설공사의 계획, 시공에 있어서 적정 계획면 설정, 토공량 산정, 수문량 조사를 위한 유역면적, 저수지의 담수량 산정 등에 널리 사용되며, 가옥 및 임야면적 등과 같이 재산권이 개입된 실생활 문제와도 밀접한 관계가 있다.

2 면적 산정방법

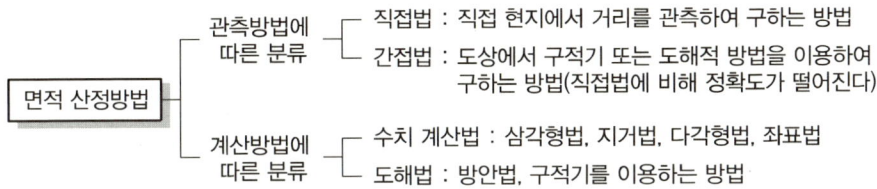

(1) 수치 계산에 의한 면적 산정

1) 삼사법

① 밑변과 높이를 관측하여 면적을 구하는 방법이다.
② 삼각형의 밑변과 높이를 되도록 같게 하는 것이 이상적이다.

$$A = \frac{1}{2}ah$$

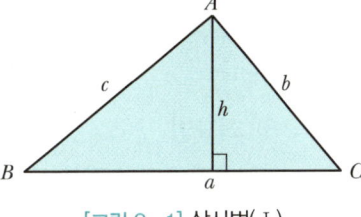

[그림 8-1] 삼사법(Ⅰ)

③ 각의 크기 및 변의 길이를 관측한 경우(협각법)는 다음과 같다.

$$A = \frac{1}{2}ab\sin\gamma = \frac{1}{2}ac\sin\beta$$
$$= \frac{1}{2}bc\sin\alpha$$

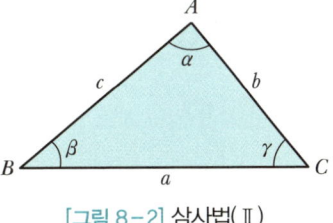

[그림 8-2] 삼사법(Ⅱ)

2) 삼변법(삼각형의 세 변을 관측한 경우)

삼변법은 정삼각형에 가깝게 나누는 것이 이상적이다.

$$A = \sqrt{S(S-a)(S-b)(S-c)}$$

단, $S = \frac{1}{2}(a+b+c)$

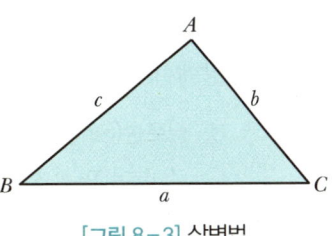

[그림 8-3] 삼변법

예제

01. 2변의 길이가 각각 45.5m, 35.5m이고 그 사잇각이 119°19′인 삼각형의 면적은?

① 704.19m²
② 754.50m²
③ 793.22m²
④ 807.63m²

정답 ①

해설 삼각형 면적$(A) = \frac{1}{2}ab\sin\theta = \frac{1}{2} \times 45.5 \times 35.5 \times \sin 119°19′ = 704.19\text{m}^2$

예제

02. 삼각형 형태의 지형에 대하여 각 지점 간의 거리를 측정한 결과 $a=40\text{m}$, $b=35\text{m}$, $c=50\text{m}$이었다면 삼각형의 면적은?

① 395.269m²
② 459.269m²
③ 595.269m²
④ 695.269m²

정답 ④

해설 삼각형 면적$(A) = \sqrt{S(S-a)(S-b)(S-c)}$
$= \sqrt{62.5 \times (62.5-40) \times (62.5-35) \times (62.5-50)} = 695.269\text{m}^2$

단, $S = \frac{1}{2}(a+b+c) = \frac{1}{2} \times (40+35+50) = 62.5\text{m}$

3) 좌표법

각 경계점의 좌표(X, Y)를 트래버스 측량으로 취득하여 면적을 산정한다.

$$면적(A) = \frac{1}{2}\{X_1(Y_2 - Y_n) + X_2(Y_3 - Y_1) + X_3(Y_4 - Y_2) + \cdots + X_{n-1}(Y_n - Y_{n-2}) + X_n(Y_1 - Y_{n-1})\}$$

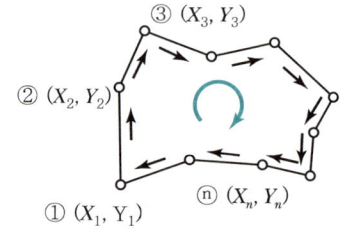

[그림 8-4] 좌표법

4) 지거법

복잡하게 굴곡진 경계선 내의 면적을 구할 때는 앞 방법으로는 불충분하다. 일반적으로 도상에서 구적기를 사용하여 구하지만, 수치계산법으로 구하려면 지거법을 이용한다.

① 심프슨(Simpson) 제1법칙: 측선의 경계선을 포물선으로 보고, 지거의 두 구간을 한 조로 하여 면적을 구하는 방법이다.

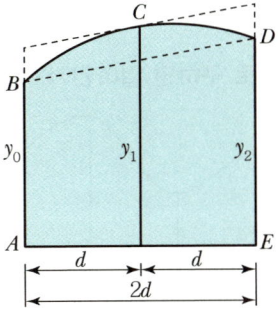
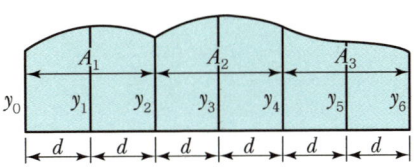

[그림 8-5] 심프슨 제1법칙

$A = \{\text{사다리꼴}(ABDE) + \text{포물선}(BCD)\}$

$$A = \frac{d}{3}\{y_0 + y_n + 4(y_1 + y_3 + \cdots + y_{n-1}) + 2(y_2 + y_4 + \cdots + y_{n-2})\}$$
$$= \frac{d}{3}(y_0 + y_n + 4\sum y_{\text{홀수}} + 2\sum y_{\text{짝수}})$$

(단, n은 짝수이며 홀수인 경우는 끝의 것은 사다리꼴로 계산함)

② **심프슨(Simpson) 제2법칙** : 측선의 경계선을 3차 포물선으로 보고, 지거의 세 구간을 한 조로 하여 면적을 구하는 방법이다.

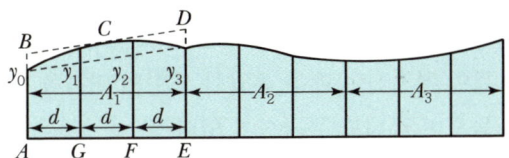

[그림 8-6] 심프슨 제2법칙

$A = \{\text{사다리꼴}(ABDE) + \text{포물선}(BCD)\}$

$$A = \frac{3}{8}d\{y_0 + y_n + 3(y_1 + y_2 + y_4 + y_5 + \cdots + y_{n-2} + y_{n-1}) + 2(y_3 + y_6 + \cdots + y_{n-3})\}$$
$$= \frac{3}{8}d(y_0 + y_n + 2\sum y_{3\text{의 배수}} + 3\sum y_{\text{나머지 수}})$$

예제

03. 다음과 같은 토지의 면적을 심프슨 제1법칙으로 구하면 얼마인가?

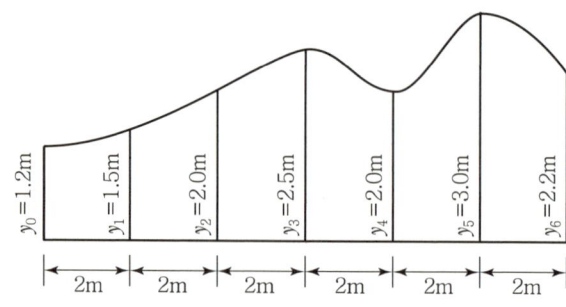

① $26.26m^2$ ② $25.43m^2$
③ $25.40m^2$ ④ $24.96m^2$

정답 ①

해설 면적$(A) = \dfrac{d}{3}\{y_0 + y_6 + 4(y_1 + y_3 + y_5) + 2(y_2 + y_4)\}$
$= \dfrac{2}{3} \times \{1.2 + 2.2 + 4 \times (1.5 + 2.5 + 3.0) + 2 \times (2.0 + 2.0)\} = 26.26m^2$

(2) 도해법에 의한 면적 산정

① 구적기(Planimeter)에 의한 면적 계산

등고선과 같이 경계선이 매우 복잡한 도형의 면적을 신속, 간편하게 구해 건설공사에 매우 활용도가 높으며 극식과 무극식이 있다.

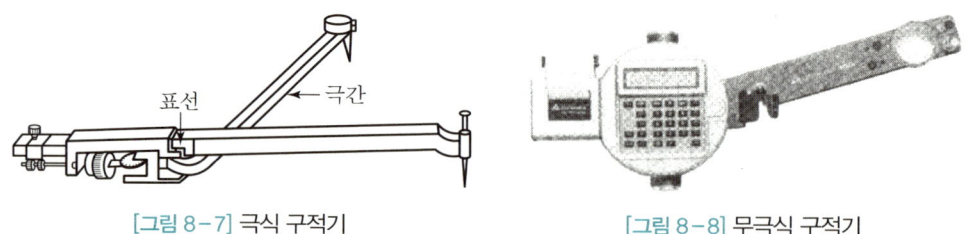

[그림 8-7] 극식 구적기   [그림 8-8] 무극식 구적기

② 방안법에 의한 면적 계산

투사지에 일정한 간격으로 격자선을 그려서 도면상에 얹어놓고 구하려는 면적에 둘러싸인 부분의 격자수를 센다. 경계선이 격자에 들어간 경우에는 비례에 의하여 그 자릿수를 읽는다.

3 면적의 분할

(1) 한 변에 평행한 직선에 따른 분할(평행분할)

$$\frac{\triangle ADE}{\triangle ABC} = \frac{m}{m+n} = \left(\frac{\overline{DE}}{\overline{BC}}\right)^2 = \left(\frac{\overline{AD}}{\overline{AB}}\right)^2 = \left(\frac{\overline{AE}}{\overline{AC}}\right)^2$$

$$\overline{AD} = \overline{AB}\sqrt{\frac{m}{m+n}}$$

$$\overline{AE} = \overline{AC}\sqrt{\frac{m}{m+n}}$$

$$\overline{DE} = \overline{BC}\sqrt{\frac{m}{m+n}}$$

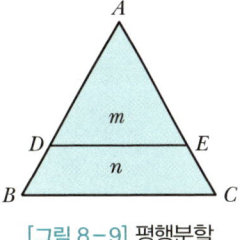

[그림 8-9] 평행분할

(2) 변상의 고정점을 지나는 직선에 따른 분할(임의분할)

$$\frac{\triangle ADE}{\triangle ABC} = \frac{m}{m+n} = \frac{(\overline{AD} \cdot \overline{AE})}{(\overline{AB} \cdot \overline{AC})}$$

$$\overline{AD} = \frac{m}{m+n}\left(\frac{\overline{AB} \cdot \overline{AC}}{\overline{AE}}\right)$$

$$\overline{AE} = \frac{m}{m+n}\left(\frac{\overline{AB} \cdot \overline{AC}}{\overline{AD}}\right)$$

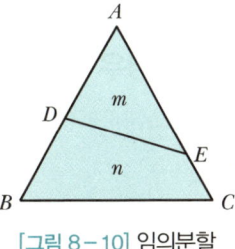

[그림 8-10] 임의분할

(3) 한 꼭짓점을 지나는 직선에 따른 분할(꼭짓점 분할)

$$\frac{\triangle ABD}{\triangle ABC} = \frac{m}{m+n} = \frac{\overline{BD}}{\overline{BC}}$$

$$\overline{BD} = \frac{m}{m+n}\overline{BC}$$

$$\frac{\triangle ADC}{\triangle ABC} = \frac{m}{m+n} = \frac{\overline{DC}}{\overline{BC}}$$

$$\overline{DC} = \frac{m}{m+n}\overline{BC}$$

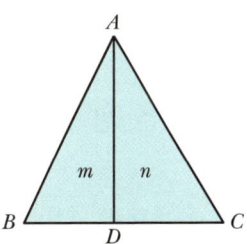

[그림 8-11] 꼭짓점 분할

> **예제**

04. 그림과 같이 토지의 1변 $\overline{BC}$ 에 평행하게 $m:n=1:3$의 비율로 분할하고자 할 경우 $\overline{AB}$ 의 길이가 75m라면 $\overline{AD}$ 는 얼마나 되겠는가?

① 33.2m
② 37.5m
③ 37.8m
④ 36.7m

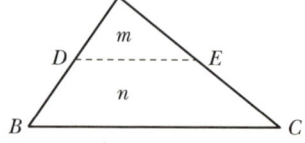

정답 ②

해설 $\overline{AD} = \overline{AB}\sqrt{\dfrac{m}{m+n}} = 75 \times \sqrt{\dfrac{1}{1+3}} = 37.5\text{m}$

4 관측면적의 정확도

(1) 거리관측의 정확도가 동일한 정도가 아닌 경우

$$\frac{dA}{A} = \frac{dx}{x} + \frac{dy}{y}$$

(2) 거리관측의 정확도가 동일한 경우(정방향)

$$\frac{dx}{x} + \frac{dy}{y} = K 로 놓으면 \frac{dA}{A} = 2K$$
$$\therefore \ dA = 2KA$$

[그림 8-12] 면적 정확도

즉, 면적측량의 정확도는 거리측량 정확도의 2배가 된다.

> **예제**

05. 100m²의 정방형 토지의 면적을 0.1m²까지 정확하게 구하는 데 필요한 1변의 길이는?

① 한 변의 길이를 1cm까지 정확하게 읽어야 한다.
② 한 변의 길이를 1mm까지 정확하게 읽어야 한다.
③ 한 변의 길이를 5cm까지 정확하게 읽어야 한다.
④ 한 변의 길이를 5mm까지 정확하게 읽어야 한다.

정답 ④

해설 $\dfrac{dA}{A} = 2\dfrac{dl}{l} \Rightarrow \dfrac{0.1}{100} = 2 \times \dfrac{dl}{10}$
$\therefore \ dl = 0.005\text{m} = 5\text{mm}$

5 기타

(1) 축척과 면적의 관계

$$(축척)^2 = \left(\frac{1}{m}\right)^2 = \frac{도상면적}{실제면적}$$

(2) 실제면적 산정

$$실제면적(진면적) = \frac{(부정길이)^2 \times 관측면적}{(표준길이)^2}$$

(3) 단위면적과 축척

$$\frac{a_1}{m_1^2} = \frac{a_2}{m_2^2} \qquad \therefore a_2 = \left(\frac{m_2}{m_1}\right)^2 \cdot a_1$$

여기서, a_1 : 축척 $\frac{1}{m_1}$인 도면의 단위면적

a_2 : 축척 $\frac{1}{m_2}$인 도면의 단위면적

예제

06. 축척 1/1,000의 단면적이 10m²일 때 이것을 이용하여 1/2,000의 축척에 의한 면적을 구할 경우의 단위면적을 구한 값은?

① 60m²   ② 40m²   ③ 20m²   ④ 5m²

정답 ②

해설 $a_2 = \left(\frac{m_2}{m_1}\right)^2 a_1 = \left(\frac{2,000}{1,000}\right)^2 \times 10 = 40\text{m}^2$

6 체적 산정방법

토공량을 산정하는 것으로 토목공사에는 단면법, 점고법, 등고선법 등이 주로 행하여진다.

(1) 단면법에 의한 체적 계산

철도, 도로, 수로 등과 같이 긴 노선의 토공량 산정 시 이용된다.

① 각주공식(Prismoidal Formula)

다각형인 양단면이 평행이며 (A_1, A_2) 중앙의 면적(A_m)을 구하고 심프슨 제1법칙을 적용하여 구하면 된다.

$$V_0 = \frac{h}{3}(A_1 + 4A_m + A_2)$$

또는

$$V_0 = \frac{l}{6}(A_1 + 4A_m + A_2)$$

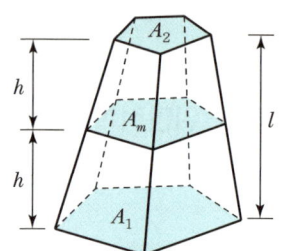

[그림 8-13] 단면법에 의한 체적 산정

② 양단면평균법(End Area Formula)

$$V_0 = \left(\frac{A_1 + A_2}{2}\right) \times l$$

여기서, A_1, A_2 : 양단면의 면적
 l : A_1에서 A_2까지 거리

③ 중앙단면법(Middle Area Formula)

$$V_0 = A_m \times l$$

※ 단면법에 의해 구해진 토량은 일반적으로 양단면평균법(과다) > 각주공식(정확) > 중앙단면법(과소)을 갖는다.

예제

07. 총길이 $L=24\text{m}$인 각주의 양 단면적 $A_1 = 3\text{m}^2$, $A_2 = 2\text{m}^2$, 중앙 단면적 $A_3 = 2.5\text{m}^2$일 때의 각주의 체적은?(단, 각주공식을 사용한다.)

① 15m^3 ② 30m^3 ③ 45m^3 ④ 60m^3

정답 ④

해설 $V = \frac{L}{6}(A_1 + 4A_3 + A_2) = \frac{24}{6} \times \{3 + (4 \times 2.5) + 2\} = 60\text{m}^3$

(2) 점고법에 의한 체적 계산(Computation of Volume by Spot Levels)

장방형지역의 토공량 계산에 널리 이용된다.

① **사분법** : 전 구역을 직사각형으로 나누어 계산

- 체적$(V_0) = \dfrac{1}{4}A(\sum h_1 + 2\sum h_2 + 3\sum h_3 + 4\sum h_4)$
- 계획고$(h) = \dfrac{V_0}{nA}$

[그림 8-14] 사분법

여기서, A : 1개 사각형의 면적$(a \times b)$
n : 사각형의 수
$h_1, \cdots, h_4$: 직사각형의 모서리 높이

② **삼분법** : 전 구역을 삼각형으로 나누어 계산

- 체적$(V_0) = \dfrac{1}{3}A(\sum h_1 + 2\sum h_2 + \cdots + 8\sum h_8)$
- 계획고$(h) = \dfrac{V_0}{nA}$

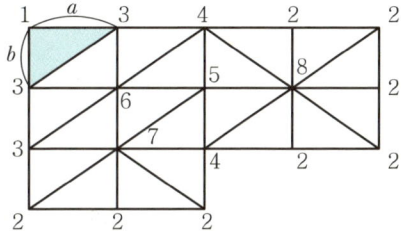

[그림 8-15] 삼분법

여기서, A : 1개 삼각형의 면적$\left(\dfrac{1}{2}a \times b\right)$
n : 삼각형의 수
$h_1, \cdots, h_8$: 삼각형의 모서리 높이

예제

08. DEM의 전체 토량과 절토량 및 성토량이 균형을 이루는 계획 지반고로 옳게 짝지어진 것은?

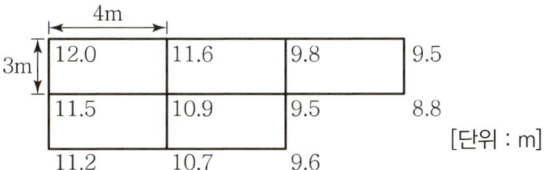

① 631.20m³, 10.52m
② 631.20m³, 11.18m
③ 670.50m³, 10.52m
④ 670.50m³, 11.18m

정답 ①

해설 전체토량$(V) = \dfrac{A}{4}\{\sum h_1 + 2\sum h_2 + 3\sum h_3 + 4\sum h_4\} = 631.2\text{m}^3$

계획고$(h) = \dfrac{V}{nA} = \dfrac{631.2}{5 \times (3 \times 4)} = 10.52\text{m}$

(3) 등고선법에 의한 체적 계산

저수지 용적 등 체적을 근사적으로 구하는 경우 대단히 편리한 방법이다.

$$체적(V_0) = \frac{h}{3}\{A_0 + A_n + 4(A_1 + A_3 + A_5 + \cdots) + 2(A_2 + A_4 + A_6 + \cdots)\}$$

여기서, V_0 : 저수지의 용량
A : 각 단면의 면적
h : 등고선의 간격

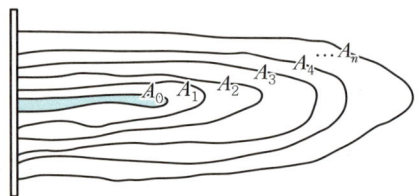

[그림 8-16] 등고선에 의한 체적 산정

예제

09. 10m 간격의 등고선으로 표시되어 있는 구릉지에서 디지털구적기로 면적을 구하여 $A_0=100\text{m}^2$, $A_1=570\text{m}^2$, $A_2=1,480\text{m}^2$, $A_3=4,320\text{m}^2$, $A_4=8,350\text{m}^2$일 때 체적은?

① $95,323\text{m}^3$　　　　　　　　② $96,323\text{m}^3$
③ $98,233\text{m}^3$　　　　　　　　④ $103,233\text{m}^3$

정답 ④

해설 $체적(V) = \frac{h}{3}\{A_0 + A_4 + 4(A_1 + A_3) + 2A_2\}$
$= \frac{10}{3} \times \{100 + 8,350 + 4 \times (570 + 4,320) + 2 \times (1,480)\} = 103,233\text{m}^3$

7 관측체적의 정확도 및 부정오차

$$\frac{dV}{V} = \frac{dz}{z} + \frac{dy}{y} + \frac{dx}{x} = 3k$$

즉, 체적측량의 정확도는 거리측량 정확도의 3배가 된다.

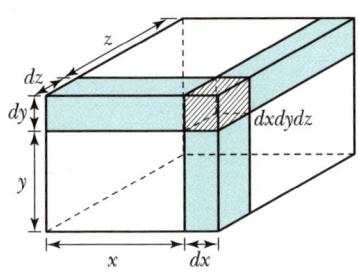

[그림 8-17] 체적측량의 정확도

예제

10. 수평 및 수직거리를 동일한 정확도로 관측하여 10,000m³의 체적에 대한 체적 산정오차가 5.0m³ 이하로 하기 위한 거리관측의 허용정확도는?

① 1/3,000 이하
② 1/4,000 이하
③ 1/5,000 이하
④ 1/6,000 이하

정답 ④

해설 $\dfrac{\Delta V}{V} = 3\dfrac{\Delta l}{l} \Rightarrow \dfrac{5}{10,000} = 3\dfrac{\Delta l}{l}$

∴ 거리관측의 허용정확도 $\left(\dfrac{\Delta l}{l}\right) = \dfrac{1}{6,000}$

3 핵심 문제 익히기

01 토지의 형상을 삼각형으로 구분하여 측정하는 방법이 아닌 것은?
① 배횡거법
② 삼사법
③ 협각법
④ 삼변법

TIP • 배횡거법은 폐합트래버스의 면적을 계산하는 방법이다.
• 배횡거법에 의한 면적 = $\frac{1}{2}\sum$(측선의 배횡거)×(그 측선의 위거)

02 면적측량방법으로 삼각형법에 해당하지 않는 것은?
① 삼변법
② 협각법
③ 삼사법
④ 좌표법

TIP 좌표법은 폐합다각형의 각 꼭짓점의 좌표(X, Y)를 이용하여 다각형의 면적을 구하는 방법이다.

03 그림과 같은 삼각형의 면적은?
① 300m²
② 350m²
③ 400m²
④ 450m²

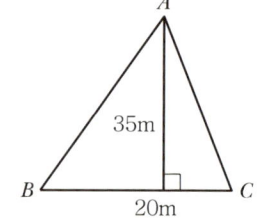

TIP 삼각형 면적$(A) = \frac{1}{2} \times \overline{BC} \times H = \frac{1}{2} \times 20 \times 35 = 350\text{m}^2$

04 축척이 1/600인 도면상에서 그림과 같은 값을 얻었을 때 삼각형의 면적은?
① 33.54m²
② 67.08m²
③ 101.24m²
④ 201.24m²

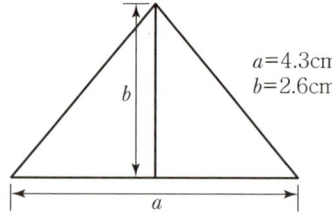

TIP 도상면적$(A) = \frac{1}{2}ab = \frac{1}{2} \times 4.3 \times 2.6 = 5.59\text{cm}^2$

$(축척)^2 = \frac{도상면적}{실제면적}$

$\left(\frac{1}{600}\right)^2 = \frac{5.59}{실제면적}$

∴ 실제면적 = 2,012,400cm² = 201.24m²

정답 01 ① 02 ④ 03 ② 04 ④

05 그림과 같이 성토된 제방의 단면적은?

① 12.7m²
② 16.0m²
③ 18.7m²
④ 20.0m²

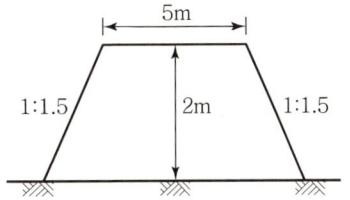

TIP 단면적$(A) = \frac{1}{2} \times (11+5) \times 2 = 16.0\text{m}^2$

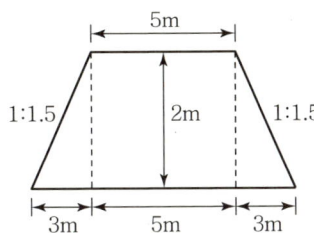

06 그림과 같은 △ABC의 넓이는?(단, $\overline{AB} = 4$m, $\overline{AC} = 5$m)

① 5m²
② 10m²
③ 15m²
④ 20m²

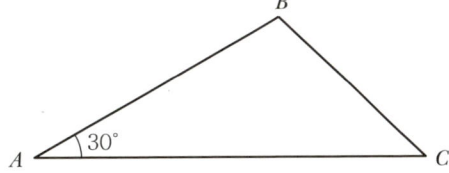

TIP 이변협각법
△ABC 넓이$(A) = \frac{1}{2} \times \overline{AB} \times \overline{AC} \times \sin\theta = \frac{1}{2} \times 4 \times 5 \times \sin 30° = 5\text{m}^2$

07 2변의 길이가 각각 45.5m, 35.5m이고 그 사잇각이 119°19′인 삼각형의 면적은?

① 704.19m² ② 754.50m²
③ 793.22m² ④ 807.63m²

TIP 이변협각법
삼각형 면적$(A) = \frac{1}{2} ab \sin\theta = \frac{1}{2} \times 45.5 \times 35.5 \times \sin 119°19′ = 704.19\text{m}^2$

08 그림과 같은 삼각형의 면적은?

① 115.3m²
② 192.8m²
③ 229.8m²
④ 385.6m²

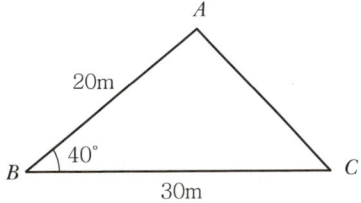

TIP 이변협각법

삼각형 면적$(A) = \frac{1}{2} \times \overline{AB} \times \overline{BC} \times \sin \angle B = \frac{1}{2} \times 20 \times 30 \times \sin 40° = 192.8\text{m}^2$

09 삼각형 세 변만을 알 때 면적을 구하는 방법으로 가장 적합한 것은?

① 삼변법　　　　　　　　② 협각법
③ 삼사법　　　　　　　　④ sine 법칙

TIP 삼변법은 면적을 구하려는 지역을 삼각형으로 구분하고 각 삼각형의 세 변의 길이를 실측해서 헤론의 공식에 의하여 면적을 구하는 방법이다.

10 삼각형의 세 변 a, b, c를 측정했을 때 면적 A를 구하는 식으로 옳은 것은?(단, $S = \frac{1}{2}(a+b+c)$)

① $A = \sqrt{S(S-a)(S-b)(S-c)}$
② $A = \sqrt{S(S+a)(S+b)(S+c)}$
③ $A = \sqrt{(S-a)(S-b)(S-c)}$
④ $A = \sqrt{(S+a)(S+b)(S+c)}$

TIP 삼변법
면적을 구하려는 지역을 삼각형으로 구분하고 각 삼각형의 세 변의 길이를 실측해서 헤론의 공식에 의하여 면적을 구하는 방법이다.
면적$(A) = \sqrt{S(S-a)(S-b)(S-c)}$
단, $S = \frac{1}{2}(a+b+c)$

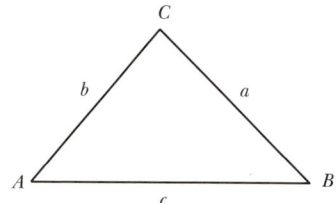

11 그림과 같은 토지의 면적은 얼마인가?

① 300m²
② 400m²
③ 500m²
④ 600m²

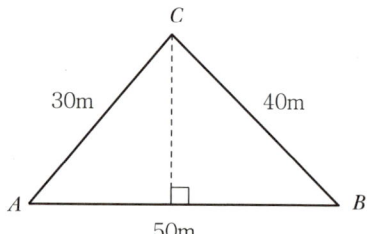

TIP 삼변법(헤론공식)
면적$(A) = \sqrt{S(S-a)(S-b)(S-c)}$
$= \sqrt{60 \times (60-30) \times (60-40) \times (60-50)} = 600\text{m}^2$
단, $S = \frac{1}{2}(a+b+c) = \frac{1}{2} \times (30+40+50) = 60\text{m}$

12 삼각형의 세 변의 길이가 각각 25m, 12m, 33m일 때 면적을 구한 값은?

① 86.26m²　　② 100.15m²　　③ 111.46m²　　④ 126.89m²

정답　09 ①　10 ①　11 ④　12 ④

TIP 삼변법(헤론공식)

면적$(A) = \sqrt{S(S-a)(S-b)(S-c)} = \sqrt{35 \times (35-25) \times (35-12) \times (35-33)} = 126.89\text{m}^2$

단, $S = \dfrac{1}{2}(a+b+c) = \dfrac{1}{2} \times (25+12+33) = 35\text{m}$

13 그림과 같은 횡단면의 면적은?
(단, 단위 : m)

① 75m²
② 105m²
③ 124m²
④ 210m²

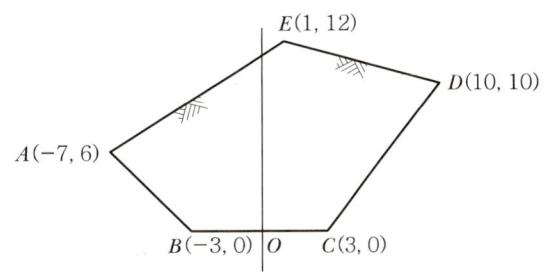

TIP 좌표법

다각형으로 되어 있는 지지면의 각 정점의 X, Y좌푯값을 이용하여 면적을 구하는 방법이다.

측점	X	Y	Y_{n+1}	Y_{n-1}	ΔY	$X \cdot \Delta Y$
A	−7	6	0	12	−12	84
B	−3	0	0	6	−6	18
C	3	0	10	0	10	30
D	10	10	12	0	12	120
E	1	12	6	10	−4	−4
계						248

배면적$(2A)$=248m²

∴ 면적(A) = 배면적 $\times \dfrac{1}{2} = 248 \times \dfrac{1}{2} = 124\text{m}^2$

14 사각형 $ABCD$의 면적은?(단, 좌표의 단위는 m이다.)

① 4,950m²
② 5,050m²
③ 5,150m²
④ 5,250m²

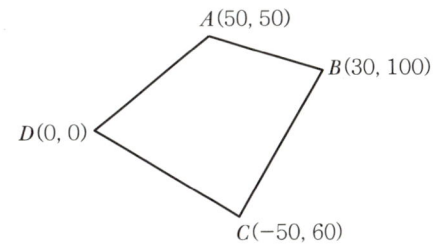

TIP 좌표법

측점	X	Y	Y_{n+1}	Y_{n-1}	ΔY	$X \cdot \Delta Y$
A	50	50	100	0	100	5,000
B	30	100	60	50	10	300
C	−50	60	0	100	−100	5,000
D	0	0	50	60	−10	0
계						10,300

배면적$(2A)$=10,300m²

∴ 면적(A) = 배면적 $\times \dfrac{1}{2} = 10,300 \times \dfrac{1}{2} = 5,150\text{m}^2$

정답 13 ③ 14 ③

15 다음과 같은 토지의 면적을 심프슨 제1법칙으로 구하면 얼마인가?

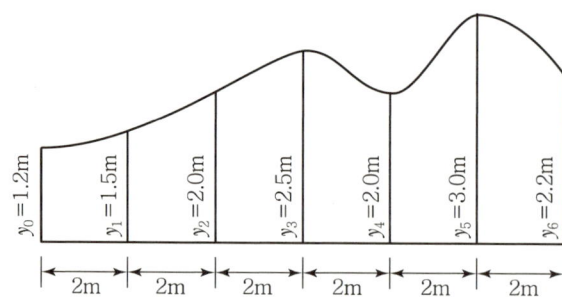

① 26.26m²
② 25.43m²
③ 25.40m²
④ 24.96m²

TIP 심프슨 제1법칙
측선의 경계선을 포물선으로 보고, 지거의 두 구간을 한 조로 하여 면적을 구하는 방법이다.

$$\therefore 면적(A) = \frac{d}{3}\{y_0 + y_6 + 4(y_1 + y_3 + y_5) + 2(y_2 + y_4)\}$$
$$= \frac{2}{3} \times \{1.2 + 2.2 + 4 \times (1.5 + 2.5 + 3.0) + 2 \times (2.0 + 2.0)\} = 26.26m^2$$

16 지거의 간격이 3m이고, 각 지거의 길이가 $y_1 = 3.0m$, $y_2 = 10.1m$, $y_3 = 12.4m$, $y_4 = 11.0m$, $y_5 = 4.2m$일 때 심프슨 제1법칙에 의한 면적은?

① 95.4m²
② 100.4m²
③ 116.4m²
④ 126.4m²

TIP 심프슨 제1법칙
$$면적(A) = \frac{d}{3}\{y_1 + y_5 + 4(y_2 + y_4) + 2(y_3)\} = \frac{3}{3} \times \{3.0 + 4.2 + 4 \times (10.1 + 11.0) + 2 \times 12.4\} = 116.4m^2$$

17 면적 산정방법 중 심프슨 제1법칙에 대한 설명으로 옳은 것은?
① 경계선을 직선으로 보고 사다리꼴로 면적을 구하는 방법이다.
② 경계선을 3차 포물선으로 보고 면적을 구하는 방법이다.
③ 지거는 3구간을 1조로 하여 면적을 구하는 방법이다.
④ 구간 수가 홀수인 경우 짝수까지 구한 면적에 마지막 구간을 사다리꼴 공식으로 계산하여 더한다.

TIP • ①, ②문항 : 경계선을 2차 포물선으로 보고 면적을 구하는 방법
• ③문항 : 지거는 2구간을 1조로 하여 면적을 구하는 방법

정답 15 ① 16 ③ 17 ④

18 경계선을 3차 포물선으로 보고, 지거의 세 구간을 한 조로 하여 면적을 구하는 방법은?

① 심프슨 제1법칙 ② 심프슨 제2법칙
③ 심프슨 제3법칙 ④ 심프슨 제4법칙

TIP 심프슨 제2법칙
경계선을 3차 포물선으로 보고, 지거의 세 구간을 한 조로 묶어 면적을 구하는 방법이다.

19 면적 산정방법 중 심프슨 제2법칙에 대한 설명으로 옳은 것은?

① 지거의 2구간을 1조로 하여 면적을 구하는 방법이다.
② 지거의 3구간을 1조로 하여 면적을 구하는 방법이다.
③ 경계선을 2차 포물선으로 보고 면적을 구하는 방법이다.
④ 경계선을 직선으로 보고 면적을 구하는 방법이다.

TIP • ①문항 : 지거의 3구간을 1조로 하여 면적을 구하는 방법
• ③, ④문항 : 경계선을 3차 포물선으로 보고 면적을 구하는 방법

20 심프슨(Simpson) 제2법칙을 이용하여 다음 그림의 면적을 구한 값은?

① 10.24m²
② 11.32m²
③ 11.71m²
④ 12.07m²

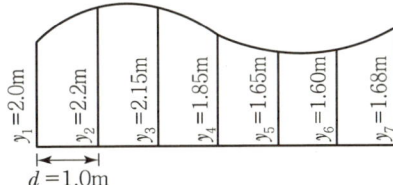

TIP 심프슨 제2법칙

면적$(A) = \frac{3}{8}d\{y_1 + y_7 + 3(y_2 + y_3 + y_5 + y_6) + 2(y_4)\}$

$= \frac{3}{8} \times 1.0 \times \{2.0 + 1.68 + 3 \times (2.2 + 2.15 + 1.65 + 1.60) + 2 \times 1.85\} = 11.32\text{m}^2$

21 각 지점의 지거가 $y_0 = 3.2\text{m}$, $y_1 = 9.5\text{m}$, $y_2 = 11.4\text{m}$, $y_3 = 11.5\text{m}$, $y_4 = 6.2\text{m}$이고 지거간격이 6m일 때 사다리꼴 공식에 의한 면적은?

① 222.6m²
② 246.6m²
③ 266.6m²
④ 288.6m²

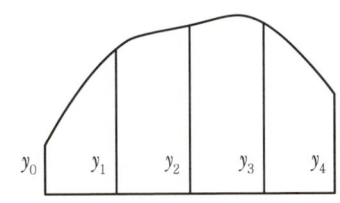

TIP 사다리꼴 공식에 의한 면적

면적$(A) = \left\{\frac{1}{2}(y_0 + y_1)d\right\} + \left\{\frac{1}{2}(y_1 + y_2)d\right\} + \left\{\frac{1}{2}(y_2 + y_3)d\right\} + \left\{\frac{1}{2}(y_3 + y_4)d\right\}$

$= \left\{\frac{1}{2} \times (3.2 + 9.5) \times 6\right\} + \left\{\frac{1}{2} \times (9.5 + 11.4) \times 6\right\} + \left\{\frac{1}{2} \times (11.4 + 11.5) \times 6\right\} + \left\{\frac{1}{2} \times (11.5 + 6.2) \times 6\right\}$

$= 222.6\text{m}^2$

정답 18 ② 19 ② 20 ② 21 ①

또는 간략식에 의해 구하면,

$$\text{면적}(A) = d\left\{\left(\frac{y_0 + y_4}{2}\right) + y_1 + y_2 + y_3\right\} = 6 \times \left\{\left(\frac{3.2 + 6.2}{2}\right) + 9.5 + 11.4 + 11.5\right\} = 222.6\text{m}^2$$

22 아래 그림과 같이 지거 간격 3m로 각 지거($y_1 \sim y_7$)를 측정하였다. 사다리꼴 공식에 의한 면적은?
(단, $y_1 = 1.5\text{m}$, $y_2 = 1.2\text{m}$, $y_3 = 2.5\text{m}$, $y_4 = 3.5\text{m}$, $y_5 = 3.0\text{m}$, $y_6 = 2.8\text{m}$, $y_7 = 2.5\text{m}$)

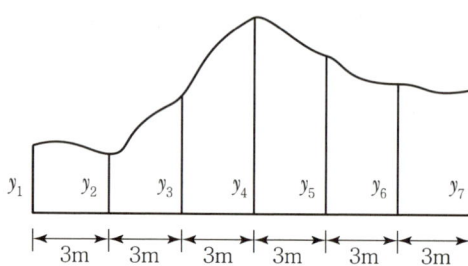

① 43m²   ② 44m²   ③ 45m²   ④ 46m²

TIP 사다리꼴 공식에 의한 면적

$$\text{면적}(A) = \left\{\frac{1}{2}(y_1+y_2)d\right\} + \left\{\frac{1}{2}(y_2+y_3)d\right\} + \left\{\frac{1}{2}(y_3+y_4)d\right\} + \left\{\frac{1}{2}(y_4+y_5)d\right\} + \left\{\frac{1}{2}(y_5+y_6)d\right\} + \left\{\frac{1}{2}(y_6+y_7)d\right\}$$

$$= \left\{\frac{1}{2} \times (1.5+1.2) \times 3\right\} + \left\{\frac{1}{2} \times (1.2+2.5) \times 3\right\} + \left\{\frac{1}{2} \times (2.5+3.5) \times 3\right\} + \left\{\frac{1}{2} \times (3.5+3.0) \times 3\right\}$$

$$+ \left\{\frac{1}{2} \times (3.0+2.8) \times 3\right\} + \left\{\frac{1}{2} \times (2.8+2.5) \times 3\right\}$$

$$= 45\text{m}^2$$

또는 간략식에 의해 구하면,

$$\text{면적}(A) = d\left\{\left(\frac{y_1+y_7}{2}\right) + y_2 + y_3 + y_4 + y_5 + y_6\right\} = 3 \times \left\{\left(\frac{1.5+2.5}{2}\right) + 1.2 + 2.5 + 3.5 + 3.0 + 2.8\right\} = 45\text{m}^2$$

23 도면의 경계선이 불규칙한 곡선으로 둘러싸인 경우 사용되는 면적측정 기기는?

① 레벨   ② 스케일   ③ 구적기   ④ 앨리데이드

TIP 구적기
불규칙한 직선 또는 곡선으로 이루어진 도면 위의 면적을 재는 데 쓰는 기계이다.

24 도면에서 면적을 측정하기 위한 장비는?

① 디지털구적기   ② 디바이더
③ 플로터   ④ 디지타이저

TIP 디지털구적기
구적기에 전자적인 장치를 부착하여 도면상의 면적을 쉽고 다양하게 관측할 수 있도록 한 면적 관측기구이다.

정답 22 ③   23 ③   24 ①

25 그림에서 $\overline{AC}=5\text{m}$, $\overline{CE}=4\text{m}$, $\overline{DE}=8\text{m}$일 때 $\overline{AB}$의 거리는?(단, $\overline{AB}$와 $\overline{DE}$는 평행하다.)

① 12m
② 10m
③ 8m
④ 6m

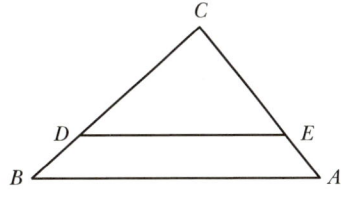

TIP

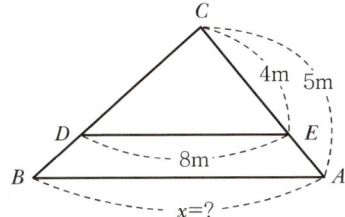

$4:8=5:\overline{AB}$
$\therefore \overline{AB}=\dfrac{8\times5}{4}=10\text{m}$

26 그림과 같이 토지의 한 변 $\overline{BC}$와 평행하게 $m:n=1:4$의 면적비율로 분할할 때 $\overline{AB}=45\text{m}$이면 $\overline{AX}$의 길이는?

① 22.5m
② 20.1m
③ 17.5m
④ 15.6m

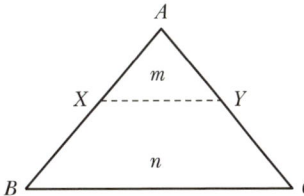

TIP 평행분할

$\dfrac{\triangle AXY}{\triangle ABC}=\dfrac{m}{m+n}=\left(\dfrac{\overline{AX}}{\overline{AB}}\right)^2$

$\therefore \overline{AX}=\overline{AB}\sqrt{\dfrac{m}{m+n}}=45\times\sqrt{\dfrac{1}{1+4}}=20.1\text{m}$

27 그림과 같이 토지의 1변 $\overline{BC}$에 평행하게 $m:n=1:3$의 비율로 분할하고자 할 경우 $\overline{AB}$의 길이가 75m라면 $\overline{AX}$는 얼마나 되겠는가?

① 33.2m
② 37.5m
③ 37.8m
④ 36.7m

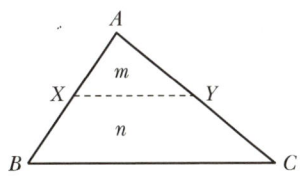

TIP 평행분할

$\overline{AX}=\overline{AB}\sqrt{\dfrac{m}{m+n}}=75\times\sqrt{\dfrac{1}{1+3}}=37.5\text{m}$

정답 25 ② 26 ② 27 ②

28 그림에서 면적을 $m : n = 1 : 3$으로 분할하고자 한다. 밑변의 길이 $\overline{BC}$가 100m일 때, $\overline{BD}$의 길이는 얼마인가?

① 25m
② 33m
③ 67m
④ 75m

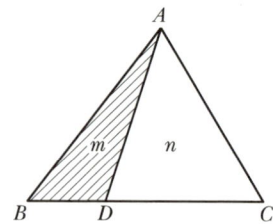

> **TIP** 꼭짓점 분할
> $\overline{BD} = \dfrac{m}{m+n} \times \overline{BC} = \dfrac{1}{1+3} \times 100 = 25\text{m}$

29 100m²의 정방형 토지의 면적을 0.1m²까지 정확하게 구하는 데 필요한 한 변의 길이는?

① 한 변의 길이를 1cm까지 정확하게 읽어야 한다.
② 한 변의 길이를 1mm까지 정확하게 읽어야 한다.
③ 한 변의 길이를 5cm까지 정확하게 읽어야 한다.
④ 한 변의 길이를 5mm까지 정확하게 읽어야 한다.

> **TIP** 면적의 정확도($\dfrac{dA}{A}$)는 거리의 정확도($\dfrac{dl}{l}$)에 2배이므로,
> $\dfrac{dA}{A} = 2\dfrac{dl}{l} \Rightarrow \dfrac{0.1}{100} = 2 \times \dfrac{dl}{10}$
> $\therefore dl = 0.005\text{m} = 5\text{mm}$

30 축척 1 : 600 도면에서 도상면적이 35cm²일 때 실제면적은?

① 500m²
② 735m²
③ 900m²
④ 1,260m²

> **TIP** $(\text{축척})^2 = \left(\dfrac{1}{m}\right)^2 = \dfrac{\text{도상면적}}{\text{실제면적}} \Rightarrow \left(\dfrac{1}{600}\right)^2 = \dfrac{35}{\text{실제면적}}$
> $\therefore \text{실제면적} = 600^2 \times 35 = 12{,}600{,}000\text{cm}^2 = 1{,}260\text{m}^2$

31 30m에 대하여 3cm 늘어나 있는 강철자로 정사각형의 토지를 측정하여 면적 28,900m²를 얻었다면 이 토지의 실제면적은 얼마인가?

① 28,842.2m²
② 28,871.1m²
③ 28,928.9m²
④ 28,957.8m²

> **TIP** 실제면적 $= \dfrac{(\text{부정길이})^2 \times \text{관측면적}}{(\text{표준길이})^2} = \dfrac{(30.03)^2 \times 28{,}900}{(30)^2} = 28{,}957.8\text{m}^2$

정답 28 ① 29 ④ 30 ④ 31 ④

32 축척 1/1,000의 단면적이 10m²일 때 이것을 이용하여 1/2,000의 축척에 의한 면적을 구할 경우의 단위면적을 구한 값은?

① 60m²   ② 40m²
③ 20m²   ④ 5m²

> **TIP** $a_2 = \left(\dfrac{m_2}{m_1}\right)^2 a_1 = \left(\dfrac{2,000}{1,000}\right)^2 \times 10 = 40\text{m}^2$

33 토량과 같은 체적을 구하기 위한 방법이 아닌 것은?

① 각주공식   ② 중앙단면법
③ 양단면평균법   ④ 심프슨 공식

> **TIP**
> - 체적을 계산하는 방법에는 단면법, 점고법, 등고선법 등이 주로 이용된다.
> - 단면법에는 각주공식, 양단면평균법, 중앙단면법 등이 있다.
> - 심프슨 공식은 지거법에 의한 면적 산정방법이다.

34 다음 중 체적을 계산하는 방법이 아닌 것은?

① 단면법   ② 점고법
③ 등고선법   ④ 도해 계산법

> **TIP**
> - 체적을 계산하는 방법에는 단면법, 점고법, 등고선법 등이 주로 이용된다.
> - 도해 계산법은 면적 계산법이다.

35 토공량, 저수지나 댐의 저수용량 및 콘크리트량 등의 체적을 구하기 위한 방법이 아닌 것은?

① 단면법   ② 점고법   ③ 등고선법   ④ 우모법

> **TIP** 우모법은 지형의 표현방법 중 게바라는 짧은 선으로 지형의 기복을 표현하는 자연 도법이다.

36 체적을 구하는 방법에 대한 각각의 특징을 설명한 것이 순서(가~다)대로 바르게 짝지어진 것은?

> 가. 비교적 넓은 지역인 택지, 운동장 등의 정지작업을 위하여 토공량을 계산하는 데 사용된다.
> 나. 체적을 근사적으로 구하는 경우에 편리하며, 대지의 땅고르기 작업에서 토량 산정 또는 저수지의 용량을 측정하는 데 이용된다.
> 다. 철도, 도로, 수로 등과 같이 긴 노선의 성토, 절토량을 산정할 경우에 이용되는 방법이다.

① 등고선법 – 점고법 – 단면법   ② 점고법 – 등고선법 – 단면법
③ 단면법 – 점고법 – 등고선법   ④ 등고선법 – 단면법 – 점고법

정답 32 ② 33 ④ 34 ④ 35 ④ 36 ②

> **TIP**
> - 점고법 : 넓은 지역의 정지, 절취, 매립 등을 할 때의 토공량을 산정하는 데 이용하는 방법이다.
> - 등고선법 : 저수지의 저수용량 및 산지의 토공량을 구하는 데 이용하는 방법이다.
> - 단면법 : 노선의 길이가 긴 철도, 도로 등의 토공량을 산정하는 데 이용하는 방법이다.

37 전면적이 200m², 전토량이 1,080m³일 때 기준면으로부터의 평균 높이는?

① 5.0m ② 5.1m ③ 5.2m ④ 5.4m

> **TIP** 토량(V) = 면적(A) × 높이(h)
> ∴ 기준면으로부터 평균 높이(h) = $\dfrac{V}{A} = \dfrac{1{,}080}{200} = 5.4$m

38 전체 면적이 300m², 전토량이 2,040m³일 때 절토량과 성토량이 같은 기준면상의 높이는?

① 5.2m ② 5.7m
③ 6.3m ④ 6.8m

> **TIP** $V = A \times h$
> ∴ 기준면상 높이(h) = $\dfrac{V}{A} = \dfrac{2{,}040}{300} = 6.8$m

39 체적 산정방법 중 단면법에 대한 설명은?

① 사각형 분할법과 삼각형 분할법이 있다.
② 등고선으로 둘러싸인 면적을 구적기를 이용하여 계산한다.
③ 철도, 도로, 수로 등과 같이 긴 노선의 성토, 절토량 산정 시 이용한다.
④ 넓은 지역의 택지, 운동장 등의 정지 작업을 위해 토공량 산정 시 이용된다.

> **TIP**
> - ①, ④문항 : 점고법에 의한 체적 산정
> - ②문항 : 등고선법에 의한 체적 산정

40 $A_1 = 250$m², $A_2 = 350$m², $L = 20$m인 그림과 같은 모양의 체적은?(단, 양단면평균법을 사용)

① 6,000m³
② 4,500m³
③ 3,000m³
④ 1,500m³

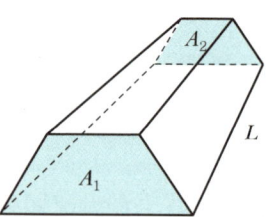

> **TIP** 양단면 평균법
> 각주의 체적(V)을 구할 때의 양단 단면적(A_1, A_2)을 이용하여 토공량을 구하는 방법이다.
> ∴ 체적(V) = $\dfrac{A_1 + A_2}{2} \times L = \dfrac{250 + 350}{2} \times 20 = 6{,}000$m³

정답 37 ④ 38 ④ 39 ③ 40 ①

41 측점 A에서의 횡단면적이 32m², 측점 B에서의 횡단면적이 48m²이고, 측점 AB 간 거리가 15m일 때의 토공량은?

① 400m³
② 500m³
③ 600m³
④ 700m³

TIP 양단면평균법

$$토공량(V) = \frac{측점A\ 단면적 + 측점B\ 단면적}{2} \times AB\ 거리 = \frac{32+48}{2} \times 15 = 600\text{m}^3$$

42 그림에서 등고선 간격이 10m이고 $A_2 = 30\text{m}^2$, $A_3 = 45\text{m}^2$이다. 양단면평균법으로 토량을 계산한 값은?

① 375m³
② 750m³
③ 3,750m³
④ 7,500m³

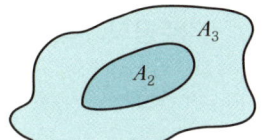

TIP 양단면평균법

$$토량(V) = \frac{A_2 + A_3}{2} \times h = \frac{30+45}{2} \times 10 = 375\text{m}^3$$

43 도로공사 중 A단면의 성토 면적이 24m², B단면의 성토 면적이 12m²일 때 성토량은?(단, A, B 두 단면 간의 거리는 30m이다.)

① 120m³
② 240m³
③ 360m³
④ 540m³

TIP 양단면평균법

$$성토량(V) = \frac{A\ 단면적 + B\ 단면적}{2} \times AB\ 거리 = \frac{24+12}{2} \times 30 = 540\text{m}^3$$

44 각주의 체적을 구하는 공식이 아래와 같을 때 (□)에 들어갈 숫자는?(단, A_1 : 하단의 면적, A_2 : 상단의 면적, A_m : 중앙단면의 면적, L : A_1과 A_2 간의 거리)

$$V = \frac{L}{6}(A_1 + \Box A_m + A_2)$$

① 2
② 4
③ 5
④ 6

TIP 각주공식

다각형인 양단면(A_1, A_2)이 평행이며, 중앙의 면적(A_m)을 구하고, 심프슨 제1법칙을 적용하여 체적을 구하는 방법이다.

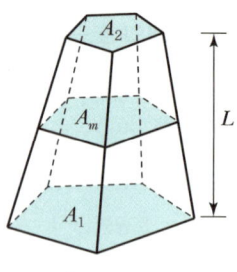

$$V = \frac{L}{6}(A_1 + 4A_m + A_2)$$

45 양 단면의 면적이 $A_1 = 65\text{m}^2$, $A_2 = 27\text{m}^2$, 정중앙의 단면적 $A_m = 45\text{m}^2$이고 길이 $L = 30\text{m}$일 때 각주공식에 의한 체적은?

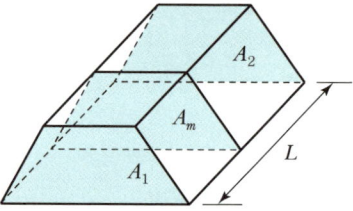

① 1,060m³　② 1,260m³　③ 1,360m³　④ 2,040m³

TIP 각주공식에 의한 체적 계산방법은 다각형인 양단면(A_1, A_2)이 평행이며, 중앙의 면적(A_m)을 구하고, 심프슨 제1법칙을 적용하여 체적을 산정하면 된다.

$$\therefore \text{체적}(V) = \frac{L}{6}(A_1 + 4A_m + A_2) = \frac{30}{6} \times \{65 + (4 \times 45) + 27\} = 1,360\text{m}^3$$

46 3개의 연속된 단면에서 양 끝단의 단면적이 각각 $A_1 = 40\text{m}^2$, $A_2 = 60\text{m}^2$이고 두 단면 사이의 중앙에 있는 단면의 면적 $A_m = 50\text{m}^2$일 때 각주공식에 의한 체적은?(단, 양 끝단의 거리는 20m이다.)

① 750m³　② 1,000m³　③ 1,250m³　④ 1,500m³

TIP 각주공식에 의한 체적 계산

$$\text{체적}(V) = \frac{L}{6}(A_1 + 4A_m + A_2) = \frac{20}{6} \times \{40 + (4 \times 50) + 60\} = 1,000\text{m}^3$$

47 총길이 $L = 24\text{m}$인 각주의 양 단면적 $A_1 = 3\text{m}^2$, $A_2 = 2\text{m}^2$, 중앙 단면적 $A_3 = 2.5\text{m}^2$일 때의 각주의 체적은?(단, 각주공식을 사용한다.)

① 15m³　② 30m³　③ 45m³　④ 60m³

TIP 각주공식에 의한 체적 계산

$$\text{체적}(V) = \frac{L}{6}(A_1 + 4A_3 + A_2) = \frac{24}{6} \times \{3 + (4 \times 2.5) + 2\} = 60\text{m}^3$$

정답　45 ③　46 ②　47 ④

48 택지조성 등 넓은 지역의 땅고르기 작업을 위하여 토공량을 계산하는 데 사용하는 방법으로 전 구역을 직사각형이나 삼각형으로 나누어서 계산하는 방법은?

① 단면법 ② 점고법
③ 등고선법 ④ 각주공식

> **TIP** 점고법
> 넓은 지역의 정지, 절취, 매립 등을 할 때에 직사각형이나 삼각형으로 나눠 토공량 산정에 쓰이는 방법. 사분법과 삼분법이 있다.

49 각 지점의 지거가 $y_0=3.2$m, $y_1=9.5$m, $y_2=11.4$m, $y_3=11.5$m, $y_4=6.2$m이고 지거간격이 6m일 때 사다리꼴 공식에 의한 면적은?

① 222.6m²
② 246.6m²
③ 266.6m²
④ 288.6m²

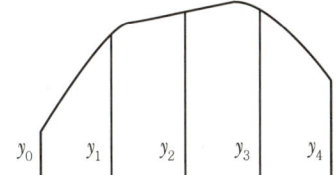

> **TIP** 사다리꼴 공식에 의한 면적
> $$\text{면적}(A) = \left\{\frac{1}{2}(y_0+y_1)d\right\} + \left\{\frac{1}{2}(y_1+y_2)d\right\} + \left\{\frac{1}{2}(y_2+y_3)d\right\} + \left\{\frac{1}{2}(y_3+y_4)d\right\}$$
> $$= \left\{\frac{1}{2}\times(3.2+9.5)\times6\right\} + \left\{\frac{1}{2}\times(9.5+11.4)\times6\right\} + \left\{\frac{1}{2}\times(11.4+11.5)\times6\right\} + \left\{\frac{1}{2}\times(11.5+6.2)\times6\right\}$$
> $$= 222.6\text{m}^2$$
>
> 또는 간략식에 의해 구하면,
> $$\text{면적}(A) = d\left\{\left(\frac{y_0+y_4}{2}\right)+y_1+y_2+y_3\right\} = 6\left\{\left(\frac{3.2+6.2}{2}\right)+9.5+11.4+11.5\right\} = 222.6\text{m}^2$$

50 그림과 같은 측량결과에 의한 이 지형의 토공량은?

① 525.5m³
② 787.5m³
③ 1,050.5m³
④ 1,525.5m³

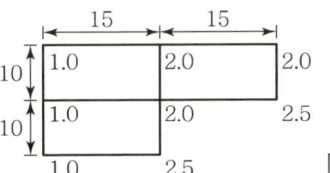

[단위 : m]

> **TIP** 사분법에 의한 토공량 산정
> $$\text{토공량}(V) = \frac{A}{4}(\Sigma h_1 + 2\Sigma h_2 + 3\Sigma h_3 + 4\Sigma h_4) = \frac{15\times10}{4}\times\{9.0+(2\times3.0)+(3\times2.0)\} = 787.5\text{m}^3$$
> - $\Sigma h_1 = 1.0+2.0+2.5+2.5+1.0 = 9.0$m
> - $\Sigma h_2 = 2.0+1.0 = 3.0$m
> - $\Sigma h_3 = 2.0$m

정답 48 ② 49 ① 50 ②

51 그림과 같은 측량결과가 얻어졌다면 이 지역의 토량은?

① 252.0m³
② 262.0m³
③ 272.0m³
④ 300.0m³

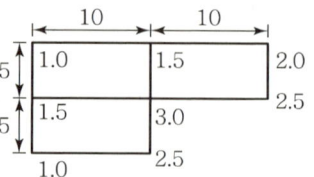

TIP 사분법에 의한 토공량 산정

토량$(V) = \dfrac{A}{4}(\Sigma h_1 + 2\Sigma h_2 + 3\Sigma h_3 + 4\Sigma h_4) = \dfrac{10 \times 5}{4} \times \{9.0 + (2 \times 3.0) + (3 \times 3.0)\} = 300.0\text{m}^3$

- $\Sigma h_1 = 1.0 + 2.0 + 2.5 + 2.5 + 1.0 = 9.0\text{m}$
- $\Sigma h_2 = 1.5 + 1.5 = 3.0\text{m}$
- $\Sigma h_3 = 3.0\text{m}$

52 그림과 같은 지형의 수준측량 결과를 이용하여 계획고 5m로 평탄 작업을 하기 위한 성(절)토량은?(단, 토량의 변화율을 고려하지 않고, 각 격자의 크기는 같다.)

① 성토량=2,375m³
② 성토량=2,575m³
③ 절토량=2,375m³
④ 절토량=2,575m³

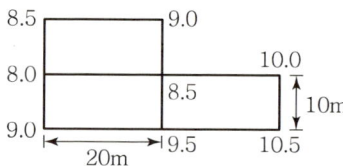

TIP 원지반토량$(V_1) = \dfrac{A}{4}(\Sigma h_1 + 2\Sigma h_2 + 3\Sigma h_3 + 4\Sigma h_4) = \dfrac{20 \times 10}{4} \times \{47.0 + (2 \times 17.5) + (3 \times 8.5)\} = 5,375\text{m}^3$

계획토량$(V_2) = A \times h \times n = 20 \times 10 \times 5 \times 3 = 3,000\text{m}^3$

토량$(V) = V_2 - V_1 = 3,000 - 5,375 = -2,375\text{m}^3$(절토)

∴ 절토량$(V) = 2,375\text{m}^3$

- 원지반토량(V_1) : 실제 지형의 지반고를 기준으로 산정한 토공량
- 계획토량(V_2) : 지형의 평탄작업을 하기 위해 주어진 계획고에 의해 산정한 토공량
- 토량(V) = 계획토량(V_2) − 원지반토량(V_1) = ⊕성토량, ⊖절토량
- $\Sigma h_1 = 8.5 + 9.0 + 10.0 + 10.5 + 9.0 = 47.0\text{m}$
- $\Sigma h_2 = 8.0 + 9.5 = 17.5\text{m}$
- $\Sigma h_3 = 8.5\text{m}$

53 DEM의 전체 토량과 절토량 및 성토량이 균형을 이루는 계획 지반고로 옳게 짝지어진 것은?

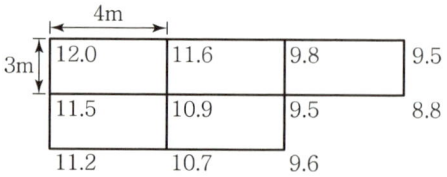

① 631.20m³, 10.52m
② 631.20m³, 11.18m
③ 670.50m³, 10.52m
④ 670.50m³, 11.18m

정답 51 ④ 52 ③ 53 ①

> **TIP** 전체토량(V) = $\frac{A}{4}\{\sum h_1 + 2\sum h_2 + 3\sum h_3 + 4\sum h_4\}$
> $= \frac{4\times 3}{4} \times \{51.1 + (2\times 43.6) + (3\times 9.5) + (4\times 10.9)\} = 631.2\text{m}^3$
>
> 계획고(h) = $\frac{V}{nA} = \frac{631.2}{5\times(3\times 4)} = 10.52\text{m}$
> - $\sum h_1 = 12.0 + 9.5 + 8.8 + 9.6 + 11.2 = 51.1\text{m}$
> - $\sum h_2 = 11.6 + 9.8 + 10.7 + 11.5 = 43.6\text{m}$
> - $\sum h_3 = 9.5\text{m}$
> - $\sum h_4 = 10.9\text{m}$

54 가로 10m, 세로 10m의 정사각형 토지에 기준면으로부터 각 꼭짓점의 높이의 측정 결과가 그림과 같을 때 절토량은?

① 225m³
② 450m³
③ 900m³
④ 1,250m³

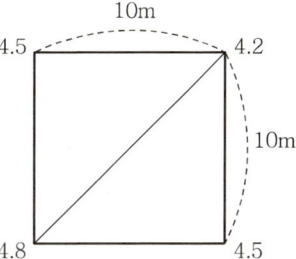

> **TIP** 삼분법에 의한 토량 산정
>
> 절토량(V) = $\frac{A}{3}(\sum h_1 + 2\sum h_2 + 3\sum h_3 + \cdots + 8\sum h_8)$ = $\frac{\frac{1}{2}\times 10 \times 10}{3} \times \{9.0 + (2\times 9.0)\} = 450.0\text{m}^3$
> - $\sum h_1 = 4.5 + 4.5 = 9.0\text{m}$
> - $\sum h_2 = 4.2 + 4.8 = 9.0\text{m}$

55 그림과 같은 지역을 삼분법에 의하여 구한 토공량은?(단, 각 분할된 구역의 크기는 동일하다.)

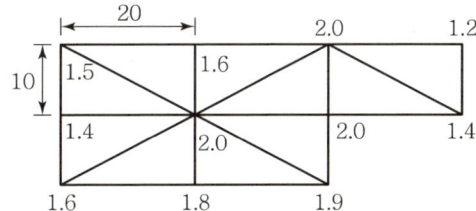

[단위 : m]

① 1,787m³ ② 2,453m³
③ 1,087m³ ④ 2,653m³

> **TIP** 삼분법에 의한 토량 산정
>
> 토공량(V) = $\frac{A}{3}(\sum h_1 + 2\sum h_2 + 3\sum h_3 + 4\sum h_4 + 5\sum h_5 + 6\sum h_6 + 7\sum h_7 + 8\sum h_8)$
> $= \frac{\frac{1}{2}\times 20 \times 10}{3} \times \{1.2 + (2\times 11.2) + (3\times 2.0) + (4\times 2.0) + (8\times 2.0)\} = 1,787\text{m}^3$
> - $\sum h_1 = 1.2\text{m}$

정답 54 ② 55 ①

- $\sum h_2 = 1.5 + 1.6 + 1.4 + 1.9 + 1.8 + 1.6 + 1.4 = 11.2\text{m}$
- $\sum h_3 = 2.0\text{m}$
- $\sum h_4 = 2.0\text{m}$
- $\sum h_8 = 2.0\text{m}$

56 체적 계산방법에 대한 설명으로 틀린 것은?

① 철도, 도로 등과 같이 긴 노선의 절·성토량을 구하기 위해 주로 단면법을 이용한다.
② 택지조성 등이 정지작업을 위한 토공량을 계산하기 위해 주로 점고법을 이용한다.
③ 저수지의 저수용량을 구하기 위해 주로 점고법을 이용한다.
④ 산지의 토공량을 구하기 위하여 주로 등고선법을 이용한다.

TIP 저수지의 저수용량 및 산지의 토공량을 구하기 위하여 주로 등고선법을 이용한다.

57 10m 간격의 등고선으로 표시되어 있는 구릉지에서 디지털구적기로 면적을 구하여 $A_0 = 100\text{m}^2$, $A_1 = 570\text{m}^2$, $A_2 = 1,480\text{m}^2$, $A_3 = 4,320\text{m}^2$, $A_4 = 8,350\text{m}^2$일 때 체적은?

① $95,323\text{m}^3$
② $96,323\text{m}^3$
③ $98,233\text{m}^3$
④ $103,233\text{m}^3$

TIP 등고선법(각주공식)에 의한 체적 산정
체적을 근사적으로 구하는 경우에 편리하며, 대지의 땅고르기 작업에서 토량 산정 또는 저수지의 용량을 측정하는 데 이용되며, 각주공식에 의한다.
$$\therefore 체적(V) = \frac{h}{3}(A_0 + A_4 + 4(A_1 + A_3) + 2A_2) = \frac{10}{3} \times \{100 + 8,350 + 4 \times (570 + 4,320) + 2 \times 1,480\} = 103,233\text{m}^3$$

58 수평 및 수직거리를 동일한 정확도로 관측하여 $10,000\text{m}^3$의 체적에 대한 체적 산정오차가 5.0m^3 이하로 하기 위한 거리관측의 허용정확도는?

① 1/3,000 이하
② 1/4,000 이하
③ 1/5,000 이하
④ 1/6,000 이하

TIP 체적의 정확도($\frac{dV}{V}$)는 거리의 정확도($\frac{dl}{l}$)의 3배이므로,
$$\frac{\Delta V}{V} = 3\frac{\Delta l}{l} \Rightarrow \frac{5}{10,000} = 3\frac{\Delta l}{l}$$
$$\therefore 거리관측의 허용정확도 \left(\frac{\Delta l}{l}\right) = \frac{1}{6,000}$$

CHAPTER 09 노선측량

PART 1

1 한눈에 보기

※ 중요 부분은 **집중 이해하기**에 자세히 설명되어 있음을 알려드립니다.

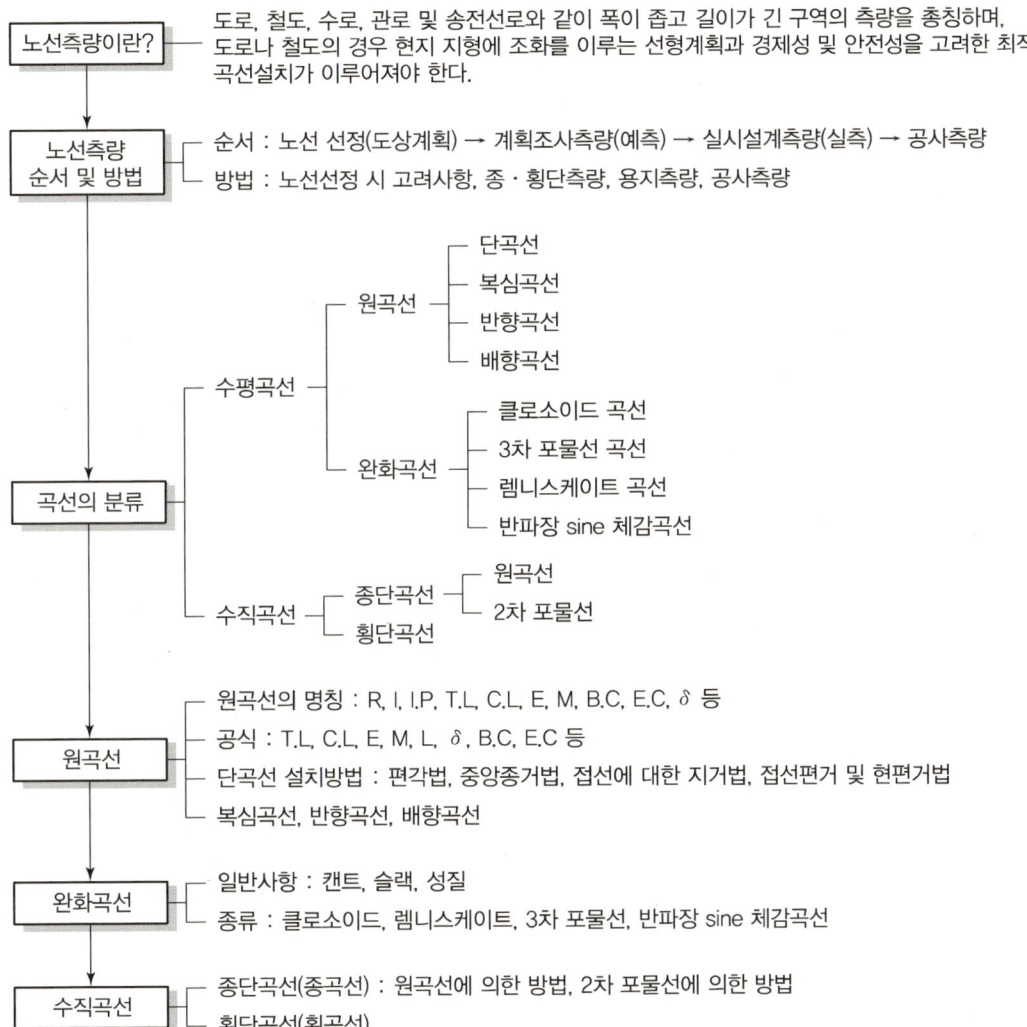

2 집중 이해하기

1 노선측량

도로, 철도, 수로, 관로 및 송전선로와 같이 폭이 좁고 길이가 긴 구역의 측량을 총칭하며, 도로나 철도의 경우 현지 지형에 조화를 이루는 선형계획과 경제성 및 안전성을 고려한 최적의 곡선설치가 이루어져야 한다.

2 노선측량의 순서 및 방법

(1) 노선측량의 일반적 순서

노선측량의 순서는 크게 노선선정(도상계획), 계획조사측량(예측), 실시설계측량(실측), 공사측량 등으로 구분된다.

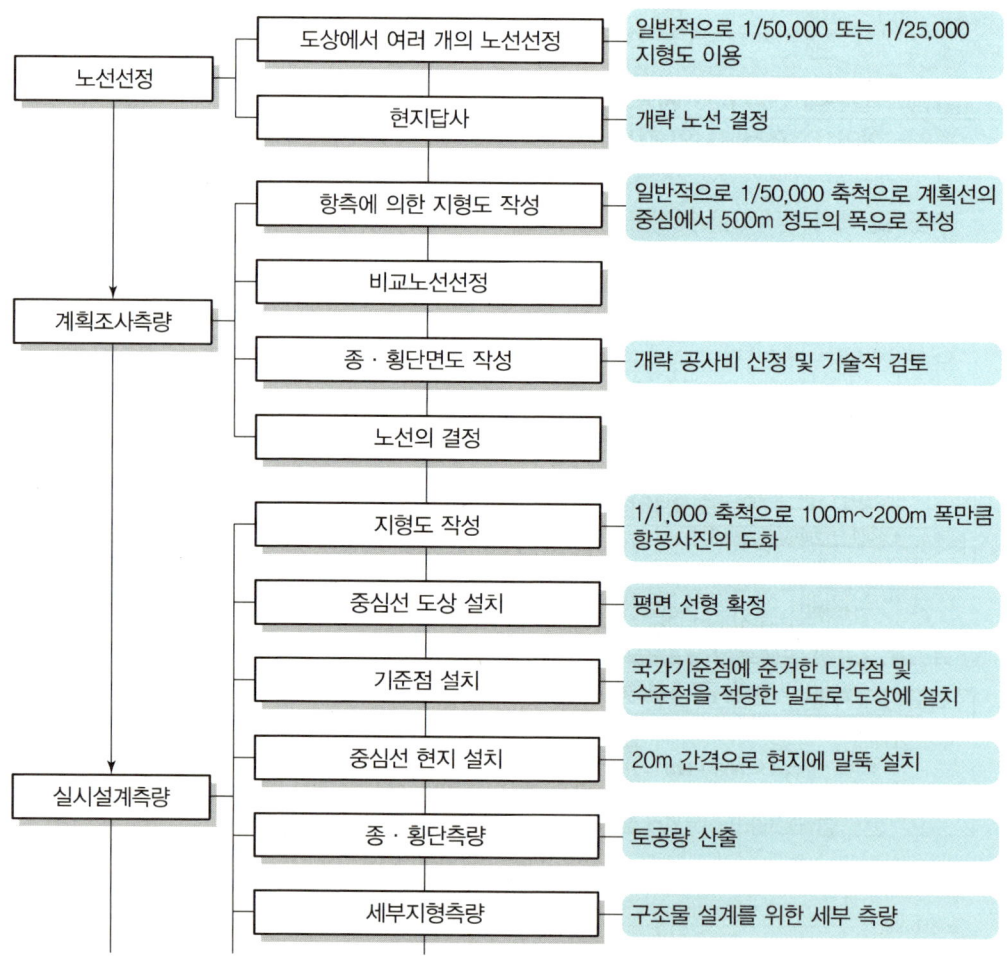

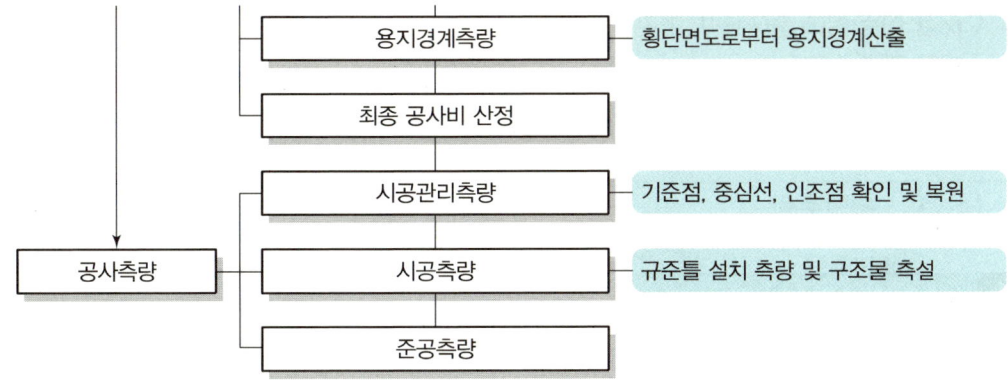

예제

01. 노선을 건설할 때 실시하는 측량의 순서로 옳은 것은?

① 지형측량 – 종·횡단측량 – 공사측량 – 준공측량
② 종·횡단측량 – 지형측량 – 공사측량 – 준공측량
③ 공사측량 – 준공측량 – 종·횡단측량 – 지형측량
④ 지형측량 – 공사측량 – 준공측량 – 종·횡단측량

정답 ①

(2) 노선선정 시 고려사항

① 가능한 한 직선으로 할 것
② 가능한 한 경사가 완만할 것
③ 토공량이 적고, 절토량과 성토량이 같을 것
④ 절토 및 성토의 운반거리가 짧을 것
⑤ 배수가 완전할 것

예제

02. 노선의 선정에 있어서 유의해야 할 사항이 아닌 것은?

① 노선은 가능한 한 직선으로 하고, 경사를 완만하게 하는 것이 좋다.
② 절토 및 성토의 운반거리를 가급적 길게 한다.
③ 배수가 잘 되도록 충분히 고려한다.
④ 토공량이 적고, 절토와 성토가 균형을 이루게 한다.

정답 ②

(3) 노선선정(도상계획)

국토기본도 1/50,000 또는 1/25,000 지형도를 사용하여 여러 개의 노선을 전부 취하여 검토하고, 여러 개의 노선을 선정한다.

(4) 종 · 횡단측량

① 종단측량

종단측량이라 함은 중심선에 설치된 측점 및 변화점에 박은 중심말뚝, 추가말뚝 및 보조말뚝을 기준으로 하여 중심선의 지반고를 측량하고 연직으로 토지를 절단하여 종단면도를 만드는 측량이다.

② 횡단측량

횡단측량은 중심말뚝이 설치되어 있는 지점에서 중심선의 접선에 대하여 직각방향(법선방향)으로 지표면을 절단한 면을 얻어야 한다. 횡단면도는 토공량, 구조물의 수량을 산출하는 기초가 되는 자료이며 결국에는 용지폭 말뚝의 설치에까지 영향을 주는 것이므로 다른 측량 이상으로 세심한 주의를 하여 정확도를 높이도록 해야 한다.

(5) 용지측량

토지 및 경계 등에 대하여 조사하고, 용지취득 등에 필요한 자료 및 도면을 작성하는 작업을 말한다(용지도를 작성하기 위해서는 지적도가 필요함).

예제

03. 노선 경계와 면적을 산출하여 보상 문제의 자료로 이용되는 측량은?
① 용지측량　　　　　　② 종 · 횡단측량
③ 시공측량　　　　　　④ 평면측량

정답 ①

---

(6) 공사측량

공사에서 필요한 측량을 총칭하며, 중심선 말뚝의 검측, 가B.M(TBM)과 중심말뚝의 높이의 검측, 토공의 기준틀, 콘크리트 구조물의 형간의 위치 측량 등을 실시한다.

3 곡선의 분류

선상 축조물의 중심선이 굴절한 경우, 곡선에서 이것을 연결하여 방향의 변화를 원활히 할 필요가 있다. 곡선은 이것을 포함하는 면에 의해 2개로 구분된다. 그래서 수평면 내에 있으면 수평곡선(평면곡선), 수직면 내에 있으면 수직곡선으로 종단곡선과 횡단곡선이 있다.

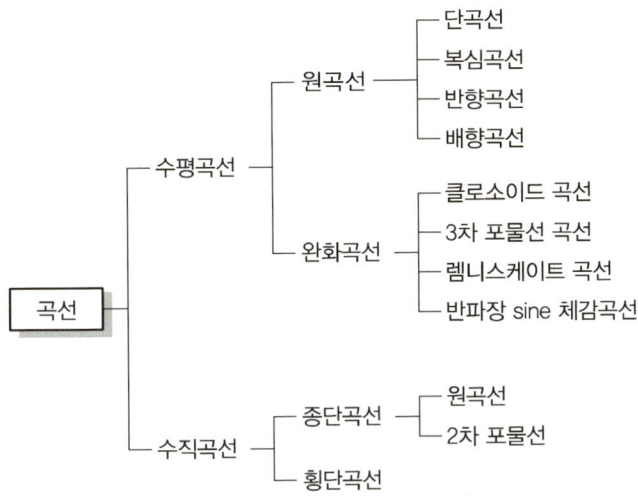

예제

04. 곡선을 포함하는 위치에 따라 구분할 때, 수평면 내에 위치하는 곡선을 무엇이라 하는가?
① 평면곡선 ② 수직곡선
③ 횡단곡선 ④ 종단곡선

정답 ①

---

4 원곡선

(1) 원곡선 명칭

기호	명칭	기호	명칭
B.C	곡선의 시점(Beginning of Curve)	R	곡선반지름(Radius of Curvature)
E.C	곡선의 종점(End of Curve)	C.L	곡선길이(Curve Length)
S.P	곡선의 중점(Point of Secant)	E	외할(External Secant)
I.P	교점(Intersection Point)	M	중앙종거(Middle Ordinate)
I	교각(Intersection Angle)	C	현장(Chord Length)
T.L	접선길이(Tangent Length)	δ	편각(Deflection Angle)

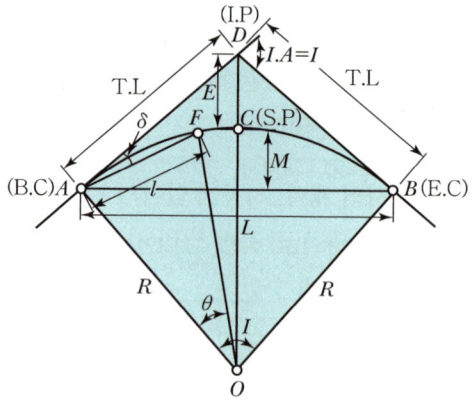

[그림 9-1] 원곡선의 명칭

(2) 공식

① 접선길이(T.L) = $R \tan \dfrac{I}{2}$

② 곡선길이(C.L) = $RI = \dfrac{R\pi I°}{180} = 0.01745 RI°$

③ 외할(E 또는 S.L) = $R\left(\sec \dfrac{I}{2} - 1\right)$

④ 중앙종거(M) = $R\left(1 - \cos \dfrac{I}{2}\right)$

⑤ 현의 길이(L) = $2R \sin \dfrac{I}{2}$

⑥ 편각(δ) = $\dfrac{l}{2R}$ (라디안) = $1,718.87' \dfrac{l}{R}$ (분)

⑦ 곡선의 시점(B.C) = I.P − T.L

⑧ 곡선의 종점(E.C) = B.C + C.L

(3) 호와 현길이의 차

$$C - l \fallingdotseq \dfrac{C^3}{24R^2}$$

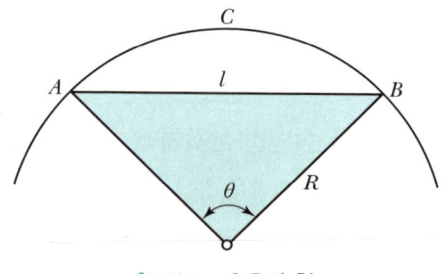

[그림 9-2] 호와 현

(4) 중앙종거와 곡률반경의 관계

$$R^2 - \left(\frac{L}{2}\right)^2 = (R-M)^2$$

$$\therefore R = \frac{L^2}{8M} + \frac{M}{2}$$

※ M의 값이 L에 비해 작으면 2항 무시

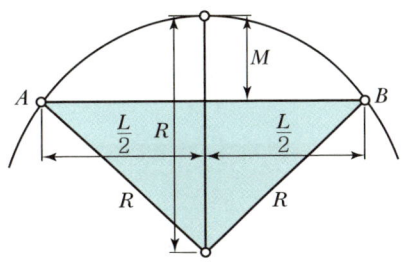

[그림 9-3] 중앙종거와 반경

예제

05. 그림과 같은 중앙종거가 20m, 현장이 200m일 때 원곡선의 곡률반경은 얼마인가?

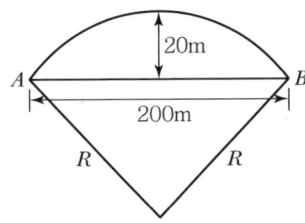

① 260m ② 450m ③ 550m ④ 650m

정답 ①

해설 중앙종거와 곡률반경과의 관계식에서

$$R = \frac{L^2}{8M} + \frac{M}{2} = \frac{200^2}{8 \times 20} + \frac{20}{2} = 260\text{m}$$

---

(5) 단곡선 설치

1) 작업 순서

교점(I.P) 설치 → 교점 결정 → 반경(R) 결정 → 곡선의 시점 및 종점 결정 → 시단현 및 종단현길이 계산

2) 편각법에 의한 방법

① 철도, 도로 등의 곡선 설치에 가장 일반적인 방법이다.
② 다른 방법에 비해 정확하다.
③ 반경이 적을 때 오차가 많이 발생한다.
④ 한 측점 사이를 20m로 하고 시단현거리 l_1, 종단현거리 l_n에서 편각을 구하면

$$\delta_1 = 1{,}718.87' \times \frac{l_1}{R}$$

$$\delta_{20} = 1{,}718.87' \times \frac{20}{R}$$

$$\delta_n = 1{,}718.87' \times \frac{l_n}{R}$$

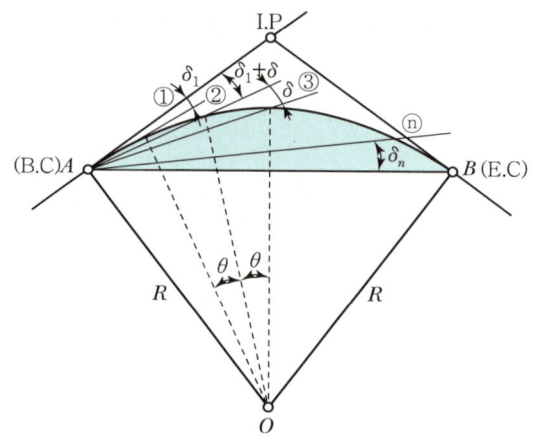

[그림 9-4] 편각에 의한 곡선 설치

예제

06. I.P의 위치가 기점으로부터 325.18m, 곡선반경 200m, 교각 41°00'인 단곡선을 편각법에 의하여 측설하시오(단, 중심말뚝 간격은 20m이다).

해설 ① $T.L = R \tan \frac{I}{2} = 200 \times \tan 20°30' = 74.777\text{m}$

② $C.L = \frac{R°}{\rho°} = 0.0174533 RI° = 0.0174533 \times 200 \times 41° = 143.117\text{m}$

③ $E = R\left(\sec \frac{I}{2} - 1\right) = 200\left(\sec \frac{41°}{2} - 1\right) = 13.522\text{m}$

④ B.C 위치 = 총연장 − T.L = 325.18 − 74.777 = 250.403m
　　　　　　No.12 + 10.403m

⑤ 시단현길이(l_1) = 20 − 10.403 = 9.597m

⑥ E.C 위치 = B.C + C.L = 250.403 + 143.117 = 393.520m
　　　　　　No.19 + 13.52m

⑦ 종단현길이(l_n) = 13.52m

⑧ 편각 계산

　㉠ 20m에 대한 편각 : $\delta_{20} = 1{,}718.87' \times \frac{20}{200} = 2°51'53''$

　㉡ 시단현에 대한 편각 : $\delta_1 = 1{,}718.87' \times \frac{9.597}{200} = 1°22'29''$

　㉢ 종단현에 대한 편각 : $\delta_n = 1{,}718.87' \times \frac{13.52}{200} = 1°56'12''$

3) 중앙종거에 의한 방법(일명 1/4법)

곡선의 반경 또는 곡선의 길이가 작은 시가지의 곡선 설치와 철도, 도로 등의 기설곡선의 검사 또는 개정 시에 편리하다.

$$M_1 = R\left(1 - \cos\frac{I}{2}\right)$$
$$M_2 = R\left(1 - \cos\frac{I}{4}\right)$$
$$M_3 = R\left(1 - \cos\frac{I}{8}\right)$$
$$M_4 = R\left(1 - \cos\frac{I}{16}\right)$$

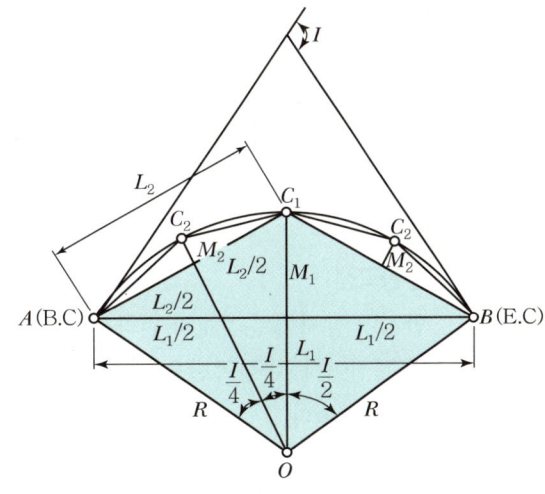

[그림 9-5] 중앙종거법

예제

07. 단곡선의 중앙종거 M_1이 50m이면 M_2의 거리는?

① 9.5m
② 11.0m
③ 12.5m
④ 16.7m

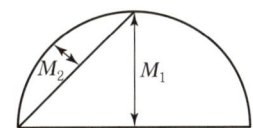

정답 ③

해설

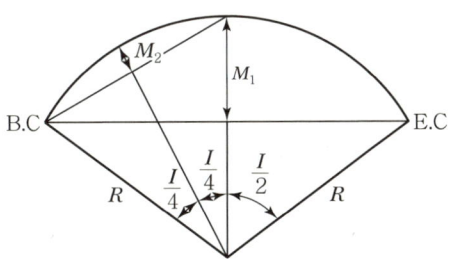

$$M_1 = R\left(1 - \cos\frac{I}{2}\right)$$
$$M_2 = R\left(1 - \cos\frac{I}{4}\right)$$
$$R\left(1 - \cos\frac{I}{2}\right) : R\left(1 - \cos\frac{I}{4}\right) = 4 : 1$$

∴ 반지름(R)과 교각(I)을 같은 조건으로 계산하면 M_1은 M_2의 4배가 되므로 $\frac{50}{4} = 12.5\text{m}$가 된다.

4) 접선에 대한 지거법

양 접선에 지거를 내려 곡선을 설치하는 방법으로 터널 내의 곡선 설치와 산림지에서 벌채량을 줄일 경우에 적당한 방법이다.

5) 접선편거 및 현편거법

트랜싯을 사용하지 못할 때 폴과 테이프로 설치하는 방법으로 지방도로에 이용된다. 정밀도는 다른 방법에 비해 낮다.

(6) 복심곡선 및 반향곡선 설치

① 복심곡선(복곡선)

반경이 다른 2개의 원곡선이 1개의 공통접선을 갖고 접선의 같은 쪽에서 연결하는 곡선을 말한다. 복곡선을 사용하면 그 접속점에서 곡률이 급격히 변화하므로 될 수 있는 한 피하는 것이 좋다.

② 반향곡선

반경이 같지 않은 2개의 원곡선이 1개의 공통접선의 양쪽에 서로 곡선 중심을 가지고 연결한 곡선이다. 반향곡선을 사용하면 접속점에서 핸들의 급격한 회전이 생기므로 가급적 피하는 것이 좋다.

③ 배향곡선(머리핀곡선)

반향곡선을 연속시켜 머리핀 같은 형태의 곡선이 된 것을 말한다. 산지에서 기울기를 낮추기 위해 쓰이므로 철도에서 Switchback에 적합하여 산허리를 누비듯이 나아가는 노선에 쓰인다.

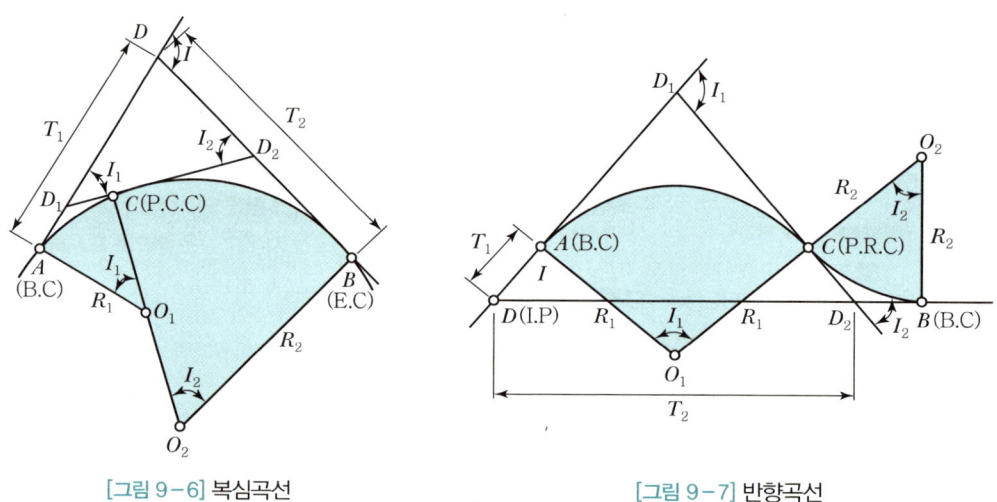

[그림 9-6] 복심곡선　　　　[그림 9-7] 반향곡선

5 완화곡선

노선의 직선부와 원곡선부 사이에 반지름이 무한대에서 점차 작아져서 원곡선의 반지름 R이 되는 곡선을 넣고 동시에 이 곡선 중의 Cant와 Slack이 0에서 차차 커져 원곡선부에 정해진 값이 되도록 설치하는 특수곡선을 말한다.

(1) 캔트(Cant)

곡선부를 통과하는 차량이 원심력이 발생하여 접선방향으로 탈선하려는 것을 방지하기 위해 바깥쪽 노면을 안쪽 노면보다 높이는 정도를 말하며 편경사라고 한다.

$$C = \frac{V^2 S}{gR}$$

여기서, C : 캔트
S : 궤간
V : 속도(m/sec)
R : 반경
g : 중력 가속도

/ 예제 /

08. 곡선반경이 500m인 원곡선을 90km/h로 주행하고자 할 때 캔트(C)는 얼마인가?(단, 궤간(b)은 1,067mm, g＝9.8m/sec²)

① 140mm ② 136mm
③ 131mm ④ 126mm

정답 ②

해설 캔트(C) $= \dfrac{V^2 S}{gR} = \dfrac{\left(\dfrac{90 \times 1,000}{60 \times 60}\right)^2}{9.8 \times 500} \times 1,067 = 136\text{mm}$

(2) 슬랙(Slack)

차량이 곡선 위를 주행할 때 그림과 같이 뒷바퀴가 앞바퀴보다 안쪽을 통과하게 되므로 차선 너비를 넓혀야 하는데, 이를 확폭이라 한다.

$$\varepsilon = \frac{L^2}{2R}$$

여기서, ε : 확폭량
L : 차량 앞바퀴에서 뒷바퀴까지의 거리
R : 반경

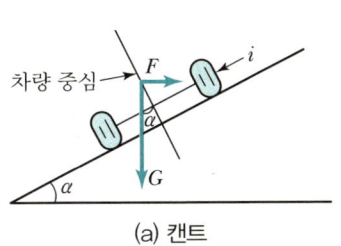
(a) 캔트

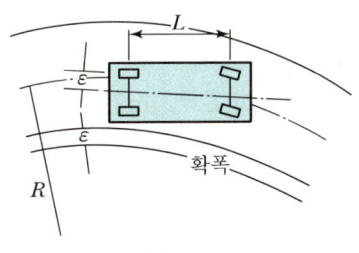
(b) 슬랙

[그림 9-8] 캔트와 슬랙

(3) 완화곡선의 성질

① 완화곡선의 반지름은 그 시작점에서 무한대(∞)이고, 종점에서는 원곡선의 반지름과 같다.
② 완화곡선의 접선은 시점에서는 직선에, 종점에서는 원호에 접한다.
③ 완화곡선에 연한 곡선반경의 감소율은 캔트의 증가율과 같다.

(4) 완화곡선의 길이

곡선길이 $L(\mathrm{m})$을 캔트 $C(\mathrm{mm})$에 N배 비례시키면

$$L = \frac{N}{1{,}000} \cdot C = \frac{N}{1{,}000} \cdot \frac{V^2 S}{gR}$$

여기서, L : 완화곡선길이
N : 완화곡선상수
C : 캔트 $\left(\dfrac{V^2 S}{gR}\right)$

(5) 완화곡선의 종류

① Clothoid 곡선 : 고속도로에 많이 사용된다.
② Lemniscate 곡선 : 시가지 철도에 많이 사용된다.
③ 3차 포물선 곡선 : 철도에 많이 사용된다.
④ 반파장 sine 체감곡선 : 고속철도에 많이 사용된다.

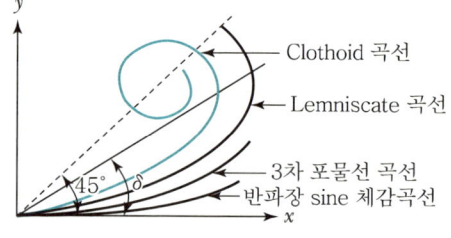

[그림 9-9] 완화곡선의 종류

(6) 클로소이드곡선

곡률이 곡선장에 비례하는 곡선을 Clothoid 곡선이라 한다. 차 앞바퀴의 회전 속도를 일정하게 유지할 경우 이 차가 그리는 운동 궤적이 Clothoid가 된다.

⟨기본식⟩

$$A^2 = RL = \frac{L^2}{2\tau} = 2\tau R^2$$

여기서, A : Clothoid 매개변수
R : 곡률반경
L : 완화곡선길이
τ : 접선각

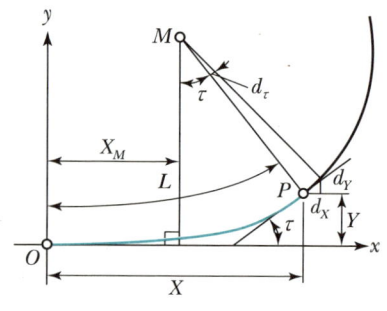

[그림 9-10] 클로소이드

> **예제**
>
> **09.** 노선의 곡선반지름 $R=200$m, 곡선길이 $L=40$m일 때 클로소이드의 매개변수 A는?
>
> ① 80.44m　　　　　　　　② 81.44m
> ③ 88.44m　　　　　　　　④ 89.44m
>
> **정답** ④
> **해설** 클로소이드의 매개변수(A^2) $= RL$
> 　　　∴ $A = \sqrt{RL} = \sqrt{200 \times 40} = 89.44$m

6 수직곡선

(1) 종단곡선(종곡선)

노선의 경사가 변하는 곳에서 차량이 원활하게 달릴 수 있고 운전자의 시야를 넓히기 위하여 종곡선을 설치한다. 종곡선은 일반적으로 원곡선 또는 2차 포물선이 이용된다.

1) 원곡선에 의한 종단곡선 설치

　① 종곡선의 길이

$$l_1 = \frac{R}{2}(m \pm n)$$
$$l = l_1 + l_2 = R(m \pm n)$$

여기서, l_1 : 교점에서 곡선의 시점까지의 거리
　　　　l : 종곡선의 길이

　② 곡선 시점에서 x만큼 떨어진 곳의 종거

$$y = \frac{x^2}{2R}$$

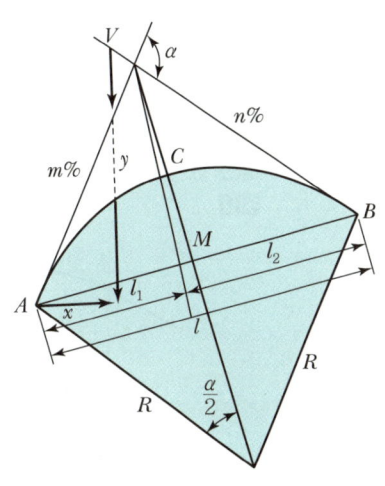

[그림 9-11] 원곡선에 의한 종곡선

2) 2차 포물선에 의한 종단곡선 설치

$$L = \frac{(m-n)}{360} V^2$$

여기서, V : 최고제한속도(km/hr)

$$H_D = H_A + \frac{mx}{100}$$

$$H_D' = H_D - y_D$$

$$y_D = \frac{|m \pm n|}{2L}x^2$$

여기서, y : 종거
H_D' : 계획고

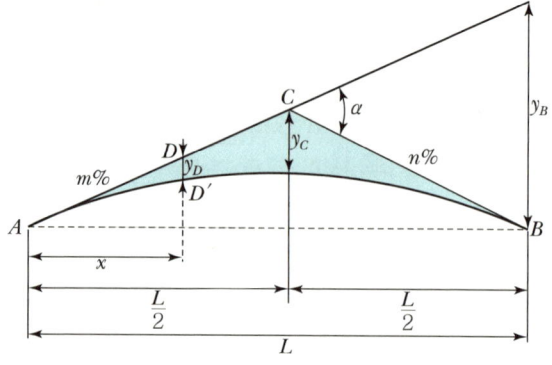

[그림 9-12] 2차 포물선에 의한 종곡선

예제

10. 그림에서 V지점에 해당하는 종단곡선(Vertical Curve)상의 계획고(Elevation)는 얼마인가?(단, 종단곡선은 2차 포물선이고, A점의 계획고 $= 65.50\text{m}$)

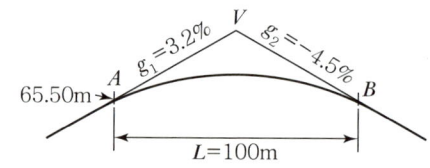

① 66.14m ② 66.57m ③ 66.83m ④ 67.49m

정답 ①

해설

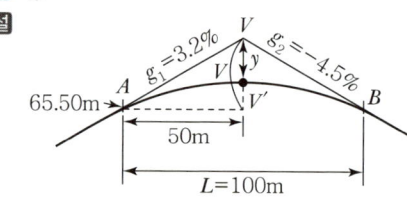

$y = \dfrac{|m \pm n|}{2L}x^2 = \dfrac{|0.032 + 0.045|}{2 \times 100} \times 50^2 = 0.96\text{m}$

$H_V = H_A + \dfrac{m}{100}x = 65.50 + \dfrac{3.2}{100} \times 50 = 67.1\text{m}$

∴ $H_V' = H_V - y = 67.1 - 0.96 = 66.14\text{m}$

(2) 횡단곡선(횡곡선)

도로, 광장 등의 횡단면 형상에 배수를 위하여 경사를 설치하고 있으며, 이 경사의 종류에는 직선, 포물선, 쌍곡선 등이 있고 포물선, 쌍곡선과 같이 직선 형상이 아닌 것을 횡단면에 설치할 때 횡단곡선이라 한다.

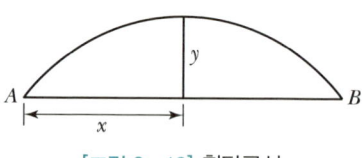

[그림 9-13] 횡단곡선

$$y = ax^2$$

여기서, y : 포물선의 종거
x : 포물선의 중앙까지 거리
a : 상수

3 핵심 문제 익히기

01 노선측량의 순서가 바른 것은?

① 노선선정 – 계획조사측량 – 실시설계측량 – 세부측량 – 용지측량 – 공사측량
② 노선선정 – 계획조사측량 – 용지측량 – 실시설계측량 – 세부측량 – 공사측량
③ 계획조사측량 – 노선측량 – 실시설계측량 – 용지측량 – 세부측량 – 공사측량
④ 계획조사측량 – 노선측량 – 실시설계측량 – 용지측량 – 공사측량 – 세부측량

> **TIP**
> • 노선측량 : 도로, 철도, 송유관 등의 선상 구조물을 건설할 경우에는 이를 계획, 설계하기 위한 조사측량과 계획된 노선을 현지에 건설하고 공사하기 위한 측량을 말한다.
> • 노선측량의 일반적 순서 : 노선선정 → 계획조사측량 → 실시설계측량(세부측량, 용지측량) → 공사측량

02 노선측량의 일반적인 작업순서로 옳은 것은?

① 도상계획 – 예측 – 공사측량 – 실측
② 예측 – 도상계획 – 실측 – 공사측량
③ 예측 – 실측 – 도상계획 – 공사측량
④ 도상계획 – 예측 – 실측 – 공사측량

> **TIP** 노선측량의 일반적 순서
> 노선선정(도상계획) – 계획조사측량(예측) – 실시설계측량(실측) – 공사측량

03 노선을 건설할 때 실시하는 측량의 순서로 옳은 것은?

① 지형측량 – 종·횡단측량 – 공사측량 – 준공측량
② 종·횡단측량 – 지형측량 – 공사측량 – 준공측량
③ 공사측량 – 준공측량 – 종·횡단측량 – 지형측량
④ 지형측량 – 공사측량 – 준공측량 – 종·횡단측량

> **TIP** 노선측량의 일반적 순서
> 지형측량 → 중심선측량 → 종·횡단측량 → 공사측량 → 준공측량

04 노선의 선정에 있어서 유의해야 할 사항이 아닌 것은?

① 노선은 가능한 한 직선으로 하고, 경사를 완만하게 하는 것이 좋다.
② 절토 및 성토의 운반거리를 가급적 길게 한다.
③ 배수가 잘 되도록 충분히 고려한다.
④ 토공량이 적고, 절토와 성토가 균형을 이루게 한다.

> **TIP** 노선선정 시 절토 및 성토의 운반거리는 가급적 짧게 한다.

정답 01 ① 02 ④ 03 ① 04 ②

05 노선선정 시 고려사항에 대한 설명 중 틀린 것은?

① 가능한 한 곡선으로 한다.
② 경사가 완만해야 한다.
③ 배수가 잘 되어야 한다.
④ 토공량이 적고 절토와 성토가 균형을 이루어야 한다.

TIP 노선의 선형은 가능한 한 직선으로 한다.

06 노선을 선정할 때 유의해야 할 사항으로 틀린 것은?

① 노선은 곡선을 많이 적용하여 지루함이 없도록 한다.
② 토공량이 적고, 절토와 성토가 균형을 이루게 한다.
③ 절토 및 성토의 운반거리가 짧아야 한다.
④ 배수가 잘되는 곳이어야 한다.

TIP 노선은 가능한 한 직선으로 하여야 한다.

07 노선측량의 작업 순서 중 노선의 기울기, 곡선, 토공량, 터널과 같은 구조물의 위치와 크기, 공사비 등을 고려하여 가장 바람직한 노선을 결정하는 단계는?

① 도상계획
② 도상선정
③ 공사측량
④ 실측

TIP
- 노선측량 순서 : 노선선정 → 계획조사측량 → 실시설계측량 → 공사측량
- 노선선정 : 도상에서 여러 개의 노선을 선정하여 각종 고려사항을 적용하여 가장 바람직한 노선을 결정

08 노선측량에서 도상계획을 할 때 사용되는 국가기본도의 축척으로 가장 알맞은 것은?

① 1 : 1,000
② 1 : 2,500
③ 1 : 5,000
④ 1 : 25,000

TIP 노선측량에서 도상계획을 할 때 주로 사용되는 국가기본도의 축척은 1/50,000 또는 1/25,000이다.

09 노선측량작업 중 도상 및 현지에 중심선을 설치하는 작업단계는?

① 도상계획
② 예측
③ 실측
④ 공사측량

TIP 노선측량 작업 중 도상 및 현지에 중심선을 설치하는 작업단계는 실시설계측량(실측)이다.

정답 05 ① 06 ① 07 ② 08 ④ 09 ③

10 노선측량에 있어서 중심선에 설치된 중심 말뚝 및 추가말뚝의 지반고를 측량하는 방법은?

① 횡단측량　　　　　　　② 용지측량
③ 평면측량　　　　　　　④ 종단측량

> **TIP** 종단측량
> 중심선에 설치된 측점 및 변화점에 박은 중심말뚝, 추가말뚝 및 보조말뚝을 기준으로 하여 중심선의 지반고를 측량하고 연직으로 토지를 절단하여 종단면도를 만드는 측량이다.

11 노선측량에서 절토 단면적과 성토 단면적, 토공량을 구하기 위해 실시하는 측량은?

① 중심선측량　　　　　　② 횡단측량
③ 용지측량　　　　　　　④ 평면측량

> **TIP** 횡단측량
> 노선의 중심선에 대하여 직각방향으로 지형이 변화하는 점까지의 거리와 높낮이 차를 측정하여 횡단면도를 작성하고 토공량을 구하기 위해 실시하는 측량이다.

12 노선측량에서 일반적으로 중심말뚝은 노선의 중심선을 따라 몇 m마다 설치하는가?

① 5m　　　　　　　　　② 10m
③ 20m　　　　　　　　　④ 50m

> **TIP** 일반적으로 중심말뚝은 노선의 중심선을 따라 20m마다 설치한다.

13 용지측량을 위하여 필요한 도면은?

① 현황도　　　　　　　　② 지적도
③ 국가기본도　　　　　　④ 도시계획도

> **TIP** 용지측량
> 설치된 경계점 측량표의 위치를 지적기준점 체계로 관측하여 지적도에 표시하고 이를 다시 평면도에 중첩하여 용지도를 작성한다.

14 노선 경계와 면적을 산출하여 보상 문제의 자료로 이용되는 측량은?

① 용지측량　　　　　　　② 종·횡단측량
③ 시공측량　　　　　　　④ 평면측량

> **TIP** 용지측량
> 토지 및 경계 등에 대하여 조사하고, 용지 취득 등에 필요한 자료 및 도면을 작성하는 작업을 말한다.

정답　10 ④　11 ②　12 ③　13 ②　14 ①

15 노선측량 중 시공측량에 속하지 않는 것은?

① 용지측량　　　　　　　② 중심점 인조측량
③ 시공규준틀 설치측량　　④ 준공검사 조사측량

> **TIP**
> • ①문항 : 실시설계측량
> • ②문항 : 공사측량(시공관리측량)
> • ③문항 : 공사측량(시공측량)
> • ④문항 : 공사측량(준공측량)

16 원곡선을 설치하는 노선의 일반적인 평면선형으로 옳은 것은?

① 직선 – 완화곡선 – 원곡선 – 완화곡선 – 직선
② 완화곡선 – 직선 – 원곡선 – 완화곡선 – 직선
③ 직선 – 완화곡선 – 원곡선 – 직선 – 완화곡선
④ 원곡선 – 직선 – 완화곡선 – 직선 – 완화곡선

> **TIP** 일반적인 도로평면선형
> 직선 – 완화곡선 – 원곡선 – 완화곡선 – 직선

17 노선측량에서 원곡선의 종류가 아닌 것은?

① 단곡선　　　　　　　② 3차 포물선
③ 반향곡선　　　　　　④ 복심곡선

⇒ 3차 포물선은 완화곡선이다.

18 노선측량에서 곡선의 종류 중 원곡선에 해당되는 것은?

① 3차 포물선　　　　　② 클로소이드 곡선
③ 렘니스케이트 곡선　　④ 복심곡선

> **TIP** 원곡선 종류
> • 단곡선 : 중심이 1개인 곡선, 즉 원호 하나로 되어 있는 곡선
> • 복심곡선 : 반경이 다른 2개의 원곡선이 1개의 공통 접선을 갖고 접선의 같은 쪽에서 연결하는 곡선
> • 반향곡선 : 반경이 같지 않은 2개의 원곡선이 1개의 공통 접선의 양쪽에 서로 곡선 중심을 가지고 연결한 곡선
> • 배향곡선 : 반향곡선을 연속시켜 머리핀 같은 형태의 곡선

정답　15 ①　16 ①　17 ②　18 ④

19 곡선을 포함하는 위치에 따라 구분할 때, 수평면 내에 위치하는 곡선을 무엇이라 하는가?

① 평면곡선
② 수직곡선
③ 횡단곡선
④ 종단곡선

TIP 곡선은 수평면 내에 있으면 수평곡선(평면곡선), 수직면 내에 있으면 수직곡선으로 종단곡선과 횡단곡선으로 구분된다.

20 노선측량의 단곡선 설치에 사용되는 기호에 대한 명칭의 연결이 옳은 것은?

① B.C=곡선의 종점
② E.C=곡선의 시점
③ I.P=교점
④ C.L=접선의 길이

TIP
- ①문항 : 곡선의 시점
- ②문항 : 곡선의 종점
- ④문항 : 곡선의 길이

21 도로 수평곡선의 약호 중 접선길이를 나타내는 것은?

① B.C
② E.C
③ T.L
④ C.L

TIP
- B.C : 곡선시점
- E.C : 곡선종점
- T.L : 접선길이
- C.L : 곡선길이

22 원곡선 기호에서 I.P가 표시하는 것은?

① 시점
② 종점
③ 교점
④ 곡선중점

TIP I.P(Intersection Point) : 교점

23 단곡선의 각부 명칭에서, 곡선종점을 의미하는 것은?

① B.C
② E.C
③ I.A
④ I.P

TIP
- E.C(End of Curve) : 곡선의 종점
- B.C(Beginning of Curve) : 곡선의 시점
- I.P(Intersection Point) : 교점

정답 19 ① 20 ③ 21 ③ 22 ③ 23 ②

24 단곡선의 구성 명칭에 대한 설명으로 옳지 않은 것은?

① T.L = 접선장
② C.L = 곡선의 시작점
③ M = 중앙종거
④ E = 외할

TIP C.L(Curve Length) : 곡선길이

25 원곡선의 접선길이를 구하는 식은?(단, R : 곡선반지름, I : 교각, l : 현의 길이)

① $R \tan \dfrac{I}{2}$
② $0.0174533 RI$
③ $1{,}718.87' \times \dfrac{l}{R}$
④ $R\left(1 - \cos \dfrac{I}{2}\right)$

TIP
- ②문항 : 곡선길이(C.L)를 구하는 공식
- ③문항 : 편각(δ)을 구하는 공식
- ④문항 : 중앙종거(M)를 구하는 공식

26 단곡선에서 외할(E)을 구하는 공식은?(단, R : 곡선반지름, I : 교각)

① $R\left(\sec \dfrac{I}{2} - 1\right)$
② $R\left(1 - \cos \dfrac{I}{2}\right)$
③ $R\left(\tan \dfrac{I}{2} - 1\right)$
④ $2R \sec \dfrac{I}{2}$

TIP
- ①문항 : 외할(E)을 구하는 공식
- ②문항 : 중앙종거(M)를 구하는 공식

27 단곡선에 관한 기본식 중 틀린 것은?(단, R : 곡선반지름, I : 교각)

① 중앙종거 $M = R\left(1 - \cos \dfrac{I}{2}\right)$
② 곡선길이 $\text{C.L} = \left(\dfrac{\pi}{180°}\right) RI°$
③ 외할 $E = R\left(\sec \dfrac{I}{2} - 1\right)$
④ 접선길이 $\text{T.L} = R \sin \dfrac{I}{2}$

TIP
- 접선길이(T.L) $= R \tan \dfrac{I}{2}$
- 곡선길이(C.L) $= \left(\dfrac{\pi}{180°}\right) RI° = 0.0174533 RI°$

28 단곡선에서 외선길이(외할 : ㉠), 중앙종거(㉡)를 구하는 공식이 모두 옳은 것은?(단, R : 곡선반지름, I : 교각)

① ㉠ $2R \sin \dfrac{I}{2}$, ㉡ $R\left(1 - \cos \dfrac{I}{2}\right)$
② ㉠ $R\left(1 - \cos \dfrac{I}{2}\right)$, ㉡ $R \tan \dfrac{I}{2}$
③ ㉠ $R\left(1 - \cos \dfrac{I}{2}\right)$, ㉡ $2R \sin \dfrac{I}{2}$
④ ㉠ $R\left(\sec \dfrac{I}{2} - 1\right)$, ㉡ $R\left(1 - \cos \dfrac{I}{2}\right)$

TIP
- ①문항 : ㉠ 현의 길이, ㉡ 중앙종거
- ②문항 : ㉠ 중앙종거, ㉡ 접선길이
- ③문항 : ㉠ 중앙종거, ㉡ 현의 길이

정답 24 ② 25 ① 26 ① 27 ④ 28 ④

29 다음 중 단곡선 설치 과정에서 가장 먼저 결정하여야 할 사항은?

① 곡선반지름　　　　　　　② 시단현
③ 접선장　　　　　　　　　④ 중심말뚝의 위치

TIP 단곡선 설치 과정에서 가장 먼저 결정하여야 할 사항은 곡선반지름(R)과 교각(I)이다.

30 단곡선 설치에 있어서 호 길이와 현 길이의 차를 구하는 식 중 맞는 것은?

① $\dfrac{C^3}{12R^2}$　　② $\dfrac{C}{12R^2}$　　③ $\dfrac{C^3}{24R^2}$　　④ $\dfrac{C^2}{24R^2}$

TIP 호(C) 길이와 현(l) 길이의 차 ⇒ $C - l ≒ \dfrac{C^3}{24R^2}$

31 그림과 같은 중앙종거가 20m, 현장이 200m일 때 원곡선의 곡률반경은 얼마인가?

① 260m
② 450m
③ 550m
④ 650m

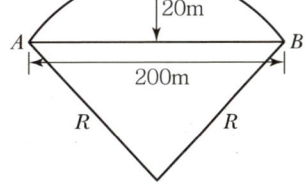

TIP 중앙종거와 곡률반경과의 관계식에서
$R = \dfrac{L^2}{8M} + \dfrac{M}{2} = \dfrac{200^2}{8 \times 20} + \dfrac{20}{2} = 260\text{m}$

32 단곡선 설치에 사용되는 방법이 아닌 것은?

① 접선편거와 현편거법　　　② 중앙종거법
③ 수직곡선법　　　　　　　④ 지거법

TIP 단곡선 설치 방법
- 편각에 의한 방법 : 가장 일반적 방법으로 다른 방법에 비해 정확하다.
- 중앙종거에 의한 방법 : 시가지 곡선 설치, 기설 곡선의 검사 또는 개정 시 편리하다.
- 접선에 대한 지거법 : 양 접선에 지거를 내려 곡선을 설치하는 방법으로 터널 내 곡선 설치 시 이용된다.
- 접선편거 및 현편거법 : 폴과 테이프로 설치하는 방법으로 다른 방법에 비해 정도가 낮다.

33 두 직선 사이에 한 개의 원곡선을 삽입하는 단곡선의 설치방법이 아닌 것은?

① 편각법　　② 중앙종거법　　③ 지거법　　④ 3차 포물선법

TIP 3차 포물선
철도에 주로 사용하는 완화곡선으로, 곡률반경이 완화곡선의 시점에서의 횡거에 반비례하는 곡선이다.

정답　29 ①　30 ③　31 ①　32 ③　33 ④

34 곡선반지름 $R=100m$, 교각 $I=30°$일 때 접선길이(T.L)는?

① 36.79m　　② 32.79m
③ 29.78m　　④ 26.79m

TIP 접선길이(T.L) $= R\tan\dfrac{I}{2} = 100 \times \tan\dfrac{30°}{2} = 26.79m$

35 원곡선 설치 시 접선장의 길이가 20m이고, 교각이 21°30′일 때의 반지름은?

① 105.34m　　② 91.40m
③ 72.63m　　④ 63.83m

TIP 접선길이(T.L) $= R\tan\dfrac{I}{2}$

$\therefore R = \dfrac{T.L}{\tan\dfrac{I}{2}} = \dfrac{20}{\tan\dfrac{21°30'}{2}} = 105.34m$

36 기점으로부터 교점까지 추가거리가 483.26m이고, 교각 36°18′일 때 접선장의 길이는?(단, 곡선반지름 200m, 중심말뚝 간격은 20m이다.)

① 55.56m　　② 65.56m
③ 75.56m　　④ 85.56m

TIP 접선장(T.L) $= R\tan\dfrac{I}{2} = 200 \times \tan\dfrac{36°18'}{2} = 65.56m$

37 반지름이 100m, 교각(I)이 56°20′인 단곡선의 곡선길이는?

① 98.32m　　② 198.32m
③ 298.32m　　④ 398.32m

TIP 곡선길이(C.L) $= 0.0174533 RI° = 0.0174533 \times 100 \times 56°20' = 98.32m$

38 노선측량에서 단곡선을 설치하려 한다. 곡선반지름(R)이 500m이고 교점의 교각이 90°일 때 곡선의 길이는?

① 292.7m　　② 392.7m
③ 592.4m　　④ 785.4m

TIP 곡선길이(C.L) $= 0.0174533 RI° = 0.0174533 \times 500 \times 90° = 785.4m$

정답　34 ④　35 ①　36 ②　37 ①　38 ④

39 단곡선을 설치할 때 교각 $I = 70°$, 곡선반지름 $R = 150m$이면 곡선장(C.L)은?

① 146.59m ② 167.18m
③ 183.26m ④ 198.64m

TIP 곡선장(C.L) $= 0.0174533 RI° = 0.0174533 \times 150 \times 70° = 183.26m$

40 $\frac{1}{4}$ 법이라고도 하며, 시가지의 곡선설치, 보도설치 및 도로, 철도 등의 기설곡선의 검사 또는 수정에 주로 사용되는 단곡선 설치법은?

① 편각법에 의한 설치법 ② 중앙종거에 의한 설치법
③ 접선편거에 의한 설치법 ④ 지거에 의한 설치법

TIP 중앙종거에 의한 설치법

일명 $\frac{1}{4}$ 법이라고도 하며, 곡선의 반경 또는 곡선의 길이가 작은 시가지의 곡선 설치와 철도, 도로 등의 기설곡선의 검사 또는 개정 시에 편리한 방법이다.

41 단곡선을 설치할 때 교각(I)이 $38°20'$, 반지름(R)이 300m이면 중앙종거(M_1)는?

① 16.630m ② 4.187m
③ 1.049m ④ 0.262m

TIP 중앙종거(M_1) $= R\left(1 - \cos\frac{I}{2}\right) = 300\left(1 - \cos\frac{38°20'}{2}\right) = 16.630m$

42 단곡선의 중앙종거, M_1이 50m이면 M_2의 거리는?

① 9.5m
② 11.0m
③ 12.5m
④ 16.7m

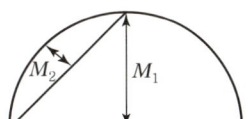

TIP

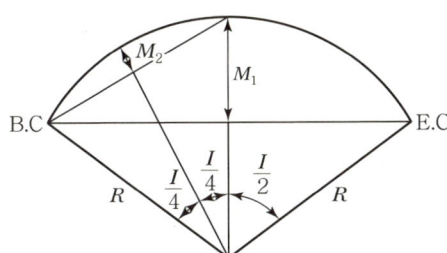

$M_1 = R\left(1 - \cos\frac{I}{2}\right)$

$M_2 = R\left(1 - \cos\frac{I}{4}\right)$

$R\left(1 - \cos\frac{I}{2}\right) : R\left(1 - \cos\frac{I}{4}\right) = 4 : 1$

∴ 반지름(R)과 교각(I)을 같은 조건으로 계산하면 M_1은 M_2의 4배가 되므로 $\frac{50}{4} = 12.5m$가 된다.

정답 39 ③ 40 ② 41 ① 42 ③

43 단곡선 설치에서 중앙종거 $M = 32.94\text{m}$, 교각 $I = 54°12'$일 때 곡선반지름 R은?

① 100m ② 200m ③ 300m ④ 400m

TIP 중앙종거$(M) = R\left(1 - \cos\dfrac{I}{2}\right)$

$\therefore R = \dfrac{M}{1 - \cos\dfrac{I}{2}} = \dfrac{32.94}{1 - \cos\dfrac{54°12'}{2}} = \dfrac{32.94}{1 - 0.8902} = 300\text{m}$

44 노선측량에서 단곡선을 설치하려 한다. 곡선반지름이 500m이고, 교점의 교각이 60°일 때 외할 (E)은?

① 66.99m ② 77.35m ③ 154.72m ④ 500.00m

TIP 외할$(E) = R\left(\sec\dfrac{I}{2} - 1\right) = 500 \times \left(\sec\dfrac{60°}{2} - 1\right) = 500 \times (1.1547 - 1) = 77.35\text{m}$

여기서, $\sec\dfrac{I}{2} = \dfrac{1}{\cos\dfrac{I}{2}} = \dfrac{1}{\cos\dfrac{60°}{2}} = 1.1547$

45 기점으로부터 교점까지 추가거리가 432.5m이고, 교각이 54°12'일 때 외할(E)은?(단, 곡선반지름은 320m이다.)

① 30.5m ② 35.2m ③ 39.5m ④ 41.0m

TIP 외할$(E) = R\left(\sec\dfrac{I}{2} - 1\right) = 320 \times \left(\sec\dfrac{54°12'}{2} - 1\right) = 320 \times (1.1233 - 1) = 39.5\text{m}$

여기서, $\sec\dfrac{I}{2} = \dfrac{1}{\cos\dfrac{I}{2}} = \dfrac{1}{\cos\dfrac{54°12'}{2}} = 1.1233$

46 두 직선 사이에 교각(I)이 80°인 원곡선을 설치하고자 한다. 외할(E)을 25m로 할 때 곡선반지름 (R)은?

① 80.9m ② 81.9m ③ 83.9m ④ 85.9m

TIP 외할$(E) = R\left(\sec\dfrac{I}{2} - 1\right)$

$\therefore R = \dfrac{E}{\sec\dfrac{I}{2} - 1} = \dfrac{25}{\sec\dfrac{80°}{2} - 1} = \dfrac{25}{1.3054 - 1} = 81.9\text{m}$

여기서, $\sec\dfrac{I}{2} = \dfrac{1}{\cos\dfrac{I}{2}} = \dfrac{1}{\cos\dfrac{80°}{2}} = 1.3054$

정답 43 ③ 44 ② 45 ③ 46 ②

47 단곡선 설치에서 곡선의 시점(B.C)까지의 추가거리가 450.25m이었을 때 시단현(l_1)의 길이는? (단, 중심말뚝 간 거리=20m)

① 0.25m
② 9.75m
③ 10.25m
④ 19.75m

> **TIP** 곡선의 시점(B.C)이 450.25m이므로 중심말뚝 간 거리가 20m이므로 No.22+10.25m가 된다.
> ∴ 시단현(l_1)의 길이=20−10.25=9.75m

48 노선측량에서 기지점으로부터 노선시점(B.C)까지의 거리가 1,590m이고 접선길이(T.L)가 200m, 곡선길이(C.L)가 550m이면 노선종점(E.C)까지의 거리는?

① 1,390m
② 1,790m
③ 2,140m
④ 2,340m

> **TIP** 노선종점(E.C)까지의 거리 = 노선시점(B.C) + 곡선길이(C.L) = 1,590 + 550 = 2,140m

49 단곡선 설치에서 교각 60°, 반지름 100m, 곡선시점의 추가거리가 140.65m일 때 곡선종점의 거리는?

① 104.70m
② 140.65m
③ 240.65m
④ 245.37m

> **TIP** 곡선길이(C.L) = $0.0174533 RI° = 0.0174533 \times 100 \times 60° = 104.72$m
> ∴ 곡선종점(E.C) = 곡선시점(B.C) + 곡선길이(C.L) = 140.65 + 104.72 = 245.37m

50 단곡선을 설치할 때 도로기점에서 교점(I.P)까지의 거리가 494.25m이고 교각이 84°, 곡선반지름이 250m일 때 도로기점으로부터 곡선종점까지의 거리는?

① 599.35m
② 619.35m
③ 635.67m
④ 653.94m

> **TIP**
> • 접선길이(T.L) = $R\tan\dfrac{I}{2} = 250 \times \tan\dfrac{84°}{2} = 225.10$m
> • 곡선시점(B.C) = 도로기점∼교점까지 거리 − 접선길이(T.L) = 494.25 − 225.10 = 269.15m
> • 곡선길이(C.L) = $0.0174533 RI° = 0.0174533 \times 250 \times 84° = 366.52$m
> ∴ 곡선종점(E.C) = 곡선시점(B.C) + 곡선길이(C.L) = 269.15 + 366.52 = 635.67m

51 곡선 설치에서 교점(I.P)까지의 추가거리가 150.80m이고, 곡선반지름(R)이 200m, 교각(I)이 56°32′이었을 때, 곡선종점(E.C)까지의 추가거리는?

① 107.54m
② 197.34m
③ 240.60m
④ 275.36m

정답 47 ② 48 ③ 49 ④ 50 ③ 51 ③

> **TIP**
> - 접선길이(T.L) $= R\tan\dfrac{I}{2} = 200 \times \tan\dfrac{56°32'}{2} = 107.54\text{m}$
> - 곡선시점(B.C) = 도로기점~교점까지 거리 − 접선길이(T.L) = 150.80 − 107.54 = 43.26m
> - 곡선길이(C.L) $= 0.0174533RI° = 0.0174533 \times 200 \times 56°32' = 197.34\text{m}$
> - ∴ 곡선종점(E.C) = 곡선시점(B.C) + 곡선길이(C.L) = 43.26 + 197.34 = 240.60m

52 도로의 기점으로부터 곡선시점까지 추가거리가 500m이고 곡선반지름이 200m, 교각이 90°일 때 곡선의 중간점까지의 추가거리는?

① 600m ② 657m
③ 700m ④ 814m

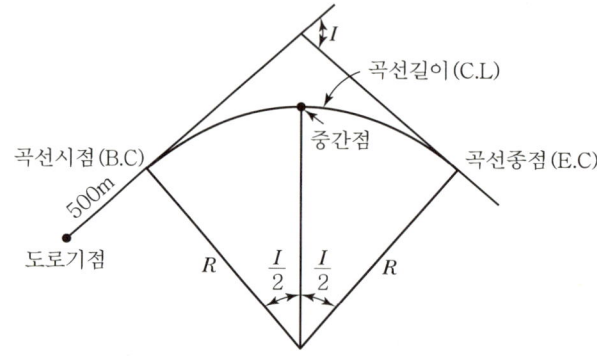

> 곡선길이(C.L) $= 0.0174533RI° = 0.0174533 \times 200 \times 90° = 314\text{m}$
> ∴ 곡선의 중간점까지 추가거리 = 곡선시점(B.C) + $\dfrac{1}{2}$ × 곡선길이(C.L) = 500 + $\dfrac{1}{2}$ × 314 = 657m

53 편각에 의한 곡선 설치에서 곡선시점의 추가거리가 143.248m이고, 곡선장이 42.255m일 때 종단현의 길이는?(단, 중심말뚝 간격은 20m)

① 10.752m ② 5.503m
③ 4.752m ④ 3.248m

> **TIP**
> - 곡선시점(B.C) = 143.248m
> - 곡선길이(C.L) = 42.255m
> - 곡선종점(E.C) = 곡선시점(B.C) + 곡선길이(C.L) = 143.248 + 42.255 = 185.503m(No.9 + 5.503m)
> - ∴ 종단현 길이(l_n) = E.C 추가거리 = 5.503m

54 도로의 기점으로부터 교점까지 추가거리가 483.26m이고 교각이 36°18'일 때 종단현의 길이는? (단, 곡선반지름은 200m, 중심말뚝 간격은 20m이다.)

① 4.41m ② 5.64m
③ 6.23m ④ 7.85m

정답 52 ② 53 ② 54 ①

TIP
- 접선길이(T.L) $= R\tan\dfrac{I}{2} = 200\times\tan\dfrac{36°18'}{2} = 65.56\text{m}$
- 곡선시점(B.C) = 도로기점~교점까지 거리 − 접선길이(T.L) = 483.26 − 65.56 = 417.70m
- 곡선길이(C.L) $= 0.0174533RI° = 0.0174533\times 200\times 36°18' = 126.71\text{m}$
- 곡선종점(E.C) = 곡선시점(B.C) + 곡선길이(C.L) = 417.70 + 126.71 = 544.41m(No.27 + 4.41m)
- ∴ 종단현 길이(l_n) = E.C 추가거리 = 4.41m

55 원곡선에 있어서 교각(I)이 60°, 반지름(R)이 100m, B.C는 No.5 + 5m일 때 곡선의 종점(E.C)까지의 거리는?(단, 말뚝중심 간격은 10m이다.)

① 49.7m
② 154.7m
③ 159.7m
④ 209.7m

TIP E.C 위치 = B.C + C.L
B.C = No.5 + 5 = (10×5) + 5 = 55m
C.L $= 0.0174533RI° = 0.0174533\times 100\times 60° = 104.7\text{m}$
∴ E.C = B.C + C.L = 55 + 104.7 = 159.7m

56 편각법에 의한 단곡선 설치에서 곡선반지름이 200m일 때 중심말뚝 간격 20m에 대한 편각은?

① 1°25′59″
② 2°51′53″
③ 4°38′16″
④ 5°43′56″

TIP 20m 편각(δ_{20}) $= 1{,}718.87'\times\dfrac{20}{R} = 1{,}718.87'\times\dfrac{20}{200} = 2°51'53''$

57 곡선 설치에서 곡선반지름 $R = 600$m일 때, 현의 길이 $L = 20$m에 대한 편각은?

① 0°42′58″
② 0°57′18″
③ 1°08′45″
④ 1°25′57″

TIP 20m 편각(δ_{20}) $= 1{,}718.87'\times\dfrac{L}{R} = 1{,}718.87'\times\dfrac{20}{600} = 0°57'18''$

58 단곡선에서 곡선반지름 $R = 150$m, 교각 $I = 60°$이고 시단현의 길이 $l_1 = 17.34$m일 때, 시단현의 편각 δ_1은?

① 2°29′02″
② 2°42′02″
③ 3°18′42″
④ 3°42′25″

TIP 시단현 편각(δ_1) $= 1{,}718.87'\times\dfrac{l_1}{R} = 1{,}718.87'\times\dfrac{17.34}{150} = 3°18'42''$

정답 55 ③ 56 ② 57 ② 58 ③

59 편각법에 의한 단곡선 설치에서 종단현이 10m였다면 종단현에 대한 편각은?(단, 곡선반지름은 200m)

① 1°25′57″
② 2°51′53″
③ 5°43′46″
④ 171°53′14″

> **TIP** 종단현 편각(δ_n) = $1,718.87' \times \dfrac{l_n}{R}$ = $1,718.87' \times \dfrac{10}{200}$ = $1°25'57''$
> 여기서, l_n : 종단현 길이

60 지거설치에 대한 설명 중 옳은 것은?

① 단곡선 설치법 중 가장 간단하고 정도도 가장 높다.
② 줄자로서 간단히 측정되며, 도로에 이용된다.
③ 간단하지도 않고 정도가 낮다.
④ 소요인원이 적고, 반경이 극히 작은 경우도 오차가 없다.

> **TIP** 지거법은 간단하게 줄자만을 이용하여 설치할 수 있으나 정도는 좋지 않다.

61 토털스테이션(Total Station)을 이용한 단곡선 설치에 있어서 가장 널리 사용되는 편리한 방법은?

① 좌표법
② 중앙종거법
③ 지거설치법
④ 종거에 의한 설치법

> **TIP** 토털스테이션에는 좌표입력기능이 있으므로 각 측점의 좌표를 입력하여 측설하는 방법이 최근 널리 사용되고 있다.

62 그림과 같이 반지름이 다른 2개의 단곡선이 그 접속점에서 공통 접선의 반대쪽에 곡선의 중심을 가지고 연결된 곡선을 무엇이라고 하는가?

① 반향곡선
② 원곡선
③ 복곡선
④ 완화곡선

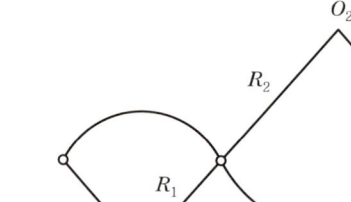

> **TIP** 반향곡선
> 반지름이 다른 2개의 단곡선이 1개의 공통접선의 반대쪽에 서로 곡선의 중심을 가지고 연결한 곡선이다.

63 공통접선의 반대쪽에 중심이 있고 반지름이 같거나 서로 다른 원호인 곡선은?

① 배향곡선
② 반향곡선
③ 복심곡선
④ 단곡선

TIP 반향곡선
반지름이 다른 2개의 단곡선이 1개의 공통접선의 반대쪽에 서로 곡선의 중심을 가지고 연결한 곡선이다.

64 반지름이 서로 다른 2개의 원곡선이 그 접속점에서 공통 접선을 이루고, 그들의 중심이 공통접선에 대하여 같은 방향에 있는 곡선은?

① 반향곡선 ② 복심곡선
③ 단곡선 ④ 클로소이드 곡선

TIP 복심곡선
반경이 다른 2개의 단곡선이 그 접속점에서 공통접선을 갖고 그것들의 중심이 공통접선과 같은 방향에 있는 곡선을 말한다.

65 그림과 같이 반지름이 다른 2개의 단곡선이 그 접속점에서 공통 접선을 갖고 곡선의 중심이 공통 접선과 같은 방향에 있는 곡선은?

① 복심곡선
② 반향곡선
③ 횡단곡선
④ 쌍곡선

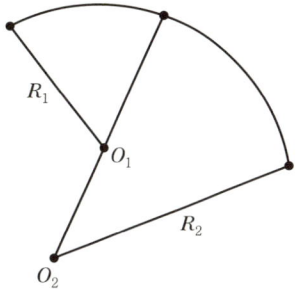

TIP 복심곡선
반경이 다른 2개의 단곡선이 그 접속점에서 공통접선을 갖고 그것들의 중심이 공통접선과 같은 방향에 있는 곡선을 말한다.

66 다음 중 복심곡선의 설명으로 가장 적합한 것은?

① 노선의 비탈이 변화하는 곳에 1개의 원호로 된 곡선
② 2개 이상의 다른 반지름의 원곡선이 1개의 공통접선의 같은 쪽에서 연속하는 곡선
③ 직선부와 원곡선부, 곡선부와 원곡선 사이에 넣는 특수곡선
④ 2개의 원곡선이 1개의 공통접선의 양쪽에 서로 곡선 중심을 가지고 연속된 곡선

TIP 복심곡선
반경이 다른 2개의 원곡선이 1개의 공통접선을 갖고 접선의 같은 쪽에서 연결하는 곡선이다.

67 노선설계 시 직선부와 곡선부 사이에 원심력을 줄이기 위해 곡선 반지름을 무한대에서 일정 구간까지 점차 감소시키는 곡선을 무엇이라 하는가?

① 완화곡선 ② 단곡선
③ 수직곡선 ④ 편곡선

> **TIP** 완화곡선
> 도로, 철도 등에서 중심선에 곡선부분이 있을 때, 원심력에 의한 영향을 감소시키기 위하여 곡률이 서서히 변화하는 곡선을 설치하는 것이며, 주로 직선 구간과 원곡선 구간 사이에 설치한다.

68 노선설계 시 직선부와 곡선부 사이에 편경사와 확폭을 갑자기 설치하면 차량통행에 불편을 주므로 곡선 반지름을 무한대에서 일정 값까지 점차 감소시키는 곡선을 설치하게 되는데 이를 무엇이라 하는가?

① 완화곡선 ② 단곡선 ③ 수직선 ④ 편곡선

> **TIP** 완화곡선
> 도로, 철도 등에서 중심선에 곡선부분이 있을 때, 원심력에 의한 영향을 감소시키기 위하여 곡률이 서서히 변화하는 곡선을 설치하는 것이며, 주로 직선 구간과 원곡선 구간 사이에 설치한다.

69 다음 중 완화곡선의 종류가 아닌 것은?

① 렘니스케이트 곡선 ② 클로소이드 곡선
③ 3차 포물선 ④ 단곡선

> **TIP** 완화곡선의 종류
> • 클로소이드 곡선 : 고속도로에 주로 사용
> • 렘니스케이트 곡선 : 시가지 철도에 주로 사용
> • 3차 포물선 : 철도에 주로 사용
> • 반파장 sine 체감곡선 : 고속철도에 주로 사용

70 고속도로 건설에 주로 사용되는 완화곡선은?

① 3차 포물선 ② 클로소이드(Clothoid) 곡선
③ 반파장 sine 체감곡선 ④ 렘니스케이트(Lemniscate) 곡선

> **TIP** • 3차 포물선 : 철도에 주로 사용
> • 클로소이드 곡선 : 고속도로에 주로 사용
> • 반파장 sine 체감곡선 : 고속철도에 주로 사용
> • 렘니스케이트 곡선 : 시가지 철도에 주로 사용

71 차량이 도로의 곡선부를 달리게 되면 원심력이 생겨 도로 바깥쪽으로 밀리려 한다. 이것을 방지하기 위하여 도로 안쪽보다 바깥쪽을 높여 주는 것을 무엇이라 하는가?

① 레일(R) ② 플랜지(F)
③ 슬랙(S) ④ 캔트(C)

> **TIP** 캔트(Cant)
> 곡선부를 통과하는 차량이 원심력이 발생하여 접선방향으로 탈선하려는 것을 방지하기 위해 바깥쪽 노면을 안쪽 노면보다 높이는 정도를 말한다.

정답 68 ① 69 ④ 70 ② 71 ④

72 철도의 곡선부에 설치되는 내·외측 레일 사이의 높이차를 무엇이라 하는가?

① 확폭(Slack)   ② 완화곡선
③ 캔트(Cant)   ④ 레일 간격

> **TIP** 캔트
> 철도 차량이 곡선부를 원활하게 통과할 수 있도록 안쪽 레일을 기준으로 바깥쪽 레일을 높게 부설하는 것을 말한다.

73 철도의 곡선도로 진입 시 원심력에 의한 탈선을 방지하기 위해 안쪽과 바깥쪽 레일 사이에 주는 높이차는?

① 차트   ② 캔트   ③ 실트   ④ 확폭

> **TIP** 캔트
> 철도 차량이 곡선부를 통과할 때 원심력에 의해 탈선하는 것을 방지하기 위해 안쪽 레일을 기준으로 바깥쪽 레일을 높게 부설하는 것을 말한다.

74 캔트(Cant)에 대한 설명으로 틀린 것은?

① 레일 간격에 비례한다.   ② 중력 가속도에 비례한다.
③ 곡선반지름에 반비례한다.   ④ 설계속도의 제곱에 비례한다.

> **TIP** 캔트(Cant) $= \dfrac{V^2 S}{gR}$ 이므로 중력 가속도에 반비례한다.

75 캔트의 계산에 있어서 속도와 반지름을 모두 2배로 하면 캔트는 몇 배가 되는가?

① 2배   ② 4배
③ 6배   ④ 8배

> **TIP** 캔트$(C) = \dfrac{SV^2}{gR} = \dfrac{S(2V)^2}{g(2R)} = \dfrac{4SV^2}{2gR} = 2\dfrac{SV^2}{gR}$
> ∴ 속도와 반지름을 모두 2배로 하면, 캔트는 2배로 증가된다.

76 곡선반경이 500m인 원곡선을 90km/h로 주행하고자 할 때 캔트(C)는 얼마인가?(단, 궤간(b)은 1,067mm, $g = 9.8\text{m/sec}^2$)

① 140mm   ② 136mm
③ 131mm   ④ 126mm

> **TIP** 캔트$(C) = \dfrac{V^2 S}{gR} = \dfrac{\left(\dfrac{90 \times 1,000}{60 \times 60}\right)^2}{9.8 \times 500} \times 1,067 = 136\text{mm}$

정답 72 ③ 73 ② 74 ② 75 ① 76 ②

77 도로의 구배 표시방법은?

① $n/100$ ② $n/1,000$ ③ $n/10$ ④ $n/1$

TIP
- 도로경사 : $n/100$
- 철도경사 : $n/1,000$

78 노선측량에서 완화곡선에 대한 설명으로 옳지 않은 것은?

① 완화곡선에 연한 곡선 반지름의 감소율은 캔트의 증가율과 같다.
② 완화곡선의 반지름은 종점에서 원곡선의 반지름과 같다.
③ 완화곡선의 접선은 종점에서 원호에 접한다.
④ 곡률이 곡선 길이에 반비례하는 곡선을 클로소이드라 한다.

TIP
- 완화곡선 : 노선의 직선과 곡선의 사이에서 일어나는 여러 가지 영향을 완화할 목적으로 넣는 곡선
- 클로소이드 곡선 : 곡률이 곡선 길이에 비례하는 곡선

79 완화곡선의 성질에 대한 설명으로 옳은 것은?

① 완화곡선의 접선은 시점에서 원호에 접한다.
② 완화곡선의 반지름은 시점에서 원곡선이 된다.
③ 완화곡선의 시점에서 슬랙은 원곡선의 슬랙과 같다.
④ 완화곡선에 연한 곡선반지름의 감소율은 캔트의 증가율과 같다.

TIP
- ①문항 : 시점에서 직선에 접한다.
- ②문항 : 반지름은 시점에서 무한대(∞)이다.

80 노선측량에서 완화곡선의 종류가 아닌 것은?

① 클로소이드 곡선 ② 렘니스케이트 곡선
③ 3차 포물선 ④ 2차 포물선

TIP 2차 포물선은 수직곡선(종곡선) 설치에 이용되는 곡선이다.

81 노선의 곡선반지름 $R=200$m, 곡선길이 $L=40$m일 때 클로소이드의 매개변수 A는?

① 80.44m ② 81.44m
③ 88.44m ④ 89.44m

TIP 클로소이드의 매개변수 $(A^2) = RL$
∴ $A = \sqrt{RL} = \sqrt{200 \times 40} = 89.44$m

정답 77 ① 78 ④ 79 ④ 80 ④ 81 ④

82 클로소이드 곡선에서 곡선반지름 $R = 121\text{m}$, 곡선길이 $L = 36\text{m}$일 때 클로소이드 매개변수 A의 값은?

① 56m　　　② 60m　　　③ 66m　　　④ 70m

TIP 클로소이드의 매개변수(A^2) $= RL$
∴ $A = \sqrt{RL} = \sqrt{121 \times 36} = 66\text{m}$

83 클로소이드곡선 설치 때 클로소이드곡선의 파라미터 A를 200, 반경 R을 400m라 하면 완화곡선장 L을 계산한 값은?

① 400m　　　② 300m
③ 200m　　　④ 100m

TIP $A^2 = RL$
∴ 완화곡선장(L) $= \dfrac{A^2}{R} = \dfrac{200^2}{400} = 100\text{m}$

84 일반적으로 널리 쓰이고 있는 종곡선의 형상은?

① 포물선　　　② 직교좌표　　　③ 사교좌표　　　④ 극좌표

TIP 종곡선 설치는 원곡선에 의한 설치방법과 2차 포물선에 의한 설치방법이 있으나, 주로 2차 포물선에 의한 방법으로 설치한다.

85 그림에서 V지점에 해당하는 종단곡선(Vertical Curve)상의 계획고(Elevation)는 얼마인가?(단, 종단곡선은 2차 포물선이고, A점의 계획고 $= 65.50\text{m}$)

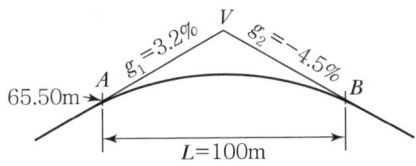

① 66.14m　　　② 66.57m
③ 66.83m　　　④ 67.49m

TIP

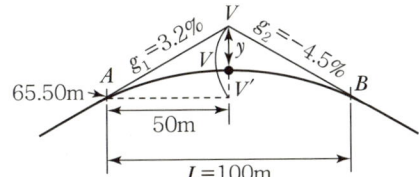

$y = \dfrac{|m \pm n|}{2L} x^2 = \dfrac{|0.032 + 0.045|}{2 \times 100} \times 50^2 = 0.96\text{m}$

$H_V = H_A + \dfrac{m}{100} x = 65.50 + \dfrac{3.2}{100} \times 50 = 67.1\text{m}$

∴ $H_V' = H_V - y = 67.1 - 0.96 = 66.14\text{m}$

CHAPTER 10 GNSS(위성측위)측량

PART 1

1 한눈에 보기

※ 중요 부분은 **집중 이해하기**에 자세히 설명되어 있음을 알려드립니다.

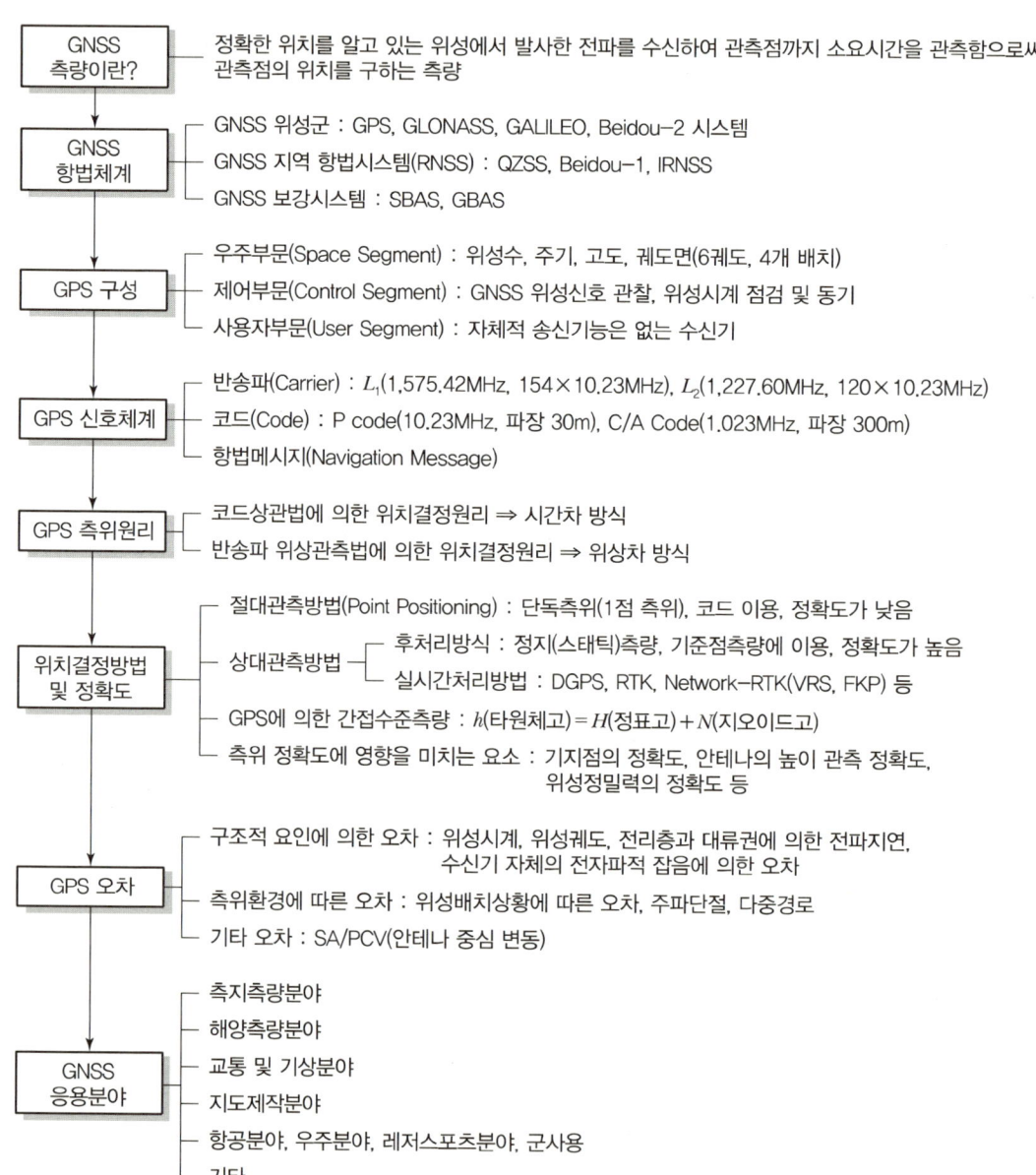

- **GNSS 측량이란?** : 정확한 위치를 알고 있는 위성에서 발사한 전파를 수신하여 관측점까지 소요시간을 관측함으로써 관측점의 위치를 구하는 측량

- **GNSS 항법체계**
  - GNSS 위성군 : GPS, GLONASS, GALILEO, Beidou-2 시스템
  - GNSS 지역 항법시스템(RNSS) : QZSS, Beidou-1, IRNSS
  - GNSS 보강시스템 : SBAS, GBAS

- **GPS 구성**
  - 우주부문(Space Segment) : 위성수, 주기, 고도, 궤도면(6궤도, 4개 배치)
  - 제어부문(Control Segment) : GNSS 위성신호 관찰, 위성시계 점검 및 동기
  - 사용자부문(User Segment) : 자체적 송신기능은 없는 수신기

- **GPS 신호체계**
  - 반송파(Carrier) : L_1(1,575.42MHz, 154×10.23MHz), L_2(1,227.60MHz, 120×10.23MHz)
  - 코드(Code) : P code(10.23MHz, 파장 30m), C/A Code(1.023MHz, 파장 300m)
  - 항법메시지(Navigation Message)

- **GPS 측위원리**
  - 코드상관법에 의한 위치결정원리 ⇒ 시간차 방식
  - 반송파 위상관측법에 의한 위치결정원리 ⇒ 위상차 방식

- **위치결정방법 및 정확도**
  - 절대관측방법(Point Positioning) : 단독측위(1점 측위), 코드 이용, 정확도가 낮음
  - 상대관측방법
    - 후처리방식 : 정지(스태틱)측량, 기준점측량에 이용, 정확도가 높음
    - 실시간처리방법 : DGPS, RTK, Network-RTK(VRS, FKP) 등
  - GPS에 의한 간접수준측량 : h(타원체고)=H(정표고)+N(지오이드고)
  - 측위 정확도에 영향을 미치는 요소 : 기지점의 정확도, 안테나의 높이 관측 정확도, 위성정밀력의 정확도 등

- **GPS 오차**
  - 구조적 요인에 의한 오차 : 위성시계, 위성궤도, 전리층과 대류권에 의한 전파지연, 수신기 자체의 전자파적 잡음에 의한 오차
  - 측위환경에 따른 오차 : 위성배치상황에 따른 오차, 주파단절, 다중경로
  - 기타 오차 : SA/PCV(안테나 중심 변동)

- **GNSS 응용분야**
  - 측지측량분야
  - 해양측량분야
  - 교통 및 기상분야
  - 지도제작분야
  - 항공분야, 우주분야, 레저스포츠분야, 군사용
  - 기타

2 집중 이해하기

1 GNSS측량

GNSS(Global Navigation Satellite System)측량은 인공위성을 이용한 세계위치 결정체계로 정확한 위치를 알고 있는 위성에서 발사한 전파를 수신하여 관측점까지 소요시간을 관측함으로써 관측점의 위치를 구하는 측량이다.

2 종래측량과 GNSS측량의 비교

종래측량	GNSS측량
1차원 또는 2차원 측지 (평면측량과 수준측량이 별도)	3차원 또는 4차원 측지
정확도 : $\frac{1}{10^5}$	정확도 : $\frac{1}{10^6} \sim \frac{1}{10^7}$
기상조건에 좌우됨	기상조건에 무관(천둥번개는 영향을 미침)
상호 관측기선이 가시구역 내 위치	가시구역이 필요 없고, 위성을 추적할 수 있는 공간 필요
관측시간의 제약	24시간 관측 가능
좌표계가 통일되지 않음	좌표계가 통일
다수인원 필요	수신기 1대당 1인 필요
	장비 설치 용이
	고속 관측자료 처리
	수치적 결과 산출(자동제작과 조정 용이)

예제

01. GNSS의 특징으로 옳은 것은?
① 낮 시간에만 사용할 수 있다.
② 측점 간 시통이 이루어져야 한다.
③ 측량거리에 비해 정확도가 낮다.
④ 지구 어느 곳에서나 사용할 수 있다.

정답 ④

3 GNSS 항법체계

지구상의 위치를 결정하기 위한 위성과 이를 보강하기 위한 시스템 및 지역 항법시스템을 통칭하여 GNSS(Global Navigation Satellite System)라고 한다.

(1) GNSS 위성군

전 세계를 대상으로 하는 위성항법시스템

① GPS : 미국의 측지위성
② GLONASS(GLObal NAvigation Satellite System) : 러시아의 측지위성
③ GALILEO 시스템 : 유럽연합에서 계획하고 수행 중인 위성항법시스템(순수 민간인 전용의 시스템)

(2) GNSS 지역 항법시스템(RNSS)

GNSS 위성이 가지고 있는 단점인 고층빌딩 및 신호 음영지역 등을 보완하여 GNSS 정밀도를 향상하기 위한 항법시스템

① QZSS(Quasi-Zenith Satellite System) : 일본 위성항법시스템
② 북두항법시스템 : 중국 위성항법시스템

(3) GNSS 보강시스템

GNSS 위성측량의 정확도 향상을 위해 지원하고 있는 위성 및 지상기반의 보강시스템

① SBAS(Space or Satellite Based Augmentation System) : 위성기반의 위치보정시스템
② GBAS(Ground Based Augmentation System) : 지상기반의 위치보정시스템

예제

02. 인공위성 위치결정시스템(GNSS)이 아닌 것은?

① GLONASS　　② Galileo
③ NAROHO　　④ GPS

정답 ③

4 GPS 구성

GPS는 미국 로스앤젤레스 공군기지(AFB)에 설치된 종합통제소가 1973년 이래로 현재까지 다음과 같은 세 개의 부문을 관장하고 있다.

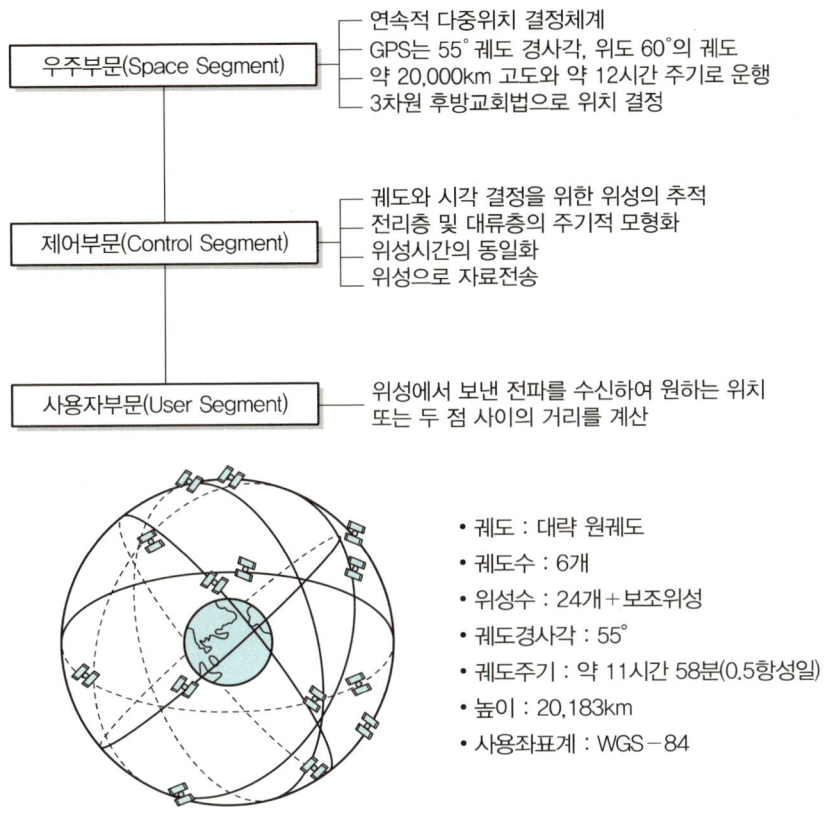

- 우주부문(Space Segment)
  - 연속적 다중위치 결정체계
  - GPS는 55° 궤도 경사각, 위도 60°의 궤도
  - 약 20,000km 고도와 약 12시간 주기로 운행
  - 3차원 후방교회법으로 위치 결정

- 제어부문(Control Segment)
  - 궤도와 시각 결정을 위한 위성의 추적
  - 전리층 및 대류층의 주기적 모형화
  - 위성시간의 동일화
  - 위성으로 자료전송

- 사용자부문(User Segment)
  - 위성에서 보낸 전파를 수신하여 원하는 위치 또는 두 점 사이의 거리를 계산

- 궤도 : 대략 원궤도
- 궤도수 : 6개
- 위성수 : 24개＋보조위성
- 궤도경사각 : 55°
- 궤도주기 : 약 11시간 58분(0.5항성일)
- 높이 : 20,183km
- 사용좌표계 : WGS－84

[그림 10-1] GPS 위성궤도

예제

03. GPS의 우주부문에 대한 설명으로 틀린 것은?

① 인공위성의 고도는 약 20,200km이다
② 인공위성의 공전주기는 1항성일이다.
③ GPS 위성의 궤도면은 6개이다.
④ 우주부문은 GPS 위성으로 구성되어 있다.

정답 ②

5 GPS 신호체계

GPS 신호는 측위계산용 정보를 코드값으로 변조한 형태의 코드신호와 이를 지상으로 운반하는 전파형태의 반송파신호로 구분된다.

(1) 반송파(Carrier)

① L_1 : 1,575.42MHz(154×10.23MHz), C/A-code와 P-code 변조 가능, 파장 19cm
② L_2 : 1,227.60MHz(120×10.23MHz), P-code만 변조 가능, 파장 24cm

(2) 코드(Code)

1) P-code
① 반복주기 7일인 PRN Code(Pseudo Random Noise Code)
② 주파수 10.23MHz, 파장 30m
③ AS Mode로 동작하기 위해 Y-code로 암호화되어 PPS 사용자에게 제공
④ PPS(Precise Positioning Service : 정밀측위서비스) : 군사용

2) C/A code
① IMS(Milli-second)인 PRN Code
② 주파수 1.023MHz, 파장 300m
③ L_1 반송파에 변조되어 SPS 사용자에게 제공
④ SPS(Standard Positioning Service : 표준측위서비스) : 민간용

(3) 항법 메시지(Navigation Message)

① GPS 위성의 궤도, 시간, 다른 시스템의 변수값들을 포함
② C/A코드와 함께 L_1파에 실려서 전송

예제

04. 다음 중 한 파장의 길이가 가장 짧은 GPS 신호는?

① L_1 ② L_2
③ C/A ④ P

정답 ①

6 GPS측위 원리

① 관측점의 위치좌표(X, Y, Z)가 미지수이므로, 원리적으로는 3개의 위성에서 전파를 수신함으로써 관측점의 위치를 구할 수 있으나, 이때 위성의 시계와 관측점의 시계가 일치해야만 한다.
② 따라서, GPS에서는 그림과 같이 4개의 위성을 동시에 관측함으로써 시계의 오차도 미지수로 취급하여 해석한다.
③ 즉, GPS는 관측점의 좌표(X, Y, Z)와 시각 t의 4차원 좌표의 결정 방식이므로 비행기, 배 및 자동차와 같이 고속운동하는 물체의 위치관측은 물론 속도관측에도 유효하다.

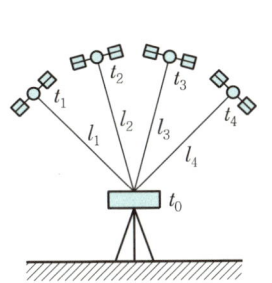

$$\left.\begin{array}{l} C(t_0 - t_1) = l_1 \\ C(t_0 - t_2) = l_2 \\ C(t_0 - t_3) = l_3 \\ C(t_0 - t_4) = l_4 \end{array}\right\} \rightarrow X, Y, Z, t_0$$

여기서, C : 광속도
t_0 : 신호 수신 시각
$t_1 \sim t_4$: 신호 발신 시각
$l_1 \sim l_4$: 위성까지의 거리
X, Y, Z : 관측점의 위치좌표

[그림 10-2] GPS측량의 위치결정 원리

예제

05. GPS 시간오차를 제거한 3차원 위치결정을 위해 필요한 최소 위성의 수는?

① 1대　　② 2대　　③ 3대　　④ 4대

정답 ④

---

7 위치결정방법 및 정확도

GNSS의 관측방법은 크게 1점 측위(Point Positioning) 혹은 절대관측과 상대관측으로 나누어지며 상대관측은 후처리방법과 실시간 처리방법으로 구분된다.

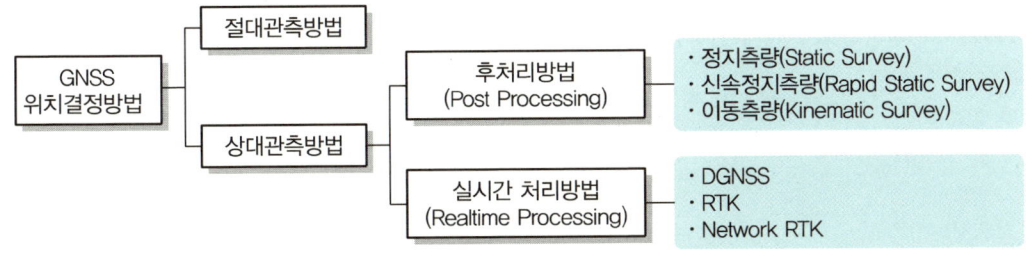

> **예제**
>
> **06.** GPS측량방법 중 상대위치 결정방법이 아닌 것은?
>   ① 실시간 DGPS　　② 1점 측위
>   ③ 후처리 DGPS　　④ 실시간 이동측량(RTK)
>
>   정답 ②

(1) 절대관측방법(1점 측위)

4개 이상의 위성으로부터 수신한 신호 가운데 C/A-code를 이용해 실시간 처리로 수신기의 위치를 결정하는 방법이다.

① 지구상에 있는 사용자의 위치를 관측하는 방법
② 위성신호 수신 즉시 수신기의 위치 계산
③ GNSS의 가장 일반적이고 기초적인 응용단계
④ 계산된 위치의 정확도가 낮음(15~25m의 오차)
⑤ 선박, 자동차, 항공기 등의 항법에 이용

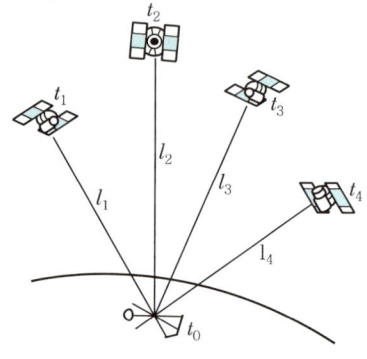

[그림 10-3] 절대관측방법

(2) 상대관측방법(간섭계 측위)

2점 간에 도달하는 전파의 시간적 지연을 측정하고, 2점 간의 거리를 정확히 측정하여 관측하는 방법으로 후처리방법과 실시간 처리방법으로 나누어진다.

1) 후처리방법

① 스태틱(Static)측량

2개 이상의 수신기를 각 측점에 고정하고 양 측점에서 동시에 4대 이상의 위성으로부터 신호를 30~60분 이상 수신하는 방식이다.

- VLBI의 보완 또는 대체 가능
- 수신완료 후 컴퓨터로 각 수신기의 위치, 거리 계산
- 계산된 위치 및 거리 정확도가 높음
- 측지측량에 이용(기준점 측량에 이용)
- 정도는 수 cm 정도(1~0.1ppm)

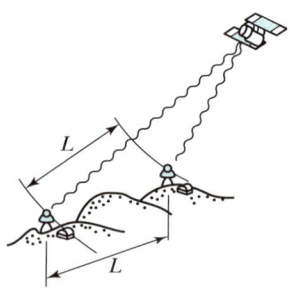

[그림 10-4] 스태틱관측방법

② 키네마틱(Kinematic)측량
기지점의 1대 수신기를 고정국, 다른 수신기를 이동국으로 하여 4대 이상의 위성으로부터 신호를 수초~수분 정도 포맷하는 방식이다.
- 이동차량 위치 결정에 이용
- 공사측량 등에 응용
- 정도는 10cm~10m 정도

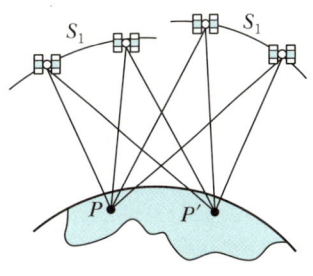

[그림 10-5] 키네마틱관측방법

2) 실시간 처리방법
① DGNSS(또는 RTK 측량)
DGNSS는 이미 알고 있는 기지점좌표를 이용하여 오차를 최대한 줄여서 이용하기 위한 위치결정방식으로 기지점에서 기준국용 GNSS 수신기를 설치, 위성을 관측하여 각 위성의 의사거리 보정값을 구하고 이 보정값을 이용하여 이동국용 GNSS 수신기의 위치결정 오차를 개선하는 위치결정방식이다.

② 네트워크 RTK(VRS)
네트워크 RTK측량은 3점 이상의 GNSS 상시관측소에서 취득한 위성데이터로부터 계통적 오차를 분리·모델링하여 생성한 보정데이터를 사용자에게 실시간으로 전송함으로써 수신기 1대만으로 정확도가 높은 측량이 가능한 기술로, 최근 널리 사용되고 있는 측위방법이다.
- 네트워크 RTK의 종류 : VRS(Virtual Reference Station, 가상기준점) 방식, FKP(Flächen-Korrektur Parameter, 면보정 파라미터) 방식

예제

07. GPS 관측기술 중 GPS 상시관측소를 활용하여 실시간으로 높은 정확도의 3차원 위치를 결정할 수 있는 측량방법은?
① 실시간 Point Positioning 측량　　② 실시간 DGPS 측량
③ 실시간 VRS 측량　　　　　　　　④ 실시간 RTK 측량

정답 ③

---

8 GNSS에 의한 간접수준측량

① 정표고는 평균해수면에 가장 근사한 중력 등포텐셜면으로 정의되는 지오이드를 기준으로 하여 측정된다.

② GNSS에 의하여 측정되는 타원체고는 지오이드에 대하여 수학적으로 가장 근사한 가상면의 지심타원체(WGS84 타원체)를 기준으로 측정된다.
③ 그러므로 수준측량에 있어 GNSS를 실용화하기 위해서는 정확한 지오이드고가 산정되어야 하겠지만 현재로서는 [그림 10-6]과 같은 간접방식에 의해 GNSS 수준측량이 가능하다.

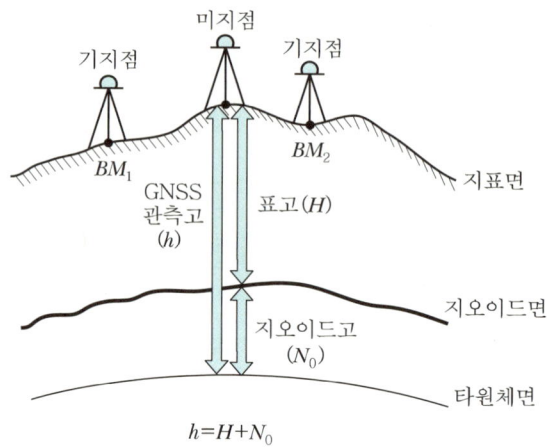

[그림 10-6] GNSS 기반의 높이측량 원리

예제

08. 그림과 같이 A 지점에서 GPS로 관측한 타원체고(h)가 37.238m이고 지오이드고(N)는 21.524m를 얻었다. A점에서 취득한 높이 값을 이용하여 수준측량 한 결과 C점의 표고는?(단, 거리는 타원체면상의 거리이고 A, B, C점의 지오이드는 동일하며 연직선편차는 0으로 가정한다.)

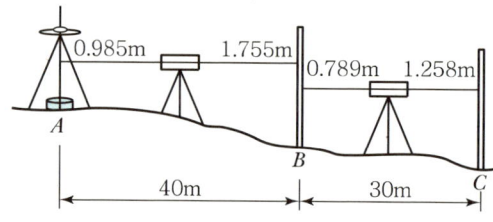

① 13.475m ② 14.475m
③ 15.475m ④ 16.475m

정답 ②

해설 정표고(H) = 타원체고(h) − 지오이드고(N)
$H_A = 37.238 - 21.524 = 15.714$m
∴ $H_C = H_A + 0.985 - 1.755 + 0.789 - 1.258 = 14.475$m

9 GNSS측량 시 측위정확도에 영향을 미치는 주요 요인

① 위성의 궤도정보(위성의 개수와 배치상황)
② 전리층과 대류권 전파지연
③ 안테나의 위상특성
④ 수신기 내부오차와 방해파
⑤ 기선 길이

[그림 10-7] GPS측량

10 GNSS 오차

GNSS의 측위오차는 거리오차와 DOP(정밀도 저하율)의 곱으로 표시가 되며 크게 구조적 요인에 의한 거리오차, 위성의 배치상황에 따른 오차, SA, Cycle Slip 등으로 구분할 수 있다.

(1) 구조적 요인에 의한 오차(시스템오차)

① **위성시계오차** : 차분법으로 소거
② **위성궤도오차** : 차분법으로 소거
③ **전리층과 대류권에 의한 전파 지연** : 이중주파수를 이용하여 감소(전리층), 수학적 모델링을 통하여 감소(대류권)
④ **수신기 자체의 전자파적 잡음에 따른 오차** : 검증과정을 통해 보정하거나 수신기의 노후에 의한 것일 때는 교체한다.

> **예제**
>
> **09.** GPS 측위의 계통적 오차(정오차) 요인이 아닌 것은?
> ① 위성의 시계오차　　② 위성의 궤도오차
> ③ 전리층 지연오차　　④ 관측 잡음오차
>
> **정답** ④

(2) 측위환경에 따른 오차

1) 위성의 배치상황에 따른 오차

    후방교회법에 있어서 기준점의 배치가 정확도에 영향을 주는 것과 마찬가지로 GNSS의 오차는 수신기와 위성들 간의 기하학적 배치에 따라 영향을 받는데, 이때 측위 정확도가 영향을 표시하는 계수로 DOP(정밀도 저하율)가 사용된다.

    ① DOP의 종류
    - GDOP : 기하학적 정밀도 저하율
    - PDOP : 위치정밀도 저하율(3차원 위치), 3~5 정도가 적당
    - HDOP : 수평정밀도 저하율(수평위치), 2.5 이하가 적당
    - VDOP : 수직정밀도 저하율(높이)
    - RDOP : 상대정밀도 저하율
    - TDOP : 시간정밀도 저하율

    ② DOP의 특징
    - 수치가 작을수록 정확하다.
    - 지표에서 가장 좋은 배치상태일 때를 1로 한다.
    - 5까지는 실용상 지장이 없으나 10 이상인 경우는 좋은 조건이 아니다.
    - 수신기를 가운데 두고 4개의 위성이 정사면체를 이룰 때, 즉 최대체적일 때 GDOP, PDOP 등이 최소이다.

> **예제**
>
> **10.** 위성의 배치에 따른 정확도의 영향을 DOP라는 수치로 나타낸다. 다음 설명 중 틀린 것은?
> ① GDOP : 중력정확도 저하율　　② HDOP : 수평정확도 저하율
> ③ VDOP : 수직정확도 저하율　　④ TDOP : 시각정확도 저하율
>
> **정답** ①

2) 주파단절(Cycle Slip)
　① 반송파의 위상치의 값을 순간적으로 놓침으로써 발생하는 오차로 이동측량에서 많이 발생한다.
　② 사이클슬립의 원인
　　• GNSS 안테나 주위의 지형·지물에 의한 신호 단절
　　• 높은 신호 잡음
　　• 낮은 신호 강도
　　• 낮은 위성의 고도각
　③ 처리방법 : 3중 차분법을 이용

3) 다중경로(Multipath)에 의한 오차
GNSS 신호는 GNSS 수신기에 위성으로부터 직접파와 건물 등으로부터 반사되어 오는 반사파가 동시에 도달하는데 이를 다중경로라고 하며, 의사거리와 위상관측값에 영향을 주어 관측에 오차가 발생한다.

　① 멀티패스의 원인 : 건물 벽면, 바닥면 등에 의한 반사파의 수신
　② 오차소거방법
　　• 관측시간을 길게 설정한다.
　　• 오차요인을 가진 장소를 피해 안테나를 설치한다.
　　• 각 위성 신호에 대하여 칼만 필터를 적용한다.
　　• Choke Ring 안테나를 사용한다.
　　• 절대측위에 의한 위치계산 시 반송파와 코드를 조합하여 해석한다.

(3) 기타 오차

　① 선택적 가용성(Selective Availability : SA)
　　미국방성의 정책적 판단에 의해 인위적으로 GPS 측량의 정확도를 고의로 저하시키기 위한 조치로, 위성의 시각정보 및 궤도정보 등에 임의의 오차를 부여하거나 송신신호 형태를 임의로 변경하는 것을 말한다. GPS 오차에 가장 큰 영향을 주던 SA는 2000년 5월 1일에 해제되었다.
　② PCV(Phase Center Variable) : 위상신호의 가변성

> **예제**
>
> **11.** GPS의 오차에 대하여 설명한 것 중 틀린 것은?
>   ① 위성시계의 오차 : 위성시계 정밀도에 대한 오차
>   ② 대기굴절오차 : 지구의 전리층과 대류권에 의한 오차
>   ③ 다중 전파경로에 의한 오차 : 반송파가 지상의 수신기를 향하여 송신될 때 인위적인 오차를 삽입하여 발생되는 오차
>   ④ 위성의 기하학적 위치에 따른 오차 : 위성의 기하학적 분포에 따라 발생하는 오차
>
>   **정답** ③

11 응용분야

GNSS는 위치나 시간정보를 필요로 하는 모든 분야에 이용될 수 있기 때문에 매우 광범위하게 응용되고 있으며 그 범위가 확산되고 있는 추세이다.

① 측지측량분야
② 해상측량분야
③ 교통분야
④ 지도제작분야(GNSS-VAN)
⑤ 항공분야
⑥ 우주분야
⑦ 레저·스포츠분야
⑧ 군사용
⑨ GSIS의 D/B 구축

> **예제**
>
> **12.** GPS의 응용분야와 관계가 적은 것은?
>   ① 측지측량분야   ② 차량분야
>   ③ 잠수함의 위치결정분야   ④ 레저·스포츠분야
>
>   **정답** ③

3 핵심 문제 익히기

01 인공위성을 이용한 범세계적 위치결정의 체계로 정확히 위치를 알고 있는 위성에서 발사한 전파를 수신하여 관측점까지의 소요시간을 측정함으로써 관측점의 3차원 위치를 구하는 측량은?

① 전자파거리측량 ② 광파거리측량
③ GPS측량 ④ 육분의 측량

> **TIP** GPS(GNSS)측량
> 인공위성을 이용한 세계위치결정체계로 정확한 위치를 알고 있는 위성에서 발사한 전파를 수신하여 관측점까지 소요시간을 관측함으로써 관측점(미지점)의 위치를 구하는 체계이다.

02 위치를 알고 있는 위성에서 발사한 전파가 지상의 수신기까지 도달하는 소요시간을 관측하여 미지점의 위치를 구하는 측량은?

① 원격탐사 ② GPS측량
③ 사진측량 ④ 위성사진측량

> **TIP** GPS(GNSS)측량
> 인공위성을 이용한 세계위치결정체계로 정확한 위치를 알고 있는 위성에서 발사한 전파를 수신하여 관측점까지 소요시간을 관측함으로써 관측점(미지점)의 위치를 구하는 체계이다.

03 GPS측량에서 사용자의 위치결정은 어떤 방법을 이용하는가?

① 후방교회법 ② 전방교회법 ③ 측방교회법 ④ 도플러효과

> **TIP** GPS측량은 알고 있는 위성을 이용하여 미지점에 기계를 설치하여 그 위치를 결정하는 방법이므로 후방교회법이다.

04 GPS측량의 특징에 대한 설명으로 옳지 않은 것은?

① 3차원 측량을 동시에 할 수 있다.
② 극지방을 제외한 전 지역에서 이용할 수 있다.
③ 하루 24시간 어느 시간에서나 이용이 가능하다.
④ 측량 거리에 비하여 상대적으로 높은 정확도를 가지고 있다.

> **TIP** GPS측량은 지구 전 지역에서 24시간 이용할 수 있으며, 3차원 측량을 동시에 할 수 있다.

05 GPS의 특징으로 옳은 것은?

① 낮 시간에만 사용할 수 있다. ② 측점 간 시통이 이루어져야 한다.
③ 측량거리에 비해 정확도가 낮다. ④ 지구 어느 곳에서나 사용할 수 있다.

정답 01 ③ 02 ② 03 ① 04 ② 05 ④

> **TIP**
> - ①문항 : 24시간 관측 가능
> - ②문항 : 측점 간 시통이 필요 없음
> - ③문항 : 측량거리에 비해 정확도가 높음
>
> ※ GPS는 24시간 지구 어느 곳에서도 사용이 가능하다.

06 GPS측량의 일반적 특성이 아닌 것은?

① 측량 거리에 비하여 상대적으로 높은 정확도를 가지고 있다.
② 지구상 어느 곳에서나 이용이 가능하다.
③ 위치결정에 기상의 영향을 많이 받는다.
④ 하루 24시간 중 어느 시간에나 이용이 가능하다.

> **TIP** GPS측량은 기상조건에 무관하고 24시간 관측이 가능하다.

07 인공위성 위치결정시스템(GNSS)이 아닌 것은?

① GLONASS   ② Galileo   ③ NAROHO   ④ GPS

> **TIP**
> - GNSS(위성항법시스템) : GPS(미국), GLONASS(러시아), Galileo(유럽), Beidou2(중국)
> - 나로호(NAROHO)는 대한민국 최초의 우주발사체로 2013년 1월 30일에 발사되었다.

08 각국의 위성측위시스템(GNSS)의 연결이 틀린 것은?

① GPS : 미국   ② Galileo : 유럽연합
③ GLONASS : 러시아   ④ QZSS : 인도

> **TIP** QZSS(Quasai-Zenith Satellite System) : 일본 위성항법시스템

09 GPS의 기본구성을 3부문으로 나눌 때 이에 해당되지 않는 것은?

① 제어부문   ② 우주부문   ③ 응용부문   ④ 사용자부문

> **TIP** GPS의 기본구성
> 우주부문, 제어부문, 사용자부문으로 구성되어 있다.

10 GPS의 우주부문에 대한 설명으로 틀린 것은?

① 인공위성의 고도는 약 20,200km이다.
② 인공위성의 공전주기는 1항성일이다.
③ GPS 위성의 궤도면은 6개이다.
④ 우주부문은 GPS 위성으로 구성되어 있다.

정답 06 ③   07 ③   08 ④   09 ③   10 ②

> **TIP**
> • 인공위성의 공전주기는 0.5항성일(약 12시간 주기)이다.
> • 1항성일 : 23시간 56분 04초

11 GPS 위성시스템에 관한 다음 설명 중 옳지 않은 것은?

① 위성의 고도는 지표면상 평균 약 20,200km이다.
② 측지기준계는 GRS80 기준계를 적용한다.
③ 각 위성들은 모두 상이한 코드정보를 전송한다.
④ 위성의 궤도주기는 약 11시간 58분이다.

> **TIP** GPS 위성은 WGS-84 좌표계를 사용한다.

12 GPS의 구성 중 사용자부문에 대하여 설명한 것으로 틀린 것은?

① 사용자부문에는 응용장비와 자료 처리 소프트웨어가 포함된다.
② 측량기법에 따라 정확도가 다르다.
③ GPS 안테나의 모양에 따라 정확도가 크게 좌우된다.
④ 응용분야에 따른 사용자부문은 측지, 군사 및 레저분야까지 다양하다.

> **TIP** GPS측량의 정확도는 안테나의 모양과는 관계없다.

13 지구를 둘러싸는 6개의 GPS 위성궤도는 각 궤도 간 몇 도의 간격을 유지하는가?

① 30°   ② 60°
③ 90°   ④ 120°

> **TIP** GPS 위성은 55° 궤도경사각, 위도 60°의 간격을 유지하고 있다.

14 GPS(Global Positioning System)를 이용한 위치측정에서 사용되는 좌표계는?

① 평면직각좌표계   ② 세계측지계(WGS84)
③ UPS좌표계   ④ UTM좌표계

> **TIP** GPS를 이용한 위치측정에 사용되는 좌표계는 세계측지계(WGS84)이다.

15 GPS가 채택하고 있는 세계측지계는?

① WGS-84   ② WGS-72
③ ITRF-92   ④ GRS-2000

> **TIP** GPS를 이용한 위치측정에 사용되는 세계측지계는 WGS-84를 채택하고 있다.

정답 11 ② 12 ③ 13 ② 14 ② 15 ①

16 GPS의 구성요소(부문)가 아닌 것은?

① 위성에 대한 우주부문
② 지상관제소에서의 제어부문
③ 측량자가 사용하는 수신기에 대한 사용자부문
④ 수신된 정보를 분석하여 재송신하는 해석부문

> **TIP** GPS의 기본구성
> 우주부문, 제어부문, 사용자부문으로 구성되어 있다.

17 GPS의 주요 구성 중 궤도와 시각결정을 위한 위성추적을 담당하는 부문은?

① 우주부문　　　　　　　② 제어부문
③ 사용자부문　　　　　　④ 위성부문

> **TIP** 제어부문은 위성에서 송신되는 신호의 품질점검, 위성궤도의 추적, 위성에 탑재된 각종 기기의 동작상태 점검 및 그 밖의 각종 제어 작업을 수행한다.

18 GPS 위성의 궤도는?

① 원궤도　　② 극궤도　　③ 타원궤도　　④ 정지궤도

> **TIP** GPS 위성 : 원궤도

19 GPS측량의 제어(관계)부문에 대한 설명으로 틀린 것은?

① 제어부문은 위성들을 매일같이 관리하기 위한 역할을 한다.
② 위성을 추적하여 각 위성의 상태를 체크한다.
③ 위성의 각종 정보를 갱신하거나 예측하는 업무를 담당한다.
④ GPS 수신기와 안테나, 자료 처리 소프트웨어 및 측량 기법들로 구성되어 있다.

> **TIP** ④문항 : 사용자부문

20 GPS측량에서 사용되는 반송파는?

① A_1, A_2 반송파　　　　② L_1, L_2 반송파
③ D_1, D_2 반송파　　　　④ Z_1, Z_2 반송파

> **TIP** GPS 신호체계
> • 반송파 : L_1, L_2
> • 코드 : P, C/A
> • 항법메시지

정답　16 ④　17 ②　18 ①　19 ④　20 ②

21 GPS 위성은 L 파장 내 주파수를 이용해 L_1, L_2 두 개의 신호를 전송한다. L_1에서 변조할 수 있는 코드와 관계있는 것은?

① C/A코드, L_2
② C/A코드, P코드
③ P코드, S코드
④ P코드, G코드

TIP
- L_1 : C/A코드, P코드 변조 가능
- L_2 : P코드만 변조 가능

22 GPS 위성의 신호 중 C/A코드 및 P코드에 의하여 변조되며 항법메시지를 가지고 있는 신호는 무엇인가?

① L_1 신호
② L_2 신호
③ L_3 신호
④ L_4 신호

TIP 항법메시지는 GPS 위성궤도, 시간, 다른 시스템의 변수값들을 포함하며, C/A코드 및 P코드와 함께 L_1파에 실려서 전송된다.

23 다음 중 한 파장의 길이가 가장 짧은 GPS 신호는?

① L_1
② L_2
③ C/A
④ P

TIP L_1 : 19cm, L_2 : 24cm, P코드 : 30m, C/A코드 : 300m

24 GPS 위성으로부터 전송되는 L_1 신호의 주파수는 1,575.42MHz이다. 광속 c = 299,792.458m/s일 때 L_1 신호 100,000 파장의 거리는 얼마인가?

① 10,230.000m
② 12,276.000m
③ 15,754.200m
④ 19,029.367m

TIP $\lambda = \dfrac{c}{f}$ (λ : 파장, c : 광속도, f : 주파수)에서 MHz를 Hz 단위로 환산하여 계산하면,

$\lambda = \dfrac{299,792.458}{1,575.42 \times 10^6} = 0.190293672\text{m}$

∴ L_1 신호 100,000 파장거리 = $n \times \lambda$ = 100,000 × 0.190293672 = 19,029.367m

25 GPS에서 전송되는 L_2 대의 신호 주파수가 1,227.60MHz일 때 L_2 신호 300,000 파장의 거리는?(단, 광속(c) = 299,792.458m/s이다.)

① 36,803m
② 36,828m
③ 73,263m
④ 1,228,450m

정답 21 ② 22 ① 23 ① 24 ④ 25 ③

TIP $\lambda = \dfrac{c}{f} = \dfrac{299,792,458}{1,227.60 \times 10^6} = 0.244210213\text{m}$

∴ 신호 300,000 파장의 거리 $= n \times \lambda = 0.244210213 \times 300,000 = 73,263\text{m}$

26 GPS 위성에서 사용되는 PRN 코드끼리 짝지어진 것은?

① C/A code, P code ② C/A code, A code
③ Z/X code, P code ④ Z/X code, A code

TIP • PRN(의사잡음신호) : GPS 위성에는 위성고유의 식별자라고 할 수 있는 PRN 코드가 있다.
• PRN 코드 : P코드, C/A코드

27 GPS 시간오차를 제거한 3차원 위치결정을 위해 필요한 최소 위성의 수는?

① 1대 ② 2대 ③ 3대 ④ 4대

TIP GPS 시간오차를 제거한 3차원 위치결정을 위해 필요한 최소 위성의 수는 4대이다.

28 GPS를 이용하여 시간의 오차도 미지수로 포함한 3차원 위치를 결정하는 방법은 최소 몇 대의 위성이 필요한가?

① 1대 ② 2대
③ 3대 ④ 4대

TIP GPS를 이용하여 시간의 오차도 미지수로 포함한 3차원 위치를 결정하는 방법은 최소 4대의 위성이 필요하다.

29 GPS 신호가 위성으로부터 수신기까지 도달한 시간이 0.6초라 할 때 위성과 수신기 사이의 거리는?(단, 빛의 속도는 300,000,000m/sec로 가정한다.)

① 180,000km ② 210,000km
③ 300,000km ④ 430,000km

TIP $V(\text{빛의 속도}) = \dfrac{L(\text{위성과 수신기 사이의 거리})}{t(\text{도달시간})}$

∴ $L = V \times t = 300,000,000 \times 0.6 = 180,000,000\text{m} = 180,000\text{km}$

30 GPS 신호가 위성으로부터 수신기까지 도달한 시간이 0.5초라 할 때 위성과 수신기 사이의 거리는?(단, 빛의 속도는 300,000km/sec로 가정한다.)

① 150,000km ② 200,000km
③ 300,000km ④ 600,000km

정답 26 ① 27 ④ 28 ④ 29 ① 30 ①

> **TIP** V(빛의 속도) $= \dfrac{L(\text{위성과 수신기 사이의 거리})}{t(\text{도달시간})}$
> ∴ $L = V \times t = 300,000 \times 0.5 = 150,000$km

31 반송파(Carrier)에 대한 미지의 수로서, 위성과 수신기 안테나 간 파장의 개수를 무엇이라 하는가?
① 모호정수
② AS
③ 다중경로
④ 삼중차

> **TIP** 모호정수는 사이클에 대한 미지정수를 말한다. GNSS 수신기는 매우 높은 정확도로 위성과 수신기 사이에 놓여 있는 파의 개수를 셈한다. 그러나 첫 번째 파가 도달한 그 파에 대한 나머지 부분은 계산할 수 있지만, 그 순간에 위성과 수신기 안테나 사이에 놓여 있는 파의 개수는 알 수 없다. 이와 같은 파의 개수를 Ambiguity라 하며, 파의 개수는 정수이므로 모호정수, 미지상수(Integer Ambiguity) 또는 정수 바이어스(Integer Bias)라고도 한다.

32 GPS의 위치결정방법 중 절대관측방법(1점 측위)과 관계가 없는 것은?
① 지구상에 있는 사용자의 위치를 관측하는 방법이다.
② GPS의 가장 일반적이고 기초적인 응용단계이다.
③ VLBI의 보완 또는 대체가 가능하다.
④ 선박, 자동차, 항공기 등에 주로 이용된다.

> **TIP** VLBI의 보완 또는 대체가 가능한 측위방법은 상대측위이다.

33 GPS측량방법 중 상대위치 결정방법이 아닌 것은?
① 실시간 DGPS
② 1점 측위
③ 후처리 DGPS
④ 실시간 이동측량(RTK)

> **TIP** GNSS 위치결정방법
> - 절대관측방법 : 단독측위(1점 측위)
> - 상대관측방법
>   - 후처리방법 : 정지측량, 이동측량
>   - 실시간 처리방법 : DGNSS, RTK, Network RTK

34 수신기 1대를 이용하여 위치를 결정할 수 있는 GPS측량방법인 1점 측위는 시간오차까지 보정하기 위해서는 최소 몇 대 이상의 위성으로부터 수신하여야 하는가?
① 1대
② 2대
③ 3대
④ 4대

> **TIP** GPS 시간오차까지 보정하기 위해 필요한 최소 위성의 수는 4대 이상이다.

정답 31 ① 32 ③ 33 ② 34 ④

35 다음 중 위성의 반송파 신호를 이용하여 측량하는 방법이 아닌 것은?

① 단독측위
② 정지측위(Static Survey)
③ 이동측위(Kinematic Survey)
④ RTK측위

TIP 단독측위방법은 위성의 C/A코드를 이용하여 관측한다.

36 2개 이상의 관측점에 수신기를 설치하고 동시에 위성신호를 수신하여 위치를 관측하는 방법으로 주로 기준점측량에 이용되는 것은?

① 단독 GPS
② 이동식 GPS 방법
③ 실시간 이동식 GPS
④ 정지식 GPS 방법

TIP 정지측량방법
2개 이상의 수신기를 각 측점에 고정하고 양 측점에서 동시에 4대 이상의 위성으로부터 신호를 30~60분 이상 수신하는 방식으로 주로 기준점측량에 이용한다.

37 수신기 1대는 기지점에 설치하고 다른 한 대는 미지점에 고정 설치하여 측량하는 GPS측량방법은?

① 1점 측위
② 정적측량
③ 동적측량
④ 부적측량

TIP 정적측량방법
2대 이상의 수신기를 각 측점에 고정하고 양 측점에서 동시에 4대 이상의 위성으로부터 신호를 30~60분 이상 수신하는 방식으로 주로 기준점측량에 이용한다.

38 다음의 GPS측위 중 가장 정확도가 높은 측위는 어느 것인가?

① 정지측위
② 키네마틱측위
③ RTK측위
④ 단독측위

TIP 정지측위는 기선을 포함한 복수의 지점에 같은 종류의 수신기를 설치하고 최소 30분에서 수시간 동안 연속 관측하여 불명확 상수를 소거함으로써 각 지점 간의 벡터를 구하는 방식으로 GPS측량 중 가장 정확도가 높다.

39 DGPS에 대한 설명으로 옳지 않은 것은?

① 일반적으로 단독측위에 비해 정확하다.
② 두 대의 수신기에서 수신된 데이터가 있어야 한다.
③ 수신기 간의 거리가 짧을수록 좋은 성과를 기대할 수 있다.
④ 후처리절차를 거쳐야 하므로 실시간 위치측정은 불가능하다.

TIP DGPS는 상대측위기법 중 하나로 코드신호를 이용한 실시간 위치결정방법이다.

정답 35 ① 36 ④ 37 ② 38 ① 39 ④

40 GPS 관측기술 중 GPS 상시관측소를 활용하여 실시간으로 높은 정확도의 3차원 위치를 결정할 수 있는 측량방법은?

① 실시간 Point Positioning 측량
② 실시간 DGPS 측량
③ 실시간 VRS 측량
④ 실시간 RTK 측량

> **TIP** 실시간 VRS 측량(Network-RTK)
> 3점 이상의 상시관측소에서 취득한 위성데이터로부터 계통적 오차를 분리·모델링하여 생성한 보정데이터를 사용자에게 실시간으로 전송함으로써 수신기 1대만으로 정확도가 높은 측량이 가능한 기술이다.

41 다음 중 가장 정확하게 위치를 결정할 수 있는 자료처리법은?

① 코드를 이용한 단독측위
② 코드를 이용한 상대측위
③ 반송파를 이용한 단독측위
④ 반송파를 이용한 상대측위

> **TIP** 코드측정방식은 신속하나 정확도는 반송파방식보다 낮으며, 단독측위보다는 상대측위가 정확도가 높다.

42 GPS 수신기에 의해 구해지는 높이값은?

① 지오이드고
② 표고
③ 비고
④ 타원체고

> **TIP** GPS 수신기에 의해 구해지는 높이는 WGS-84 타원체에 의한 타원체고이다.

43 GPS의 특성에 대해 설명한 것으로 틀린 것은?

① 기상에 관계없이 위치결정이 가능하다.
② 지구 지표면상의 어느 곳에서나 이용할 수 있다.
③ GPS에 의해 직접 관측되는 성과는 정표고이다.
④ GPS 측량 정확도는 측량기법에 따라 수 mm부터 수 m까지 다양하다.

> **TIP** • GPS에 의해 관측되는 성과는 타원체고이다.
> • 타원체고(h) = 정표고(H) + 지오이드고(N_0)

44 그림과 같이 A 지점에서 GPS로 관측한 타원체고(h)가 37.238m이고 지오이드고(N)는 21.524m를 얻었다. A점에서 취득한 높이 값을 이용하여 수준측량 한 결과 C점의 표고는?(단, 거리는 타원체면상의 거리이고 A, B, C점의 지오이드는 동일하며 연직선편차는 0으로 가정한다.)

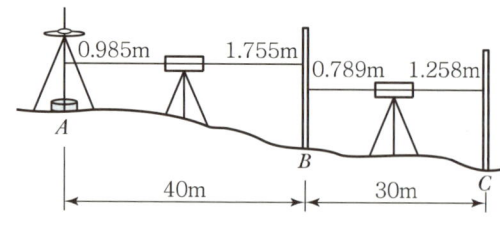

① 13.475m
② 14.475m
③ 15.475m
④ 16.475m

> **TIP** 정표고(H) = 타원체고(h) − 지오이드고(N)
> $H_A = 37.238 - 21.524 = 15.714\text{m}$
> ∴ $H_C = H_A + 0.985 - 1.755 + 0.789 - 1.258 = 14.475\text{m}$

45 GPS측량의 정확도에 영향을 미치는 요소와 거리가 먼 것은?
① 기지점의 정확도
② 관측 시의 온도 측정 정확도
③ 안테나의 높이 측정 정확도
④ 위성 정밀력의 정확도

> **TIP** • GPS측량은 기상조건과는 무관하므로 관측 시의 온도 측정은 정확도에 영향을 미치는 요소와는 거리가 멀다.
> • 위성 정밀력 : 실제 위성의 궤적으로서 지상 추적국에서 위성전파를 수신하여 계산된 궤도정보로 GPS 측위 정확도를 좌우하는 중요한 요소이다.

46 GPS 관측계획 수립 시 고려해야 할 사항 중 틀린 것은?
① 보유 수신기 대수
② 동원 가능한 인원
③ 관측시간
④ 위성궤도력

> **TIP** GPS 관측계획 수립 시 고려사항
> • 수신기의 종류 및 대수
> • 좌표기준점 수와 분포
> • 표고결정방법
> • 작업인원
> • 관측시간

정답 44 ② 45 ② 46 ④

47 GPS측량의 시스템오차에 해당되지 않는 것은?

① 위성시준오차
② 위성궤도오차
③ 전리층 굴절오차
④ 위성시계오차

TIP
- GPS측량의 시스템(구조적)오차 : 위성시계오차, 위성궤도오차, 전리층과 대류권에 의한 전파 지연
- 측위환경에 따른 오차 : 위성의 배치상황에 따른 오차, 사이클슬립, 다중경로에 의한 오차

48 GPS측량의 관측에서 GPS의 오차를 분류할 때 이에 속하지 않는 것은?

① 위성의 배치상태에 따른 오차
② 정보 분석에 대한 프로그램 오차
③ 시스템 오차
④ 수신기 오차

TIP GPS의 오차
구조적 요인의 오차(시스템오차), 위성의 배치상황에 따른 오차, 수신기 관련 오차 등

49 GPS측위의 계통적 오차(정오차) 요인이 아닌 것은?

① 위성의 시계오차
② 위성의 궤도오차
③ 전리층 지연오차
④ 관측 잡음오차

TIP 관측 잡음오차는 일정한 방향 또는 일정한 크기로 나타나지 않으므로 정오차 요인이 아니다.

50 GPS 시스템오차 중 위성시계오차의 대략적인 범위로 옳은 것은?

① 0~1.5m
② 5~10m
③ 10~30m
④ 50~70m

TIP GPS 시스템오차의 크기
- 위성궤도 및 시계오차 : 약 1m
- 전리층 오차 : 약 7m
- 대류층 오차 : 약 3~20m
- 다중경로 오차 : 약 1m

51 다음 중 위성의 기하학적 배치상태에 따른 정밀도 저하율을 뜻하는 것은?

① 멀티패스(Multipath)
② DOP
③ 사이클슬립(Cycle Slip)
④ S/A

TIP 정밀도 저하율(DOP)은 위성들의 상대적인 기하학적 상태가 위치결정에 미치는 오차를 표시하는 무차원 수를 말한다.

정답 47 ① 48 ② 49 ④ 50 ① 51 ②

52 위성의 배치에 따른 정확도의 영향을 DOP라는 수치로 나타낸다. 다음 설명 중 틀린 것은?

① GDOP : 중력정확도 저하율
② HDOP : 수평정확도 저하율
③ VDOP : 수직정확도 저하율
④ TDOP : 시각정확도 저하율

> **TIP** DOP(정밀도 저하율)
> • GDOP : 기하학적 정밀도 저하율
> • PDOP : 위치정밀도 저하율
> • HDOP : 수평정밀도 저하율
> • VDOP : 수직정밀도 저하율
> • TDOP : 시간정밀도 저하율
> • RDOP : 상대정밀도 저하율

53 GPS에서 두 개의 주파수를 사용하는 이유는?

① 전리층의 효과를 제거(보정)하기 위해
② 대류권의 효과를 제거(보정)하기 위해
③ 시계오차를 제거(보정)하기 위해
④ 다중 반사를 제거(보정)하기 위해

> **TIP** GPS에서 두 개의 주파수를 사용하는 이유는 전리층 지연오차를 제거(보정)하기 위함이다.

54 전리층 오차를 보정할 수 있는 방법으로 가장 적합한 것은?

① 2주파 수신기를 사용한다.
② 고층 빌딩을 피하여 설치한다.
③ 안테나고를 높인다.
④ 위성 수신각을 높인다.

> **TIP** 전리층 오차는 2주파(L_1, L_2) 수신기를 사용하여 보정할 수 있는 방법이다.

55 GPS의 오차에 대하여 설명한 것 중 틀린 것은?

① 위성시계의 오차 : 위성시계 정밀도에 대한 오차
② 대기굴절오차 : 지구의 전리층과 대류권에 의한 오차
③ 다중 전파경로에 의한 오차 : 반송파가 지상의 수신기를 향하여 송신될 때 인위적인 오차를 삽입하여 발생되는 오차
④ 위성의 기하학적 위치에 따른 오차 : 위성의 기하학적 분포에 따라 발생하는 오차

> **TIP** 반송파가 지상의 수신기를 향하여 송신될 때 인위적인 오차를 삽입하여 발생되는 오차는 선택적 가용성(Selective Availability : SA)이다.

정답 52 ① 53 ① 54 ① 55 ③

56 GPS 위성으로부터 직접 수신된 전파 이외에 부가적으로 주위의 지형·지물에 의하여 반사된 전파 때문에 발생하는 오차를 무엇이라 하는가?

① 위성궤도오차 ② 대류권 굴절오차
③ 다중경로오차 ④ 사이클슬립

> **TIP** 다중경로오차
> GPS 신호는 GPS 수신기에 위성으로부터 직접파와 주위의 지형·지물에 의하여 반사되어 오는 반사파가 동시에 도달하는데 이를 다중경로라고 하며 의사거리와 위상관측값에 영향을 주어 관측에 오차가 발생한다.

57 GPS 수신기 오차에서 수신기 채널 잡음의 해결방법으로 가장 알맞은 것은?

① 배터리를 교체한다.
② 높은 건물에 근접하여 관측한다.
③ 수신 위성의 수를 1대로 최소화한다.
④ 검증과정을 통해 보정하거나 수신기의 노후에 의한 것일 때는 교체한다.

> **TIP** GPS 수신기 채널 잡음 해결방법은 검증과정을 통해 보정하거나 수신기의 노후에 의한 경우에는 수신기를 교체한다.

58 GPS의 응용 분야와 관계가 적은 것은?

① 측지측량분야 ② 차량분야
③ 잠수함의 위치결정분야 ④ 레저·스포츠분야

> **TIP** GPS측량은 수중에서는 관측이 불가능하다.

59 다음 중 GPS 활용분야로 적합하지 않은 것은?

① 차량항법 ② 수심측량
③ 구조물 모니터링 ④ 국가기준점 결정

> **TIP** GPS측량은 수중측량이 불가능하다.

정답 56 ③ 57 ④ 58 ③ 59 ②

PART 2

실기(작업형)

CHAPTER 01 실기(작업형)시험 대비요령
CHAPTER 02 레벨(Level)측량
CHAPTER 03 토털스테이션(Total Station)측량
CHAPTER 04 실전문제

CHAPTER 01 실기(작업형)시험 대비요령

PART 2

1 실기(작업형)시험 과제(100점)

① 레벨(Level)측량(40점)
② 토털스테이션(Total Station)측량(60점)

2 시험시간(1시간 30분)

(1) 실기(작업형)시간 : 90분

① 레벨(Level)측량 : 40분
② 토털스테이션(Total Station)측량 : 50분

(2) 연장시간(없음)

3 수험자 유의사항

① 측량기계는 안전에 유의하여 조심스럽게 다루고 측량이 끝나면 제자리에 놓는다.
② 측점에는 충격이 없도록 기계를 세운다.
③ 작업에 적합한 복장을 착용한다.
④ 모든 답안작성은 흑색 필기구만 사용해야 하며, 정정 시에는 두 줄을 긋고 다시 작성한다.
⑤ 토털스테이션측량, 레벨측량 2개의 과제 중 1개의 과제라도 0점인 경우에는 실격처리된다.
⑥ 레벨측량에서 왕복 3회(총 6회) 이상 세우지 않은 경우에는 실격처리된다.
⑦ 작업형(외업) 시험시간은 레벨(Level)측량 40분(연장 없음), 토털스테이션(Total Station)측량 50분(연장 없음)을 초과할 수 없으며, 시험시간이 완료되면 작성된 상태까지 제출하여야 하고, 제출하지 않은 경우 기권처리 된다.

CHAPTER 02 / 레벨(Level)측량

PART 2

1 개요

수준측량은 지구 및 우주공간상의 높이를 결정하는 측량으로서 단순한 높이 결정에서부터 공사현황측량 및 종·횡단면도 작성에 이르기까지 다양하게 응용되고 있다. 측량기능사 실기(작업형)시험에서는 레벨을 이용한 직접수준측량 방식으로 왕복측량하여 최확값을 결정하는 방식으로 시험을 실시하고 있다.

2 요구사항

시험장에 설치된 No.0~No.10 측점을 왕복측량하여 각 측점의 지반고를 계산하고 답안지를 완성하시오(단, No.0 측점의 지반고는 시험장에서 주어지며, 기계는 왕복 각 3회(총 6회) 이상 세운다).

3 기기(機器) 및 보조기구(器具)

수준측량 작업형(외업) 시험에 이용되는 기기는 레벨이며, 보조기구는 삼각대, 표척으로 구성되고, 기타 시험 준비물로는 계산기, 연필, 지우개 및 볼펜을 준비하여 시험에 응시하여야 한다(단, 답안 작성은 흑색 필기구만 사용해야 한다).

(1) 레벨 구조 및 주요 명칭

레벨은 직접수준측량에 사용하는 기기로, 망원경과 기포관이 주된 본체를 구성하고 있다. 레벨의 종류에는 와이레벨, 덤피레벨, 자동레벨 및 정확도가 높은 미동레벨 등이 있으나, 가장 대중적으로 사용하는 레벨로는 원형수준기에 의해 대략 수평으로 맞추면 시준선이 자동적으로 수평이 되는 자동레벨이 있다. 최근에는 사용이 편리하고 정확도가 높은 디지털레벨이 등장하였다.

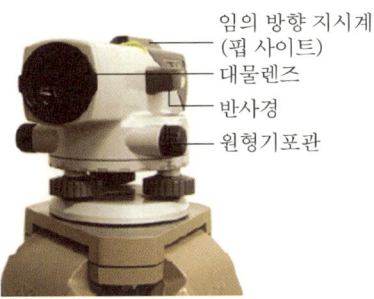

[그림 2-1] 레벨의 주요 명칭(앞면부)

[그림 2-2] 레벨의 주요 명칭(뒷면부)

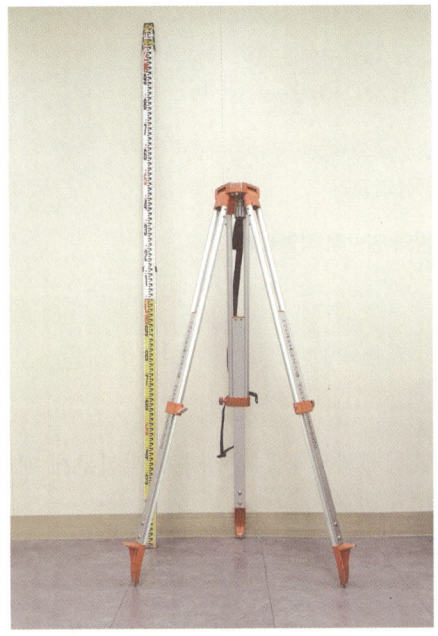

[그림 2-3] 보조기구

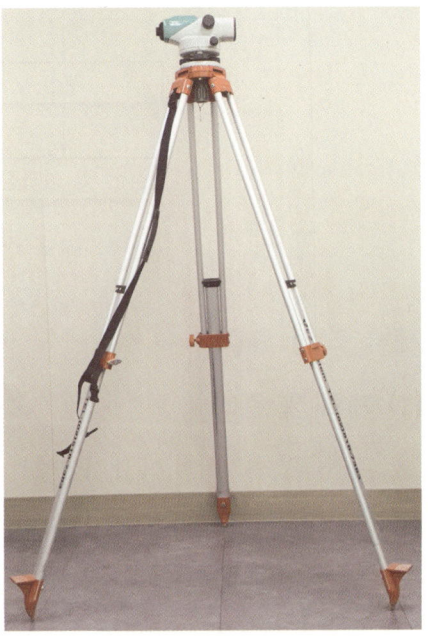

[그림 2-4] 레벨의 설치

NOTICE 본 사진은 수험자의 실기시험에 도움이 되도록 모의 제작한 것으로 실제 시험장 기계와는 차이가 있을 수도 있음을 알려 드립니다.

4 작업순서

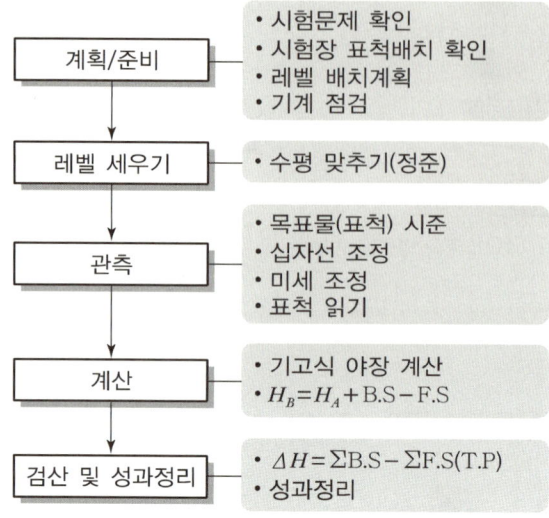

[그림 2-5] 레벨측량의 일반적 작업흐름도

5 세부 작업 요령

(1) 계획 및 준비

레벨측량 실기시험 시 대기석에서 시험장 표척배치상태를 확인하고 시험문제 배부 즉시 레벨 배치계획을 수립한 후 삼각대와 정준나사를 작업에 용이하도록 조정한다.

현황 사진	세부 설명
① 레벨측량 시험장 전체현황  No.0 No.1 No.2 No.3 No.4 No.5 No.6 No.7 No.8 No.9 No.10 [사진 1]	➡ 시험장 대기석에서 [사진 1]과 같이 설치된 시험장 표척배치상태를 확인한다.

NOTICE 본 사진은 수험자의 실기시험에 도움이 되도록 모의 제작한 것으로 실제 시험장 현황과는 차이가 있음을 알려 드립니다.

현황 사진	세부 설명
② 레벨 배치계획 수립  [사진 2] ― 레벨 배치계획(예) ― 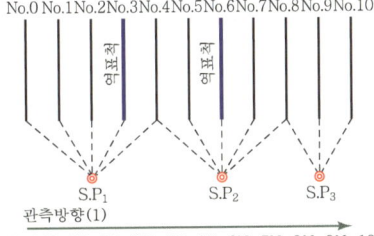 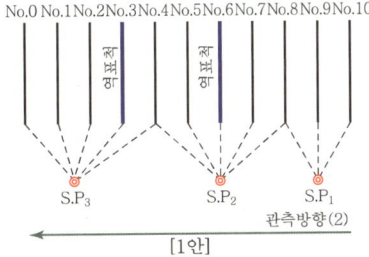 [1안] 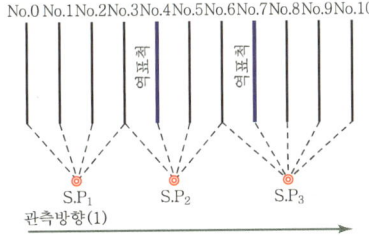 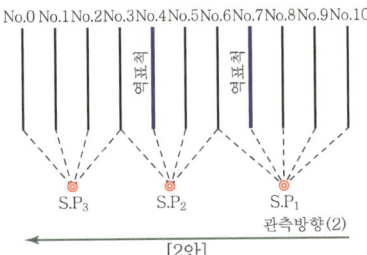 [2안] ※ S.P(Station Point) : 기계설치점	[사진 2]와 같이 시험장을 확인하고 표척배치계획을 수립하는 데 보통 3, 6번 또는 4, 7번에 역표척이 배치되어 있다. 이기점(T.P)은 역표척을 피하여 관측하는 것이 계산의 실수를 줄이는 방법의 하나임을 알아야 한다. 레벨 배치계획은 시험장 상황에 따라 다르므로 시험장에서 다양하게 구상하여 측량을 실시하는 것이 좋다.

현황 사진	세부 설명
③ 기계점검  [사진 3]　　[사진 4]  [사진 5]  [사진 6]	▶ 레벨기계가 지급되면 기계를 점검한다. 점검방법은 [사진 3, 4]와 같이 삼각대 신축조정나사를 이용하여 레벨의 높이를 자신의 눈높이에 맞춰 삼각대를 조절한다. 삼각대기반 위에 [사진 5]와 같이 편심이 있는 경우, 중앙에 위치시켜야 하며 [사진 6]과 같이 정준나사를 이용하여 중앙에 위치하도록 조정한다.

(2) 레벨 세우기

레벨 세우기는 레벨측량에서 많은 시간을 요하는 부분이므로 반복연습하여 시간을 단축하는 것이 전체 공정에 매우 중요한 사항이 된다. 일반적으로 레벨 세우는 방법은 삼각대를 견고하게 지지한 후, 개략적인 수평 맞추기는 삼각대를 이용하고, 미세 수평 맞추기는 정준나사를 활용하는 것이 일반적인 방법이다.

현황 사진	세부 설명
① 삼각대 고정 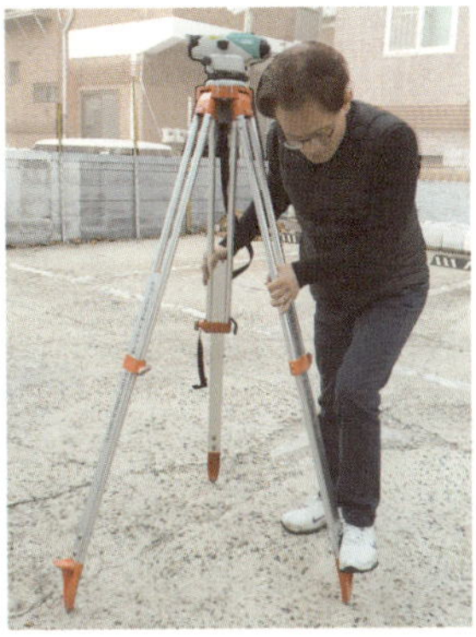 [사진 7]	➡ 관측계획이 수립되면 첫 관측점으로 이동하여 [사진 7]과 같이 삼각대를 지반에 단단히 고정시킨다. 삼각대가 지반에 고정이 되지 않을 경우 측량 중에 수평이 흐트러지는 상황이 발생할 수도 있으므로 각별히 주의하여야 한다. 또한, 레벨의 위치는 관측표척의 등거리 지점에 위치시켜야 기계오차 및 기타 오차를 줄일 수 있다.
② 정준나사 조정  [사진 8] 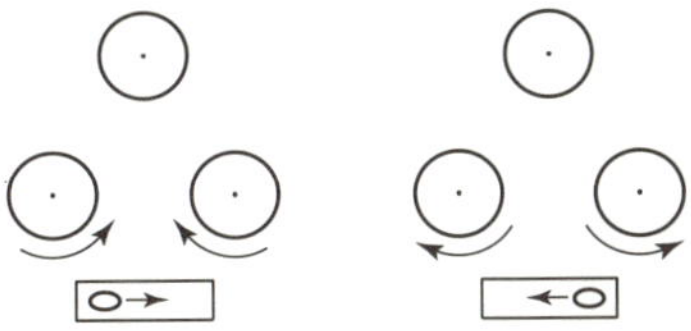 [1조정] 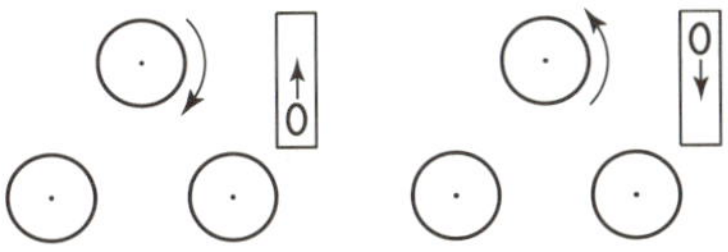 [2조정]	➡ 삼각대 고정 후 [사진 8]과 같이 반사경을 보면서 정준나사를 이용하여 레벨에 수평을 맞춘다. 레벨의 기포조정은 그림과 같이 정준나사 두 개를 동시 조정하여 1조정을 실시한 후 나머지 정준나사로 2조정을 한다.

(3) 관측

레벨측량은 시험장에 설치된 No.0~No.10 측점을 왕복관측하며, 일반적으로 기계는 각 3회(총 6회) 이상 세워야 하므로 표척 읽기, 역표척 읽기, 다른 표척시준 및 야장 기입에 주의하여 관측을 실시하여야 한다.

현황 사진	세부 설명
① 표척시준방법  [사진 9]  [사진 10]	➡ 정준이 완료되면 [사진 9, 10]과 같이 망원경 위의 방향지시계를 이용하여 표척을 시준한다. 시험장에 표척은 간격이 좁아 방향지시계를 이용하지 않으면 표척을 잘못 시준하는 과실이 발생할 수도 있다.
② 십자선 선명도 조정 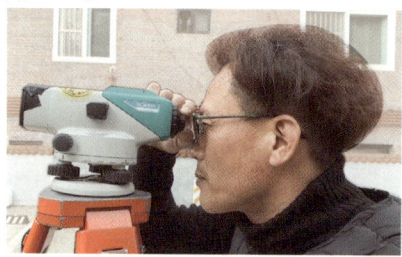 [사진 11]	➡ 접안렌즈 초점나사를 이용하여 [사진 11]과 같이 십자선의 선명도를 조정한다.

현황 사진	세부 설명
③ 렌즈의 초점 조정  [사진 12]	⇒ 십자선 조정이 완료되면 [사진 12]와 같이 대물렌즈 초점나사를 이용하여 렌즈의 초점을 맞춘다.
④ 표척시준 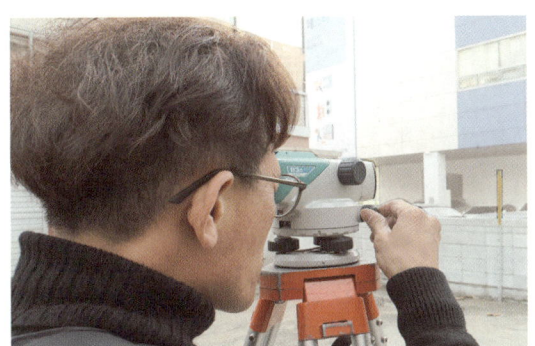 [사진 13] 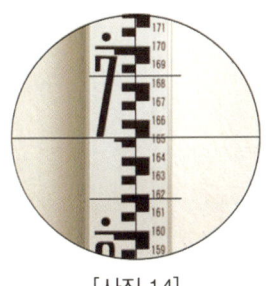 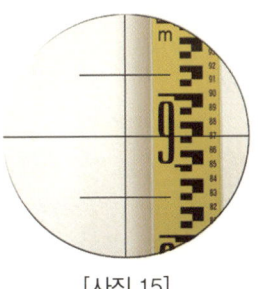 [사진 14]　　　　[사진 15]	⇒ 표척방향, 십자선 선명도, 렌즈의 초점 조정이 완료되면 [사진 13]과 같이 미동나사를 이용하여 표척이 십자선 중앙에 오도록 조정하여 관측을 실시한다. [사진 14]는 잘된 시준상태이며, [사진 15]는 잘못된 시준상태를 보여주고 있다.

현황 사진	세부 설명
⑤ 표척 읽기 -정표척 읽기- [사진 16]　　[사진 17] -역표척 읽기- [사진 18]　　[사진 19]	➡ 표척 읽기는 크게 정표척 읽기와 역표척 읽기로 구분되며 표척 읽기는 다음과 같다. 　※ 정표척 읽기 　　[사진 16] : 1.195m 　　[사진 17] : 4.535m 　※ 역표척 읽기 　　[사진 18] : −0.260m 　　[사진 19] : −3.284m

| 현황 사진 | 세부 설명 |

⑥ 야장 정리(거리는 소수 3자리까지 기입, No.0 지반고는 시험장에서 주어짐)

| 레벨측량 [1] |

(단위 : m)

측점	후시	전시		기계고	지반고	비고
		이기점	중간점			
No. 0	1.504				17.000	No.0의 지반고 = 17.000
No. 1			3.539			
No. 2			0.554			
No. 3	2.336	2.497				
No. 4			-3.476			
No. 5			1.438			
No. 6	3.313	3.425				
No. 7			-4.522			
No. 8			2.365			
No. 9			3.421			
No.10		4.345				
계						

| 레벨측량 [2] |

(단위 : m)

측점	후시	전시		기계고	지반고	비고
		이기점	중간점			
No.10	4.374					
No. 9			3.450			
No. 8			2.394			
No. 7			-4.493			
No. 6	3.442	3.342				
No. 5			1.454			
No. 4			-3.460			
No. 3	2.424	2.352				
No. 2			0.481			
No. 1			3.465			
No. 0		1.432				
계						

➡ 야장 정리 시 주의사항
- 기계 세우는 횟수와 후시(B.S), 전시(F.S) 횟수는 동일하다.
- 역표척 지점에서는 계산이 복잡하므로 이기점(T.P)을 설치하지 않는 것이 좋다.
- 마지막 측점은 항상 이기점(T.P)에 기록한다.

※ 본 야장의 후시, 전시 및 지반고 값은 임의로 기입한 수치임을 알려 드립니다.

NOTICE 본 성과표는 수험자의 실기시험에 도움이 되도록 모의 작성한 것으로 실제 성과표와 차이가 있을 수도 있음을 알려 드립니다.

(4) 계산 및 검산

수준측량의 계산은 기고식 야장기입법을 이용하며(No.0 측점의 지반고는 시험장에서 주어짐), 일반적인 계산방법은 미지지반고(G.H)=기계고(I.H)-전시(F.S)이나 역표척인 경우에는 부호가 반대이므로 세심한 주의가 필요하다. 최종성과가 계산되면 검산을 실시하여 결괏값을 확인한다. 그러나 검산 결괏값이 일치되어도 중간의 모든 결괏값이 정확하게 측량되었다고 보기는 어려우므로 관측 시 세심한 주의가 필요하다.

1) 최종성과표(거리는 소수 3자리까지 기입, No.0 지반고는 시험장에서 주어짐)

| 레벨측량 [1] | (단위 : m)

측점	후시	전시		기계고	지반고
		이기점	중간점		
No. 0	1.504			18.504	17.000
No. 1			3.539		14.965
No. 2			0.554		17.950
No. 3	2.336	2.497		18.343	16.007
No. 4			-3.476		21.819
No. 5			1.438		16.905
No. 6	3.313	3.425		18.231	14.918
No. 7			-4.522		22.753
No. 8			2.365		15.866
No. 9			3.421		14.810
No.10		4.345			13.886
계	7.153	10.267			

| 레벨측량 [2] | (단위 : m)

측점	후시	전시		기계고	지반고
		이기점	중간점		
No.10	4.374			18.260	13.886
No. 9			3.450		14.810
No. 8			2.394		15.866
No. 7			-4.493		22.753
No. 6	3.442	3.342		18.360	14.918
No. 5			1.454		16.906
No. 4			-3.460		21.820
No. 3	2.424	2.352		18.432	16.008
No. 2			0.481		17.951
No. 1			3.465		14.967
No. 0		1.432			17.000
계	10.240	7.126			

| 레벨측량 최종 결과 | (단위 : m)

측점	No. 1	No. 2	No. 3	No. 4	No. 5	No. 6	No. 7	No. 8	No. 9	No.10
최확값	14.966	17.951	16.008	21.820	16.906	14.918	22.753	15.866	14.810	13.886

※ 본 야장의 후시, 전시 및 지반고 값은 임의로 기입한 수치임

2) 해설

> - 기계고(I.H) = 지반고(G.H) + 후시(B.S)
> - 지반고(G.H) = 기계고(I.H) − 전시(F.S)

① 레벨측량 [1]
- No.0 지반고＝**17.000m**
- No.0 기계고＝17.000＋1.504＝18.504m
- No.1 지반고＝18.504－3.539＝14.965m
- No.2 지반고＝18.504－0.554＝17.950m
- No.3 지반고＝18.504－2.497＝16.007m

- No.3 기계고＝16.007＋2.336＝18.343m
- No.4 지반고＝18.343－(－3.476)＝21.819m
- No.5 지반고＝18.343－1.438＝16.905m
- No.6 지반고＝18.343－3.425＝14.918m

- No.6 기계고＝14.918＋3.313＝18.231m
- No.7 지반고＝18.231－(－4.522)＝22.753m
- No.8 지반고＝18.231－2.365＝15.866m
- No.9 지반고＝18.231－3.421＝14.810m
- No.10 지반고＝18.231－4.345＝**13.886m**

－검산－
- Σ 후시＝No.0＋No.3＋No.6＝1.504＋2.336＋3.313＝7.153m
- Σ 전시(이기점)＝No.3＋No.6＋No.10＝2.497＋3.425＋4.345＝10.267m
- ΔH＝7.153－10.267＝**－3.114m**
- 지반고 차＝No.10지반고－No.0지반고＝13.886－17.000＝**－3.114m(O.K)**

② 레벨측량 [2]
- No.10 지반고＝13.886m
- No.10 기계고＝13.886＋4.374＝18.260m
- No.9 지반고＝18.260－3.450＝14.810m
- No.8 지반고＝18.260－2.394＝15.866m
- No.7 지반고＝18.260－(－4.493)＝22.753m
- No.6 지반고＝18.260－3.342＝14.918m

- No.6 기계고=14.918+3.442=18.360m
- No.5 지반고=18.360−1.454=16.906m
- No.4 지반고=18.360−(−3.460)=21.820m
- No.3 지반고=18.360−2.352=16.008m

- No.3 기계고=16.008+2.424=18.432m
- No.2 지반고=18.432−0.481=17.951m
- No.1 지반고=18.432−3.465=14.967m
- No.0 지반고=18.432−1.432=**17.000m**

−검산−
- Σ후시=No.10+No.6+No.3=4.374+3.442+2.424=10.240m
- Σ전시(이기점)=No.6+No.3+No.0=3.342+2.352+1.432=7.126m
- ΔH=10.240−7.126=**3.114m**
- 지반고 차=No.0지반고−No.10지반고=17.000−13.886=**3.114m(O.K)**

3) 최종 검산

$\Delta H = \Sigma$B.S(레벨측량 1+레벨측량 2)−ΣF.S(레벨측량 1 이기점+레벨측량 2 이기점)
=No.0 지반고(레벨측량 1)−No.0 지반고(레벨측량 2)
17.393−17.393=17.000−17.000
 0.000m=**0.000m(O.K)**

※ ΣB.S(레벨측량 1+레벨측량 2)−ΣF.S(레벨측량 1 이기점+레벨측량 2 이기점)의 값과 No.0(레벨측량 1) 지반고와 No.0(레벨측량 2) 지반고의 차가 일치하므로, 야장계산은 정확하게 계산되었다고 할 수 있다.

4) 최확값

> [각각의 (레벨측량 1 지반고+레벨측량 2 지반고)÷2]

- No.1 최확값=$(14.965+14.967) \times \frac{1}{2}$=14.966m
- No.2 최확값=$(17.950+17.951) \times \frac{1}{2}$=17.951m
- No.3 최확값=$(16.007+16.008) \times \frac{1}{2}$=16.008m
- No.4 최확값=$(21.819+21.820) \times \frac{1}{2}$=21.820m
- No.5 최확값=$(16.905+16.906) \times \frac{1}{2}$=16.906m

- No.6 최확값 $=(14.918+14.918)\times\dfrac{1}{2}=14.918\text{m}$

- No.7 최확값 $=(22.753+22.753)\times\dfrac{1}{2}=22.753\text{m}$

- No.8 최확값 $=(15.866+15.866)\times\dfrac{1}{2}=15.866\text{m}$

- No.9 최확값 $=(14.810+14.810)\times\dfrac{1}{2}=14.810\text{m}$

- No.10 최확값 $=(13.886+13.886)\times\dfrac{1}{2}=13.886\text{m}$

CHAPTER 03 토털스테이션(Total Station)측량

PART 2

1 개요

최근 전자기술 및 컴퓨터의 발달로 GNSS, 관성측량시스템 및 각과 거리를 자동으로 관측하는 토털스테이션 기계를 개발하였다. 토털스테이션 기계는 관측된 데이터를 직접 저장하고 처리할 수 있으므로 3차원 지형정보 획득으로부터 데이터베이스의 구축 및 지형도 제작까지 일괄적으로 처리할 수 있는 최신측량기계이다. 측량기능사 실기(작업형)시험에서는 3개의 측점에서 각, 좌표 등을 관측하여 주어진 거리에 따라 성과정리를 하는 방식으로 실시하고 있다.

2 요구사항

측점 A의 좌표 $(X_A,\ Y_A)$와 $\overline{AP}$의 방위각을 α라 할 때 측점 A, B, C에 기계를 설치하고 관측하여 답안지를 완성하시오(단, A점의 좌표는 m 단위로 소수 3자리까지, 각은 초단위, 프리즘 상수 및 $\overline{AB}$, $\overline{BC}$거리는 감독위원의 지시에 따른다).

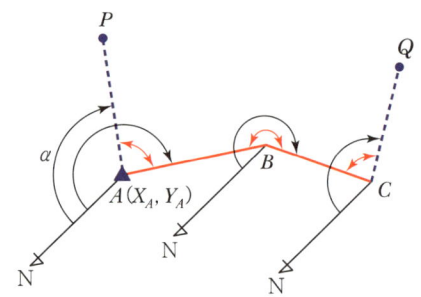

여기서, A : 기지점
 B, C, P, Q : 미지점
 $(X_A,\ Y_A)$: 기지점 좌표
 α : $\overline{AP}$의 방위각

※ A점의 좌표, $\overline{AB}$, $\overline{BC}$거리 및 $\overline{AP}$
 방위각은 주어짐

3 기기(機器) 및 보조기구(器具)

토털스테이션측량 작업형(외업) 시험에 이용되는 기기는 토털스테이션이며, 보조기구는 삼각대, 프리즘으로 구성되고, 기타 시험 준비물로는 계산기, 연필, 지우개 및 볼펜을 준비하여 시험에 응시하여야 한다(단, 답안작성은 흑색 필기구만 사용해야 한다).

(1) 토털스테이션 구조 및 주요 명칭

토털스테이션은 각과 거리를 동시에 관측할 수 있는 대표적인 측량기기를 말한다. 토털스테이션의 등장은 그 동안 직접관측으로는 획득하기 어려웠던 수평거리와 높이차는 물론이고 좌표 획득까지 가능하게 되었다.

[그림 3-1] 토털스테이션(앞면부)

[그림 3-2] 토털스테이션(뒷면부)

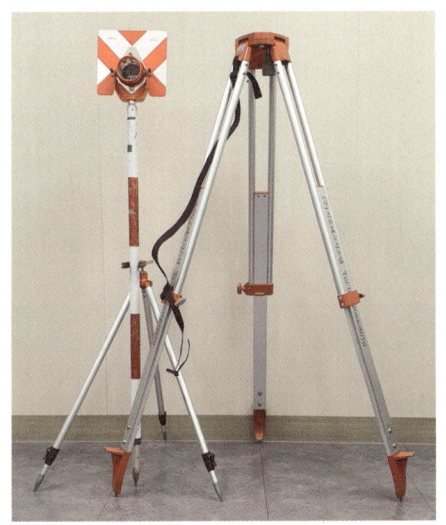

[그림 3-3] 보조기구

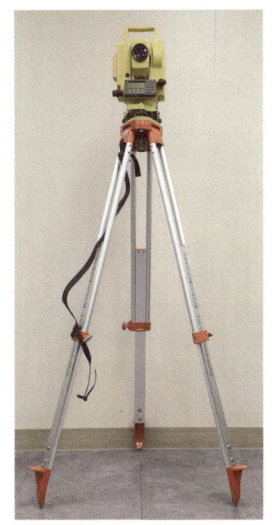

[그림 3-4] 토털스테이션의 설치

NOTICE 본 사진은 수험자의 실기시험에 도움이 되도록 모의 제작한 것으로 실제 시험장 기계와는 차이가 있을 수도 있음을 알려 드립니다.

4 작업순서

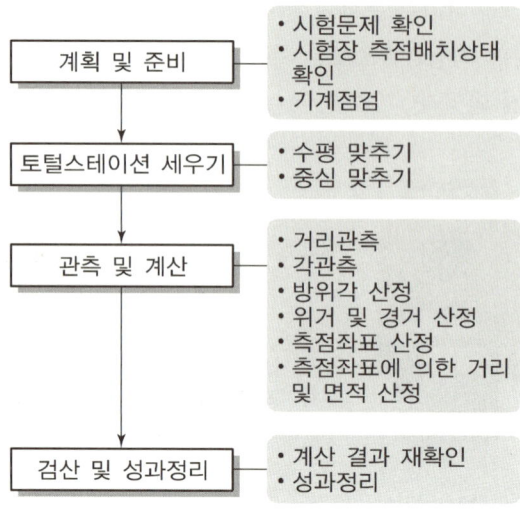

[그림 3-5] 토털스테이션측량의 일반적 작업흐름도

5 세부 작업 요령

(1) 계획 및 준비

토털스테이션측량 실기시험 시 대기석에서 시험장 현황을 확인하고 시험문제 배부 즉시 토털스테이션 설치계획을 수립한 후 삼각대와 정준나사를 작업에 용이하도록 조정한다.

현황 사진	세부 설명
① 토털스테이션측량 시험장 전체현황  [사진 1]	⊙ 시험장 대기석에서 [사진 1]과 같이 설치된 시험장 현황을 확인한다.

NOTICE 본 사진은 수험자의 실기시험에 도움이 되도록 모의 제작한 것으로 실제 시험장 현황과는 차이가 있음을 알려 드립니다.

현황 사진	세부 설명
② 토털스테이션 배치계획 수립  [사진 2] — 토털스테이션 배치계획 — 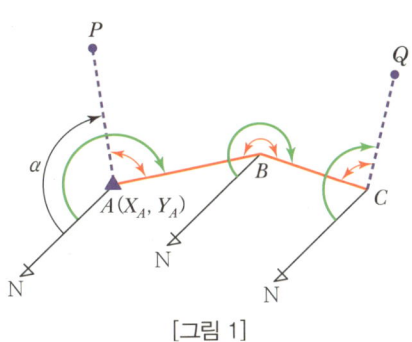 [그림 1]	➡ [사진 2]와 같이 시험장을 확인하고 토털스테이션 배치계획을 수립한다. ➡ [그림 1]과 같이 토털스테이션은 기지점(A), 미지점(B, C)에 세우며, A, B, C점의 교각을 관측하고, $\overline{AB}$, $\overline{BC}$, $\overline{CQ}$방위각은 계산에 의해 산정한다.

현황 사진	세부 설명
③ 기계점검   [사진 3] [사진 4]  [사진 5]  [사진 6]	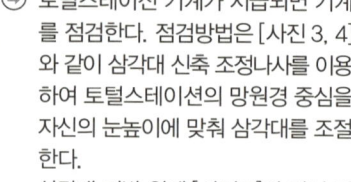 토털스테이션 기계가 지급되면 기계를 점검한다. 점검방법은 [사진 3, 4]와 같이 삼각대 신축 조정나사를 이용하여 토털스테이션의 망원경 중심을 자신의 눈높이에 맞춰 삼각대를 조절한다. 삼각대 기반 위에 [사진 5]와 같이 편심이 있는 경우, 중앙에 위치시켜야 하며, [사진 6]과 같이 정준나사를 이용하여 중앙에 위치하도록 조정한다.

(2) 토털스테이션 세우기

토털스테이션 세우기는 토털스테이션 측량에서 많은 시간을 요하는 부분이므로 반복 연습하여 시간을 단축하는 것이 전체 공정에 매우 중요한 사항이 된다. 일반적으로 토털스테이션 세우는 방법은 삼각대를 견고하게 지지한 후, 개략적인 수평 및 중심 맞추기는 삼각대를 이용하고, 미세 수평 맞추기는 정준나사를 활용하며, 미세 중심 맞추기는 본체를 이동시켜 맞춘다.

현황 사진	세부 설명
① 삼각대 고정 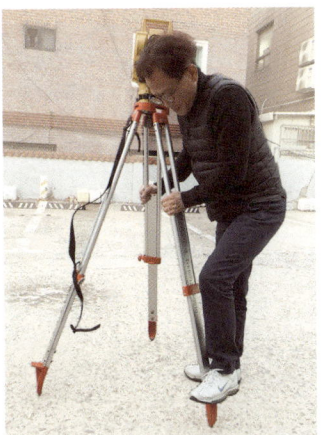 [사진 7]	➡ 관측계획이 수립되면 첫 관측점으로 이동하여 [사진 7]과 같이 삼각대를 이용하여 중심 맞추기를 완료하고 지반에 단단히 고정시킨다. 삼각대가 지반에 고정이 되지 않을 경우 측량 중에 수평과 중심이 흐트러지는 상황이 발생할 수도 있으므로 각별히 주의하여야 한다. 또한, 토털스테이션의 위치는 측점의 중앙에 정확히 위치시켜야 기계오차 및 기타 오차를 줄일 수 있다.
② 정준나사 조정(수평 맞추기)  [사진 8] 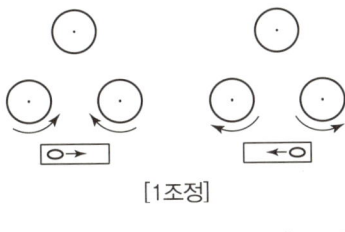 [1조정] 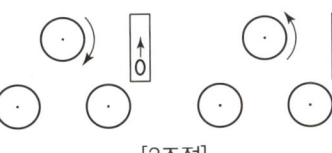 [2조정]	➡ 삼각대 고정 후 [사진 8]과 같이 삼각대의 신축나사를 이용하여 원형기포를 맞춘 후 정준나사를 이용하여 막대기포를 맞춘다. 토털스테이션의 막대기포 조정은 그림과 같이 정준나사 두 개를 동시 조정하여 [1조정]을 실시한 후 나머지 정준나사로 [2조정]을 한다.

현황 사진	세부 설명
③ 중심 맞추기 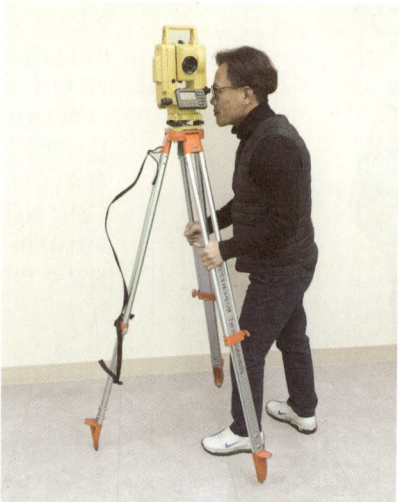 [사진 9]  [사진 10]	⊙ 중심 맞추기는 토털스테이션 측량에서 가장 중요한 과정 중 하나로 먼저 중심 맞추기는 [사진 9]와 같이 삼각대를 이용하고, 미세 중심 맞추기는 [사진 10]과 같이 본체를 이동시켜 정확하게 맞춘다.

(3) 관측

토털스테이션측량은 시험장에서 요구하는 사항을 관측하며, 일반적으로 측점 A와 B에 기계를 설치하여 각과 거리를 관측하므로 올바른 프리즘 시준 및 야장 기입에 주의하여 관측을 실시하여야 한다.

현황 사진	세부 설명
① 프리즘 시준방법  [사진 11]  [사진 12]	⇨ 정준과 중심 맞추기가 완료되면 [사진 11, 12]와 같이 망원경 위의 방향지시계를 이용하여 프리즘을 시준한다. 시험장에 설치된 프리즘은 독립적으로 설치되어 있으므로 방향지시계를 이용하는 것이 바람직하다.
② 십자선 선명도 조정  [사진 13]	⇨ 접안렌즈 초점나사를 이용하여 [사진 13]과 같이 십자선의 선명도를 조정한다.

현황 사진	세부 설명
③ 렌즈의 초점 조정  [사진 14]	➡ 십자선 조정이 완료되면 [사진 14]와 같이 대물렌즈 초점나사를 이용하여 렌즈의 초점을 맞춘다.
④ 프리즘 시준 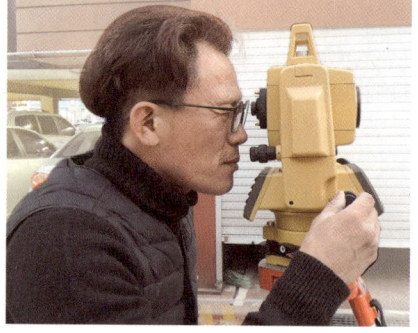 [사진 15]  [사진 16]　　　[사진 17]	➡ 프리즘방향, 십자선 선명도, 렌즈의 초점 조정이 완료되면 [사진 15]와 같이 미동나사를 이용하여 프리즘이 십자선 중앙에 오도록 조정하여 관측을 실시한다. [사진 16]은 잘된 시준상태이며, [사진 17]은 잘못된 시준상태를 보여주고 있다.

현황 사진	세부 설명
⑤ 관측방법 – 관측방법(1) – 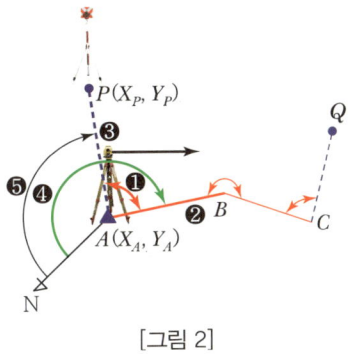 [그림 2]	➡ • [그림 2]와 같이 기지점 A에 기계를 세우고 B점을 시준하여 교각(❶)을 관측하고, $\overline{AB}$방위각(❹)을 산정한다. • $\overline{AP}$거리(❸)를 관측하고 A점의 좌표, $\overline{AP}$방위각(❺), $\overline{AP}$거리를 이용하여 P점의 좌표(X_P, Y_P)를 산정한다. ※ $\overline{AB}$방위각 = $\overline{AP}$방위각 + $\angle A$ • 주어진 $\overline{AB}$거리(❷)와 A점의 좌표, $\overline{AB}$방위각을 이용하여 위거, 경거를 구한 후 B점의 좌표(X_B, Y_B)를 산정한다.
– 관측방법(2) – 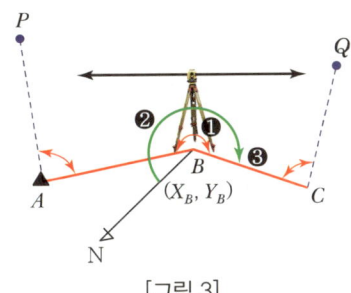 [그림 3]	➡ • [그림 3]과 같이 B점에 기계를 세우고 기지 A점을 시준한 후 교각(❶)을 관측하고, $\overline{BC}$방위각(❷)을 산정한다. • 주어진 $\overline{BC}$거리(❸)와 B점의 좌표, $\overline{BC}$방위각을 이용하여 위거, 경거를 구한 후 C점의 좌표(X_C, Y_C)를 산정한다.
– 관측방법(3) – 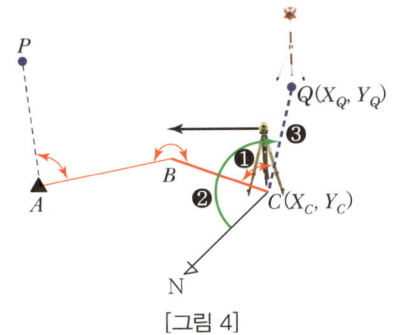 [그림 4]	➡ • [그림 4]와 같이 C점에 기계를 세우고 B점을 시준한 후 교각(❶)을 관측하고, $\overline{CQ}$방위각(❷)을 산정한다. • $\overline{CQ}$거리(❸)를 관측하고 C점의 좌표와 $\overline{CP}$방위각을 이용하여 Q점의 좌표(X_Q, Y_Q)를 산정한다.

현황 사진	세부 설명
⑥ 야장정리 **｜ 토털스테이션측량 ｜** $\overline{AP}$의 방위각 = 155°35′20″ | 측점	교각	측선	방위각 | |---|---|---|---| | A | 98°34′56″ | $\overline{AB}$ | 254°10′16″ | | B | 191°52′08″ | $\overline{BC}$ | 266°02′24″ | | C | 77°01′30″ | $\overline{CQ}$ | 163°03′54″ | | 측선	거리	위거	경거	측점	합위거	합경거 | |---|---|---|---|---|---|---| | $\overline{AB}$ | 15.000 | | | A | 400.000 | 200.000 | | $\overline{BC}$ | 15.000 | | | B | | | | $\overline{CQ}$ | | | | C | | | | 계 | | | | Q | | | | 구분	좌표 | |---|---| | P의 좌표(X, Y) | (,) | | Q의 좌표(X, Y) | (,) | $\overline{PQ}$의 거리 • 계산과정 : • 답 :	➡ 야장 정리 시 주의사항 • 기계는 A, B, C측점에 세워서 교각, 좌푯값을 관측하고, 관측값을 관측수부(관측기록부)에 옮겨 적을 때 오기가 없도록 주의해서 작성한다. • $\overline{AP}$방위각과 관측한 교각을 이용하여 별도로 $\overline{AB}$, $\overline{BC}$, $\overline{CQ}$ 방위각을 계산한다. • $\overline{PQ}$의 거리는 피타고라스정리를 이용하여 계산한다. ※ 본 야장의 방위각, 교각, 수평거리 및 측점 좌푯값은 임의로 기입한 수치임을 알려 드립니다. ※ $\overline{AB}$, $\overline{BC}$, $\overline{CQ}$의 방위각은 계산에 의한 값임

NOTICE 본 성과표는 수험자의 실기시험에 도움이 되도록 모의 작성한 것으로 실제 성과표와는 차이가 있을 수도 있음을 알려 드립니다.

(4) 계산 및 검산

토털스테이션측량의 계산은 크게 방위각과 거리산정이므로 관측한 교각, 각 측점의 좌푯값을 이용하여 거리와 좌표는 m 단위로 소수 3자리까지, 각은 초 단위까지 정확하게 계산한다. 또한, $\overline{PQ}$거리는 피타고라스정리로 산정하며, 계산과정을 충실하게 기록하는 등의 세심한 주의가 필요하다.

1) 답안지(성과표) 작성

$\overline{AP}$의 방위각 = 155°35′20″

측점	교각	측선	방위각
A	98°34′56″	$\overline{AB}$	254°10′16″
B	191°52′08″	$\overline{BC}$	266°02′24″
C	77°01′30″	$\overline{CQ}$	163°03′54″

측선	거리	위거	경거	측점	합위거	합경거
$\overline{AB}$	15.000	−4.091	−14.431	A	400.000	200.000
$\overline{BC}$	15.000	−1.036	−14.964	B	395.909	185.569
$\overline{CQ}$	30.000	−28.699	8.739	C	394.873	170.605
계	60.000	−33.826	−20.656	Q	366.174	179.344

구분	좌표
P의 좌표(X, Y)	(377.235, 210.332)
Q의 좌표(X, Y)	(366.174, 179.344)

$\overline{PQ}$의 거리
- 계산과정 : $\sqrt{(X_Q - X_P)^2 + (Y_Q - Y_P)^2}$
  $= \sqrt{(366.174 - 377.235)^2 + (179.344 - 210.332)^2}$
  $= 32.903\text{m}$
- 답 : 32.903m

2) 해설

① 방위각 산정
- $\overline{AP}$방위각 = 155°35′20″(시험장에서 주어짐)
- $\overline{AB}$방위각 = $\overline{AP}$방위각 + ∠A
  = 155°35′20″ + 98°34′56″ = 254°10′16″
- $\overline{BC}$방위각 = $\overline{AB}$방위각 − 180° + ∠B
  = 254°10′16″ − 180° + 191°52′08″
  = 266°02′24″

- $\overline{CQ}$방위각 = $\overline{BC}$방위각 $-180° + \angle C$
  = $266°02'24'' - 180° + 77°01'30''$
  = $163°03'54''$

② 위거 · 경거 산정

   ㉠ $\overline{AB}$ 위거 · 경거
   - $\overline{AB}$ 위거 = $\overline{AB}$ 거리 × cos $\overline{AB}$ 방위각
     = $15.000 × \cos 254°10'16''$
     = -4.091m
   - $\overline{AB}$ 경거 = $\overline{AB}$ 거리 × sin $\overline{AB}$ 방위각
     = $15.000 × \sin 254°10'16''$
     = -14.431m

   ㉡ $\overline{BC}$ 위거 · 경거
   - $\overline{BC}$ 위거 = $\overline{BC}$ 거리 × cos $\overline{BC}$ 방위각
     = $15.000 × \cos 266°02'24''$
     = -1.036m
   - $\overline{BC}$ 경거 = $\overline{BC}$ 거리 × sin $\overline{BC}$ 방위각
     = $15.000 × \sin 266°02'24''$
     = -14.964m

   ㉢ $\overline{AP}$ 위거 · 경거
   - $\overline{AP}$ 위거 = $\overline{AP}$ 거리 × cos $\overline{AP}$ 방위각
     = $25.000 × \cos 155°35'20''$
     = -22.765m
   - $\overline{AP}$ 경거 = $\overline{AP}$ 거리 × sin $\overline{AP}$ 방위각
     = $25.000 × \sin 155°35'20''$
     = 10.332m

   ㉣ $\overline{CQ}$ 위거 · 경거
   - $\overline{CQ}$ 위거 = $\overline{CQ}$ 거리 × cos $\overline{CQ}$ 방위각
     = $30.000 × \cos 163°03'54''$
     = -28.699m
   - $\overline{CQ}$ 경거 = $\overline{CQ}$ 거리 × sin $\overline{CQ}$ 방위각
     = $30.000 × \sin 163°03'54''$
     = 8.739m

③ 좌표 산정(X_A = 400.000m, Y_A = 200.000m → 시험장에서 주어짐)
   ㉠ B점 좌표
   - $X_B = X_A + \overline{AB}$ 위거
     $= 400.000 + (-4.091)$
     $= 395.909\text{m}$
   - $Y_B = Y_A + \overline{AB}$ 경거
     $= 200.000 + (-14.431)$
     $= 185.569\text{m}$

   ㉡ C점 좌표
   - $X_C = X_B + \overline{BC}$ 위거
     $= 395.909 + (-1.036)$
     $= 394.873\text{m}$
   - $Y_C = Y_B + \overline{BC}$ 경거
     $= 185.569 + (-14.964)$
     $= 170.605\text{m}$

   ㉢ P점 좌표
   - $X_P = X_A + \overline{AP}$ 위거
     $= 400.000 + (-22.765)$
     $= 377.235\text{m}$
   - $Y_P = Y_A + \overline{AP}$ 경거
     $= 200.000 + 10.332$
     $= 210.332\text{m}$

   ㉣ Q점 좌표
   - $X_Q = X_C + \overline{CQ}$ 위거
     $= 394.873 + (-28.699)$
     $= 366.174\text{m}$
   - $Y_Q = Y_C + \overline{CQ}$ 경거
     $= 170.605 + 8.739$
     $= 179.344\text{m}$

CHAPTER 04 실전문제

PART 2

국가기술자격 실기 모의시험 문제 및 해설 1

※ 본 모의시험 문제 및 해설은 수험생의 수험 대비를 위해 모의로 작성한 것임을 알려 드립니다.

자격 종목	측량기능사	과제명	레벨측량, 토털스테이션측량

- **시험시간 : 1시간 30분**
  ① 레벨측량 : 40분
  ② 토털스테이션측량 : 50분
  ③ 연장시간 : 없음

1 모의시험 문제

(1) 레벨측량

시험장에 설치된 No.0~No.10 측점을 왕복측량하여 답안지를 완성하시오(단, No.0 측점의 지반고는 18m이며, 기계는 왕복 각 3회(총 6회) 이상 세우고, 답안은 m 단위로 소수 3자리까지 구하시오).

(2) 토털스테이션측량

측점 A의 좌표(350.000m, 150.000m)와 $\overline{AP}$의 방위각 137°23′45″를 이용하여 답안지를 완성하시오(단, A점의 좌표는 m 단위로 소수 3자리까지, 각은 초 단위, 프리즘 상수는 감독위원의 지시에 따른다).

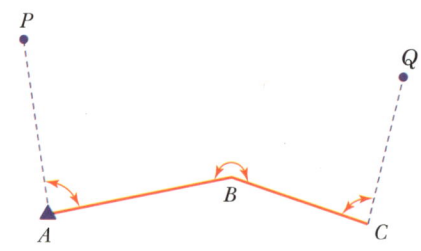

2 국가기술자격 실기 모의시험 답안지

(1) 레벨측량(야장)

자격 종목	측량기능사	비번호	

※ 거리는 소수 3자리까지 기입하시오. [단위 : m]
※ 답안작성은 흑색 필기구만 사용하시오.

레벨측량 [1]

※ 본 답안지의 후시, 전시 및 지반고 값은 임의로 기입한 수치임을 알려 드립니다.

(단위 : m)

측점	후시	전시		기계고	지반고
		이기점	중간점		
No. 0	1.375				18.000
No. 1			4.470		
No. 2			0.522		
No. 3			2.385		
No. 4			−4.432		
No. 5	3.325	3.406			
No. 6			0.465		
No. 7			−2.529		
No. 8	1.383	1.438			
No. 9			1.384		
No.10		3.465			
계					

[연습란]

NOTICE 본 야장의 후시, 전시 및 지반고 값은 임의로 기입한 수치임을 알려 드립니다.

자격 종목	측량기능사	비번호	

※ 거리는 소수 3자리까지 기입하시오. [단위 : m]
※ 답안작성은 흑색 필기구만 사용하시오.

레벨측량 [2]

※ 본 답안지의 후시, 전시 및 지반고 값은 임의로 기입한 수치임을 알려 드립니다.

(단위 : m)

측점	후시	전시		기계고	지반고
		이기점	중간점		
No.10	3.481				
No. 9			1.400		
No. 8	1.448	1.400			
No. 7			−2.519		
No. 6			0.475		
No. 5	3.432	3.334			
No. 4			−4.406		
No. 3			2.410		
No. 2			0.547		
No. 1			4.496		
No. 0		1.401			
계					

| 레벨측량 최종 결과 |

(단위 : m)

측점	No. 1	No. 2	No. 3	No. 4	No. 5	No. 6	No. 7	No. 8	No. 9	No.10
최확값										

NOTICE 본 야장의 후시, 전시 및 지반고 값은 임의로 기입한 수치임을 알려 드립니다.

(2) 토털스테이션측량(야장)

자격 종목	측량기능사	비번호	

※ 거리는 소수 3자리까지, 각은 초단위까지 기입하시오.
※ 답안작성은 흑색 필기구만 사용하시오.

토털스테이션측량

※ 본 답안지의 교각, 수평거리 및 측점 좌푯값은 임의로 기입한 수치임을 알려 드립니다.

$\overline{AP}$의 방위각 = 137°23′45″

측점	교각	측선	방위각
A	85°43′27″	$\overline{AB}$	223°07′12″
B	185°27′33″	$\overline{BC}$	228°34′45″
C	70°33′41″	$\overline{CQ}$	119°08′26″

측선	거리	위거	경거	측점	합위거	합경거
$\overline{AB}$	20.000			A	350.000	150.000
$\overline{BC}$	20.000			B		
$\overline{CQ}$				C		
계				Q		

구분	좌표
P의 좌표(X, Y)	(,)
Q의 좌표(X, Y)	(,)

$\overline{PQ}$의 거리
• 계산과정 :

• 답 :

NOTICE 본 야장의 방위각, 교각, 수평거리 및 측점 좌푯값은 임의로 기입한 수치임을 알려 드립니다.

3 최종 성과표 및 해설

(1) 레벨측량

1) 최종 성과표

| 레벨측량 [1] | (단위 : m)

측점	후시	전시		기계고	지반고
		이기점	중간점		
No. 0	1.375			19.375	18.000
No. 1			4.470		14.905
No. 2			0.522		18.853
No. 3			2.385		16.990
No. 4			−4.432		23.807
No. 5	3.325	3.406		19.294	15.969
No. 6			0.465		18.829
No. 7			−2.529		21.823
No. 8	1.383	1.438		19.239	17.856
No. 9			1.384		17.855
No.10		3.465			15.774
계	6.083	8.309			

| 레벨측량 [2] | (단위 : m)

측점	후시	전시		기계고	지반고
		이기점	중간점		
No.10	3.481			19.255	15.774
No. 9			1.400		17.855
No. 8	1.448	1.400		19.303	17.855
No. 7			−2.519		21.822
No. 6			0.475		18.828
No. 5	3.432	3.334		19.401	15.969
No. 4			−4.406		23.807
No. 3			2.410		16.991
No. 2			0.547		18.854
No. 1			4.496		14.905
No. 0		1.401			18.000
계	8.361	6.135			

| 레벨측량 최종 결과 | (단위 : m)

측점	No. 1	No. 2	No. 3	No. 4	No. 5	No. 6	No. 7	No. 8	No. 9	No.10
최확값	14.905	18.854	16.991	23.807	15.969	18.829	21.823	17.856	17.855	15.774

2) 해설

> - 기계고(I.H) = 지반고(G.H) + 후시(B.S)
> - 지반고(G.H) = 기계고(I.H) − 전시(F.S)

① 레벨측량 [1]
- No.0 지반고＝**18.000m**
- No.0 기계고＝18.000＋1.375＝19.375m
- No.1 지반고＝19.375−4.470＝14.905m
- No.2 지반고＝19.375−0.522＝18.853m
- No.3 지반고＝19.375−2.385＝16.990m
- No.4 지반고＝19.375−(−4.432)＝23.807m
- No.5 지반고＝19.375−3.406＝15.969m

- No.5 기계고＝15.969＋3.325＝19.294m
- No.6 지반고＝19.294−0.465＝18.829m
- No.7 지반고＝19.294−(−2.529)＝21.823m
- No.8 지반고＝19.294−1.438＝17.856m

- No.8 기계고＝17.856＋1.383＝19.239m
- No.9 지반고＝19.239−1.384＝17.855m
- No.10 지반고＝19.239−3.465＝**15.774m**

− 검산 −
- ∑후시＝No.0＋No.5＋No.8＝1.375＋3.325＋1.383＝6.083m
- ∑전시(이기점)＝No.5＋No.8＋No.10＝3.406＋1.438＋3.465＝8.309m
- ΔH＝6.083−8.309＝**−2.226m**
- 지반고 차＝No.10지반고−No.0지반고＝15.774−18.000＝**−2.226m(O.K)**

② 레벨측량 [2]
- No.10 지반고＝15.774m
- No.10 기계고＝15.774＋3.481＝19.255m
- No.9 지반고＝19.255−1.400＝17.855m
- No.8 지반고＝19.255−1.400＝17.855m

- No.8 기계고＝17.855＋1.448＝19.303m
- No.7 지반고＝19.303−(−2.519)＝21.822m
- No.6 지반고＝19.303−0.475＝18.828m
- No.5 지반고＝19.303−3.334＝15.969m

- No.5 기계고＝15.969＋3.432＝19.401m
- No.4 지반고＝19.401－(－4.406)＝23.807m
- No.3 지반고＝19.401－2.410＝16.991m
- No.2 지반고＝19.401－0.547＝18.854m
- No.1 지반고＝19.401－4.496＝14.905m
- No.0 지반고＝19.401－1.401＝**18.000m**

－검산－
- $\sum$ 후시＝No.10＋No.8＋No.5＝3.481＋1.448＋3.432＝8.361m
- $\sum$ 전시(이기점)＝No.8＋No.5＋No.0＝1.400＋3.334＋1.401＝6.135m
- ΔH＝8.361－6.135＝**2.226m**
- 지반고 차＝No.0지반고－No.10지반고＝18.000－15.774＝**2.226m(O.K)**

3) 최종 검산

$\Delta H = \sum$B.S(레벨측량 1＋레벨측량 2)－$\sum$F.S(레벨측량 1 이기점＋레벨측량 2 이기점)
　　＝No.0 지반고(레벨측량 1)－No.0 지반고(레벨측량 2)

14.444－14.444＝18.000－18.000

　　　0.000m＝**0.000m(O.K)**

※ $\sum$B.S(레벨측량 1＋레벨측량 2)－$\sum$F.S(레벨측량 1 이기점＋레벨측량 2 이기점)의 값과 No.0(레벨측량 1) 지반고와 No.0(레벨측량 2) 지반고의 차가 일치하므로, 야장계산은 정확하게 계산되었다고 할 수 있다.

4) 최확값

[각각의 (레벨측량 1 지반고＋레벨측량 2 지반고)÷2]

- No.1 최확값＝$(14.905+14.905) \times \frac{1}{2}$＝14.905m
- No.2 최확값＝$(18.853+18.854) \times \frac{1}{2}$＝18.854m
- No.3 최확값＝$(16.990+16.991) \times \frac{1}{2}$＝16.991m
- No.4 최확값＝$(23.807+23.807) \times \frac{1}{2}$＝23.807m
- No.5 최확값＝$(15.969+15.969) \times \frac{1}{2}$＝15.969m
- No.6 최확값＝$(18.829+18.828) \times \frac{1}{2}$＝18.829m

- No.7 최확값 $=(21.823+21.822)\times \frac{1}{2}=21.823$m

- No.8 최확값 $=(17.856+17.855)\times \frac{1}{2}=17.856$m

- No.9 최확값 $=(17.855+17.855)\times \frac{1}{2}=17.855$m

- No.10 최확값 $=(15.774+15.774)\times \frac{1}{2}=15.774$m

(2) 토털스테이션측량

1) 최종 성과표

$\overline{AP}$의 방위각 = 137°23′45″

측점	교각	측선	방위각
A	85°43′27″	$\overline{AB}$	223°07′12″
B	185°27′33″	$\overline{BC}$	228°34′45″
C	70°33′41″	$\overline{CQ}$	119°08′26″

측선	거리	위거	경거	측점	합위거	합경거
$\overline{AB}$	20.000	−14.598	−13.671	A	350.000	150.000
$\overline{BC}$	20.000	−13.232	−14.997	B	335.402	136.329
$\overline{CQ}$	30.000	−14.609	26.203	C	322.170	121.332
계	70.000	−42.439	−2.465	Q	307.561	147.535

구분	좌표
P의 좌표(X, Y)	(331.599, 166.923)
Q의 좌표(X, Y)	(307.561, 147.535)

$\overline{PQ}$의 거리

- 계산과정 : $\sqrt{(X_Q-X_P)^2+(Y_Q-Y_P)^2}$
  $=\sqrt{(307.561-331.599)^2+(147.535-166.923)^2}$
  $=30.882$m

- 답 : 30.882m

2) 해설

① 방위각 산정

- $\overline{AP}$방위각 = 137°23′45″ (시험장에서 주어짐)
- $\overline{AB}$방위각 = $\overline{AP}$방위각 + ∠A
  = 137°23′45″ + 85°43′27″ = 223°07′12″

- $\overline{BC}$방위각 $= \overline{AB}$방위각 $- 180° + \angle B$
  $= 223°07'12'' - 180° + 185°27'33''$
  $= 228°34'45''$
- $\overline{CQ}$방위각 $= \overline{BC}$방위각 $- 180° + \angle C$
  $= 228°34'45'' - 180° + 70°33'41''$
  $= 119°08'26''$

② 위거 · 경거 산정

㉠ $\overline{AB}$ 위거 · 경거
- $\overline{AB}$ 위거 $= \overline{AB}$거리 $\times \cos \overline{AB}$방위각
  $= 20.000 \times \cos 223°07'12''$
  $= -14.598\text{m}$
- $\overline{AB}$ 경거 $= \overline{AB}$거리 $\times \sin \overline{AB}$방위각
  $= 20.000 \times \sin 223°07'12''$
  $= -13.671\text{m}$

㉡ $\overline{BC}$ 위거 · 경거
- $\overline{BC}$ 위거 $= \overline{BC}$거리 $\times \cos \overline{BC}$방위각
  $= 20.000 \times \cos 228°34'45''$
  $= -13.232\text{m}$
- $\overline{BC}$ 경거 $= \overline{BC}$거리 $\times \sin \overline{BC}$방위각
  $= 20.000 \times \sin 228°34'45''$
  $= -14.997\text{m}$

㉢ $\overline{AP}$ 위거 · 경거
- $\overline{AP}$ 위거 $= \overline{AP}$거리 $\times \cos \overline{AP}$방위각
  $= 25.000 \times \cos 137°23'45''$
  $= -18.401\text{m}$
- $\overline{AP}$ 경거 $= \overline{AP}$거리 $\times \sin \overline{AP}$방위각
  $= 25.000 \times \sin 137°23'45''$
  $= 16.923\text{m}$

㉣ $\overline{CQ}$ 위거 · 경거
- $\overline{CQ}$ 위거 $= \overline{CQ}$거리 $\times \cos \overline{CQ}$방위각
  $= 30.000 \times \cos 119°08'26''$
  $= -14.609\text{m}$

- $\overline{CQ}$ 경거 = $\overline{CQ}$ 거리 × sin $\overline{CQ}$ 방위각
  = 30.000 × sin119°08′26″
  = 26.203m

③ 좌표 산정(X_A = 350.000m, Y_A = 150.000m → 시험장에서 주어짐)

㉠ B점 좌표
- $X_B = X_A + \overline{AB}$ 위거
  = 350.000 + (−14.598)
  = 335.402m
- $Y_B = Y_A + \overline{AB}$ 경거
  = 150.000 + (−13.671)
  = 136.329m

㉡ C점 좌표
- $X_C = X_B + \overline{BC}$ 위거
  = 335.402 + (−13.232)
  = 322.170m
- $Y_C = Y_B + \overline{BC}$ 경거
  = 136.329 + (−14.997)
  = 121.332m

㉢ P점 좌표
- $X_P = X_A + \overline{AP}$ 위거
  = 350.000 + (−18.401)
  = 331.599m
- $Y_P = Y_A + \overline{AP}$ 경거
  = 150.000 + 16.923
  = 166.923m

㉣ Q점 좌표
- $X_Q = X_C + \overline{CQ}$ 위거
  = 322.170 + (−14.609)
  = 307.561m
- $Y_Q = Y_C + \overline{CQ}$ 경거
  = 121.332 + 26.203
  = 147.535m

국가기술자격 실기 모의시험 문제 및 해설 2

※ 본 모의시험 문제 및 해설은 수험생의 수험 대비를 위해 모의로 작성한 것임을 알려 드립니다.

자격 종목	측량기능사	과제명	레벨측량, 토털스테이션측량

- 시험시간 : 1시간 30분
  ① 레벨측량 : 40분
  ② 토털스테이션측량 : 50분
  ③ 연장시간 : 없음

1 모의시험 문제

(1) 레벨측량

시험장에 설치된 No.0~No.10 측점을 왕복측량하여 답안지를 완성하시오(단, No.0측점의 지반고는 24m이며, 기계는 왕복 각 3회(총 6회) 이상 세우고, 답안은 m 단위로 소수 3자리까지 구하시오).

(2) 토털스테이션측량

측점 A의 좌표(450.000m, 300.000m)와 $\overline{AP}$의 방위각 145°25′25″를 이용하여 답안지를 완성하시오(단, A점의 좌표는 m 단위로 소수 3자리까지, 각은 초 단위, 프리즘 상수는 감독위원의 지시에 따른다).

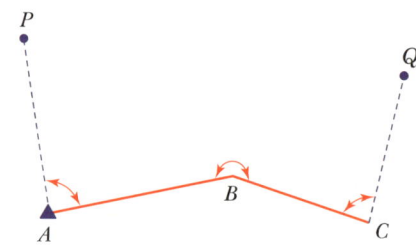

2 국가기술자격 실기 모의시험 답안지

(1) 레벨측량(야장)

자격 종목	측량기능사	비번호	

※ 거리는 소수 3자리까지 기입하시오. [단위 : m]
※ 답안작성은 흑색 필기구만 사용하시오.

레벨측량 [1]

※ 본 답안지의 후시, 전시 및 지반고 값은 임의로 기입한 수치임을 알려 드립니다.

(단위 : m)

측점	후시	전시		기계고	지반고
		이기점	중간점		
No. 0	1.315				24.000
No. 1			4.410		
No. 2			0.462		
No. 3	2.261	2.325			
No. 4			−4.557		
No. 5			3.282		
No. 6	0.369	0.423			
No. 7			−2.624		
No. 8			1.342		
No. 9			1.342		
No.10		3.423			
계					

[연습란]

NOTICE 본 야장의 후시, 전시 및 지반고 값은 임의로 기입한 수치임을 알려 드립니다.

자격 종목	측량기능사	비번호	

※ 거리는 소수 3자리까지 기입하시오.[단위 : m]
※ 답안작성은 흑색 필기구만 사용하시오.

레벨측량 [2]

※ 본 답안지의 후시, 전시 및 지반고 값은 임의로 기입한 수치임을 알려 드립니다.

(단위 : m)

측점	후시	전시		기계고	지반고
		이기점	중간점		
No.10	3.417				
No. 9			1.336		
No. 8			1.336		
No. 7			−2.631		
No. 6	0.452	0.363			
No. 5			3.312		
No. 4			−4.527		
No. 3	2.324	2.291			
No. 2			0.459		
No. 1			4.408		
No. 0		1.313			
계					

| 레벨측량 최종 결과 |

(단위 : m)

측점	No. 1	No. 2	No. 3	No. 4	No. 5	No. 6	No. 7	No. 8	No. 9	No.10
최확값										

NOTICE 본 야장의 후시, 전시 및 지반고 값은 임의로 기입한 수치임을 알려 드립니다.

(2) 토털스테이션측량(야장)

자격 종목	측량기능사	비번호	

※ 거리는 소수 3자리까지, 각은 초단위까지 기입하시오.
※ 답안작성은 흑색 필기구만 사용하시오.

토털스테이션측량

※ 본 답안지의 교각, 수평거리 및 측점 좌푯값은 임의로 기입한 수치임을 알려 드립니다.

$\overline{AP}$의 방위각 = 145°25′25″

측점	교각	측선	방위각
A	80°37′55″	$\overline{AB}$	226°03′20″
B	201°53′14″	$\overline{BC}$	247°56′34″
C	75°46′34″	$\overline{CQ}$	143°43′08″

측선	거리	위거	경거	측점	합위거	합경거
$\overline{AB}$	17.000			A	450.000	300.000
$\overline{BC}$	17.000			B		
$\overline{CQ}$				C		
계				Q		

구분	좌표
P의 좌표(X, Y)	(,)
Q의 좌표(X, Y)	(,)

$\overline{PQ}$의 거리
• 계산과정 :

• 답 :

NOTICE 본 야장의 방위각, 교각, 수평거리 및 측점 좌푯값은 임의로 기입한 수치임을 알려 드립니다.

3 최종 성과표 및 해설

(1) 레벨측량

1) 최종 성과표

| 레벨측량 [1] |

(단위 : m)

측점	후시	전시 이기점	전시 중간점	기계고	지반고
No. 0	1.315			25.315	24.000
No. 1			4.410		20.905
No. 2			0.462		24.853
No. 3	2.261	2.325		25.251	22.990
No. 4			−4.557		29.808
No. 5			3.282		21.969
No. 6	0.369	0.423		25.197	24.828
No. 7			−2.624		27.821
No. 8			1.342		23.855
No. 9			1.342		23.855
No.10		3.423			21.774
계	3.945	6.171			

| 레벨측량 [2] |

(단위 : m)

측점	후시	전시 이기점	전시 중간점	기계고	지반고
No.10	3.417			25.191	21.774
No. 9			1.336		23.855
No. 8			1.336		23.855
No. 7			−2.631		27.822
No. 6	0.452	0.363		25.280	24.828
No. 5			3.312		21.968
No. 4			−4.527		29.807
No. 3	2.324	2.291		25.313	22.989
No. 2			0.459		24.854
No. 1			4.408		20.905
No. 0		1.313			24.000
계	6.193	3.967			

| 레벨측량 최종 결과 |

(단위 : m)

측점	No. 1	No. 2	No. 3	No. 4	No. 5	No. 6	No. 7	No. 8	No. 9	No.10
최확값	20.905	24.854	22.990	29.808	21.969	24.828	27.822	23.855	23.855	21.774

2) 해설

> - 기계고(I.H) = 지반고(G.H) + 후시(B.S)
> - 지반고(G.H) = 기계고(I.H) − 전시(F.S)

① 레벨측량 [1]
- No.0 지반고 = **24.000m**
- No.0 기계고 = 24.000 + 1.315 = 25.315m
- No.1 지반고 = 25.315 − 4.410 = 20.905m
- No.2 지반고 = 25.315 − 0.462 = 24.853m
- No.3 지반고 = 25.315 − 2.325 = 22.990m

- No.3 기계고 = 22.990 + 2.261 = 25.251m
- No.4 지반고 = 25.251 − (−4.557) = 29.808m
- No.5 지반고 = 25.251 − 3.282 = 21.969m
- No.6 지반고 = 25.251 − 0.423 = 24.828m

- No.6 기계고 = 24.828 + 0.369 = 25.197m
- No.7 지반고 = 25.197 − (−2.624) = 27.821m
- No.8 지반고 = 25.197 − 1.342 = 23.855m
- No.9 지반고 = 25.197 − 1.342 = 23.855m
- No.10 지반고 = 25.197 − 3.423 = **21.774m**

− 검산 −
- $\sum$ 후시 = No.0 + No.3 + No.6 = 1.315 + 2.261 + 0.369 = 3.945m
- $\sum$ 전시(이기점) = No.3 + No.6 + No.10 = 2.325 + 0.423 + 3.423 = 6.171m
- ΔH = 3.945 − 6.171 = **−2.226m**
- 지반고 차 = No.10지반고 − No.0지반고 = 21.774 − 24.000 = **−2.226m(O.K)**

② 레벨측량 [2]
- No.10 지반고 = **21.774m**
- No.10 기계고 = 21.774 + 3.417 = 25.191m
- No.9 지반고 = 25.191 − 1.336 = 23.855m
- No.8 지반고 = 25.191 − 1.336 = 23.855m
- No.7 지반고 = 25.191 − (−2.631) = 27.822m
- No.6 지반고 = 25.191 − 0.363 = 24.828m

- No.6 기계고=24.828+0.452=25.280m
- No.5 지반고=25.280-3.312=21.968m
- No.4 지반고=25.280-(-4.527)=29.807m
- No.3 지반고=25.280-2.291=22.989m

- No.3 기계고=22.989+2.324=25.313m
- No.2 지반고=25.313-0.459=24.854m
- No.1 지반고=25.313-4.408=20.905m
- No.0 지반고=25.313-1.313=24.000m

- 검산 -
- Σ 후시=No.10+No.6+No.3=3.417+0.452+2.324=6.193m
- Σ 전시(이기점)=No.6+No.3+No.0=0.363+2.291+1.313=3.967m
- ΔH=6.193-3.967=**2.226m**
- 지반고 차=No.0지반고-No.10지반고=24.000-21.774=**2.226m(O.K)**

3) 최종 검산

$\Delta H = \Sigma$B.S(레벨측량 1+레벨측량 2)-ΣF.S(레벨측량 1 이기점+레벨측량 2 이기점)
=No.0 지반고(레벨측량 1)-No.0 지반고(레벨측량 2)

10.138-10.138=24.000-24.000

0.000m=**0.000m(O.K)**

※ ΣB.S(레벨측량 1+레벨측량 2)-ΣF.S(레벨측량 1 이기점+레벨측량 2 이기점)의 값과 No.0(레벨측량 1) 지반고와 No.0(레벨측량 2) 지반고의 차가 일치하므로, 야장계산은 정확하게 계산되었다고 할 수 있다.

4) 최확값

[각각의 (레벨측량 1 지반고+레벨측량 2 지반고)÷2]

- No.1 최확값=(20.905+20.905)$\times \dfrac{1}{2}$=20.905m

- No.2 최확값=(24.853+24.854)$\times \dfrac{1}{2}$=24.854m

- No.3 최확값=(22.990+22.989)$\times \dfrac{1}{2}$=22.990m

- No.4 최확값=(29.808+29.807)$\times \dfrac{1}{2}$=29.808m

- No.5 최확값=(21.969+21.968)$\times \dfrac{1}{2}$=21.969m

- No.6 최확값 $=(24.828+24.828)\times\dfrac{1}{2}=24.828\text{m}$

- No.7 최확값 $=(27.821+27.822)\times\dfrac{1}{2}=27.822\text{m}$

- No.8 최확값 $=(23.855+23.855)\times\dfrac{1}{2}=23.855\text{m}$

- No.9 최확값 $=(23.855+23.855)\times\dfrac{1}{2}=23.855\text{m}$

- No.10 최확값 $=(21.774+21.774)\times\dfrac{1}{2}=21.774\text{m}$

(2) 토털스테이션측량

1) 최종 성과표

$\overline{AP}$의 방위각 = 145°25′25″

측점	교각	측선	방위각
A	80°37′55″	$\overline{AB}$	226°03′20″
B	201°53′14″	$\overline{BC}$	247°56′34″
C	75°46′34″	$\overline{CQ}$	143°43′08″

측선	거리	위거	경거	측점	합위거	합경거
$\overline{AB}$	17.000	−11.797	−12.240	A	450.000	300.000
$\overline{BC}$	17.000	−6.384	−15.756	B	438.203	287.760
$\overline{CQ}$	30.000	−24.184	17.752	C	431.819	272.004
계	64.000	−42.365	−10.244	Q	407.635	289.756

구분	좌표
P의 좌표(X, Y)	(429.416, 314.188)
Q의 좌표(X, Y)	(407.635, 289.756)

$\overline{PQ}$의 거리
- 계산과정 : $\sqrt{(X_Q-X_P)^2+(Y_Q-Y_P)^2}$
  $=\sqrt{(407.635-429.416)^2+(289.756-314.188)^2}$
  $=32.731\text{m}$
- 답 : 32.731m

2) 해설

① 방위각 산정
- $\overline{AP}$방위각 $=145°25′25″$ (시험장에서 주어짐)
- $\overline{AB}$방위각 $=\overline{AP}$방위각 $+\angle A$

$$= 145°25'25'' + 80°37'55'' = 226°03'20''$$

- $\overline{BC}$방위각 $= \overline{AB}$방위각 $- 180° + \angle B$
  $$= 226°03'20'' - 180° + 201°53'14''$$
  $$= 247°56'34''$$

- $\overline{CQ}$방위각 $= \overline{BC}$방위각 $- 180° + \angle C$
  $$= 247°56'34'' - 180° + 75°46'34''$$
  $$= 143°43'08''$$

② 위거 · 경거 산정

㉠ $\overline{AB}$ 위거 · 경거

- $\overline{AB}$ 위거 $= \overline{AB}$거리 $\times \cos \overline{AB}$방위각
  $$= 17.000 \times \cos 226°03'20''$$
  $$= -11.797\text{m}$$

- $\overline{AB}$ 경거 $= \overline{AB}$거리 $\times \sin \overline{AB}$방위각
  $$= 17.000 \times \sin 226°03'20''$$
  $$= -12.240\text{m}$$

㉡ $\overline{BC}$ 위거 · 경거

- $\overline{BC}$ 위거 $= \overline{BC}$거리 $\times \cos \overline{BC}$방위각
  $$= 17.000 \times \cos 247°56'34''$$
  $$= -6.384\text{m}$$

- $\overline{BC}$ 경거 $= \overline{BC}$거리 $\times \sin \overline{BC}$방위각
  $$= 17.000 \times \sin 247°56'34''$$
  $$= -15.756\text{m}$$

㉢ $\overline{AP}$ 위거 · 경거

- $\overline{AP}$ 위거 $= \overline{AP}$거리 $\times \cos \overline{AP}$방위각
  $$= 25.000 \times \cos 145°25'25''$$
  $$= -20.584\text{m}$$

- $\overline{AP}$ 경거 $= \overline{AP}$거리 $\times \sin \overline{AP}$방위각
  $$= 25.000 \times \sin 145°25'25''$$
  $$= 14.188\text{m}$$

㉣ $\overline{CQ}$ 위거 · 경거

- $\overline{CQ}$ 위거 $= \overline{CQ}$거리 $\times \cos \overline{CQ}$방위각
  $$= 30.000 \times \cos 143°43'08''$$
  $$= -24.184\text{m}$$

- $\overline{CQ}$ 경거 = $\overline{CQ}$ 거리 × sin $\overline{CQ}$ 방위각
  = 30.000 × sin143°43′08″
  = 17.752m

③ 좌표 산정(X_A = 450.000m, Y_A = 300.000m → 시험장에서 주어짐)

  ㉠ B점 좌표
   - $X_B = X_A + \overline{AB}$ 위거
     = 450.000 + (−11.797)
     = 438.203m
   - $Y_B = Y_A + \overline{AB}$ 경거
     = 300.000 + (−12.240)
     = 287.760m

  ㉡ C점 좌표
   - $X_C = X_B + \overline{BC}$ 위거
     = 438.203 + (−6.384)
     = 431.819m
   - $Y_C = Y_B + \overline{BC}$ 경거
     = 287.760 + (−15.756)
     = 272.004m

  ㉢ P점 좌표
   - $X_P = X_A + \overline{AP}$ 위거
     = 450.000 + (−20.584)
     = 429.416m
   - $Y_P = Y_A + \overline{AP}$ 경거
     = 300.000 + 14.188
     = 314.188m

  ㉣ Q점 좌표
   - $X_Q = X_C + \overline{CQ}$ 위거
     = 431.819 + (−24.184)
     = 407.635m
   - $Y_Q = Y_C + \overline{CQ}$ 경거
     = 272.004 + 17.752
     = 289.756m

PART 3

CBT시험(필기) 모의고사 및 해설

CBT시험(필기) 모의고사 1회

NOTICE 본 모의고사는 측량기능사 수험생의 필기시험 대비를 목적으로 작성된 것임을 알려 드립니다.

01 총 거리가 500m인 트래버스 측량을 하여 폐합 오차가 0.01m였다. 이때의 폐합비는?

① 1/500
② 1/5,000
③ 1/25,000
④ 1/50,000

02 노선의 선정에 있어서 유의해야 할 사항이 아닌 것은?

① 노선은 가능한 한 직선으로 하고, 경사를 완만하게 하는 것이 좋다.
② 절토 및 성토의 운반거리를 가급적 길게 한다.
③ 배수가 잘 되도록 충분히 고려한다.
④ 토공량이 적고, 절토와 성토가 균형을 이루게 한다.

03 1등 삼각측량을 할 때 수평각 측정 시 사용하는 수평각 관측방법은?

① 단측법
② 배각법
③ 방향각법
④ 조합각 관측법

04 노선측량 작업에서 도상 및 현지에서의 중심선 설치를 하는 작업 단계는?

① 도상계획
② 예측
③ 실측
④ 공사측량

05 GPS 위성시스템에 관한 다음 설명 중 옳지 않은 것은?

① 위성의 고도는 지표면상 평균 약 20,200km이다.
② 측지기준계는 GRS80 기준계를 적용한다.
③ 각 위성들은 모두 상이한 코드정보를 전송한다.
④ 위성의 궤도주기는 약 11시간 58분이다.

06 중앙종거에 의한 단곡선 설치에서 최초 중앙종거 M_1은?(단, 곡선반지름 $R=300$m, 교각 $I=120°$)

① 40m
② 80m
③ 150m
④ 300m

07 GPS측량의 정확도에 영향을 미치는 요소와 거리가 먼 것은?

① 기지점의 정확도
② 관측 시의 온도 측정 정확도
③ 안테나의 높이 측정 정확도
④ 위성 정밀력의 정확도

08 수준측량을 할 때 전·후시의 시준거리를 같게 취하고자 하는 중요한 이유는?

① 표척의 영점 오차를 없애기 위하여
② 표척 눈금의 부정확으로 생긴 오차를 없애기 위하여
③ 표척이 기울어져서 생긴 오차를 없애기 위하여
④ 구차 및 기차를 없애기 위하여

09 다음 각의 종류에 대한 설명이 옳지 않은 것은?

① 방향각 : 임의의 기준선으로부터 어느 측선까지 시계방향으로 잰 수평각
② 방위각 : 자오선을 기준으로 하여 어느 측선까지 시계방향으로 잰 수평각
③ 고저각 : 수평선을 기준으로 목표에 대한 시준선과 이루는 각
④ 천정각 : 수평선을 기준으로 90°까지를 잰 시준각

10 교각 $I = 62°30'$, 반지름 $R = 200m$인 원곡선을 설치할 때 곡선길이($C.L$)는?

① 79.25m ② 217.47m
③ 218.13m ④ 318.52m

11 노선측량에서 절토 단면적과 성토 단면적, 토공량을 구하기 위해 실시하는 측량은?

① 중심선측량 ② 횡단측량
③ 용지측량   ④ 평면측량

12 정사각형의 구역을 30m 테이프를 사용하여 측정한 결과 900m²를 얻었다. 이때 테이프가 실제보다 5cm가 늘어나 있었다면 실제면적은?

① 897.0m² ② 898.5m²
③ 901.5m² ④ 903.0m²

13 트래버스측량의 수평각 관측법 중 서로 이웃하는 두 개의 측선이 이루는 각을 관측해 나가는 방법은?

① 방위각법 ② 교각법
③ 편각법   ④ 고저각법

14 단곡선 설치에서 교각 60°, 반지름 100m, 곡선시점의 추가거리가 140.65m일 때 곡선종점의 거리는?

① 104.70m
② 140.65m
③ 240.65m
④ 245.35m

15 체적 계산방법 중 전체 구역을 직사각형이나 삼각형으로 나누어서 토량을 계산하는 방법은?

① 점고법   ② 단면법
③ 좌표법   ④ 배횡거법

16 다음 중 등고선의 종류에 해당하지 않는 것은?

① 주곡선   ② 계곡선
③ 간곡선   ④ 완화곡선

17 그림과 같은 교호수준측량의 결과가 다음과 같을 때 B점의 표고는?(단, A점의 표고는 100m이다.)

$a_1 = 1.8m$, $a_2 = 1.2m$, $b_1 = 1.0m$, $b_2 = 0.4m$

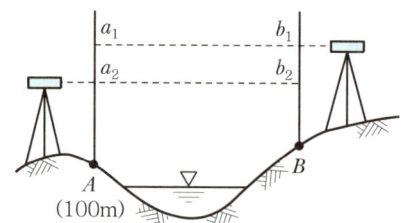

① 100.4m   ② 100.8m
③ 101.2m   ④ 101.6m

18 그림에서 $\overline{CD}$ 측선의 방위는?

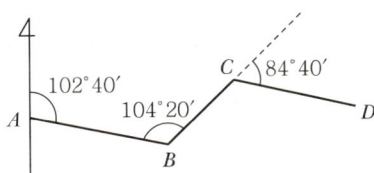

① N27°40′W   ② S68°20′E
③ N36°40′E   ④ S27°30′W

19 제3상한에 해당되는 방위가 $S\theta°W$로 표현할 수 있다면 방위각(α)을 계산하는 식은?

① $\alpha = \theta$
② $\alpha = 360° - \theta$
③ $\alpha = 180° - \theta$
④ $\alpha = 180° + \theta$

20 곡선반지름 $R=100m$, 교각 $I=30°$일 때 접선길이(T.L)는?

① 36.79m   ② 32.79m
③ 29.78m   ④ 26.79m

21 단곡선에서 곡선시점의 추가거리가 350.45m 이고 곡선길이가 64.28m일 때 종단현의 길이는? (단, 중심말뚝 간격은 20m이다.)

① 15.24m   ② 14.73m
③ 5.27m   ④ 7.28m

22 그림은 축척 1/400로 측량하여 얻은 결과이다. 실제의 면적은?

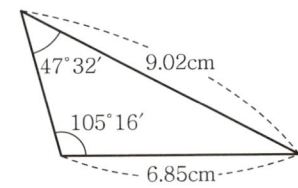

① 225.94m²   ② 275.34m²
③ 325.62m²   ④ 402.02m²

23 등고선의 성질에 대한 설명으로 옳지 않은 것은?

① 등고선의 경사가 급할수록 간격이 좁다.
② 등고선은 능선이나 계곡선과 직교한다.
③ 등고선은 도면 내 또는 도면 외에서 반드시 폐합한다.
④ 등고선은 절대로 교차하지 않는다.

24 표준길이보다 2cm 짧은 25m 테이프로 관측한 거리가 353.28m일 때 실제 거리는?

① 353.56m
② 353.42m
③ 353.14m
④ 353.00m

25 삼각측량의 작업순서가 옳은 것은?

① 도상계획 → 답사 및 선점 → 조표 → 각 관측 → 삼각망의 조정 → 좌표 계산
② 도상계획 → 답사 및 선점 → 조표 → 각 관측 → 좌표 계산 → 삼각망의 조정
③ 답사 및 선점 → 조표 → 도상 계획 → 각 관측 → 삼각망의 조정 → 좌표 계산
④ 답사 및 선점 → 조표 → 도상 계획 → 각 관측 → 좌표 계산 → 삼각망의 조정

26 GPS측량에서 사용되는 반송파는?

① A_1, A_2 반송파
② L_1, L_2 반송파
③ D_1, D_2 반송파
④ Z_1, Z_2 반송파

27 최확값과 경중률에 관한 설명으로 옳지 않은 것은?

① 관측값들의 경중률이 다르면 최확값을 구할 때 경중률을 고려하여야 한다.
② 최확값은 어떤 관측값에서 가장 높은 확률을 가지는 값이다.
③ 경중률은 표준편차의 제곱에 반비례한다.
④ 경중률은 관측거리의 제곱에 비례한다.

28 축척 1 : 25,000 지형도에서 주곡선의 간격은?

① 5m   ② 10m
③ 25m ④ 50m

29 다음 삼각형에서 $\overline{AB}$의 거리는?(단, $\angle A = 61°25'30''$, $\angle B = 59°38'26''$, $\angle C = 58°56'04''$이며, $\overline{BC}$의 거리는 287.58m이다.)

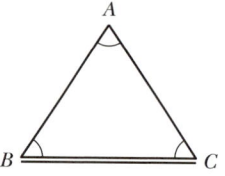

① 296.69m   ② 285.48m
③ 282.56m   ④ 280.50m

30 삼각형 세 변의 거리가 $a = 17m$, $b = 10m$, $c = 13m$일 때 삼변법에 의하여 계산된 면적은?

① 55m²   ② 65m²
③ 75m²   ④ 85m²

31 나무의 높이를 알아보기 위하여 간이측량을 실시하였다. 관측 결과가 그림과 같을 때 나무의 대략적인 높이(h)는?(단, 팔의 길이 60cm, 막대길이 20cm이다.)

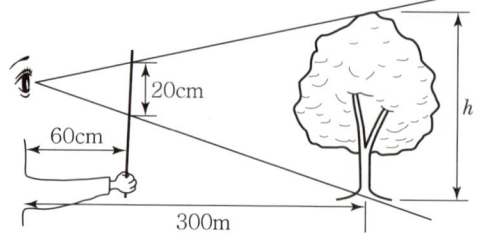

① 75m   ② 80m
③ 100m   ④ 150m

32 수준측량의 고저차를 확인하기 위한 검산식으로 옳은 것은?

① $\sum B.S - \sum T.P$
② $\sum F.S - \sum T.P$
③ $\sum I.H - \sum F.S$
④ $\sum I.H - \sum B.S$

33 어느 측선의 방위각이 330°이고, 측선길이가 120m라 하면 그 측선의 경거는?

① -60.000m   ② 36.002m
③ 95.472m   ④ 103.923m

34 경사변환선에 대한 설명으로 옳은 것은?

① 동일 방향의 경사면에서 경사의 크기가 다른 두 면의 접합선
② 지표면이 높은 곳의 꼭대기 점을 연결한 선
③ 지표면이 낮거나 움푹 패인 점을 연결한 선
④ 경사가 최대로 되는 방향을 표시한 선

35 단곡선에서 곡선반지름 $R=150m$, 교각 $I=60°$이고 시단현의 길이 $l_1=17.34m$일 때, 시단현의 편각 δ_1은?

① 2°29′02″
② 2°42′02″
③ 3°18′42″
④ 3°42′25″

36 터널 내에서 50m 떨어진 두 점의 수평각을 관측하였더니 시준선에 직각으로 4mm의 시준오차가 발생하였다면 수평각의 오차는?

① 26″
② 22.5″
③ 19″
④ 16.5″

37 트래버스측량의 결합오차 조정에 대한 설명 중 옳은 것은?

① 컴퍼스법칙은 각관측의 정확도가 거리관측의 정확도보다 좋은 경우에 사용된다.
② 트랜싯법칙은 각관측과 거리관측의 정밀도가 서로 비슷한 경우에 사용된다.
③ 컴퍼스법칙은 결합오차를 각 측선의 길이의 크기에 반비례하여 배분한다.
④ 트랜싯법칙은 위거 및 경거의 결합오차를 각 측선의 위거 및 경거의 크기에 비례 배분하여 조정하는 방법이다.

38 표의 ㉠, ㉡에 들어갈 배횡거로 옳게 짝지어진 것은?(단, 단위는 m임)

측선	위거(L)	경거(D)	배횡거(M)
1-2	30	-30	㉠
2-3	30	30	-30
3-4	-30	30	㉡
4-5	-30	-30	30

① ㉠ 0, ㉡ 0
② ㉠ 30, ㉡ -30
③ ㉠ -30, ㉡ 30
④ ㉠ -30, ㉡ -30

39 총길이 $L=24m$인 각주의 양단면적 $A_1=3m^2$, $A_2=2m^2$, 중앙단면적 $A_3=2.5m^2$일 때의 각주의 체적은?(단, 각주공식을 사용한다.)

① 15m³
② 30m³
③ 45m³
④ 60m³

40 $\overline{AB}$는 등경사의 지형으로 A의 표고는 37.65m, B의 표고는 53.26m이다. A, B를 도상에 옮긴 a, b 간의 길이가 68.5mm일 때, $\overline{ab}$ 선상에 표고 40.00m 지점은 a에서 몇 mm 떨어진 곳에 위치하는가?

① 2.0mm
② 7.9mm
③ 10.3mm
④ 15.6mm

41 그림과 같이 P점의 높이를 직접수준측량에 의해 구했을 때 P점의 최확값은?(단, $A \rightarrow P = 21.542m$, $B \rightarrow P = 21.539m$, $C \rightarrow P = 21.534m$이다.)

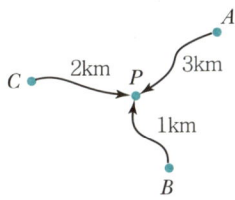

① 21.540m
② 21.538m
③ 21.536m
④ 21.537m

42 등고선 측정방법 중 직접법에 해당하는 것은?

① 사각형 분할(좌표점법)
② 레벨에 의한 방법
③ 기준점법(종단점법)
④ 횡단점법

43 45°는 약 몇 라디안인가?

① 0.174rad
② 0.571rad
③ 0.785rad
④ 1.571rad

44 수준측량의 용어에 대한 설명으로 옳은 것은?

① 후시 : 높이를 알고 있는 점에 세운 표척의 눈금의 읽음 값
② 지반고 : 기계를 수평으로 설치하였을 때 기준면으로부터 망원경의 시준선까지의 높이
③ 중간점 : 전후의 측량을 연결하기 위하여 전시와 후시를 함께 취하는 점
④ 이기점 : 전시만 관측하는 점으로 다른 측점에 영향을 주지 않는 점

45 노선 설계 시 직선부와 곡선부 사이에 편경사와 확폭을 갑자기 설치하면 차량통행에 불편을 주므로 곡선반지름을 무한대에서 일정 값까지 점차 감소시키는 곡선을 설치하게 되는데 이를 무엇이라 하는가?

① 완화곡선　　② 단곡선
③ 수직선　　　④ 편곡선

46 사변형 삼각망에서 변조건 조정을 하기 위하여 $\sum \log \sin A = 39.2962211$, $\sum \log \sin B = 39.2961535$이고, 표차의 합이 198.45일 때 변조건 조정량은?

① 3.4″　　② 4.6″
③ 5.2″　　④ 6.4″

47 다음과 같은 토지의 면적을 심프슨 제1법칙으로 구하면 얼마인가?

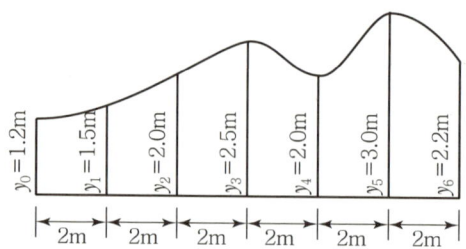

① 26.26m²
② 25.43m²
③ 25.40m²
④ 24.96m²

48 GPS 신호가 위성으로부터 수신기까지 도달한 시간이 0.5초라 할 때 위성과 수신기 사이의 거리는?(단, 빛의 속도는 300,000km/sec로 가정한다.)

① 150,000km
② 200,000km
③ 300,000km
④ 600,000km

49 가로 10m, 세로 10m의 정사각형 토지에 기준면으로부터 각 꼭짓점의 높이의 측정 결과가 그림과 같을 때 절토량은?

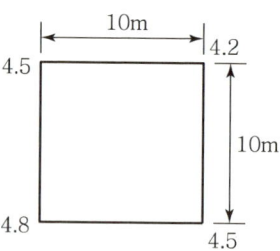

① 225m³　　② 450m³
③ 900m³　　④ 1,250m³

50 일반적으로 널리 쓰이고 있는 종곡선의 형상은?

① 포물선 ② 직교좌표
③ 사교좌표 ④ 극좌표

51 축척 1 : 600 도면에서 도상면적이 35cm² 일 때 실제 면적은?

① 500m² ② 735m²
③ 900m² ④ 1,260m²

52 10m 간격의 등고선으로 표시되어 있는 구릉지에서 디지털구적기로 면적을 구하여 $A_0 = 100m^2$, $A_1 = 570m^2$, $A_2 = 1,480m^2$, $A_3 = 4,320m^2$, $A_4 = 8,350m^2$일 때 체적은?

① 95,323m³ ② 96,323m³
③ 98,233m³ ④ 103,233m³

53 다음 중 지오이드면에 대한 설명으로 옳은 것은?

① 평균 해수면으로 지구 전체를 덮었다고 생각하는 가상의 곡면
② 반지름을 6,370km로 본 구면
③ 지구의 회전타원체로 본 표면
④ GPS측량의 기준이 되는 면

54 오차의 종류 중 관측자의 부주의로 인하여 발생하는 오차는?

① 착오 ② 부정오차
③ 우연오차 ④ 정오차

55 표에서 측점의 좌표를 이용하여 폐합트래버스의 면적을 계산한 것은?(단, 단위는 m이다.)

측점	X좌표	Y좌표
A	0	0
B	5	5
C	1	5

① 30.0m² ② 15.0m²
③ 10.0m² ④ 5.0m²

56 다음 삼각망에서 $\overline{BD}$ 의 거리는 얼마인가?

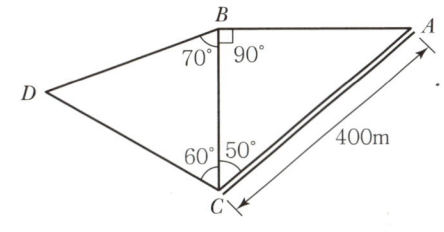

① 257.115m ② 290.673m
③ 314.358m ④ 343.274m

57 수신기 1대를 이용하여 위치를 결정할 수 있는 GPS측량방법인 1점 측위는 시간오차까지 보정하기 위해서는 최소 몇 대 이상의 위성으로부터 수신하여야 하는가?

① 1대 ② 2대
③ 3개 ④ 4대

58 직접수준측량에서 발생하는 오차의 원인 중 정오차는?

① 시차에 의한 오차
② 표척 읽음 오차
③ 표척눈금 부정에 의한 오차
④ 불규칙한 기상변화에 의한 오차

59 그림과 같은 단면의 면적은?

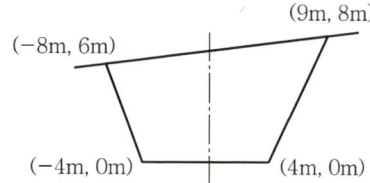

① 78m² ② 80m²
③ 87m² ④ 90m²

60 축척 1 : 50,000 지형도에서 표고가 각각 185m, 125m인 두 지점의 수평거리가 30mm일 때 경사 기울기는?

① 2.0% ② 2.5%
③ 3.0% ④ 4.0%

CBT시험(필기) 모의고사 1회 정답 및 해설

정답

01	02	03	04	05	06	07	08	09	10
④	②	④	③	②	③	②	④	④	③
11	12	13	14	15	16	17	18	19	20
②	④	②	④	①	④	②	②	④	④
21	22	23	24	25	26	27	28	29	30
②	①	④	④	①	②	②	④	④	②
31	32	33	34	35	36	37	38	39	40
③	①	①	①	③	④	④	③	④	③
41	42	43	44	45	46	47	48	49	50
②	②	③	①	①	①	①	①	②	①
51	52	53	54	55	56	57	58	59	60
④	④	①	①	⑤	②	③	③	③	④

해설

01

폐합비 = $\dfrac{\text{폐합오차}}{\text{전거리}} = \dfrac{0.01}{500} = \dfrac{1}{50,000}$

02

노선 선정 시 절토 및 성토의 운반거리는 가급적 짧게 한다.

03

조합각관측법(각관측법)은 수평각관측법 중에서 가장 정확한 값을 얻을 수 있는 방법으로 1등 삼각측량에서 주로 이용된다.

04

노선측량 작업에서 도상 및 현지에서의 중심선 설치를 하는 작업 단계를 실측이라 한다.

05

GPS 위성은 WGS-84 좌표계를 사용한다.

06

최초 중앙종거$(M_1) = R\left(1 - \cos\dfrac{I}{2}\right)$
$= 300\left(1 - \cos\dfrac{120°}{2}\right) = 150\text{m}$

07

GPS측량은 기상조건에 영향을 받지 않으므로 관측 시의 온도 측정은 정확도에 영향을 미치는 요소와 관계 없다.

08

수준측량 시 전·후시의 시준거리를 같게 하는 이유는 기계오차, 구차 및 기차 등을 없애기 위해서이다.

09

천정각은 연직선 위쪽 방향을 기준으로 목표물에 대하여 시준선까지 내려서 잰 시준각을 말한다.

10

곡선길이$(C.L) = 0.01745RI°$
$= 0.01745 \times 200 \times 62°30' = 218.13\text{m}$

11

노선측량에서 횡단측량은 토공량, 구조물의 수량을 산출하기 위한 기초가 되는 측량이다.

12

실제면적 $= \dfrac{(\text{부정길이})^2}{(\text{표준길이})^2} \times \text{관측면적}$
$= \dfrac{30.05^2}{30^2} \times 900 = 903.0\text{m}^2$

13

교각법은 어떤 측선이 그 앞의 측선과 이루는 각을 관측하는 것을 말한다(서로 이웃하는 두 개의 측선이 이루는 각을 관측하는 것).

14

곡선길이(C.L) = $0.01745RI°$
$= 0.01745 \times 100 \times 60° = 104.7$m

∴ 곡선 종점의 거리(E.C) = B.C + C.L
$= 140.65 + 104.7 = 245.35$m

15

점고법은 전체 구역을 직사각형이나 삼각형으로 나누어서 토량을 계산하는 방법이다.

16

- 완화곡선은 노선의 직선부와 원곡선부 사이에 삽입하는 곡선이다.
- 등고선의 종류 : 주곡선, 간곡선, 조곡선, 계곡선

17

높이 차(Δh) = $\frac{1}{2}\{(a_1-b_1)+(a_2-b_2)\}$
$= \frac{1}{2} \times \{(1.8-1.0)+(1.2-0.4)\} = 0.8$m

∴ B점의 표고(H_B) = $H_A + \Delta h = 100 + 0.8 = 100.8$m

18

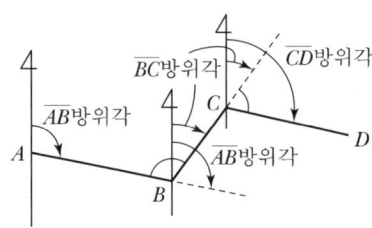

- $\overline{AB}$ 방위각 = $102°40'$
- $\overline{BC}$ 방위각 = $102°40' - 180° + 104°20' = 27°$
- $\overline{CD}$ 방위각 = $27° + 84°40' = 111°40'$
- $\overline{CD}$ 측선의 방위 = $180° - 111°40' = 68°20'$

∴ $\overline{CD}$ 측선 방위 = $S\,68°20'E$

19

방위각(α) = $180° + \theta$

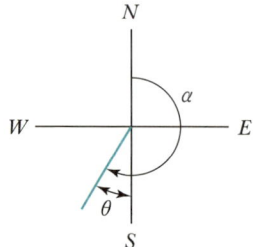

20

접선길이(T.L) = $R\tan\frac{I}{2} = 100 \times \tan\frac{30°}{2} = 26.79$m

21

곡선종점(E.C) = 곡선시점의 추가거리(B.C)
　　　　　　　+ 곡선길이(C.L)
$= 350.45 + 64.28 = 414.73$m
$= \text{No.20} + 14.73$m

∴ 종단현 길이 = 14.73m

22

도상면적(A) = $\frac{1}{2}ab\sin\theta$
$= \frac{1}{2} \times 6.85 \times 9.02 \times \sin 27°12'$
$= 14.121$cm²

여기서, $\theta = 180° - (47°32' + 105°16') = 27°12'$

$(축척)^2 = \left(\frac{1}{m}\right)^2 = \frac{도상면적}{실제면적}$

∴ 실제면적 = $m^2 \times$ 도상면적
$= 400^2 \times 14.121 = 2,259,360$cm²
$= 225.94$m²

23

높이가 다른 두 등고선은 절벽 등에서는 교차한다.

24

실제거리 = $\frac{부정거리}{표준거리} \times$ 관측거리
$= \frac{24.98}{25} \times 353.28 = 353$m

25

도상계획 → 답사 및 선점 → 조표 → 관측 → 삼각망 조정 → 좌표 산정 → 성과표 작성

26

GPS측량에서 사용되는 반송파는 주파수 $1,575.42$MHz의 L_1파, 주파수 $1,227.60$MHz의 L_2파이다.

27

경중률은 관측거리(노선거리)에 반비례한다.

28

축척 1/25,000 지형도의 주곡선 간격은 10m이다.

29

sine법칙에 의해 $\overline{AB}$의 거리를 구하면,

$\dfrac{\overline{BC}}{\sin A} = \dfrac{\overline{AB}}{\sin C} \Rightarrow$

$\therefore \overline{AB} = \dfrac{\sin C}{\sin A} \times \overline{BC}$

$= \dfrac{\sin 58°56'04''}{\sin 61°25'30''} \times 287.58 = 280.50\text{m}$

30

$A = \sqrt{S(S-a)(S-b)(S-c)}$
$= \sqrt{20 \times (20-17) \times (20-10) \times (20-13)} \fallingdotseq 65\text{m}^2$

여기서, $S = \dfrac{1}{2}(a+b+c) = \dfrac{1}{2}(17+10+13) = 20\text{m}$

31

$300 : h = 0.6 : 0.2$

$\therefore 높이(h) = \dfrac{300 \times 0.2}{0.6} = 100\text{m}$

32

고저차$(\Delta H) = \Sigma \text{B.S}(후시) - \Sigma \text{T.P}(이기점)$

33

측선의 경거$(D) = S \sin \alpha$
$= 120 \times \sin 330° = -60.000\text{m}$

34

경사변환선이란 동일 방향의 경사면에서 경사의 크기가 다른 두 면의 교선(접합선)을 말한다.

35

시단현 편각$(\delta_1) = 1,718.87' \times \dfrac{l_1}{R}$

$= 1,718.87' \times \dfrac{17.34}{150} = 3°18'42''$

36

수평각 오차$(\theta'') = \dfrac{\Delta l}{D} \rho''$

$= \dfrac{4}{50 \times 1,000} \times 206,265'' = 16.5''$

37

트랜싯법칙은 위거 및 경거의 결합(폐합)오차를 각 측선의 위거 및 경거의 크기에 비례 배분하여 조정하는 방법이다.

38

- 임의의 측선의 배횡거=하나 앞 측선의 배횡거
  +하나 앞 측선의 경거
  +그 측선의 경거
- $\overline{1-2}$ 배횡거 $= -30\text{m}(\bigcirc)$
- $\overline{2-3}$ 배횡거 $= -30 + (-30) + 30 = -30\text{m}$
- $\overline{3-4}$ 배횡거 $= -30 + 30 + 30 = 30\text{m}(\bigcirc)$
- $\overline{4-5}$ 배횡거 $= 30 + 30 + (-30) = 30\text{m}$

$\therefore \bigcirc : -30\text{m}, \bigcirc : 30\text{m}$

39

체적$(V) = \dfrac{L}{6}(A_1 + 4A_3 + A_2)$

$= \dfrac{24}{6} \times \{3 + (4 \times 2.5) + 2\} = 60\text{m}^3$

40

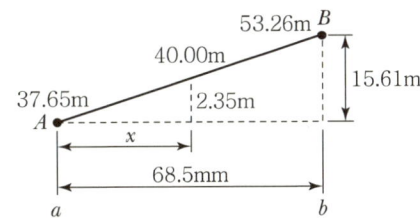

$68.5 : 15.61 = x : 2.35$

$\therefore x = \dfrac{68.5 \times 2.35}{15.61} = 10.3\text{mm}$

41

경중률은 노선거리(S)에 반비례하므로 경중률을 취하여 P점의 최확값을 구하면,

$W_1 : W_2 : W_3 = \dfrac{1}{S_1} : \dfrac{1}{S_2} : \dfrac{1}{S_3} = \dfrac{1}{3} : \dfrac{1}{1} : \dfrac{1}{2} = 2 : 6 : 3$

$\therefore P$점의 최확값(H_P)

$= \dfrac{H_A W_1 + H_B W_2 + H_C W_3}{W_1 + W_2 + W_3}$

$= 21.500 + \dfrac{(0.042 \times 2) + (0.039 \times 6) + (0.034 \times 3)}{2 + 6 + 3}$

$= 21.538\text{m}$

42

등고선 관측방법 중 직접법에는 레벨에 의한 방법, 평판에 의한 방법 등이 있다.

43

$1° = \dfrac{\pi}{180°}$ rad이므로 $45° \times \dfrac{\pi}{180°} = 0.785\text{rad}$

44

- ②문항 : 기계고
- ③문항 : 이기점
- ④문항 : 중간점

45

완화곡선은 도로, 철도 등에서 중심선에 곡선부분이 있을 때, 원심력에 의한 영향을 감소시키기 위하여 곡률이 서서히 변화하는 곡선을 설치하는 것이며, 주로 직선 구간과 원곡선 구간 사이에 설치한다.

46

조정량 $= \dfrac{39.2962211 - 39.2961535}{198.45} = 0.00000034$

$\log \sin$ 이 7째 자리이므로 3.4″가 된다.

47

$A = \dfrac{d}{3}\{y_0 + y_6 + 4(y_1 + y_3 + y_5) + 2(y_2 + y_4)\}$

$= \dfrac{2}{3} \times \{1.2 + 2.2 + 4 \times (1.5 + 2.5 + 3.0) + 2 \times (2.0 + 2.0)\}$

$= 26.26 \text{m}^2$

48

$V(빛의\ 속도) = \dfrac{L(위성과\ 수신기\ 사이의\ 거리)}{t(도달시간)}$

$\therefore\ L = V \times t = 300,000 \times 0.5 = 150,000 \text{km}$

49

절토량 $(V) = \dfrac{A}{4}(\sum h_1)$

$= \dfrac{10 \times 10}{4} \times (4.5 + 4.2 + 4.5 + 4.8) = 450 \text{m}^3$

50

종곡선 설치는 원곡선에 의한 설치방법과 2차 포물선에 의한 설치방법이 있으나, 주로 2차 포물선에 의한 방법으로 설치한다.

51

$(축척)^2 = \left(\dfrac{1}{m}\right)^2 = \dfrac{도상면적}{실제면적}$

$\therefore\ 실제면적 = m^2 \times 도상면적$

$= 600^2 \times 35 = 12,600,000 \text{cm}^2 = 1,260 \text{m}^2$

52

체적 $(V) = \dfrac{h}{3}\{A_0 + A_4 + 4(A_1 + A_3) + 2A_2\}$

$= \dfrac{10}{3} \times \{100 + 8,350 + 4 \times (570 + 4,320) + 2 \times 1,480\}$

$= 103,233 \text{m}^3$

53

지오이드란 정지된 해수면을 육지까지 연장하여 지구 전체를 둘러쌌다고 가정한 가상의 곡면을 말한다.

54

착오(과실)란 관측자의 부주의로 발생하는 오차를 말한다.

55

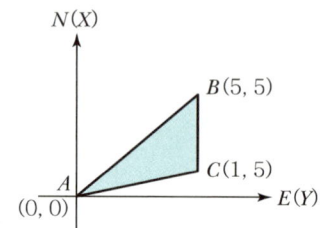

측점	X	Y	Y_{n+1}	Y_{n-1}	ΔY	$X \cdot \Delta Y$
A	0	0	5	5	0	0
B	5	5	5	0	5	25
C	1	5	0	5	−5	−5
계						20

배면적$(2A) = 20 \text{m}^2$

$\therefore\ 면적(A) = 배면적 \times \dfrac{1}{2} = 20 \times \dfrac{1}{2} = 10 \text{m}^2$

56

$\dfrac{\overline{AC}}{\sin B} = \dfrac{\overline{BC}}{\sin A} \Rightarrow$

$\overline{BC} = \dfrac{\sin A}{\sin B} \times \overline{AC} = \dfrac{\sin 40°}{\sin 90°} \times 400 = 257.115 \text{m}$

$\dfrac{\overline{BC}}{\sin D} = \dfrac{\overline{BD}}{\sin C}$

$\therefore\ \overline{BD} = \dfrac{\sin C}{\sin D} \times \overline{BC} = \dfrac{\sin 60°}{\sin 50°} \times 257.115 = 290.673 \text{m}$

57

절대관측방법(1점 측위)은 4개 이상의 위성을 동시에 관측하여 자신의 위치인 3차원 좌표와 시계오차 등 4개의 미지수를 해석한다.

58

- 시준축 오차(레벨 조정의 불완전)
- 표척의 영 눈금 오차
- 표척의 눈금 부정에 의한 오차
- 구차와 기차

59

X	Y	Y_{n+1}	Y_{n-1}	ΔY	$X \cdot \Delta Y$
-4	0	6	0	6	-24
-8	6	8	0	8	-64
9	8	0	6	-6	-54
4	0	0	8	-8	-32
계					-174

배면적$(2A) = |\sum x \cdot \Delta y| = 174 \text{m}^2$

$\therefore$ 면적$(A) = \dfrac{1}{2} \times (2A) = 87 \text{m}^2$

60

- 실제거리$(D) = 30 \times 50,000 = 1,500,000 \text{mm} = 1,500 \text{m}$
- 높이차$(h) = 185 - 125 = 60 \text{m}$
- $\therefore$ 경사기울기$(i) = \dfrac{h}{D} \times 100\%$
  $= \dfrac{60}{1,500} \times 100 = 4\%$

CBT시험(필기) 모의고사 2회

NOTICE 본 모의고사는 측량기능사 수험생의 필기시험 대비를 목적으로 작성된 것임을 알려 드립니다.

01 다음 측량의 분류 중 평면측량과 측지측량에 대한 설명으로 틀린 것은?

① 거리 허용오차를 10^{-6}까지 허용할 경우, 반지름 11km까지를 평면으로 간주한다.
② 지구 표면의 곡률을 고려하여 실시하는 측량을 측지측량이라 한다.
③ 지구를 평면으로 보고 측량을 하여도 오차가 극히 작은 범위의 측량을 평면측량이라 한다.
④ 토목공사 등에 이용되는 측량은 보통 측지측량이다.

02 각국의 위성측위시스템(GNSS)의 연결이 틀린 것은?

① GPS : 미국
② Galileo : 유럽연합
③ GLONASS : 러시아
④ QZSS : 인도

03 어떤 관측값에서 가장 높은 확률을 가지는 값을 의미하는 용어는?

① 오차값
② 잔차값
③ 관측값
④ 최확값

04 트래버스측량에서 다음 결과를 얻었을 때 측선 $\overline{EA}$ 의 거리는?(단, 폐합이며 오차는 없음)

측선	위거(m) (+)	위거(m) (−)	경거(m) (+)	경거(m) (−)
$\overline{AB}$		56.6	41.2	
$\overline{BC}$		29.7		26.8
$\overline{CD}$		25.9		96.6
$\overline{DE}$	55.5			49.7

① 134.6m
② 143.6m
③ 154.4m
④ 153.5m

05 "삼각망 중의 임의의 한 변의 길이는 계산해가는 순서와는 관계없이 같은 값을 갖는다."는 것은 삼각망의 기하학적 조건 중 어느 것에 해당하는가?

① 각조건
② 변조건
③ 측점조건
④ 다항조건

06 광파기를 이용하여 100m 거리를 ±0.0001m의 오차로 측정하였다면, 동일한 조건으로 10km의 거리를 측정할 경우, 연속 측정값에 대한 오차는 얼마인가?

① ±0.01m
② ±0.001m
③ ±0.0001m
④ ±0.00001m

07 그림과 같이 $\overline{AB}$ 측선의 방위각이 328°30′, $\overline{BC}$ 측선의 방위각이 50°00′일 때 B점의 내각 ($\angle ABC$)은?

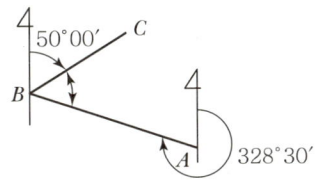

① 85°00′ ② 87°30′
③ 86°00′ ④ 98°30′

08 두 점 간의 거리를 5회 측정하여 최확값이 28.182m이고 잔차의 제곱을 합한 값이 720일 때 평균제곱근 오차는?(단, 경중률은 일정하고 잔차의 단위는 mm이다.)

① ±2mm ② ±4mm
③ ±6mm ④ ±8mm

09 수평각 관측방법 중 그림과 같이 측량하는 방법은?

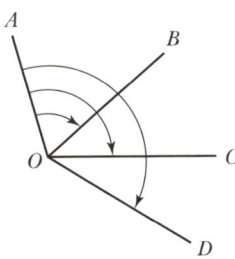

① 방향각법 ② 방위각법
③ 배각법   ④ 단각법

10 지형도의 등경사지에서 A점의 표고 37.65m, B점의 표고 53.26m, AB 간의 도상 수평거리 68.5m일 경우, 표고 40m 지점을 표시할 때 A점으로부터 수평거리는?

① 9.3m   ② 10.3m
③ 11.3m ④ 58.2m

11 경중률에 대한 설명으로 옳지 않은 것은?
① 경중률은 관측 횟수에 비례한다.
② 경중률은 관측 온도에 반비례한다.
③ 경중률은 거리에 반비례한다.
④ 경중률은 표준편차의 제곱에 반비례한다.

12 줄자를 이용하여 기울기 30°, 경사거리 20m를 관측하였을 때 수평거리는?
① 10.00m ② 11.55m
③ 17.32m ④ 18.32m

13 단삼각망에서 $\angle A$의 보정각은?

측점	관측각
A	79°34′51″
B	37°13′23″
C	63°11′28″

① 79°34′50″ ② 79°34′55″
③ 79°34′57″ ④ 79°34′59″

14 하나의 각을 측정 횟수를 다르게 측정하여 아래와 같은 값을 얻었다면 최확값은?

49°59′58″(1회 측정)
50°00′00″(2회 측정)
50°00′02″(5회 측정)

① 49°59′59″ ② 50°00′00″
③ 50°00′01″ ④ 50°00′02″

15 임의의 기준선으로부터 어느 측선까지 시계방향으로 잰 각을 무엇이라 하는가?
① 방향각 ② 방위각
③ 연직각 ④ 천정각

16 교호수준측량으로 소거되는 오차가 아닌 것은?

① 레벨의 시준축 오차
② 지구의 곡률에 의한 오차
③ 광선의 굴절에 의한 오차
④ 수준척이 연직이 아닐 때 발생하는 오차

17 축척 1 : 50,000 지형도에서 200m 등고선상의 A점과 300m 등고선상의 B점 간의 도상의 거리가 10cm이었다면 AB점 간의 경사도는?

① $\frac{1}{5}$ ② $\frac{1}{10}$
③ $\frac{1}{50}$ ④ $\frac{1}{100}$

18 노선측량에서 단곡선을 설치하려 한다. 곡선반지름이 500m이고, 교점의 교각이 60°일 때 외할(E)은?

① 66.99m ② 77.35m
③ 154.72m ④ 500.00m

19 기지점의 지반고 100.25m의 기지점에서의 후시 2.68m와 구점의 전시 1.27m를 읽었을 때 구점의 지반고는?

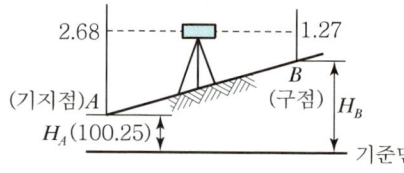

① 98.84m ② 101.66m
③ 97.57m ④ 101.52m

20 각의 측정에서 한 측점에서 관측해야 할 방향(측점)의 수가 6개일 경우, 각관측법(조합각 관측법)에 의해서 측정되어야 할 각의 총수는?

① 12개 ② 15개
③ 18개 ④ 21개

21 어느 측점에 데오드라이트를 설치하여 A, B 두 지점을 2배각으로 관측한 결과 정위 126°12′36″, 반위 126°12′24″를 얻었다면 두 지점의 내각은?

① 63°06′06″
② 63°06′12″
③ 63°06′15″
④ 63°06′30″

22 하천 양안에서 교호수준측량을 실시하여 그림과 같은 결과를 얻었다. A점의 지반고가 50.250m일 때 B점의 지반고는?

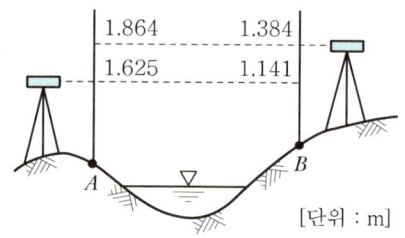

① 49.768m ② 50.250m
③ 50.732m ④ 51.082m

23 어느 거리를 관측하여 48.18m, 48.12m, 48.15m, 48.25m의 관측값을 얻었고 이들의 경중률이 각각 1, 1, 2, 4라고 할 때 최확값은?

① 48.12m ② 48.17m
③ 48.20m ④ 48.24m

24 측선 $\overline{AB}$의 거리가 65m이고 방위가 $S\,80°\,E$이다. 이 측선의 위거와 경거는?

① 위거 = −64.013m, 경거 = 11.287m
② 위거 = 11.287m, 경거 = −64.013m
③ 위거 = 64.013m, 경거 = −11.287m
④ 위거 = −11.287m, 경거 = 64.013m

25 그림과 같은 측량의 결과를 얻었을 때 절토량과 성토량이 같은 기준면상의 높이는 얼마인가?(단, 직사각형 구역의 크기는 모두 동일하다.)

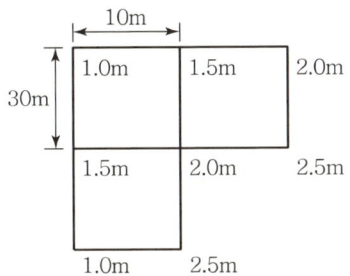

① 1.55m
② 1.65m
③ 1.75m
④ 1.85m

26 수준측량에서 우연오차에 해당되는 것은?

① 구차에 의한 오차
② 시준할 때 기포가 중앙에 있지 않음에 의한 오차
③ 수시로 발생되는 기상변화에 의한 오차
④ 표척 이음매 부분의 마모에 의한 오차

27 1 : 50,000 지형도에서 A, B 두 지점의 표고가 각각 186m, 102m일 때 A, B 사이에 표시되는 주곡선의 수는?

① 1개
② 2개
③ 3개
④ 4개

28 차량이 도로의 곡선부를 달리게 되면 원심력이 생겨 도로 바깥쪽으로 밀리려 한다. 이것을 방지하기 위하여 도로 안쪽보다 바깥쪽을 높여 주는 것을 무엇이라 하는가?

① 레일(R)
② 플랜지(F)
③ 슬랙(S)
④ 캔트(C)

29 트래버스의 종류 중에서 측량 결과에 대한 점검이 되지 않기 때문에 노선측량의 답사 등에 주로 이용되는 트래버스는?

① 트래버스망
② 폐합트래버스
③ 개방트래버스
④ 결합트래버스

30 다음 그림과 같이 $\overline{AB}$ 측선은 연못 때문에 직접 측정할 수 없으므로 $\overline{AC}$ 및 $\overline{BC}$를 관측함으로써 거리를 구하였다. $\overline{AB}$의 거리는 얼마인가?

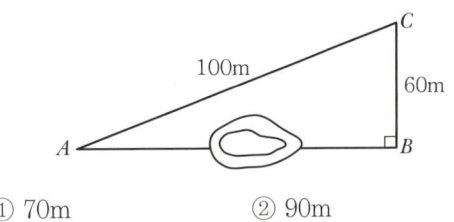

① 70m
② 90m
③ 80m
④ 85m

31 두 점 간의 거리와 방위각을 알고 있을 경우 위거와 경거를 구하는 공식으로 옳은 것은?(단, 두 점 간의 거리 : l, 방위각 : α)

① 위거 = $l\sin\alpha$, 경거 = $l\cos\alpha$
② 위거 = $l\sin\alpha$, 경거 = $l\tan\alpha$
③ 위거 = $l\tan\alpha$, 경거 = $l\cos\alpha$
④ 위거 = $l\cos\alpha$, 경거 = $l\sin\alpha$

32 거리 1km에서 각도오차가 1분이라면 위치오차는?

① 0.1m ② 0.2m
③ 0.3m ④ 0.4m

33 결합트래버스측량에서 각 측정의 경중률이 같은 경우에 수평각오차를 배분하는 방법으로 옳은 것은?(단, 오차는 허용 범위 내에 있음)

① 각의 크기에 상관없이 동일하게 배분한다.
② 측선의 길이에 비례하여 배분한다.
③ 측선의 길이의 역수에 비례하여 배분한다.
④ 각의 크기에 비례하여 배분한다.

34 다음 중 수평각 관측에서 트랜싯의 조정 불완전에서 오는 오차를 소거하는 방법으로 가장 적합한 것은?

① 관측거리를 멀리 한다.
② 관측자를 교체하여 관측하고 평균을 취한다.
③ 방향각법으로 관측한다.
④ 망원경 정·반위 위치에서 관측하여 그 평균을 취한다.

35 등고선 간격이 5m이고 제한경사가 5%일 때 각 등고선의 수평거리는?

① 100m ② 150m
③ 200m ④ 250m

36 표준자보다 2.5cm가 긴 50m 줄자로 거리를 잰 결과가 205m였다면 실제거리는 몇 m인가?

① 204.898m ② 204.975m
③ 205.000m ④ 205.103m

37 단곡선에서 교각(I)이 45°, 반지름(R)이 100m, 곡선시점(B.C)의 추가거리가 120.85m일 때 곡선종점(E.C)의 추가거리는?

① 78.53m ② 124.53m
③ 199.39m ④ 225.39m

38 수준측량 야장에서 측점 3의 지반고는? (단, 단위는 m이고, 측점 1의 지반고는 10.00m이다.)

측점	B.S	F.S	
		T.P	I.P
1	0.75		
2			1.08
3	0.96	0.27	
4			1.32
5		2.44	

① 10.48m ② 10.36m
③ 10.06m ④ 9.67m

39 그림과 같이 성토된 제방의 단면적은?

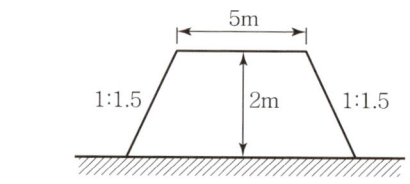

① 12.7m² ② 16.0m²
③ 18.7m² ④ 20.0m²

40 삼각형 세 변만을 알 때 면적을 구하는 방법으로 가장 적합한 것은?

① 삼변법 ② 협각법
③ 삼사법 ④ sine 법칙

41 도로공사 중 A단면의 성토면적이 $24m^2$, B단면의 성토면적이 $12m^2$일 때 성토량은?(단, A, B 두 단면 간의 거리는 20m이다.)

① $120m^3$ ② $240m^3$
③ $360m^3$ ④ $480m^3$

42 다음 중 한 파장의 길이가 가장 긴 GPS 신호는?

① L_1 ② L_2
③ C/A   ④ P

43 다음 중 GPS 구성 요소가 아닌 것은?

① 사용자부문   ② 우주부문
③ 제어부문   ④ 천문부문

44 다음 그림과 같은 트래버스에서 각 측점의 좌표를 보고 좌표법으로 구한 면적은?(단, 단위는 m임)

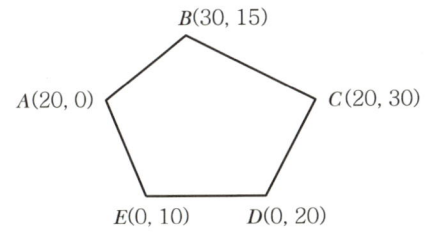

① $330m^2$ ② $550m^2$
③ $660m^2$ ④ $1,100m^2$

45 교각 $I = 27°25'$, 접선길이 T.L = 300m인 원곡선의 곡선반지름 R은?

① 1,115.6m   ② 1,205.4m
③ 1,229.9m   ④ 1,306.1m

46 등고선의 종류 중 표고의 읽음을 쉽게 하기 위해서 곡선 5개마다 1개의 굵은 실선으로 표시하는 등고선은?

① 간곡선   ② 주곡선
③ 조곡선   ④ 계곡선

47 그림 A, C 사이에 연속된 담장이 가로막혔을 때의 수준측량 시 C점의 지반고는?(단, A점의 지반고는 10m이다.)

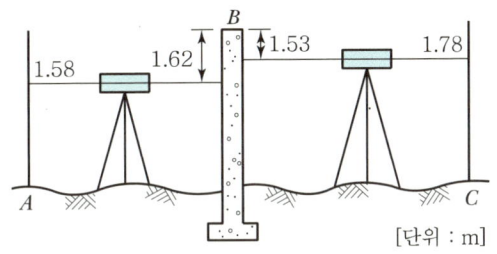

① 9.89m   ② 10.62m
③ 11.86m   ④ 12.54m

48 그림과 같은 등고선에서 A, B의 수평거리가 50m일 때 AB의 경사는?

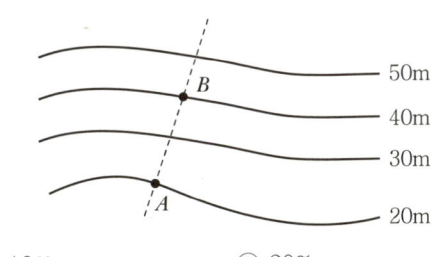

① 10%   ② 20%
③ 30%   ④ 40%

49 그림과 같이 각을 측정한 결과가 다음과 같다. ∠C와 ∠D의 보정값으로 옳은 것은?

- ∠A = 20°15′30″
- ∠B = 40°15′20″
- ∠C = 10°30′10″
- ∠D = 71°01′12″

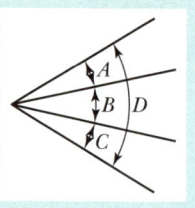

① ∠C=10°30′10″, ∠D=71°01′00″
② ∠C=10°30′14″, ∠D=71°01′08″
③ ∠C=10°30′07″, ∠D=71°01′10″
④ ∠C=10°30′13″, ∠D=71°01′09″

50 단곡선 설치에서 곡선의 시점(B.C)까지의 추가거리가 450.25m이었을 때 시단현(l_1)의 길이는?(단, 중심말뚝 간 거리=20m)

① 0.25m   ② 9.75m
③ 10.25m ④ 19.75m

51 각 지점의 지거가 $y_0=3.2$m, $y_1=9.5$m, $y_2=11.4$m, $y_3=11.5$m, $y_4=6.2$m이고 지거간격이 6m일 때 사다리꼴 공식에 의한 면적은?

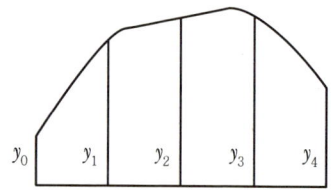

① 222.6m²   ② 246.6m²
③ 266.6m²   ④ 288.6m²

52 GPS 수신기 오차에서 수신기 채널 잡음의 해결방법으로 가장 알맞은 것은?

① 높은 건물에 근접하여 관측한다.
② 배터리를 교체한다.
③ 검증 과정을 통해 보정하거나 수신기의 노후에 의한 것일 때는 교체한다.
④ 수신 위성의 수를 1대로 최소화한다.

53 지형도 작성을 위한 계획 단계에서 검토해야 할 사항이 아닌 것은?

① 목적에 적합한 측량범위, 축척, 측량 정확도를 정한다.
② 측량을 하기 위하여 답사와 선점을 하여야 한다.
③ 작업기간에 따른 측량작업 인원, 사용 장비 등을 계획한다.
④ 지형도 작성을 위해 이용 가능한 자료를 수집한다.

54 그림과 같이 A점에서 B점이 보이지 않아 P점을 관측하여 P점의 방위각 $T'=59°$를 관측하였다. 이때 $\overline{AB}$ 측선의 방위각 T는?(단, 선분 $\overline{AB}=150$m, $e=3$m, P의 외각 $\phi=300°$)

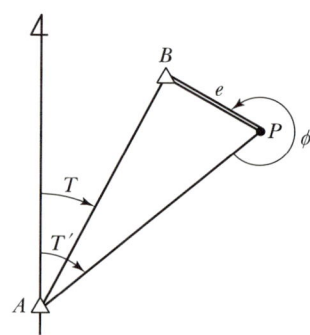

① 55°18′17″   ② 57°17′12″
③ 58°00′27″   ④ 59°00′00″

55 GPS를 이용하여 시간의 오차도 미지수로 포함한 3차원 위치를 결정하는 방법은 최소 몇 대의 위성이 필요한가?

① 1대 ② 2대
③ 3대 ④ 4대

56 삼각형 ABC에서 기선 a를 알고 b변을 구하는 식으로 옳은 것은?

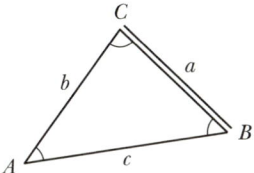

① $\log b = \log a + \log \sin B - \log \sin A$
② $\log b = \log a + \log \sin A - \log \sin B$
③ $\log b = \log a + \log \sin B - \log \sin C$
④ $\log b = \log a + \log \sin A - \log \sin C$

57 단곡선 설치방법이 아닌 것은?

① 편거법
② 중앙종거법
③ 지거법
④ 컴퍼스법

58 일정한 경사지에서 A, B 두 점 간의 경사거리를 잰 결과 100m이었다. AB 간의 고저차가 20m이었다면 수평거리는?

① 93.89m ② 93.98m
③ 97.89m ④ 97.98m

59 그림과 같이 토지의 한 변 $\overline{BC}$에 평행하게 $m:n = 1:3$의 면적비율로 분할할 때 $\overline{AX}$의 길이는?(단, $\overline{AB}$는 30m)

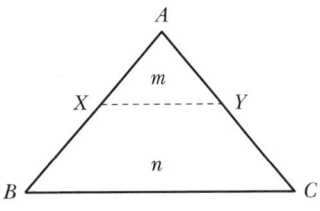

① 5m ② 10m
③ 15m ④ 20m

60 방위각의 설명 중 옳은 것은 어느 것인가?

① 진북을 기준으로 한 방향각이다.
② 자북을 기준으로 한 방향각이다.
③ 임의의 방향을 기준으로 한 방향각이다.
④ 지구의 회전축을 기준으로 한 방향각이다.

CBT시험(필기) 모의고사 2회 정답 및 해설

정답

01	02	03	04	05	06	07	08	09	10
④	④	④	②	②	②	④	③	①	②
11	12	13	14	15	16	17	18	19	20
②	③	③	③	①	④	③	②	②	②
21	22	23	24	25	26	27	28	29	30
③	③	③	④	②	③	④	④	③	③
31	32	33	34	35	36	37	38	39	40
④	③	①	④	①	④	①	②	②	①
41	42	43	44	45	46	47	48	49	50
③	③	③	②	③	①	④	④	④	②
51	52	53	54	55	56	57	58	59	60
①	③	②	③	①	④	④	③	③	①

해설

01
토목공사 등에 이용되는 측량은 보통 공공 및 일반측량으로, 지구 표면의 일부를 평면으로 간주하는 평면측량으로 한다.

02
QZSS(Quasai-Zenith Satellite System) : 일본 위성항법시스템

03
어떤 관측량에서 가장 높은 확률을 가지는 값을 최확값이라 한다.

04
측선 $\overline{EA}$의 거리 $= \sqrt{(위거의\ 총합)^2 + (경거의\ 총합)^2}$
$= \sqrt{(55.5-112.2)^2 + (41.2-173.1)^2}$
$= 143.6\text{m}$

05
"삼각망 중의 임의의 한 변의 길이는 계산해가는 순서와는 관계없이 같은 값을 갖는다."는 삼각망의 기하학적 조건 중 변조건이다.

06
연속 측정값에 대한 오차$(M) = \pm \delta\sqrt{n}$
$= \pm 0.0001\sqrt{100} = \pm 0.001\text{m}$
여기서, δ : 100m 거리에 대한 오차(± 0.0001m)
n : 측정횟수$\left(\dfrac{10\times 1,000}{100} = 100회\right)$

07

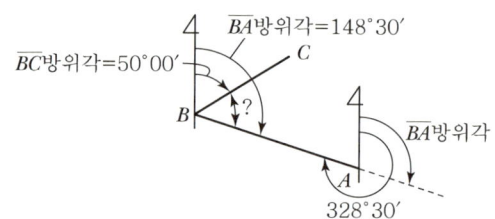

$\overline{BA}$ 방위각 $= \overline{AB}$ 방위각 $- 180°$
$= 328°30' - 180° = 148°30'$
∴ B점 내각 $= \overline{BA}$ 방위각 $- \overline{BC}$ 방위각
$= 148°30' - 50° = 98°30'$

08
평균제곱근 오차$(M_0) = \pm \sqrt{\dfrac{[vv]}{n(n-1)}}$
$= \pm \sqrt{\dfrac{720}{5\times(5-1)}} = \pm 6\text{mm}$

09
방향각법은 어떤 시준방향을 기준으로 하여 각 시준방향에 이르는 각을 관측하는 방법이다.

10

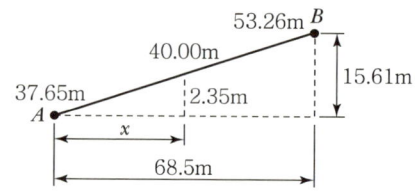

$68.5 : 15.61 = x : 2.35$
∴ $x = \dfrac{68.5 \times 2.35}{15.61} = 10.3\text{m}$

11
경중률과 관측 온도와는 관계가 없다.

12

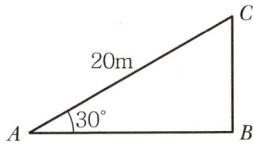

$$\therefore \text{수평거리}(\overline{AB}) = L \times \cos\theta$$
$$= 20 \times \cos 30° = 17.32\text{m}$$

13
- 단삼각망의 측각오차
  $= (79°34'51'' + 37°13'23'' + 63°11'28'') - 180°$
  $= -18''$
- 보정량 $= \dfrac{18''}{3} = 6''(\oplus \text{보정})$

$\therefore$ 보정각$(\angle A) = 79°34'51'' + 6'' = 79°34'57''$

14
경중률 $W_1 : W_2 : W_3 = 1 : 2 : 5$

$\therefore$ 최확값(α_0)
$= \dfrac{(W_1\alpha_1) \times (W_2\alpha_2) + (W_3\alpha_3)}{W_1 + W_2 + W_3}$
$= \dfrac{(49°59'58'' \times 1) + (50°00'00'' \times 2) + (50°00'02'' \times 5)}{1+2+5}$
$= 50°00'01''$

15
방향각은 임의의 기준선으로부터 어느 측선까지 시계방향으로 잰 각이다.

16
- 레벨의 시준축오차
- 지구의 곡률에 의한 오차
- 광선의 굴절에 의한 오차

17
- 실제 AB점 간의 수평거리(D)
  $= 10\text{cm} \times 50,000 = 500,000\text{cm} = 5,000\text{m}$
- 높이차$(H) = 300 - 200 = 100\text{m}$

$\therefore$ 경사도$(i) = \dfrac{H}{D} = \dfrac{100}{5,000} = \dfrac{1}{50}$

18
외할$(E) = R\left(\sec\dfrac{I}{2} - 1\right)$
$= 500 \times \left(\sec\dfrac{60°}{2} - 1\right) = 500 \times (1.1547 - 1)$
$= 77.35\text{m}$

여기서, $\sec\dfrac{I}{2} = \dfrac{1}{\cos\dfrac{I}{2}} = \dfrac{1}{\cos\dfrac{60°}{2}} = 1.1547$

19
구점의 지반고$(H_B) = H_A + \text{후시} - \text{전시}$
$= 100.25 + 2.68 - 1.27 = 101.66\text{m}$

20
측정되어야 할 각의 총수 $= \dfrac{1}{2}S(S-1)$
$= \dfrac{1}{2} \times 6 \times (6-1) = 15$개

21
- 정위일 때 내각 $= \dfrac{126°12'36''}{2} = 63°06'18''$
- 반위일 때 내각 $= \dfrac{126°12'24''}{2} = 63°06'12''$

$\therefore$ 두 지점의 내각 $= \dfrac{63°06'18'' + 63°06'12''}{2}$
$= 63°06'15''$

22
고저차$(\Delta h) = \dfrac{1}{2}\{(a_1 - b_1) + (a_2 - b_2)\}$
$= \dfrac{1}{2} \times \{(1.625 - 1.141) + (1.864 - 1.384)\}$
$= 0.482\text{m}$

$\therefore$ B점의 지반고$(H_B) = H_A + \Delta h$
$= 50.250 + 0.482 = 50.732\text{m}$

23
최확값(Lo)
$= \dfrac{W_1L_1 + W_2L_2 + W_3L_3}{W_1 + W_2 + W_3}$
$= 48 + \dfrac{(0.18 \times 1) + (0.12 \times 1) + (0.15 \times 2) + (0.25 \times 4)}{1+1+2+4}$
$= 48.20\text{m}$

24
- 방위각$(\theta) = 180° - 80° = 100°$
- 위거$(L) = S \times \cos\theta = 65 \times \cos 100° = -11.287\text{m}$
- 경거$(D) = S \times \sin\theta = 65 \times \sin 100° = 64.013\text{m}$

25

$$토공량(V) = \frac{A}{4}(\sum h_1 + 2\sum h_2 + 3\sum h_3)$$
$$= \frac{30 \times 10}{4} \times \{9 + (2\times 3) + (3\times 2)\}$$
$$= 1,575 \text{m}^3$$

여기서, $\sum h_1 = 1.0 + 2.0 + 2.5 + 2.5 + 1.0 = 9.0\text{m}$
$\sum h_2 = 1.5 + 1.5 = 3.0\text{m}$
$\sum h_3 = 2.0\text{m}$

$\therefore$ 계획고$(h) = \frac{V}{nA} = \frac{1,575}{3 \times (30 \times 10)} = 1.75\text{m}$

26

수시로(예측할 수 없이) 발생되는 기상변화에 의한 오차는 대표적인 수준측량의 우연오차(부정오차)이다.

27

축척 1/50,000의 주곡선 간격은 20m이므로 A, B 사이에 표시되는 주곡선의 수는 4개이다.

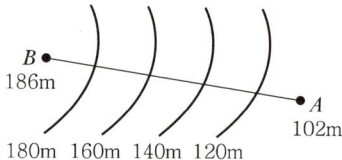

28

캔트(Cant)란 곡선부를 통과하는 차량이 원심력이 발생하여 접선방향으로 탈선하려는 것을 방지하기 위해 바깥쪽 노면을 안쪽 노면보다 높이는 정도를 말한다.

29

개방트래버스는 임의의 한 점에서 출발하여 아무런 조건이 없는 다른 점에서 끝나는 트래버스로 정도가 낮아 노선 및 하천측량의 답사 등에 주로 이용된다.

30

$\overline{AB} = \sqrt{\overline{AC}^2 - \overline{BC}^2} = \sqrt{100^2 - 60^2} = 80\text{m}$

31

- 위거 $= l \times \cos\alpha$
- 경거 $= l \times \sin\alpha$

32

$\theta'' = \frac{\Delta l}{D}\rho''$

$\therefore \Delta l = \frac{\theta'' \times D}{\rho''} = \frac{60'' \times 1,000}{206,265''} \fallingdotseq 0.3\text{m}$

33

결합트래버스측량에서 각 측정의 경중률이 같은 경우에 수평각 오차는 각의 크기에 관계없이 등배분한다.

34

트랜싯의 조정 불완전에서 오는 오차를 처리하려면 망원경 정·반위 위치에서 관측하여 그 평균을 취한다.

35

경사$(i) = \frac{H}{D} \times 100(\%)$

$\therefore$ 수평거리$(D) = \frac{100 \times H}{i} = \frac{100 \times 5}{5} = 100\text{m}$

36

실제거리 $= \frac{부정길이}{표준길이} \times 관측길이$

$= \frac{50.025}{50} \times 205 = 205.103\text{m}$

37

곡선거리$(C.L) = 0.0174533 RI°$
$= 0.0174533 \times 100 \times 45° = 78.54\text{m}$

$\therefore$ 곡선의 종점$(E.C) = B.C + C.L$
$= 120.85 + 78.54 = 199.39\text{m}$

38

- 측점 1의 기계고 $= 10.00 + 0.75 = 10.75\text{m}$
- 측점 2의 지반고 $= 10.75 - 1.08 = 9.67\text{m}$

$\therefore$ 측점 3의 지반고 $= 10.75 - 0.27 = 10.48\text{m}$

39

단면적$(A) = \frac{1}{2} \times (11 + 5) \times 2 = 16.0\text{m}^2$

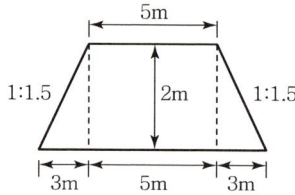

40

삼변법은 면적을 구하려는 지역을 삼각형으로 구분하고 각 삼각형의 삼변의 길이를 실측해서 헤론의 공식에 의하여 면적을 구하는 방법이다.

41

성토량$(V) = \left(\frac{A_1 + A_2}{2}\right) \times l = \left(\frac{24 + 12}{2}\right) \times 20 = 360\text{m}^3$

42
GPS 신호의 한 파장의 길이
L_1 : 19cm, L_2 : 24cm, P : 30m, C/A : 300m

43
GPS 시스템은 우주, 제어, 사용자부문으로 구분된다.

44

측점	X	Y	Y_{n+1}	Y_{n-1}	ΔY	$X \cdot \Delta Y$
A	20	0	15	10	5	100
B	30	15	30	0	30	900
C	20	30	20	15	5	100
D	0	20	10	30	−20	0
E	0	10	0	20	−20	0

$$\sum X \cdot \Delta Y = 1,100\text{m}^2$$

배면적$(2A) = \sum X \cdot \Delta Y = 1,100\text{m}^2$
$\therefore$ 면적$(A) = \frac{1}{2} \times (2A) = 550\text{m}^2$

45
$T.L = R \cdot \tan \frac{I}{2}$

$\therefore R = \frac{T.L}{\tan \frac{I}{2}} = \frac{300}{\tan \frac{27°25'}{2}} = 1,229.9\text{m}$

46
계곡선은 표고의 읽음을 쉽게 하기 위해서 곡선 5개마다 1개의 굵은 실선으로 표시한 선이다.

47
C점의 지반고$(H_C) = 10 + 1.58 + 1.62 - 1.53 - 1.78$
$= 9.89\text{m}$

48
경사$(i) = \frac{H}{D} \times 100(\%) = \frac{20}{50} \times 100 = 40\%$

49
$\angle(A+B+C) = \angle D$ 조건에서
$\angle(A+B+C) - \angle D$
$= (20°15'30'' + 40°15'20'' + 10°30'10'') - 71°01'12''$
$= -12''$

$\therefore$ 보정량 $= \frac{12''}{4} = 3''$

$\angle D$가 크므로 $\angle A, \angle B, \angle C$에 보정량만큼 $\oplus$해주고, $\angle D$에는 보정량을 $\ominus$한다.

• 보정각$(\angle C) = 10°30'10'' + 3'' = 10°30'13''$

• 보정각$(\angle D) = 71°01'12'' - 3'' = 71°01'09''$

50
곡선의 시점(B.C)이 450.25m이고 중심말뚝 간 거리가 20m이므로 No.22+10.25m가 된다.
시단현 거리$(l_1) = 20 - 10.25 = 9.75\text{m}$

51
면적$(A) = \left\{\frac{1}{2}(y_0 + y_1)d\right\} + \left\{\frac{1}{2}(y_1 + y_2)d\right\}$
$\quad + \left\{\frac{1}{2}(y_2 + y_3)d\right\} + \left\{\frac{1}{2}(y_3 + y_4)d\right\}$
$= \left\{\frac{1}{2} \times (3.2 + 9.5) \times 6\right\} + \left\{\frac{1}{2} \times (9.5 + 11.4) \times 6\right\}$
$\quad + \left\{\frac{1}{2} \times (11.4 + 11.5) \times 6\right\}$
$\quad + \left\{\frac{1}{2} \times (11.5 + 6.2) \times 6\right\}$
$= 222.6\text{m}^2$

또는 간략식에 의해 구하면,
면적$(A) = d\left\{\left(\frac{y_0 + y_4}{2}\right) + y_1 + y_2 + y_3\right\}$
$= 6 \times \left\{\left(\frac{3.2 + 6.2}{2}\right) + 9.5 + 11.4 + 11.5\right\}$
$= 222.6\text{m}^2$

52
수신기 채널 잡음은 검증 과정을 통해 보정하거나 수신기의 노후에 의한 것일 때는 수신기를 교체하는 것이 좋다.

53
지형도 작성과정은 계획, 답사, 선점, 관측, 지형도 작성 순으로 진행된다. 답사와 선점은 계획단계 이후에 실시한다.

54
sine법칙에 의하여 먼저 $\angle A$를 구하면,
$\frac{e}{\sin \angle A} = \frac{\overline{AB}}{\sin(360° - \phi)} \Rightarrow$
$\sin \angle A = \frac{e \cdot \sin(360° - \phi)}{\overline{AB}}$

$\therefore \angle A = \sin^{-1} \frac{3 \times \sin(360° - 300°)}{150} = 0°59'33''$

또는
$\angle A = \frac{e \cdot \sin(360° - \phi)}{\overline{AB}} \cdot \rho''$
$= \frac{3 \times \sin(360° - 300°)}{150} \times 206,265'' = 0°59'33''$

$\therefore T = T' - \angle A = 59°00'00'' - 0°59'33'' = 58°00'27''$

55

GPS를 이용하여 시간의 오차도 미지수로 포함한 3차원 위치를 결정하는 방법은 최소 4대의 위성이 필요하다.

56

$\dfrac{a}{\sin A} = \dfrac{b}{\sin B} \Rightarrow b = \dfrac{\sin B}{\sin A} \times a$에 대수를 취하면,
$\log b = \log \sin B + \log a - \log \sin A$

57

단곡선 설치방법에는 편각에 의한 방법, 중앙종거법, 지거법, 접선편거와 현편거법 등이 있다.

58

수평거리$(D) = \sqrt{L^2 - H^2} = \sqrt{100^2 - 20^2} = 97.98\text{m}$

59

$\overline{AX} = \overline{AB}\sqrt{\dfrac{m}{m+n}} = 30 \times \sqrt{\dfrac{1}{1+3}} = 15\text{m}$

60

어느 지점에서의 진북은 그 지점을 지나는 자오선(경도선)이다. 방위각은 자오선을 기준으로 하여 시계방향으로 돌린 방향각이다.

CBT시험(필기) 모의고사 3회

NOTICE 본 모의고사는 측량기능사 수험생의 필기시험 대비를 목적으로 작성된 것임을 알려 드립니다.

01 수준측량에서 사용되는 용어의 설명으로 틀린 것은?

① 그 점의 표고만을 구하고자 표척을 세워 전시만 취하는 점을 중간점이라 한다.
② 기준면으로부터 측점까지의 연직거리를 지반고라 한다.
③ 기준면으로부터 기계 시준선까지의 거리를 기계고라 한다.
④ 기지점에 세운 표척의 읽음을 전시라 한다.

02 평면위치결정을 위한 측량방법과 거리가 먼 것은?

① 수준측량　　② 거리측량
③ 트래버스측량　④ 삼변측량

03 광파거리측정기와 전파거리측정기에 대한 설명으로 틀린 것은?

① 광파거리측정기는 적외선, 레이저광, 가시광선 등을 이용한다.
② 전파거리측정기는 주로 중·단거리 관측용으로 가볍고 조작이 간편하다.
③ 전파거리측정기는 안개나 구름과 같은 기상조건에 비교적 영향을 받지 않는다.
④ 일반 건설현장에서는 광파거리측정기가 많이 사용된다.

04 수준측량에서 중간점이 많은 경우에 편리한 야장기입방법은?

① 기고식　　② 승각식
③ 고차식　　④ 약식

05 어느 측점에서 20.5km 떨어진 두 지점의 점 간 거리가 2.05m일 때, 두 점 사이의 각은?

① 7.81″　　② 10.31″
③ 15.62″　④ 20.63″

06 시작점과 종점의 각각의 좌표를 알고 있는 상태에서 측점들의 위치를 결정하는 트래버스는?

① 폐합트래버스
② 결합트래버스
③ 개방트래버스
④ 트래버스망

07 어떤 측선의 방위각이 250°30′일 때 방위는?

① N19°30′E
② S70°30′E
③ S70°30′W
④ N19°30′W

08 트래버스측량의 설명으로 옳지 않은 것은?

① 트래버스측량은 측선의 거리와 그 측선들이 만나서 이루는 수평각을 측정하여 각 측선의 위거와 경거를 계산하고 각 측점의 좌표를 구한다.
② 개방트래버스측량은 종점이 시점으로 돌아오지 않는 형태의 측량으로 높은 정확도를 요구하는 측량에는 사용되지 않는다.
③ 폐합트래버스측량은 종점이 시점으로 되돌아와 합치하여 하나의 다각형을 형성하는 측량으로 트래버스측량 중에 정확도가 가장 높다.
④ 결합트래버스측량은 기지점에서 출발하여 다른 기지점으로 연결하는 측량으로 높은 정확도를 요구하는 대규모 지역의 측량에 이용된다.

09 서로 이웃하는 두 개의 측선이 만나 이루는 각을 무엇이라 하는가?

① 교각 ② 복각
③ 배각 ④ 방향각

10 사각형 $ABCD$의 면적은?(단, 좌표의 단위는 m이다.)

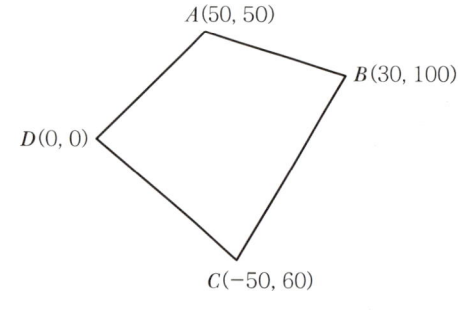

① 4,950m² ② 5,050m²
③ 5,150m² ④ 5,250m²

11 삼각점의 선점은 측량의 목적, 정확도 등을 고려하여 실시하여야 한다. 이때 주의하여야 할 사항에 대한 설명으로 옳지 않은 것은?

① 삼각점은 될 수 있는 한 정확한 측량을 위해 측점수를 늘려 많게 한다.
② 삼각점은 지반이 견고하고 이동, 침하 및 동결 지반은 피한다.
③ 삼각점의 위치는 트래버스측량, 세부측량 등의 후속측량에 편리한 곳에 설치하여야 한다.
④ 삼각형은 가능한 한 정삼각형의 형태로 하는 것이 관측의 정확도를 높이는 데 유리하다.

12 A, B 두 점 간의 고저차를 구하기 위해 3개의 노선을 직접수준측량하여 다음 표와 같은 결과를 얻었다면 B점의 표고는?

구분	고저차(m)	노선거리(km)
노선1	12.235	1
노선2	12.249	3
노선3	12.250	2

① 12.242m ② 12.245m
③ 12.247m ④ 12.250m

13 다음 중 거리측량을 실시할 수 없는 측량 장비는?

① 토털스테이션(Total Station)
② 레이저 레벨
③ VLBI
④ GPS

14 평면직각좌표에서 삼각점의 좌표가 (-4,325.68m, 585.25m)라 하면 이 삼각점은 좌표 원점을 중심으로 몇 상한에 있는가?

① 제1상한 ② 제2상한
③ 제3상한 ④ 제4상한

15 다음 수준측량 결과에 의한 측점 5의 지반고는?(단, 단위 : m)

측점	B.S	F.S T.P	F.S I.P	I.H	G.H
1	1.428				4.374
2			1.231		
3	1.032	1.572			
4			1.017		
5		1.762			

① 3.230m ② 3.500m
③ 4.245m ④ 4.571m

16 하천조사측량의 골조측량에 주로 사용되는 삼각망의 형태는?

① 단열삼각망 ② 유심삼각망
③ 사변형망   ④ 육각형삼각망

17 50m 테이프로 어떤 거리를 측정하였더니 175m이었다. 이 50m 테이프를 표준척과 비교해 보니 3cm가 짧았다면 실제의 길이는?

① 173.950m
② 174.895m
③ 175.105m
④ 176.050m

18 삼각망 조정에서 "삼각형의 내각의 합은 180°이다"라는 조건은 어느 조건에 해당되는가?

① 측점조건 ② 각조건
③ 수렴조건 ④ 변조건

19 수준측량방법 중 간접수준측량에 해당되지 않는 것은?

① 트랜싯에 의한 삼각 고저측량법
② 스타디아 측량에 의한 고저측량법
③ 레벨과 수준척에 의한 고저측량법
④ 두 점 간의 기압차에 의한 고저측량법

20 삼각측량에서 기선 $a=450m$일 때 변 b의 길이는?(단, $\angle A=60°15'28''$, $\angle B=59°27'32''$)

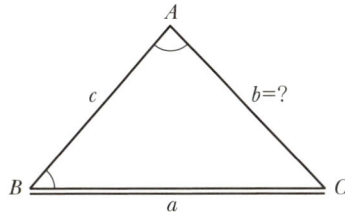

① 432.558m ② 446.371m
③ 468.229m ④ 563.988m

21 평면직각좌표계상에서 점 A의 좌표가 $X=1,500m$, $Y=1,500m$이며, 점 A에서 점 B까지의 평면거리가 450m, 방위각이 120°일 때 점 B의 좌표는?

① $X=-500m$, $Y=1,433m$
② $X=1,275m$, $Y=1,433m$
③ $X=1,275m$, $Y=1,890m$
④ $X=-250m$, $Y=1,933m$

22 동일한 각을 측정횟수를 다르게 하여 다음과 같은 값을 얻었다면 최확값은?[단, 47°37'38"(1회 측정값), 47°37'21"(4회 측정 평균값), 47°37'30"(9회 측정 평균값)]

① 47°37'30" ② 47°37'36"
③ 47°37'28" ④ 47°37'32"

23 각측량에서 망원경을 정위, 반위로 측정하여 평균값을 취해도 해결되지 않는 기계적 오차는?

① 시준축과 수평축이 직교하지 않는다.
② 수평축이 연직축에 직교하지 않는다.
③ 연직축이 정확히 연직선에 있지 않다.
④ 회전축에 대하여 망원경의 위치가 편심되어 있다.

24 그림과 같은 결합다각측량의 측각오차는? (단, $A_1 = 40°20'20''$, $A_n = 252°06'35''$, $\alpha_1 = 30°23'40''$, $\alpha_2 = 120°15'20''$, $\alpha_3 = 260°18'30''$, $\alpha_4 = 115°18'15''$, $\alpha_5 = 45°30'20''$)

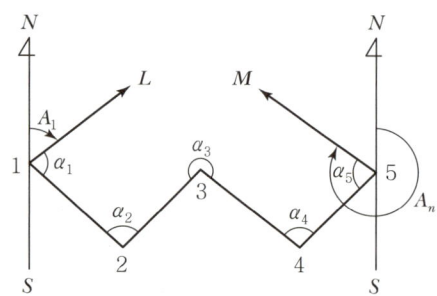

① $-10''$ ② $-20''$
③ $-30''$ ④ $-40''$

25 다음은 삼각측량방법 순서이다. ( ) 안에 적당한 것은?

도상 계획 → ( ) → 조표 → 기선측량 → ⋯ → 삼각망의 조정

① 수직각 관측   ② 수평각 관측
③ 삼각망 계산   ④ 답사 및 선점

26 1회 각관측의 우연오차를 ±0.01m라고 할 때 9회 연속 관측 시 전체 오차는?

① ±0.01m   ② ±0.03m
③ ±0.09m   ④ ±0.10m

27 그림과 같은 측량결과에 의한 이 지형의 토공량은?

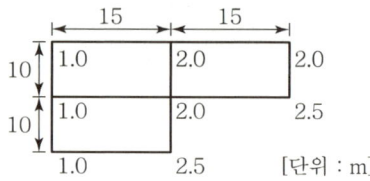

① $525.5m^3$ ② $787.5m^3$
③ $1,050.5m^3$ ④ $1,525.5m^3$

28 총길이가 2km인 폐합트래버스측량을 하여 위거의 오차 60cm, 경거의 오차가 80cm가 발생하였다면 폐합비는?

① 1/1,000   ② 1/2,000
③ 1/2,500   ④ 1/3,333

29 그림과 같은 △ABC의 넓이는?(단, $\overline{AB}$ = 4m, $\overline{AC}$ = 5m)

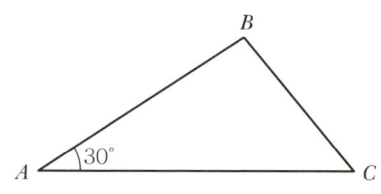

① $5m^2$ ② $10m^2$
③ $15m^2$ ④ $20m^2$

30 트래버스측량에서 선점 시 유의해야 할 사항으로 옳지 않은 것은?

① 측선거리를 될 수 있는 대로 짧게 하고, 측점 수는 많게 하는 것이 좋다.
② 측선거리는 될 수 있는 대로 동일하게 하고, 고저차가 크지 않게 한다.
③ 기계를 세우거나 시준하기 좋고, 지반이 견고한 장소이어야 한다.
④ 후속측량, 특히 세부측량에 편리하여야 한다.

31 그림과 같은 사변형 삼각망의 조정에서 성립되는 각 조건식으로 옳은 것은?(단, 1, 2, …, 8은 표시된 각을 의미한다.)

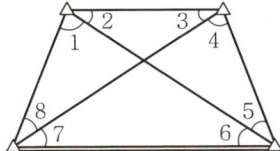

① ∠2+∠3 = ∠6+∠7
② ∠1+∠2 = ∠5+∠6
③ ∠1+∠8+∠4+∠5 = ∠2+∠3+∠6+∠7
④ ∠1+∠3+∠5+∠7 = ∠2+∠4+∠6+∠8

32 자오선의 북을 기준으로 어느 측선까지 시계방향으로 측정한 각은?

① 방향각 ② 방위각
③ 고저각 ④ 천정각

33 수평각관측법 중에서 가장 정확한 값을 얻을 수 있는 방법은?

① 조합각관측법(각관측법)
② 방향각법(방향관측법)
③ 배각법(반복법)
④ 단축법(단각법)

34 전자파거리측정기(Electronic Distance Measurement Devices : EDM)에서 발생하는 오차 중 반사프리즘의 실제적인 중심이 이론적인 중심과 일치하지 않아 발생하는 오차는 무슨 오차인가?

① 정오차 ② 부정오차
③ 착오   ④ 개인오차

35 차량이 도로의 곡선부를 달리게 되면 원심력이 생겨 도로 바깥쪽으로 밀리려 한다. 이것을 방지하기 위하여 도로 안쪽보다 바깥쪽을 높여주는 것을 무엇이라 하는가?

① 레일(R)   ② 프랜지(F)
③ 슬랙(S)   ④ 캔트(C)

36 노선을 선정할 때 유의해야 할 사항으로 틀린 것은?

① 노선은 곡선을 많이 적용하여 지루함이 없도록 한다.
② 토공량이 적고, 절토와 성토가 균형을 이루게 한다.
③ 절토 및 성토의 운반거리가 짧아야 한다.
④ 배수가 잘되는 곳이어야 한다.

37 GPS의 기본구성을 3부문으로 나눌 때 이에 해당되지 않는 것은?

① 제어부문   ② 우주부문
③ 응용부문   ④ 사용자부문

38 등고선 간격에 대한 설명으로 가장 적합한 것은?

① 등고선 간의 지표의 거리
② 등고선 간의 경사방향의 거리
③ 등고선 간의 수평방향의 거리
④ 등고선 간의 수직방향의 거리

39 단곡선 설치에서 곡선의 시점(B.C)까지의 추가거리가 450.25m이었을 때 시단현의 길이는?

① 0.25m   ② 9.75m
③ 10.25m ④ 19.75m

40 단곡선 설치법에서 곡선시점에서 접선과 현이 이루는 각을 이용하여 곡선을 설치하는 방법으로 정확도가 비교적 높은 방법은?

① 지거법　　② 중앙종거법
③ 편거법　　④ 편각법

41 그림과 같이 반지름이 다른 2개의 단곡선이 그 접속점에서 공통접선의 반대쪽에 곡선의 중심을 가지고 연결된 곡선을 무엇이라고 하는가?

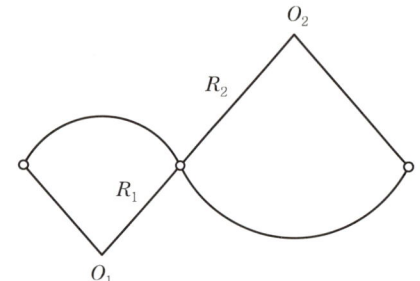

① 반향곡선　　② 원곡선
③ 복곡선　　　④ 완화곡선

42 지형도에서 등경사지인 A점인 표고는 100m이고, B점의 표고는 180m이다. AB의 수평거리가 1,000m일 때 A로부터 120m인 등고선의 수평거리는?

① 250m　　② 500m
③ 750m　　④ 1,000m

43 삼각형 세 변의 거리가 5m, 8m, 11m인 삼각형의 면적은?

① 12.12m²　　② 18.33m²
③ 28.66m²　　④ 32.32m²

44 등고선의 종류 중 굵은 실선으로 표시되는 곡선은?

① 계곡선　　② 조곡선
③ 간곡선　　④ 주곡선

45 기점으로부터 교점까지 추가거리가 432.4m이고, 교각이 54°12′일 때 외할(E)은?(단, 곡선반지름은 320m이다.)

① 30.5m　　② 35.2m
③ 39.5m　　④ 41.0m

46 다음 중 완화곡선의 종류가 아닌 것은?

① 렘니스케이트 곡선
② 클로소이드 곡선
③ 3차 포물선
④ 단곡선

47 3개의 연속된 단면에서 양 끝단의 단면적이 각각 $A_1 = 40m^2$, $A_2 = 60m^2$이고 두 단면 사이의 중앙에 있는 단면의 면적 $A_m = 50m^2$일 때 각주공식에 의한 체적은?(단, 양 끝단의 거리는 20m이다.)

① 750m³　　② 1,000m³
③ 1,250m³　　④ 1,500m³

48 축척 1 : 600 도면에서 도상면적이 25cm²일 때 실제면적은?

① 500m²　　② 700m²
③ 900m²　　④ 1,200m²

49 전리층오차를 보정할 수 있는 방법으로 가장 적합한 것은?

① 2주파 수신기를 사용한다.
② 고층빌딩을 피하여 설치한다.
③ 안테나고를 높인다.
④ 위성 수신각을 높인다.

50 축척 1 : 50,000 지형도에서 A, B점의 도상 수평거리가 2cm이고, A점 및 B점의 표고가 각각 220m, 320m일 때 두 점 사이의 경사도는?

① 0.1% ② 10%
③ 20%   ④ 30%

51 등고선을 측정하기 위하여 어느 한 곳에 레벨을 세우고 표고 20m 지점의 표척읽음값(A)이 1.6m이었다. 21m 등고선을 구하려면 시준선의 표척읽음값을 얼마로 하여야 하는가?

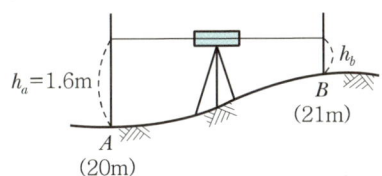

① 0.2m ② 0.4m
③ 0.6m ④ 1.6m

52 단곡선 설치에 있어서 접선과 현이 이루는 각을 이용하여 설치하는 방법은?

① 편각설치법
② 중앙종거법
③ 지거설치법
④ 종거에 의한 설치법

53 곡선 설치에서 교점(I.P)까지의 추가거리가 150.80m이고, 곡선반지름(R)이 200m, 교각(I)가 56°32′이었을 때 곡선종점(E.C)까지의 추가거리는?

① 107.54m ② 197.34m
③ 240.60m ④ 275.36m

54 GPS측량의 정확도에 영향을 미치는 요소와 거리가 먼 것은?

① 기지점의 정확도
② 관측 시의 온도 측정 정확도
③ 안테나의 높이 측정 정확도
④ 위성 정밀력의 정확도

55 경계선을 3차 포물선으로 보고, 지거의 세 구간을 한 조로 하여 면적을 구하는 방법은?

① 심프슨 제1법칙 ② 심프슨 제2법칙
③ 심프슨 제3법칙 ④ 심프슨 제4법칙

56 곡선 설치에서 곡선반지름 $R=600$m일 때, 현의 길이 $L=20$m에 대한 편각은?

① 0°42′58″ ② 0°57′18″
③ 1°08′45″ ④ 1°25′57″

57 GPS측량의 특징에 대한 설명으로 옳지 않은 것은?

① 3차원 측량을 동시에 할 수 있다.
② 극지방을 제외한 전 지역에서 이용할 수 있다.
③ 하루 24시간 어느 시간에서나 이용이 가능하다.
④ 측량거리에 비하여 상대적으로 높은 정확도를 가지고 있다.

58 도로의 기점으로부터 곡선시점까지 추가거리가 500m이고 곡선반지름이 200m, 교각이 90°일 때 곡선 중간점까지의 추가거리는?

① 600m ② 657m
③ 700m ④ 814m

59 임의 점의 표고를 숫자로 도상에 나타내는 지형표시방법은?

① 점고법 ② 우모법
③ 채색법 ④ 음영법

60 전자파거리측정기를 이용한 정밀한 장거리 측정으로 변장을 측정해서 삼각점의 위치를 결정하는 측량방법은?

① 삼변측량 ② 삼각측량
③ 삼각수준측량 ④ 수준측량

CBT시험(필기) 모의고사 3회 정답 및 해설

정답

01	02	03	04	05	06	07	08	09	10
④	①	②	①	④	②	③	③	①	③
11	12	13	14	15	16	17	18	19	20
①	①	②	②	①	②	②	②	③	②
21	22	23	24	25	26	27	28	29	30
③	③	③	①	②	②	②	②	①	①
31	32	33	34	35	36	37	38	39	40
①	②	①	①	④	①	③	④	②	④
41	42	43	44	45	46	47	48	49	50
①	①	②	①	③	④	②	③	①	②
51	52	53	54	55	56	57	58	59	60
③	①	③	②	②	②	②	②	①	①

해설

01
미지점에 세운 표척의 읽음 값을 전시라고 한다.

02
수준측량은 수직위치결정을 위한 측량방법이다.

03
전파거리측정기는 주로 중·장거리 관측용으로 무겁고 조작시간이 광파거리측정기에 비해 길다.

04
기고식 야장기입방법은 중간점이 많을 때 이용되며, 종·횡단측량에 널리 이용되지만 중간점에 대한 완전 검산이 어렵다.

05
$\theta'' = \dfrac{\Delta l}{D} \times \rho'' = \dfrac{2.05}{20,500} \times 206,265'' = 20.63''$

06
결합트래버스는 시작점의 좌표와 종점의 좌표를 알고 있는 조건에서 각 측점들의 위치를 결정하는 트래버스이다.

07
어떤 측선의 방위각 250°30'은 제3상한에 위치한다. 제3상한의 방위는 250°30'−180°=70°30'이며, S70°30'W로 표시한다.

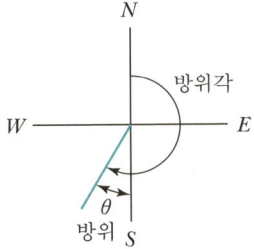

08
트래버스측량 중에 정확도가 가장 높은 트래버스는 결합트래버스이다.

09
교각은 서로 이웃하는 두 개의 측선이 만나 이루는 각을 말한다.

10

측점	X	Y	Y_{n+1}	Y_{n-1}	ΔY	$X \cdot \Delta Y$
A	50	50	100	0	100	5,000
B	30	100	60	50	10	300
C	−50	60	0	100	−100	5,000
D	0	0	50	60	−10	0
계						10,300

배면적($2A$)=10,300m²

∴ 면적(A) = 배면적 × $\dfrac{1}{2}$ = 10,300 × $\dfrac{1}{2}$ = 5,150m²

11
삼각점의 선점 시 삼각점은 가능한 한 측점 수가 적고, 세부측량에 이용가치가 커야 한다.

12

경중률은 노선거리에 반비례하므로,

$W_1 : W_2 : W_3 = \dfrac{1}{1} : \dfrac{1}{3} : \dfrac{1}{2} = 6 : 2 : 3$

∴ B점의 표고(H_B)

$= \dfrac{h_1 W_1 + h_2 W_2 + h_3 W_3}{W_1 + W_2 + W_3}$

$= \dfrac{(6 \times 12.235) + (2 \times 12.249) + (3 \times 12.250)}{6 + 2 + 3}$

$= 12.242 \text{m}$

13

레이저 레벨은 레이저를 이용하여 수준측량(고저측량)을 하는 기계이다.

14

평면직각좌표에서 삼각점의 X좌표가 (−), Y좌표가 (+)이면 제2상한에 위치한다.

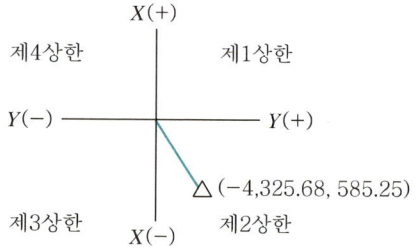

15

높이차(ΔH)
$= \sum \text{B.S} - \sum \text{F.S (T.P)}$
$= (1.428 + 1.032) - (1.572 + 1.762) = -0.874\text{m}$

∴ 측점5 지반고 = 측점1 지반고 + ΔH
$= 4.374 + (-0.874) = 3.500\text{m}$

16

단열삼각망은 폭이 좁고 거리가 먼 지역에 적합하여 노선, 하천, 터널측량 등의 골조측량에 이용된다.

17

실제길이 = $\dfrac{\text{부정길이}}{\text{표준길이}} \times \text{관측길이}$

$= \dfrac{(50 - 0.03)}{50} \times 175 = 174.895\text{m}$

18

각조건은 삼각망 중 각 삼각형 내각의 합은 180°이다.

19

레벨과 수준척에 의한 고저측량법은 직접수준측량에 해당된다.

20

sine법칙에 의해 $\overline{AC}(b)$변을 구하면,

$\dfrac{450}{\sin 60°15'28''} = \dfrac{b}{\sin 59°27'32''}$

∴ $b = \dfrac{\sin 59°27'32''}{\sin 60°15'28''} \times 450 = 446.371\text{m}$

21

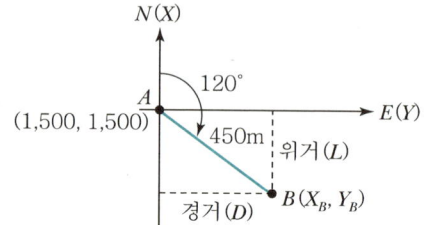

- $\overline{AB}$ 위거 = $\overline{AB}$ 거리 × cos $\overline{AB}$ 방위각
  = $450 \times \cos 120° = -225\text{m}$
- $\overline{AB}$ 경거 = $\overline{AB}$ 거리 × sin $\overline{AB}$ 방위각
  = $450 \times \sin 120° = 390\text{m}$
- $X_B = X_A + \overline{AB}$위거 = $1,500 + (-225) = 1,275\text{m}$
- $Y_B = Y_A + \overline{AB}$경거 = $1,500 + 390 = 1,890\text{m}$

∴ $X_B = 1,275\text{m}$, $Y_B = 1,890\text{m}$

22

- 경중률은 관측횟수에 비례하므로,
  $W_1 : W_2 : W_3 = N_1 : N_2 : N_3 = 1 : 4 : 9$
- 경중률을 고려하여 최확값을 구하면,

∴ 최확값(α_0)

$= \dfrac{W_1 \alpha_1 + W_2 \alpha_2 + W_3 \alpha_3}{W_1 + W_2 + W_3}$

$= \dfrac{(1 \times 47°37'38'') + (4 \times 47°37'21'') + (9 \times 47°37'30'')}{1 + 4 + 9}$

$= 47°37'28''$

23

연직축오차는 연직축이 정확히 연직선에 있지 않기 때문에 생기는 오차로, 망원경을 정위, 반위로 측정하여 평균값을 취해도 해결되지 않는다.

24

$E_\alpha = A_1 + [\alpha] - A_n - 180° (n - 3)$
$= 40°20'20'' + 571°46'05'' - 252°06'35'' - 180° \times (5 - 3)$
$= -10''$

25

계획 및 준비 → 답사 및 선점 → 표지 설치(조표) → 관측 → 조정 · 계산 → 성과정리

26
부정오차 전파법칙 $M = \pm m_1 \sqrt{n}$ ⇒
$m_1 = \pm 0.01\text{m}$, $n = 9$회
∴ $M = \pm 0.01\sqrt{9} = \pm 0.03\text{m}$

27
토공량 $(V) = \dfrac{A}{4}(\sum h_1 + 2\sum h_2 + 3\sum h_3 + 4\sum h_4)$
$= \dfrac{15 \times 10}{4} \times \{9.0 + (2 \times 3.0) + (3 \times 2.0)\}$
$= 787.5\text{m}^3$

- $\sum h_1 = 1.0 + 2.0 + 2.5 + 2.5 + 1.0 = 9.0\text{m}$
- $\sum h_2 = 2.0 + 1.0 = 3.0\text{m}$
- $\sum h_3 = 2.0\text{m}$

28
폐합비 $= \dfrac{\text{폐합오차}}{\text{전거리}}$
$= \dfrac{\sqrt{(\Delta l)^2 + (\Delta d)^2}}{\sum l}$
$= \dfrac{\sqrt{0.6^2 + 0.8^2}}{2,000} = \dfrac{1}{2,000}$

29
△ABC 넓이$(A) = \dfrac{1}{2} \times \overline{AB} \times \overline{AC} \times \sin\theta$
$= \dfrac{1}{2} \times 4 \times 5 \times \sin 30° = 5\text{m}^2$

30
트래버스측량에서 변의 길이는 가능한 한 길고, 측점 수를 적게 하는 것이 좋다.

31
- 각 조건식 수$(K_1) = l - P + 1 = 6 - 4 + 1 = 3$개
  여기서, l : 변의 수
  P : 삼각점의 수
- $\angle 1 + \angle 2 + \angle 3 + \cdots + \angle 8 = 360°$
- $\angle 1 + \angle 8 = \angle 4 + \angle 5$
- $\angle 2 + \angle 3 = \angle 6 + \angle 7$

32
방위각은 자오선의 북(진북)을 기준으로 어느 측선까지 시계방향으로 측정한 각을 말한다.

33
수평각관측법 중에서 가장 정확한 값을 얻을 수 있는 방법은 조합각관측법(각관측법)이다.

34
반사프리즘의 실제적인 중심이 이론적 중심과 일치하지 않아 발생하는 오차는 반사경 정수오차로 기계오차이므로 정오차에 해당된다.

35
캔트란 철도 차량이 곡선부를 통과할 때 원심력에 의해 탈선하는 것을 방지하기 위해 안쪽 레일을 기준으로 바깥쪽 레일을 높게 부설하는 것을 말한다.

36
노선은 가능한 한 직선으로 해야 한다.

37
GPS의 기본구성은 우주부문, 제어부문, 사용자부문이다.

38
등고선 간격은 이웃하는 등고선 사이의 간격으로서 수직거리, 즉 표고차이며, 등고선 간의 수직방향의 거리는 지형도의 축척과 목적에 따라 달라진다.

39
추가거리 $= 450.25\text{m} = \text{No.}22 + 10.25\text{m}$
∴ 시단현의 길이$(l_1) = 20 - 10.25 = 9.75\text{m}$

40
편각법은 곡선시점에서 접선과 현이 이루는 각을 이용하여 곡선을 설치하는 방법으로 정확도가 비교적 높은 방법이다.

41
반향곡선은 반지름이 다른 2개의 단곡선이 1개의 공통접선의 반대쪽에 서로 곡선의 중심을 가지고 연결한 곡선이다.

42

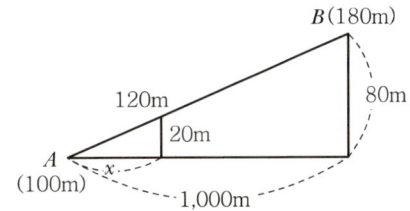

$1,000 : 80 = x : 20$
∴ $x = \dfrac{1,000 \times 20}{80} = 250\text{m}$

43

$$면적(A) = \sqrt{S(S-a)(S-b)(S-c)}$$
$$= \sqrt{12 \times (12-5) \times (12-8) \times (12-11)}$$
$$= 18.33 \text{m}^2$$

단, $S = \dfrac{1}{2}(a+b+c) = \dfrac{1}{2} \times (5+8+11) = 12\text{m}$

44

계곡선은 주곡선 5개마다·굵은 실선으로 표시하는 등고선이다.

45

$$외할(E) = R\left(\sec\dfrac{I}{2} - 1\right) = 320 \times (1.1233 - 1) = 39.5\text{m}$$

여기서, $\sec\dfrac{I}{2} = \dfrac{1}{\cos\dfrac{I}{2}} = \dfrac{1}{\cos\dfrac{54°12'}{2}} = 1.1233$

46

완화곡선의 종류에는 클로소이드 곡선, 렘니스케이트 곡선, 3차 포물선, 반파장 sine 체감곡선이 있다.

47

$$체적(V) = \dfrac{L}{6}(A_1 + 4A_m + A_2)$$
$$= \dfrac{20}{6} \times \{40 + (4 \times 50) + 60\} = 1,000\text{m}^3$$

48

$$(축척)^2 = \left(\dfrac{1}{m}\right)^2 = \dfrac{도상면적}{실제면적}$$
$$\Rightarrow \left(\dfrac{1}{600}\right)^2 = \dfrac{25}{실제면적}$$

∴ 실제면적 $= 25 \times 600^2 = 9,000,000 \text{cm}^2 = 900\text{m}^2$

49

전리층오차는 2주파(L_1, L_2) 수신기를 사용하여 보정할 수 있다.

50

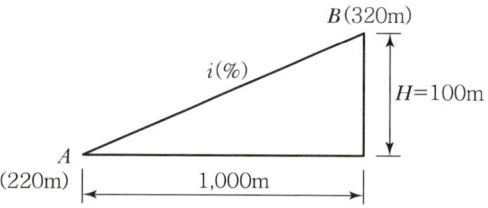

도상거리를 실제거리로 환산하면,

$$\dfrac{1}{m} = \dfrac{도상거리}{실제거리} \Rightarrow \dfrac{1}{50,000} = \dfrac{2}{실제거리}$$

실제거리 $= 50,000 \times 2 = 100,000\text{cm} = 1,000\text{m}$

∴ AB 경사도 $i(\%) = \dfrac{H}{D} \times 100$
$$= \dfrac{100}{1,000} \times 100 = 10\%$$

51

$H_A + h_a = H_B + h_b$
∴ $h_b = (H_A + h_a) - H_B = (20.0 + 1.6) - 21.0 = 0.6\text{m}$

52

편각설치법은 단곡선 설치에서 접선과 현이 이루는 각을 이용하여 설치하는 방법이다.

53

- 접선길이(T.L) $= R\tan\dfrac{I}{2} = 200 \times \tan\dfrac{56°32'}{2}$
  $= 107.54\text{m}$
- 곡선시점(B.C) $=$ 도로기점 $\sim$ 교점까지 거리 $-$ 접선길이(T.L)
  $= 150.80 - 107.54 = 43.26\text{m}$
- 곡선길이(C.L) $= 0.0174533 RI°$
  $= 0.0174533 \times 200 \times 56°32'$
  $= 197.34\text{m}$

∴ 곡선종점(E.C) $=$ 곡선시점(B.C) $+$ 곡선길이(C.L)
$= 43.26 + 197.34 = 240.60\text{m}$

54

GPS측량은 기상조건과는 무관하므로 관측 시의 온도 측정은 정확도에 영향을 미치는 요소와는 거리가 멀다.

※ 위성 정밀력 : 실제 위성의 궤적으로서 지상 추적국에서 위성 전파를 수신하여 계산된 궤도정보로 GPS측위 정확도를 좌우하는 중요한 요소이다.

55

심프슨 제2법칙은 경계선을 3차 포물선으로 보고, 지거의 세 구간을 한 조로 묶어 면적을 구하는 방법이다.

56

$$20\text{m 편각}(\delta_{20}) = 1,718.87' \times \dfrac{L}{R}$$
$$= 1,718.87' \times \dfrac{20}{600} = 0°57'18''$$

57

GPS측량은 지구 전 지역에서 24시간 이용할 수 있으며, 3차원 측량을 동시에 할 수 있다.

58

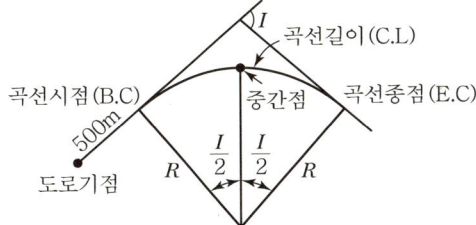

곡선길이(C.L) = 0.0174533 $RI°$
              = 0.0174533 × 200 × 90° = 314m
∴ 곡선 중간점까지의 추가거리
  = 곡선시점(B.C) + $\frac{1}{2}${곡선길이(C.L)}
  = 500 + $\left(\frac{314}{2}\right)$ = 657m

59
점고법은 지면상에 있는 임의 점의 표고를 도상에서 숫자에 의해 표시하는 방법으로 하천, 해양, 호소, 항만 등의 수심 표시에 주로 이용된다.

60
삼변측량은 삼각측량에서 수평각을 관측하는 대신에 전자파거리측량기 등을 이용한 높은 정확도로 삼변의 길이를 측정하여 삼각점의 위치를 결정하는 방법이다.

CBT시험(필기) 모의고사 4회

NOTICE 본 모의고사는 측량기능사 수험생의 필기시험 대비를 목적으로 작성된 것임을 알려 드립니다.

01 데오드라이트(세오돌라이트)의 세우기와 시준 시 유의사항에 대한 설명으로 옳지 않은 것은?
① 정확한 관측을 위해 한쪽 눈을 감고 시준한다.
② 망원경의 높이는 눈의 높이보다 약간 낮게 한다.
③ 삼각대는 대체로 정삼각형을 이루게 하여 세운다.
④ 기계 조작 시 몸이나 옷이 기계에 닿지 않도록 주의한다.

02 다음 UTM 좌표에 대한 설명에서 옳은 것은?
① 중앙자오선에서 축척계수는 0.9996이다.
② 좌표계의 간격은 경도 3°씩이다.
③ 종좌표(N)의 원점은 위도 38°이다.
④ 축척은 중앙자오선에서 멀어짐에 따라 적어진다.

03 망원경의 정위, 반위로 얻은 값을 평균하여도 소거되지 않는 오차는?
① 시준축오차   ② 연직축오차
③ 수평축오차   ④ 시준선의 편심오차

04 전자기파거리측량기에 의한 거리관측오차 중 거리에 비례하는 오차가 아닌 것은?
① 굴절률 오차
② 광속도의 오차
③ 반사경 상수의 오차
④ 광변조주파수의 오차

05 경중률에 대한 설명으로 옳은 것은?
① 오차의 제곱에 비례한다.
② 표준편차의 제곱에 비례한다.
③ 직접수준측량에서는 거리에 반비례한다.
④ 같은 정도로 측정했을 때에는 측정 횟수에 반비례한다.

06 삼각망의 종류에서 조건식의 수는 많으나 가장 높은 정확도로 측량할 수 있는 방법은?
① 유심삼각망   ② 복합삼각망
③ 단열삼각망   ④ 사변형삼각망

07 어느 거리를 세 구간으로 나누어 관측한 결과 구간별 오차가 각각 ±0.004m, ±0.009m, ±0.007m라면 전체 거리에 대한 오차는?
① ±0.007m   ② ±0.012m
③ ±0.016m   ④ ±0.019m

08 삼각망 조정을 위한 기하학적 조건에 대한 설명으로 옳지 않는 것은?
① 삼각형 내각의 오차는 각의 크기에 비례하여 배분한다.
② 삼각형 내각의 합은 180°이다.
③ 삼각망 중 한 변의 길이는 계산 순서에 관계없이 일정하다.
④ 한 측점의 둘레에 있는 모든 각의 합은 360°이다.

09 축척 1 : 1,200의 도면에서 도면상의 1cm의 실제거리는?

① 1.2m
② 12m
③ 120m
④ 1,200m

10 토털스테이션의 사용상 주의사항으로 틀린 것은?

① 측량작업 전에는 항상 기계의 이상 여부를 점검한다.
② 이동 시 기계와 삼각대는 결합하여 운반한다.
③ 큰 진동이나 충격으로부터 기계를 보호한다.
④ 전원 스위치를 내린 후 배터리를 본체로부터 분리한다.

11 그림과 같은 사변형에서 각조건식의 수는?

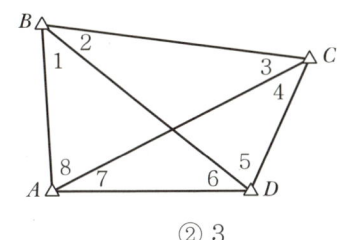

① 2
② 3
③ 4
④ 5

12 시준선이 수평축에 직교되지 않기 때문에 발생하는 오차는?

① 시준축오차
② 구심오차
③ 연직축오차
④ 눈금오차

13 동일한 각을 측정횟수를 다르게 하여 다음과 같은 값을 얻었다면 최확값은?[단, 47°37′38″ (1회 측정값), 47°37′21″(4회 측정 평균값), 47°37′30″(9회 측정 평균값)]

① 47°37′30″
② 47°37′36″
③ 47°37′28″
④ 47°37′32″

14 두 점 간의 경사거리가 50m이고, 고저차가 1.5m일 때 경사보정량은?

① -0.015m
② -0.023m
③ -0.033m
④ -0.045m

15 삼각점의 선점 시 주의사항으로 옳지 않은 것은?

① 측점 수가 적고 세부측량 등에 이용가치가 큰 점이어야 한다.
② 삼각형은 될 수 있는 대로 정삼각형으로 한다.
③ 지반이 견고하고 이동, 침하 및 동결지반은 피한다.
④ 삼각망의 한 내각의 크기는 90°~130°로 해야 한다.

16 측점 O에서 $X_1=30°$, $X_2=45°$, $X_3=77°$의 각 관측값을 얻었다. X_1의 조정된 값은?(단, 각각의 관측 조건은 동일하다.)

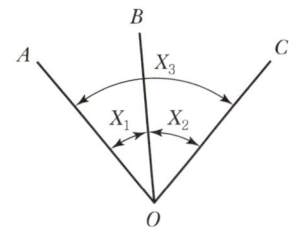

① 30°40′
② 30°20′
③ 29°40′
④ 29°20′

17 삼각망에서 기지점의 좌표(X_a, Y_a)로부터 변의 길이(L)와 방위각(α)을 이용하여 미지점의 좌표(X_b, Y_b)를 구하기 위한 식으로 옳은 것은?

① $X_b = X_a + L\sec\alpha$, $Y_b = Y_a + L\cos\alpha$
② $X_b = X_a + L\cos\alpha$, $Y_b = Y_a + L\sin\alpha$
③ $X_b = X_a + L\sin\alpha$, $Y_b = Y_a + L\cos\alpha$
④ $X_b = X_a + L\sin\alpha$, $Y_b = Y_a + L\sec\alpha$

18 어떤 기선을 측정하여 다음 표와 같은 결과를 얻었을 때 최확값은?

측정군	측정값	측정횟수
I	80.186m	1
II	80.249m	2
III	80.223m	3

① 80.186m ② 80.210m
③ 80.226m ④ 80.249m

19 1 : 1,000,000의 허용 정밀도로 측량한 경우 측지측량과 평면측량의 한계는?

① 반지름 11km ② 반지름 15km
③ 반지름 20km ④ 반지름 25km

20 삼각측량과 다각측량에 대한 다음 설명 중 부적당한 것은?

① 삼각측량은 주로 각을 실측하고 삼각점의 거리는 간접적으로 구해서 위치를 정한다.
② 다각측량은 주로 각과 거리를 실측하여 점의 위치를 개별로 구한다.
③ 삼각측량이 곤란한 지역에서는 다각측량이 일반적으로 행해진다.
④ 다각측량으로 구한 위치는 근거리측량이므로 삼각점의 위치보다도 일반적으로 정확도가 좋다.

21 지형도 및 수치지형도에 대한 설명으로 옳지 않은 것은?

① 지형도는 지표면상의 자연적 또는 인공적인 지형의 수평 또는 수직의 상호위치관계를 관측하여 그 결과를 일정한 축척과 도식으로 도면에 나타낸 것이다.
② 지형도상에 표시되는 요소로 지형에는 지물과 지모가 있다.
③ 수치지형도의 축척은 일정하기 때문에 확대 및 축소하여 다양한 축척의 지형도를 만들 수 없다.
④ 수치지형도의 지형 및 지물은 레이어로 구분된다.

22 좌표를 알고 있는 기지점으로부터 출발하여 다른 기지점에 연결하는 측량방법으로 높은 정확도를 요구하는 대규모 지역의 측량에 이용되는 트래버스는?

① 폐합트래버스 ② 개방트래버스
③ 결합트래버스 ④ 트래버스망

23 수준측량의 야장기입방법 중 기고식에 대한 설명으로 옳은 것은?

① 기계고를 구하여 이 기계고에서 표고를 알고자 하는 점의 전시를 빼서 표고를 얻는 방법이다.
② 후시에서 전시를 빼서 그 값의 (+), (−)를 승, 강의 칸에 기입하는 방법이다.
③ 가장 간단한 방법으로 두 점 사이의 표고차만을 구하는 것이 주목적이다.
④ 중간점이 많은 수준측량의 경우에는 계산이 복잡해지는 단점이 있다.

24 평탄지에서 9변을 트래버스 측량하여 1′10″의 측각오차가 있었다면 이 오차의 처리방법은? (단, 허용오차=$0.5′\sqrt{n}$, n : 측량한 변의 수이다.)

① 오차가 너무 크므로 재측한다.
② 오차를 각각 등분해 배분한다.
③ 변의 크기에 비례하여 배분한다.
④ 각의 크기에 비례하여 배분한다.

25 방위각 105°39′42″에 대한 방위는?

① $N15°39′12″W$
② $S15°39′42″E$
③ $S74°20′18″E$
④ $N74°20′18″E$

26 2점 사이의 연직각과 수평거리 또는 경사거리를 측정하고 삼각법에 의하여 고저차를 구하는 수준측량은?

① 스타디아측량 ② 삼각수준측량
③ 교호수준측량 ④ 정밀수준측량

27 그림에서 $\overline{CD}$ 방위각이 144°00′이고 $\overline{DA}$의 방위각이 225°30′일 때 D점의 내각은?

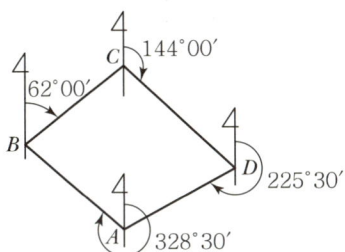

① 98°30′ ② 98°00′
③ 86°30′ ④ 77°00′

28 측점 A, B의 좌표가 각각 $A(10, 20)$, $B(20, 40)$일 때 $\overline{AB}$의 수평거리는?(단, 좌표의 단위는 m이다.)

① 20.45m ② 22.36m
③ 23.57m ④ 25.69m

29 수준측량에 사용되는 용어에 대한 설명으로 틀린 것은?

① 수준면(Level Surface) : 연직선에 직교하는 모든 점을 잇는 곡면
② 수준선(Level Line) : 수준면과 지구의 중심을 포함한 평면이 교차하는 선
③ 기준면(Datum Plane) : 지반의 높이를 비교할 때 기준이 되는 면
④ 특별기준면(Special Datum Plane) : 연직선에 직교하는 평면으로 어떤 점에서 수준면과 접하는 평면

30 A, B 두 점의 표고가 각각 110m, 160m이고 수평거리가 200m인 등경사일 때 A점에서 $\overline{AB}$ 위에 있는 표고 120m 지점까지의 수평거리는?

① 40m ② 70m
③ 80m ④ 100m

31 트래버스측량의 순서로 옳은 것은?

a. 답사 및 선점   b. 조표
c. 계획 및 준비   d. 계산 및 제도
e. 관측

① c → b → e → a → d
② c → a → b → e → d
③ c → e → b → d → a
④ c → a → d → b → e

32 직접수준측량으로 표고를 측정하기 위하여 I점에 레벨을 세우고 B점에 세운 표척을 시준하여 관측하였다. A점에 설치한 표척의 읽음값(i_a)을 구하는 식으로 옳은 것은?(단, $i_b = B$의 표척 읽음값, $A_h = A$의 표고, $B_h = B$의 표고)

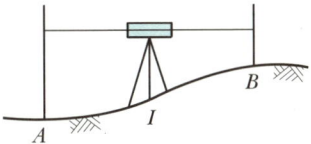

① $i_a = B_h + i_b + A_h$ ② $i_a = B_h - i_b + A_h$
③ $i_a = B_h - i_b - A_h$ ④ $i_a = B_h + i_b - A_h$

33 전측선길이의 총합이 200m, 위거오차가 +0.04m일 때 길이 50m인 측선의 컴퍼스법칙에 의한 위거보정량은?

① +0.01m ② -0.01m
③ +0.02m ④ -0.02m

34 두 점 사이에 강, 호수, 하천 또는 계곡 등이 있어 그 두 점 중간에 기계를 세울 수 없는 경우에 강의 기슭 양안에서 측량하여 두 점의 표고차를 평균하여 측량하는 방법은?

① 직접수준측량   ② 왕복수준측량
③ 횡단수준측량   ④ 교호수준측량

35 그림과 같은 다각형을 교각법으로 측정한 결과 $\overline{CD}$ 측선의 방위각은?

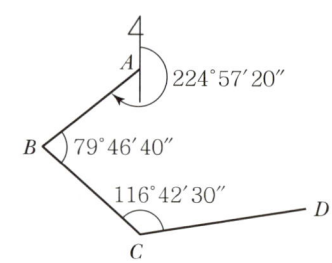

① 61°26′30″   ② 61°27′30″
③ 60°26′27″   ④ 60°27′27″

36 지표의 같은 높이의 점을 연결한 곡선으로 지표면의 형태를 표시하는 방법은?

① 채색법   ② 점고법
③ 등고선법   ④ 음영법

37 종단수준측량에 대한 설명으로 틀린 것은?

① 철도, 도로, 하천 등과 같은 노선을 따라 각 측점의 고저차를 측정하는 측량을 말한다.
② 종단면도를 작성하기 위한 측량이다.
③ 중간점이 많아 기고식으로 작성하는 것이 편리하다.
④ 각 측점에서 중심선에 직각방향으로 지표면의 고저차를 측정하는 측량을 말한다.

38 트래버스측량에서 선점 시 유의해야 할 사항으로 옳지 않은 것은?

① 측선거리는 될 수 있는 대로 짧게 하고, 측점 수는 많게 하는 것이 좋다.
② 측선거리는 될 수 있는 대로 동일하게 하고, 고저차가 크지 않게 한다.
③ 기계를 세우거나 시준하기 좋고, 지반이 견고한 장소이어야 한다.
④ 후속측량, 특히 세부측량에 편리하여야 한다.

39 기본지형도의 등고선 표시방법으로 옳은 것은?

① 주곡선은 가는 실선이고, 간곡선은 가는 긴 파선이다.
② 간곡선은 가는 실선이고, 조곡선은 일점쇄선이다.
③ 조곡선은 이점쇄선이고, 계곡선은 실선이다.
④ 계곡선은 가는 실선이고, 주곡선은 파선이다.

40 수준측량에서 발생할 수 있는 오차의 원인 중 기계적 원인에 의한 오차가 아닌 것은?

① 표척 눈금이 불완전하다.
② 레벨의 조정이 불완전하다.
③ 표척 이음매 부분이 정확하지 않다.
④ 표척을 정확히 수직으로 세우지 않았다.

41 다음 중 가장 정확하게 위치를 결정할 수 있는 자료처리법은?

① 코드를 이용한 단독측위
② 코드를 이용한 상대측위
③ 반송파를 이용한 단독측위
④ 반송파를 이용한 상대측위

42 완화곡선의 성질에 대한 설명으로 옳은 것은?

① 완화곡선의 접선은 시점에서 원호에 접한다.
② 완화곡선의 반지름은 시점에서 원곡선이 된다.
③ 완화곡선의 시점에서 슬랙은 원곡선의 슬랙과 같다.
④ 완화곡선에 연한 곡선 반지름의 감소율은 캔트의 증가율과 같다.

43 그림과 같은 1 : 50,000 지형도에서 AB의 거리를 측정하니 3.2cm이었다. B점에서의 경사각은?

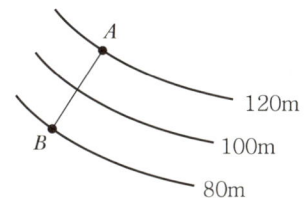

① 1°16′
② 1°26′
③ 1°36′
④ 1°46′

44 면적산정방법 중 심프슨 제2법칙에 대한 설명으로 옳은 것은?

① 지거의 2구간을 1조로 하여 면적을 구하는 방법이다.
② 지거의 3구간을 1조로 하여 면적을 구하는 방법이다.
③ 경계선을 2차 포물선으로 보고 면적을 구하는 방법이다.
④ 경계선을 직선으로 보고 면적을 구하는 방법이다.

45 공통접선의 반대쪽에 중심이 있고 반지름이 같거나 서로 다른 원호인 곡선은?

① 배향곡선
② 반향곡선
③ 복심곡선
④ 단곡선

46 전면적이 200m², 전토량이 1,080m³일 때 기준면으로부터의 평균 높이는?

① 5.0m
② 5.1m
③ 5.2m
④ 5.4m

47 노선측량에서 곡선의 종류 중 원곡선에 해당되는 것은?

① 3차 포물선
② 클로소이드 곡선
③ 렘니스케이트 곡선
④ 복심곡선

48 삼각형의 세 변의 길이가 각각 25m, 12m, 33m일 때 면적을 구한 값은?

① 86.26m²
② 100.15m²
③ 111.46m²
④ 126.89m²

49 GPS가 채택하고 있는 세계측지계는?

① WGS-84
② WGS-72
③ ITRF-92
④ GRS-2000

50 기점으로부터 교점까지 추가거리가 483.26m이고, 교각 36°18′일 때 접선장의 길이는?(단, 곡선반지름 200m, 중심말뚝 간격은 20m이다.)

① 55.56m
② 65.56m
③ 75.56m
④ 85.56m

51 도면의 경계선이 불규칙한 곡선으로 둘러싸인 경우 사용되는 면적측정 기기는?

① 레벨
② 스케일
③ 구적기
④ 앨리데이드

52 단곡선을 설치할 때 교각(I)이 38°20′, 반지름(R)이 300m이면 중앙종거(M_1)는?

① 16.630m ② 4.187m
③ 1.049m ④ 0.262m

53 GPS측량의 일반적 특성이 아닌 것은?

① 측량거리에 비하여 상대적으로 높은 정확도를 가지고 있다.
② 지구상 어느 곳에서나 이용이 가능하다.
③ 위치결정에 기상의 영향을 많이 받는다.
④ 하루 24시간 중 어느 시간에나 이용이 가능하다.

54 편각에 의한 곡선 설치에서 곡선시점의 추가거리가 143.248m이고, 곡선장이 42.255m일 때 종단현의 길이는?(단, 중심말뚝 간격은 20m)

① 10.752m ② 5.503m
③ 4.752m ④ 3.248m

55 지형도(종이지도)의 이용에 대한 설명으로 옳지 않은 것은?

① 확대지도(대축척지도) 편집
② 하천의 유역면적 결정
③ 노선의 도면상 선정
④ 저수량의 결정

56 단곡선 설치에 사용되는 방법이 아닌 것은?

① 접선편거와 현편거법
② 중앙종거법
③ 수직곡선법
④ 지거법

57 그림에서 $\overline{AC}$ = 5m, $\overline{CE}$ = 4m, $\overline{DE}$ = 8m일 때 $\overline{AB}$의 거리는?(단, $\overline{AB}$와 $\overline{DE}$는 평행하다.)

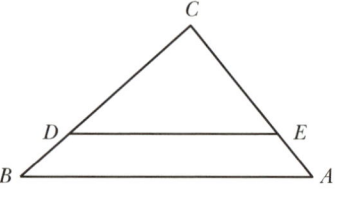

① 12m ② 10m
③ 8m ④ 6m

58 도로 수평곡선의 약호 중 접선길이를 나타내는 것은?

① B.C ② E.C
③ T.L ④ C.L

59 GPS측량방법 중 상대위치 결정방법이 아닌 것은?

① 실시간 DGPS
② 1점 측위
③ 후처리 DGPS
④ 실시간 이동측량(RTK)

60 그림과 같은 횡단면의 면적은?(단, 단위 : m)

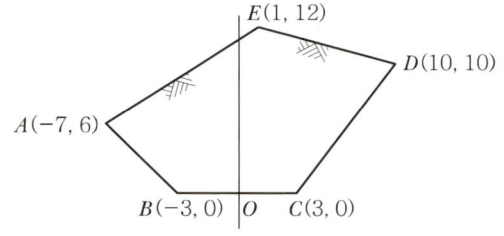

① 75m² ② 105m²
③ 124m² ④ 210m²

CBT시험(필기) 모의고사 4회 정답 및 해설

정답

01	02	03	04	05	06	07	08	09	10
①	①	②	③	③	④	②	①	②	②
11	12	13	14	15	16	17	18	19	20
②	①	③	②	④	①	②	③	①	④
21	22	23	24	25	26	27	28	29	30
③	③	①	②	③	②	①	②	④	①
31	32	33	34	35	36	37	38	39	40
②	④	②	④	①	③	④	①	①	④
41	42	43	44	45	46	47	48	49	50
④	④	②	②	②	④	④	④	①	②
51	52	53	54	55	56	57	58	59	60
③	①	③	②	①	③	②	②	②	③

해설

01
시준할 때는 보통 한쪽 눈은 감고 한쪽 눈으로 관측하나, 되도록 두 눈을 뜬 채 관측하는 것이 눈의 피로가 적어서 좋다.

02
- 좌표계의 간격은 경도 6°마다 60지대로 나누고 각 지대의 중앙자오선에 대하여 횡메르카토르 투영을 적용한다.
- 경도의 원점은 중앙자오선이다.
- 위도의 원점은 적도상에 있다.
- 길이의 단위는 m이다.
- 중앙자오선에서의 축척계수는 0.9996이다.
- 중앙자오선에서 축척계수는 0.9996으로 최솟값을 나타내며, 중앙자오선에서 횡방향으로 멀어짐에 따라 증가한다.

03
- 망원경을 정·반위 상태로 관측하여 평균값을 취하여 소거되는 오차 : 시준축 오차, 수평축 오차, 시준선의 편심오차(외심 오차)
- 망원경을 정·반위 상태로 관측하여 평균값을 취해도 소거되지 않는 오차 : 연직축 오차

04
- 거리에 비례하는 오차 : 광속도의 오차, 변조주파수의 오차, 굴절률의 오차
- 거리에 비례하지 않는 오차 : 위상차 관측오차, 기계정수 및 반사경 정수의 오차

05
- ①문항 : 오차의 제곱에 반비례한다.
- ②문항 : 표준편차의 제곱에 반비례한다.
- ④문항 : 같은 정도로 측정했을 때에는 측정 횟수에 비례한다.

06
- 사변형삼각망 : 조건식의 수가 가장 많아 정밀도가 높다.
- 단열삼각망 : 조건식의 수가 적어 정도가 낮다.
- 유심삼각망 : 정도는 단열삼각망보다 높으나 사변형 삼각망보다는 낮다.

07

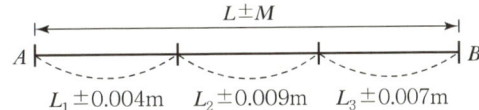

부정오차 전파법칙 $M = \pm \sqrt{m_1^2 + m_2^2 + m_3^2}$ 을 이용하여 전체 거리오차(M)를 구하면,
$\therefore M = \pm \sqrt{0.004^2 + 0.009^2 + 0.007^2} = \pm 0.012\text{m}$

08
삼각형 내각의 오차는 각의 정확도가 같은 경우 각의 크기에 관계없이 등배분한다.

09
축척 $= \dfrac{1}{m} = \dfrac{\text{도상거리}}{\text{실제거리}}$
$\therefore$ 실제거리 $= m \times$ 도상거리 $= 1{,}200 \times 0.01 = 12\text{m}$

10
토털스테이션 장비의 이동 시에는 기계를 삼각대에서 분리하여 이동한다.

11
각조건식 수 $(K_1) = l - P + 1 = 6 - 4 + 1 = 3$개
여기서, l : 변의 수
　　　　P : 삼각점의 수

12
- 시준축 오차 : 시준선이 수평축과 직교되지 않기 때문에 발생하는 오차
- 수평축 오차 : 수평축이 연직축과 직교되지 않기 때문에 발생하는 오차
- 연직축 오차 : 연직축이 기포관축과 직교되지 않기 때문에 발생하는 오차(연직축이 정확히 연직선에 있지 않아 발생하는 오차)

13
- 경중률은 관측횟수에 비례하므로,
  $W_1 : W_2 : W_3 = N_1 : N_2 : N_3 = 1 : 4 : 9$
- 경중률을 고려하여 최확값을 구하면,
  ∴ 최확값(α_0)
  $= \dfrac{W_1\alpha_1 + W_2\alpha_2 + W_3\alpha_3}{W_1 + W_2 + W_3}$
  $= \dfrac{(1 \times 47°37'38'') + (4 \times 47°37'21'') + (9 \times 47°37'30'')}{1 + 4 + 9}$
  $= 47°37'28''$

14
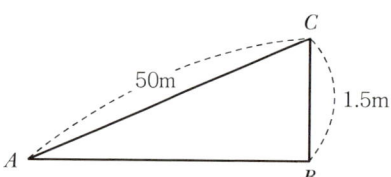

∴ 경사보정량$(C_i) = -\dfrac{h^2}{2L} = -\dfrac{1.5^2}{2 \times 50} = -0.023\text{m}$

15
삼각점의 선점 시 삼각망의 한 내각의 크기는 $30 \sim 120°$로 한다.

16
$(X_1 + X_2) - X_3 = (30° + 45°) - 77° = -2°$이므로 X_1과 X_2에는 조정량만큼 $(+)$해주고, X_3에는 $(-)$해준다.
X_1 조정량 $= \dfrac{2°}{3} = 0°40'(\oplus$조정$)$
∴ $X_1 = 30° + 0°40' = 30°40'$

17
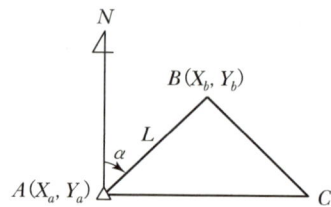

∴ $X_b = X_a + L\cos\alpha,\ Y_b = Y_a + L\sin\alpha$

18
- 경중률은 관측횟수에 비례하므로,
  $W_1 : W_2 : W_3 = N_1 : N_2 : N_3 = 1 : 2 : 3$
- 경중률을 고려하여 최확값을 구하면,
  ∴ 최확값(L_0)
  $= \dfrac{W_1L_1 + W_2L_2 + W_3L_3}{W_1 + W_2 + W_3}$
  $= \dfrac{(1 \times 80.186) + (2 \times 80.249) + (3 \times 80.223)}{1 + 2 + 3}$
  $\fallingdotseq 80.226\text{m}$

19
$\dfrac{d-D}{D} = \dfrac{1}{12}\left(\dfrac{D}{R}\right)^2 \Rightarrow \dfrac{1}{10^6} = \dfrac{1}{12}\left(\dfrac{D}{6,370}\right)^2 \Rightarrow$
$D^2 \times 10^6 = 12 \times 6,370^2 \Rightarrow D = \sqrt{\dfrac{12 \times 6,370^2}{10^6}} \fallingdotseq 22\text{km}$
∴ $D \fallingdotseq 22$km이므로 반경$\left(\dfrac{D}{2}\right)$은 11km이다.

20
삼각측량은 각종 측량의 골격이 되는 기준점 위치를 sine법칙으로 정밀하게 결정하기 위하여 실시하는 측량으로 최고의 정확도를 얻을 수 있다(일반적으로 삼각측량이 다각측량보다 정확도가 높다).

21
수치지형도의 축척은 일정하기 때문에 확대 및 축소하여 다양한 축척의 지형도를 만들기 용이하다.

22
- 결합트래버스는 어떤 기지점에서 출발하여 다른 기지점에 결합시키는 방법이며, 대규모 지역의 정확성을 요하는 측량에 사용한다.
- 각종 트래버스 가운데 가장 정밀도가 높다.

23
기고식 야장기입법은 기계고를 구하여 전시값을 빼서 지반고(표고)를 구하는 방법이다.

24
- 허용오차 $= 0.5' \sqrt{n} = 0.5' \sqrt{9} = 1'30''$
  ⇒ 허용오차(1'30'')>측각오차(1'10'')
- 측각오차가 허용오차 안에 있으므로 각의 크기에 관계없이 등배분한다.

25

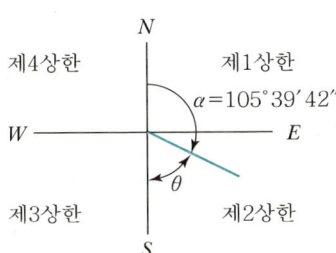

방위(θ) $= 180° - 105°39'42'' = 74°20'18''$
∴ 방위 $= S\,74°20'18''\,E$

26
삼각수준측량은 트랜싯을 사용하여 고저각과 거리를 관측하고 삼각법을 응용한 계산으로 그 점의 고저차를 구하는 측량이다.

27

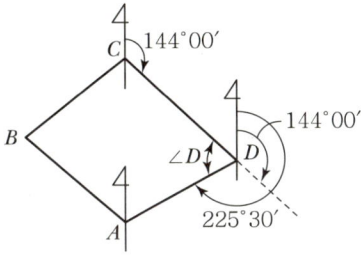

$\overline{DA}$ 방위각 $- \overline{CD}$ 방위각 $= 225°30' - 144°00' = 81°30'$
∴ D점의 내각 $= 180° - 81°30' = 98°30'$

28

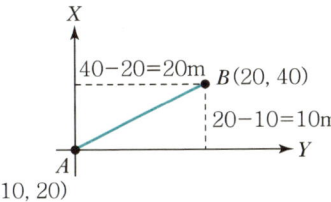

∴ $\overline{AB}$ 수평거리 $= \sqrt{(X_B - X_A)^2 + (Y_B - Y_A)^2}$
$= \sqrt{10^2 + 20^2} = 22.36\text{m}$

29
- 지평면(Horizontal Plane) : 어떤 점에서 수준면과 접하는 평면
- 특별기준면 : 한 나라에서 멀리 떨어져 있는 섬에는 본국의 기준면을 직접 연결할 수 없으므로 그 섬 특유의 기준면을 사용한다.

30

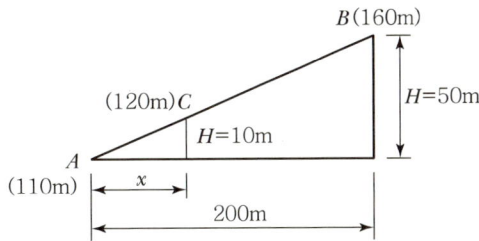

비례식을 적용하면,
$200 : 50 = x : 10$
∴ 표고 120m 지점까지 수평거리(x) $= \dfrac{200 \times 10}{50} = 40\text{m}$

31
계획 및 준비 → 답사 및 선점 → 표지 설치(조표) → 관측(거리, 각) → 계산 및 제도

32

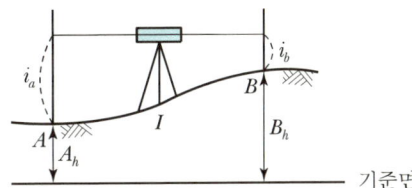

$A_h + i_a = B_h + i_b$
∴ $i_a = B_h + i_b - A_h$

33
- 컴퍼스법칙 $= \dfrac{\text{오차}}{\text{전거리}} \times \text{조정할 측선의 거리}$
- 위거보정량 $= \dfrac{\text{위거오차}}{\text{전거리}} \times \text{조정할 측선의 거리}$
  $= \dfrac{0.04}{200} \times 50 = 0.01\text{m}(\ominus \text{보정})$

∴ 위거보정량 $= -0.01\text{m}$

34
교호수준측량은 강, 하천, 계곡 등이 있어서 중간에 기계를 세울 수 없는 경우 양안에서 두 점의 표고차를 관측하여 평균값을 구하는 방법이다.

35

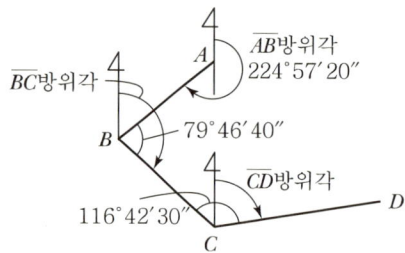

- $\overline{AB}$ 방위각 = 224°57′20″
- $\overline{BC}$ 방위각 = 224°57′20″ − 180° + 79°46′40″
  = 124°44′00″
- ∴ $\overline{CD}$ 방위각 = 124°44′00″ − 180° + 116°42′30″
  = 61°26′30″

36
등고선법은 동일 표고의 점을 연결하는 등고선에 의해 지표를 표시하는 방법으로 토목에서 가장 널리 사용된다.

37
횡단수준측량은 종단측량에 이용된 중심선상의 각 측점의 직각 방향으로 관측하여 높이의 변화를 측정하는 것이다.

38
트래버스측량에서 변의 길이는 가능한 한 길고, 측점 수를 적게 하는 것이 좋다.

39
- 주곡선 : 가는 실선
- 간곡선 : 파선
- 조곡선 : 점선
- 계곡선 : 굵은 실선

40
- ①, ②, ③문항 : 대표적인 기계적 원인에 의한 오차이다.
- ④문항 : 표척의 기울기에 의한 오차로 표척 읽기에 커다란 오차가 생긴다.

41
코드측정방식은 신속하나 정확도는 반송파방식보다 낮으며, 단독측위보다는 상대측위가 정확도가 높다.

42
- ①문항 : 시점에서 직선에 접한다.
- ②문항 : 반지름은 시점에서 무한대(∞)이다.

43

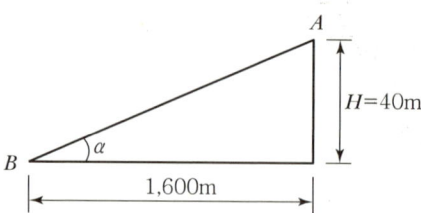

- 도상거리를 실제거리로 환산하면,
  $\dfrac{1}{m} = \dfrac{도상거리}{실제거리} \Rightarrow \dfrac{1}{50,000} = \dfrac{3.2}{실제거리}$
  ∴ 실제거리 = 50,000 × 3.2 = 160,000cm = 1,600m
- B점에서의 경사각(α)
  $\tan \alpha = \dfrac{H}{D} \Rightarrow$
  $\alpha = \tan^{-1} \dfrac{H}{D} = \tan^{-1} \dfrac{40}{1,600} = 1°26′$
  ∴ B점에서의 경사각(α) = 1°26′

44
- ①문항 : 지거의 3구간을 1조로 하여 면적을 구하는 방법
- ③, ④문항 : 경계선을 3차 포물선으로 보고 면적을 구하는 방법

45
반향곡선은 반지름이 다른 2개의 단곡선이 1개의 공통접선의 반대쪽에 서로 곡선의 중심을 가지고 연결한 곡선이다.

46
토량(V) = 면적(A) × 높이(h)
∴ 기준면으로부터 평균 높이(h) = $\dfrac{V}{A} = \dfrac{1,080}{200} = 5.4$m

47
원곡선 종류는 단곡선, 복심곡선, 반향곡선, 배향곡선이 있다.
- 단곡선 : 중심이 1개인 곡선, 즉 원호 하나로 되어 있는 곡선
- 복심곡선 : 반경이 다른 2개의 원곡선이 1개의 공통접선을 갖고 접선의 같은 쪽에서 연결하는 곡선
- 반향곡선 : 반경이 같지 않은 2개의 원곡선이 1개의 공통접선의 양쪽에 서로 곡선 중심을 가지고 연결한 곡선
- 배향곡선 : 반향곡선을 연속시켜 머리핀 같은 형태의 곡선

48
면적(A) = $\sqrt{S(S-a)(S-b)(S-c)}$
  = $\sqrt{35 \times (35-25) \times (35-12) \times (35-33)}$
  = 126.89m²
단, $S = \dfrac{1}{2}(a+b+c) = \dfrac{1}{2} \times (25+12+33) = 35$m

49
GPS를 이용한 위치측정에 사용되는 세계측지계는 WGS-84이다.

50
$$접선장(T.L) = R\tan\frac{I}{2}$$
$$= 200 \times \tan\frac{36°18'}{2} = 65.56\text{m}$$

51
구적기는 불규칙한 직선 또는 곡선으로 이루어진 도면 위의 면적을 재는 데 쓰는 기계이다.

52
$$중앙종거(M_1) = R\left(1 - \cos\frac{I}{2}\right)$$
$$= 300 \times \left(1 - \cos\frac{38°20'}{2}\right) = 16.630\text{m}$$

53
GPS측량은 기상조건에 무관하고 24시간 관측이 가능하다.

54
- 곡선시점(B.C) = 143.248m
- 곡선길이(C.L) = 42.255m
- 곡선종점(E.C) = 곡선시점(B.C) + 곡선길이(C.L)
  = 143.248 + 42.255
  = 185.503m (No.9 + 5.503m)
∴ 종단현 길이(l_n) = E.C 추가거리 = 5.503m

55
종이지도는 확대, 축소 지도 편집이 어렵다. 확대, 축소 편집이 용이한 지도는 수치지도이다.

56
- 편각에 의한 방법 : 가장 일반적 방법, 다른 방법에 비해 정확
- 중앙종거에 의한 방법 : 시가지 곡선 설치, 기설곡선의 검사 또는 개정 시 편리
- 접선에 대한 지거법 : 양 접선에 지거를 내려 곡선을 설치하는 방법, 터널 내 곡선 설치
- 접선편거 및 현편거법 : 폴과 테이프로 설치하는 방법으로, 다른 방법에 비해 정도가 낮다.

57

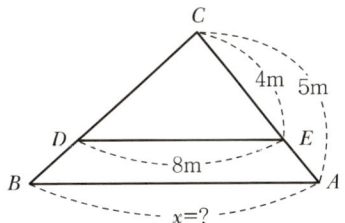

$4 : 8 = 5 : \overline{AB}$
$\therefore \overline{AB} = \dfrac{8 \times 5}{4} = 10\text{m}$

58
- B.C : 곡선시점
- E.C : 곡선종점
- T.L : 접선길이
- C.L : 곡선길이

59

GNSS 위치 결정방법
- 절대관측방법 : 단독측위(1점 측위)
- 상대관측방법
  - 후처리방법 : 정지측량, 이동측량
  - 실시간 처리방법 : DGNSS, RTK, Network RTK

60

측점	X	Y	Y_{n+1}	Y_{n-1}	ΔY	$X \cdot \Delta Y$
A	-7	6	0	12	-12	84
B	-3	0	0	6	-6	18
C	3	0	10	0	10	30
D	10	10	12	0	12	120
E	1	12	6	10	-4	-4
계						248

배면적($2A$) = 248m²

$\therefore 면적(A) = 배면적 \times \dfrac{1}{2} = 248 \times \dfrac{1}{2} = 124\text{m}^2$

CBT시험(필기) 모의고사 5회

NOTICE 본 모의고사는 측량기능사 수험생의 필기시험 대비를 목적으로 작성된 것임을 알려 드립니다.

01 트래버스측량에서 선점 시 주의사항으로 옳은 것은?
① 시준이 잘되는 굴뚝이나 바위 등이 좋다.
② 기계를 세울 때 삼각대가 잘 꽂히는 늪지대 같은 곳이 좋다.
③ 기계를 세우거나 시준하기 좋고 지반이 튼튼한 곳이 좋다.
④ 변의 길이는 될 수 있는 대로 짧고 측점 수는 많게 하는 것이 좋다.

02 각관측방법에 대한 설명으로 옳지 않은 것은?
① 조합각관측법은 관측할 여러 개의 방향선 사이의 각을 차례로 방향각법으로 관측하여 최소제곱법에 의하여 각각의 최확값을 구한다.
② 단측법은 높은 정확도를 요구하지 않을 경우에 사용하며 정·반위 관측하여 평균을 한다.
③ 배각법은 반복 관측으로 한 측점에서 한 개의 각을 높은 정밀도로 측정할 때 사용한다.
④ 방향각법은 수평각관측법 중 가장 정확한 값을 얻을 수 있는 방법으로 1등 삼각측량에서 주로 이용된다.

03 지구상의 임의의 점에 대한 절대적 위치를 표시하는 데 일반적으로 널리 사용되는 좌표계는?
① 평면직각좌표계
② 경·위도좌표계
③ 3차원 직각좌표계
④ UTM 좌표계

04 삼각측량의 작업순서로 옳은 것은?
① 조표 – 선점 – 각 관측 – 계산 – 성과표 작성 – 기선측량 – 삼각망도 작성
② 선점 – 조표 – 기선측량 – 각 관측 – 계산 – 성과표 작성 – 삼각망도 작성
③ 선점 – 조표 – 각 관측 – 계산 – 기선측량 – 성과표 작성 – 삼각망도 작성
④ 조표 – 선점 – 기선측량 – 각 관측 – 성과표 작성 – 계산 – 삼각망도 작성

05 다음의 오차에서 최소제곱법의 원리를 이용하여 처리할 수 있는 것은?
① 정오차   ② 우연오차
③ 잔차   ④ 물리적 오차

06 EDM을 이용하여 1km의 거리를 ±0.004m의 오차로 측정하였다. 동일한 오차가 얻어지도록 같은 조건으로 25km의 거리를 측정한 경우 연속 측정값에 대한 오차는?
① ±0.05m   ② ±0.04m
③ ±0.03m   ④ ±0.02m

07 측량을 넓이에 따라 분류할 때, 지구의 곡률을 고려하여 실시하는 측량을 무엇이라 하는가?
① 공공측량   ② 기본측량
③ 측지측량   ④ 평면측량

08 하나의 측점에서 5개의 방향선이 구성되어 있을 때 조합각 관측법(각 관측법)으로 관측할 경우 관측하여야 할 각의 수는?

① 7개 ② 8개
③ 9개 ④ 10개

09 삼각측량의 특징에 대한 설명으로 옳지 않은 것은?

① 넓은 면적 측량에 적합하다.
② 단계별 정확도를 점검할 수 있다.
③ 넓은 지역에 같은 정확도로 기준점을 배치하는 데 편리하다.
④ 계산을 위한 조건식이 적어 계산 및 조정방법이 단순하다.

10 두 점 간의 거리를 4회 관측한 결과 525.36m를 얻었고, 다시 2회 관측하여 525.63m를 얻었다. 이때 두 점 간의 거리에 대한 최확값은?

① 525.40m ② 525.45m
③ 525.50m ④ 525.55m

11 그림과 같은 삼각망에서 측선 $\overline{CD}$ 의 거리는?

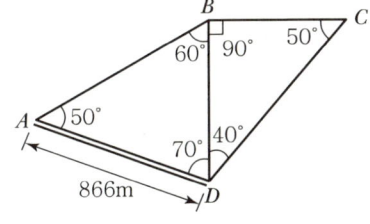

① 776m ② 866m
③ 1,000m ④ 1,562m

12 우리나라 측량의 평면직각좌표 원점 중 서부원점의 위치는?

① 동경 125° 북위 38°
② 동경 127° 북위 38°
③ 동경 129° 북위 38°
④ 동경 131° 북위 38°

13 거리 측량에서 1회 관측에 ±4mm의 우연오차가 있었다면 9회 관측에 의한 우연오차는?

① ±3mm ② ±6mm
③ ±9mm ④ ±12mm

14 삼각망의 종류에 대한 설명으로 옳지 않은 것은?

① 단열삼각망 : 하천, 도로, 터널측량 등 좁고 긴 지역에 적합하며 경제적이다.
② 사변형삼각망 : 가장 정도가 낮으며, 피복면적이 작아 비경제적이다.
③ 유심삼각망 : 측점 수에 비해 피복면적이 가장 넓다.
④ 사변형삼각망 : 조건식이 많아서 가장 정도가 높으므로 기선삼각망에 사용된다.

15 기선 양단의 고저차 $h=45$cm, 기선을 관측한 거리가 320m일 때 경사보정량은?

① -0.0003m
② -0.0005m
③ -0.0007m
④ -0.0008m

16 트래버스 측량 시 각 관측에서 오차가 발생하였을 때, 관측각의 오차 배분 조정방법으로 틀린 것은?

① 각 관측의 경중률이 다를 경우 오차를 경중률에 비례하여 배분한다.
② 변의 길이 역수에 비례하여 배분한다.
③ 각 관측의 정확도가 같을 경우 각의 크기에 비례하여 배분한다.
④ 오차가 허용범위를 초과할 경우 측량을 다시 하여야 한다.

17 각오차 30″와 같은 정밀도의 100m에 대한 거리오차는?

① 0.0145m
② 0.0454m
③ 0.1454m
④ 0.2931m

18 편심관측에서 요구되는 편심요소로서 옳게 짝지어진 것은?

① 중심각, 표고
② 편심점, 중심각
③ 편심거리, 표고
④ 편심각, 편심거리

19 사변형삼각망 변조정에서 $\sum \log \sin A = 39.2434474$, $\sum \log \sin B = 39.2433974$이고, 표차 총합이 199.4일 때 변조정량의 크기는?

① 1.42″
② 1.93″
③ 2.51″
④ 3.62″

20 다음 각도의 측정단위에 관한 사항 중 옳은 것은?

① 원주를 360등분할 때 호에 대한 중심각을 1라디안이라 한다.
② 원의 반경과 같은 길이의 호에 대한 중심각을 1그레이드(g)라 한다.
③ 90°는 100그레이드(g)이고 $\rho°$는 $\frac{180°}{\pi}$이다.
④ 원주를 400등분할 때 그 한 호에 대한 중심각을 1°라 한다.

21 지상측량에 의한 지형도 제작순서로 옳은 것은?

① 측량계획 작성 – 세부측량 – 골조측량 – 측량원도 작성
② 측량계획 작성 – 측량원도 작성 – 골조측량 – 세부측량
③ 측량계획 작성 – 측량원도 작성 – 세부측량 – 골조측량
④ 측량계획 작성 – 골조측량 – 세부측량 – 측량원도 작성

22 레벨의 불완전 조정에 의한 오차를 제거하기 위하여 가장 유의하여야 할 점은?

① 관측 시 기포가 항상 중앙에 오게 한다.
② 시준선 거리를 될 수 있는 한 짧게 한다.
③ 표척을 수직으로 세운다.
④ 전시와 후시의 거리를 같게 한다.

23 그림에서 $\overline{DE}$ 측선의 방위는 얼마인가?

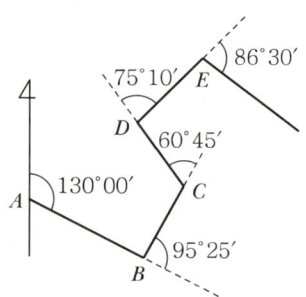

① $N\,34°35'\,E$
② $N\,26°10'\,W$
③ $S\,44°30'\,E$
④ $N\,49°00'\,E$

24 지형의 표현방법 중 지형이 높아질수록 색을 진하게, 낮아질수록 연하게 하여 농도로 지표면의 고저를 나타내는 방법은?

① 채색법 ② 우모법
③ 등고선법 ④ 음영법

25 A로부터 B에 이르는 수준측량의 결과가 표와 같을 때 B의 표고는?

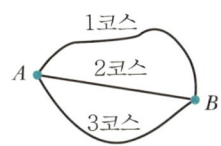

코스	측정값	거리
1	32.42m	2km
2	32.43m	4km
3	32.40m	5km

① 32.418m ② 32.420m
③ 32.432m ④ 32.440m

26 A의 좌표가 $X_A = 50m$, $Y_A = 100m$이고 $\overline{AB}$의 거리가 1,000m, $\overline{AB}$의 방위각이 60°일 때 B점의 좌표는?

① $X_B = 550m$, $Y_B = 966m$
② $X_B = 966m$, $Y_B = 550m$
③ $X_B = 916m$, $Y_B = 600m$
④ $X_B = 600m$, $Y_B = 916m$

27 수준측량에서 기준이 되는 점으로 기준면으로부터 정확한 높이를 측정하여 정해 놓은 점은?

① 수준원점 ② 시준점
③ 수평점 ④ 특별기준점

28 등고선의 측정방법 중 측량구역을 정사각형 또는 직사각형으로 분할하고, 각 교점의 표고를 구하여 교점 간에 등고선이 지나가는 점을 비례식으로 산출하는 방법은?

① 기준점법 ② 횡단점법
③ 종단점법 ④ 좌표점법

29 어느 측선의 방위가 $S\,40°E$이고 측선길이가 80m일 때, 이 측선의 위거는?

① $-51.423m$ ② $-61.284m$
③ $51.423m$ ④ $61.284m$

30 수준측량 야장기입법 중 고차식에 대한 설명으로 옳은 것은?

① 전시의 합과 후시의 합의 차로서 고저차를 구하는 방법
② 임의의 점의 시준고를 구한 다음, 여기에 임의의 점의 지반고에 그 후시를 더하여 기계고를 얻고 이것에서 다른 점의 전시를 빼서 그 점의 지반고를 얻는 방법
③ 전시값이 후시값보다 작을 때는 그 차를 승란에, 클 때는 강란에 기입하는 방법
④ 노선측량의 종단측량이나 횡단측량에 많이 쓰이며 중간시가 많을 때 적당한 방법

31 표의 ㉠, ㉡에 들어갈 배횡거로 옳게 짝지어진 것은?(단, 단위는 m임)

측선	위거(L)	경거(D)	배횡거(M)
1-2	30	-30	㉠
2-3	30	30	-30
3-4	-30	30	㉡
4-5	-30	-30	30

① ㉠ 0, ㉡ 0
② ㉠ 30, ㉡ -30
③ ㉠ -30, ㉡ 30
④ ㉠ -30, ㉡ -30

32 등고선의 성질을 설명한 것 중 틀린 것은?
① 같은 등고선 위에 있는 모든 점은 높이가 같다.
② 등고선은 경사가 급한 곳은 간격이 넓고 경사가 완만한 곳은 좁다.
③ 등고선은 도면 안 또는 밖에서 반드시 폐합하며 도중에 소실되지 않는다.
④ 등고선 간의 최단거리의 방향은 그 지표면의 최대 경사의 방향을 가리키며 최대 경사의 방향은 등고선에 수직한 방향이다.

33 기고식 야장에서 다음 ㉮, ㉯의 값은 각각 얼마인가?(단, 수준점 A의 표고는 30.000m이다.)

측점	추가거리	후시(B.S)	기계고(I.H)	전시(F.S) 이기점(T.P)	전시(F.S) 중간점(I.P)	지반고(G.H)
A	0	㉮	33.512			30.000
B	50	2.654	㉯	1.238		
C	100				1.852	

① ㉮ 63.512, ㉯ 34.928
② ㉮ 63.512, ㉯ 36.166
③ ㉮ 3.512, ㉯ 34.928
④ ㉮ 3.512, ㉯ 36.166

34 트래버스 측량의 폐합오차 조정에 대한 설명 중 옳은 것은?
① 컴퍼스법칙은 각관측의 정확도가 거리관측의 정확도보다 좋은 경우에 사용된다.
② 트랜싯법칙은 각관측과 거리관측의 정밀도가 서로 비슷한 경우에 사용된다.
③ 컴퍼스법칙은 폐합오차를 각 측선의 길이의 크기에 반비례하여 배분한다.
④ 트랜싯법칙은 위거 및 경거의 폐합오차를 각 측선의 위거 및 경거의 크기에 비례 배분하여 조정하는 방법이다.

35 다음 수준측량 중 간접수준측량이 아닌 것은?
① 스타디아 수준측량
② 기압수준측량
③ 항공사진측량
④ 핸드레벨 수준측량

36 지형도의 표시법을 설명한 것 중 틀린 것은?
① 음영법은 어느 특정한 곳에서 일정한 방향으로 평행광선을 비칠 때 생기는 그림자를 바로 위에서 본 상태로 기복의 모양을 표시하는 방법이다.
② 우모법은 짧고 거의 평행한 선을 이용하여 이 선의 간격, 굵기, 길이, 방향 등에 의하여 지형의 기복을 알 수 있도록 표시하는 방법이다.
③ 우모법은 경사가 급하면 가늘고 길게, 완만하면 굵고 짧게 지면의 최대 경사방향으로 그린다.
④ 점고법은 하천, 항만, 해양측량 등에서 수심을 나타낼 때 측점에 숫자를 기입하여 수상 등을 나타내는 방법이다.

37 수준측량의 용어에 대한 설명으로 옳지 않은 것은?
① 알고 있는 점에 세운 표척의 눈금을 읽는 것을 후시라 한다.
② 표고를 구하려고 하는 점의 표척의 눈금을 읽는 것을 전시라 한다.
③ 기계를 고정시켰을 때 기준면에서 망원경 시준선까지의 높이를 기계고라 한다.
④ 전시만 취하는 점으로, 표고를 관측할 점을 이기점(Turning Point)이라 한다.

38 축척 1 : 50,000 지형도에서 A, B점의 도상 수평거리가 2cm이고, A점 및 B점의 표고가 각각 220m, 320m일 때 두 점 사이의 경사도는?
① 0.1%   ② 10%
③ 20%   ④ 30%

39 방위 $N\,70°\,W$의 역방위각은 얼마인가?

① 290° ② 160°
③ 110° ④ 70°

40 수준측량 시의 오차 원인 중에서 자연적 원인에 의한 오차라고 볼 수 없는 것은?

① 관측 중 레벨과 표척의 침하에 의한 오차
② 지구 곡률 오차
③ 기상 변화에 의한 오차
④ 레벨 조정 불완전에 의한 오차

41 철도의 곡선도로 진입 시 원심력에 의한 탈선을 방지하기 위해 안쪽과 바깥쪽 레일 사이에 주는 높이차는?

① 차트 ② 캔트
③ 실트 ④ 확폭

42 GPS측량의 시스템오차에 해당되지 않는 것은?

① 위성시준오차
② 위성궤도오차
③ 전리층 굴절오차
④ 위성시계오차

43 원곡선에 있어서 교각(I)이 60°, 반지름(R)이 100m, B.C No.5+5m일 때 곡선의 종점(E.C)까지의 거리는?(단, 말뚝중심 간격은 10m이다.)

① 49.7m ② 154.7m
③ 159.7m ④ 209.7m

44 축척이 1/600인 도면상에서 그림과 같은 값을 얻었을 때 삼각형의 면적은?

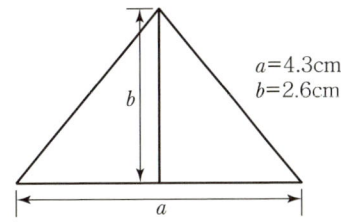

① 33.54m² ② 67.08m²
③ 101.24m² ④ 201.24m²

45 노선 선정 시 고려사항에 대한 설명 중 틀린 것은?

① 가능한 한 곡선으로 한다.
② 경사가 완만해야 한다.
③ 배수가 잘 되어야 한다.
④ 토공량이 적고 절토와 성토가 균형을 이루어야 한다.

46 양 단면의 면적이 $A_1 = 65m^2$, $A_2 = 27m^2$, 정중앙의 단면적이 $A_m = 45m^2$이고 길이 $L = 30m$일 때 각주공식에 의한 체적은?

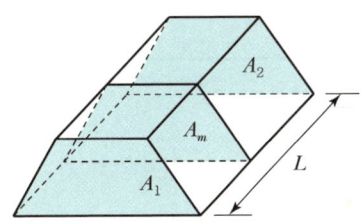

① 1,060m³ ② 1,260m³
③ 1,360m³ ④ 2,040m³

47 용지측량을 위하여 필요한 도면은?

① 현황도 ② 지적도
③ 국가기본도 ④ 도시계획도

48 가로 10m, 세로 10m의 정사각형 토지에 기준면으로부터 각 꼭짓점의 높이의 측정 결과가 그림과 같을 때 절토량은?

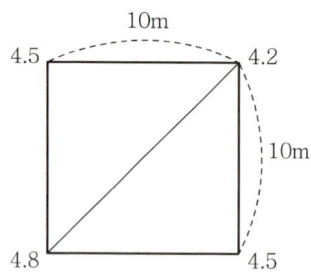

① 225m³ ② 450m³
③ 900m³ ④ 1,250m³

49 노선측량에 있어서 중심선에 설치된 중심말뚝 및 추가말뚝의 지반고를 측량하는 방법은?

① 횡단측량 ② 용지측량
③ 평면측량 ④ 종단측량

50 그림과 같은 삼각형의 면적은?

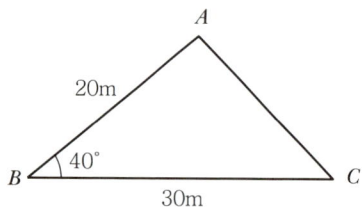

① 115.3m² ② 192.8m²
③ 229.8m² ④ 385.6m²

51 $\frac{1}{4}$법이라고도 하며, 시가지의 곡선설치, 보도설치 및 도로, 철도 등의 기설곡선의 검사 또는 수정에 주로 사용되는 단곡선 설치법은?

① 편각법에 의한 설치법
② 중앙종거에 의한 설치법
③ 접선편거에 의한 설치법
④ 지거에 의한 설치법

52 그림과 같은 측량결과에 의한 이 지형의 토공량은?

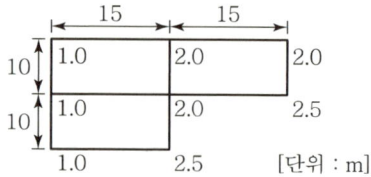

① 525.5m³ ② 787.5m³
③ 1,050.5m³ ④ 1,525.5m³

53 인공위성을 이용한 범세계적 위치결정의 체계로 정확히 위치를 알고 있는 위성에서 발사한 전파를 수신하여 관측점까지의 소요시간을 측정함으로써 관측점의 3차원 위치를 구하는 측량은?

① 전자파거리측량 ② 광파거리측량
③ GPS측량 ④ 육분의 측량

54 그림과 같은 토지의 면적은 얼마인가?

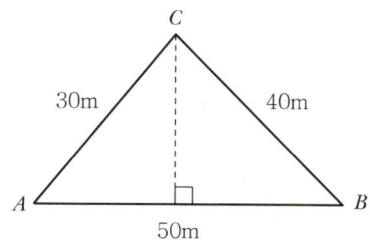

① 300m² ② 400m²
③ 500m² ④ 600m²

55 단곡선의 중앙종거, M_1이 50m이면 M_2의 거리는?

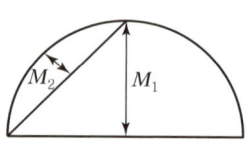

① 9.5m ② 11.0m
③ 12.5m ④ 16.7m

56 인공위성 위치결정시스템(GNSS)이 아닌 것은?

① GLONASS
② Galileo
③ NAROHO
④ GPS

57 그림과 같이 반지름이 다른 2개의 단곡선이 그 접속점에서 공통접선을 갖고 곡선의 중심이 공통접선과 같은 방향에 있는 곡선은?

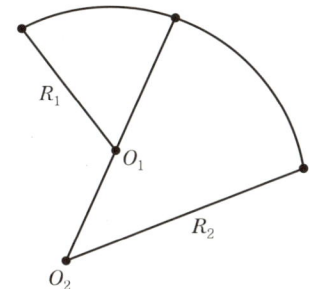

① 복심곡선   ② 반향곡선
③ 횡단곡선   ④ 쌍곡선

58 GPS의 우주부문에 대한 설명으로 틀린 것은?

① 인공위성의 고도는 약 20,200km이다
② 인공위성의 공전주기는 1항성일이다.
③ GPS 위성의 궤도면은 6개이다.
④ 우주부문은 GPS 위성으로 구성되어 있다.

59 면적측량방법으로 삼각형법에 해당하지 않는 것은?

① 삼변법   ② 협각법
③ 삼사법   ④ 좌표법

60 고속도로 건설에 주로 사용되는 완화곡선은?

① 3차 포물선
② 클로소이드(Clothoid) 곡선
③ 반파장 sine 체감곡선
④ 렘니스케이트(Lemniscate) 곡선

CBT시험(필기) 모의고사 5회 정답 및 해설

정답

01	02	03	04	05	06	07	08	09	10
③	④	②	②	②	④	③	④	④	②
11	12	13	14	15	16	17	18	19	20
③	①	④	②	①	③	①	④	③	③
21	22	23	24	25	26	27	28	29	30
④	④	②	①	①	①	①	④	②	①
31	32	33	34	35	36	37	38	39	40
③	②	③	④	④	③	④	②	③	④
41	42	43	44	45	46	47	48	49	50
②	①	③	④	①	③	②	②	④	②
51	52	53	54	55	56	57	58	59	60
②	②	③	④	③	③	①	③	④	②

해설

01
트래버스 측점을 선정할 경우 기계를 세우거나 시준하기 좋고, 지반이 튼튼한 장소를 선정하는 것이 좋다.

02
수평각관측법 중 가장 정확한 값을 얻을 수 있는 방법으로 1등 삼각측량에 주로 이용되는 방법은 각관측법(조합각관측법)이다.

03
경·위도 좌표계는 지구상의 어떤 점의 절대위치를 표시하기 위한 방법 중 하나로, 경도와 위도로 나타내는 방법을 말한다.

04
계획 및 준비 → 답사 및 선점 → 표지설치(조표) → 기선측량 → 각 관측 → 조정·계산 → 성과정리

05
최소제곱법에 의한 확률법칙에 의해 처리할 수 있는 오차는 부정오차(우연오차)이다.

06
부정오차 전파법칙 $M = \pm m_1 \sqrt{S} \Rightarrow$
$m_1 = \pm 0.004\text{m}, \ S = 25\text{km}$
$\therefore M = \pm 0.004\sqrt{25} = \pm 0.02\text{m}$

07
- 측지측량 : 지구의 곡률을 고려하여 실시하는 측량이다.
- 평면측량 : 지구의 곡률을 고려하지 않고 평면으로 간주하여 실시하는 측량이다.

08
조합각 관측법의 측각 총수 $= \frac{1}{2}S(S-1)$
$\therefore$ 측각 총수 $= \frac{1}{2} \times 5 \times (5-1) = 10$개

09
삼각측량은 조건식이 많아 계산 및 조정방법이 복잡하다.

10
- 경중률은 관측횟수에 비례하므로,
  $W_1 : W_2 = N_1 : N_2 = 4 : 2$
- 경중률을 고려하여 최확값을 구하면,
  $\therefore$ 최확값$(L_0) = \dfrac{W_1 L_1 + W_2 L_2}{W_1 + W_2}$
  $= \dfrac{(4 \times 525.36) + (2 \times 525.63)}{4+2} = 525.45\text{m}$

11
sine법칙에 의해 먼저 $\overline{BD}$거리를 구하면,
$\dfrac{866}{\sin 60°} = \dfrac{\overline{BD}}{\sin 50°} \Rightarrow$
$\overline{BD} = \dfrac{\sin 50°}{\sin 60°} \times 866 = 766\text{m}$
$\overline{BD}$거리를 이용하여 sine 법칙으로 $\overline{CD}$거리를 구하면,
$\dfrac{\overline{CD}}{\sin 90°} = \dfrac{766}{\sin 50°}$
$\therefore \overline{CD} = \dfrac{\sin 90°}{\sin 50°} \times 766 ≒ 1,000\text{m}$

12

명칭	경도	위도
서부좌표계(서)	동경 125°00′00″	북위 38°
중부좌표계(중)	동경 127°00′00″	북위 38°
동부좌표계(동)	동경 129°00′00″	북위 38°
동해좌표계(동해)	동경 131°00′00″	북위 38°

13

부정오차 전파법칙 $M = \pm m_1 \sqrt{n} \Rightarrow$
$m_1 = \pm 4\text{mm}, n = 9$회
$\therefore M = \pm 4\sqrt{9} = \pm 12\text{mm}$

14

사변형삼각망은 조건식의 수가 가장 많고 정밀도가 높아 기선삼각망에 이용된다. 그러나 조정이 복잡하고 포함 면적이 적으며, 시간과 비용이 많이 든다.

15

경사보정량$(C_i) = -\dfrac{h^2}{2L} = -\dfrac{0.45^2}{2 \times 320} ≒ -0.0003\text{m}$

16

각 관측의 정확도가 같을 경우 각의 크기에 관계없이 등배분한다.

17

$\theta'' = \dfrac{\Delta l}{D} \rho''$

$\therefore \Delta l = \dfrac{\theta'' D}{\rho''} = \dfrac{30'' \times 100}{206,265''} = 0.0145\text{m}$

18

- 편심관측 : 삼각측량에서 삼각점의 표석, 측표, 기계의 중심이 연직선으로 일치되어 있는 것이 이상적이나 현지의 상황에 따라 이들 3자가 일치할 수 없는 조건일 경우 편심시켜 관측하는 것을 말한다.
- 편심관측에서 요구되는 편심요소 : 편심각(ϕ), 편심거리(e)

19

변조정량 $= \dfrac{\sum \log \sin A - \sum \log \sin B}{\text{표차의 합}}$

$= \dfrac{39.2434474 - 39.2433974}{199.4} = 2.51''$

20

- 호도법 : 원의 반경과 같은 호에 대한 중심각을 1라디안으로 표시
- 60진법 : 원주를 360등분할 때 그 한 호에 대한 중심각을 1도라 하며, 도, 분, 초로 표시
- 100진법 : 원주를 400등분할 때 그 한 호에 대한 중심각을 1그레이드(Grade)로 정하여 그레이드, 센티그레이드, 센티센티그레이드로 표시
- 90°는 100그레이드(g), 360°는 400그레이드(g), $\rho° = \dfrac{180°}{\pi}$, $\rho' = 60 \times \rho°$, $\rho'' = 60 \times \rho'$

21

측량계획 → 조사 및 선점 → 기준점측량(골조측량) → 세부측량 → 측량원도 작성 → 지도 편집

22

전시와 후시의 거리를 같게 취함으로써 제거되는 오차 : 레벨 조정의 불완전으로 인한 오차, 구차와 기차

23

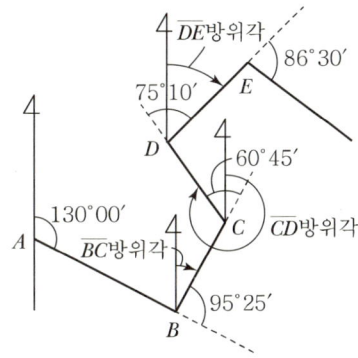

- $\overline{AB}$ 방위각 $= 130°00'$
- $\overline{BC}$ 방위각 $= \overline{AB}$ 방위각 $- 180° + \angle B$
  $= 130°00' - 180° + (180° - 95°25')$
  $= 34°35'$
- $\overline{CD}$ 방위각 $= \overline{BC}$ 방위각 $+ 180° + \angle C$
  $= 34°35' + 180° + (180° - 60°45')$
  $= 333°50'$
- $\overline{DE}$ 방위각 $= (\overline{CD}$ 방위각 $+ 180° - \angle D) - 360°$
  $= (333°50' + 180° - (180° - 75°10')) - 360°$
  $≒ 49°00'$ (1상한)
- $\overline{DE}$ 측선은 제1상한에 위치한다.
- $\therefore \overline{DE}$ 측선 방위 $= N 49°00' E$

24

채색법은 채색의 농도를 변화시켜 지표면의 고저를 나타내는 것으로 지리관계 지도에 주로 사용되며, 단채법이라고도 한다.

25

경중률은 노선거리(S)에 반비례하므로 경중률을 취하여 B의 표고를 구하면,

$W_1 : W_2 : W_3 = \dfrac{1}{S_1} : \dfrac{1}{S_2} : \dfrac{1}{S_3} = \dfrac{1}{2} : \dfrac{1}{4} : \dfrac{1}{5} = 10 : 5 : 4$

∴ B점의 표고(H_B)
$$= \frac{h_1 W_1 + h_2 W_2 + h_3 W_3}{W_1 + W_2 + W_3}$$
$$= 32.00 + \frac{(0.42 \times 10) + (0.43 \times 5) + (0.40 \times 4)}{10 + 5 + 4}$$
$$= 32.418 \text{m}$$

26

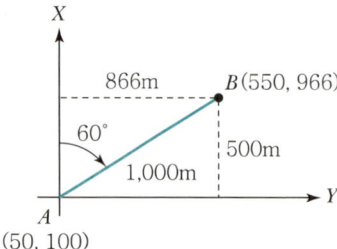

- $\overline{AB}$ 위거 = $\overline{AB}$ 거리 × cos $\overline{AB}$ 방위각
  = 1,000 × cos 60° = 500m
- $\overline{AB}$ 경거 = $\overline{AB}$ 거리 × sin $\overline{AB}$ 방위각
  = 1,000 × sin 60° = 866m
- $X_B = X_A + \overline{AB}$ 위거 = 50 + 500 = 550m
- $Y_B = Y_A + \overline{AB}$ 경거 = 100 + 866 = 966m
∴ $X_B = 550$m, $Y_B = 966$m

27
수준원점은 높이의 기준이 되는 점으로 우리나라는 인천 앞바다의 평균해수면을 기준으로 하여 인하공업전문대학 내에 설치하였다.

28
좌표점법은 등고선을 그리는 간접법으로, 구역을 다수의 장방형으로 나누어 각 모서리 점의 표고를 구해서 비례식으로 등고선을 그리는 방법이다.

29

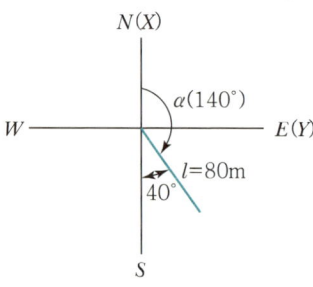

∴ 측선의 위거 = 측선거리 × cos 측선방위각(α)
= 80 × cos 140° = -61.284m

30
- ②문항 : 기고식 야장법
- ③문항 : 승강식 야장법(후시값과 전시값의 차가 ⊕이면 승란에 기입하고, ⊖이면 강란에 기입하는 방법)
- ④문항 : 기고식 야장법

31
- $\overline{1-2}$ 배횡거 = -30m(㉠)
- $\overline{2-3}$ 배횡거 = -30 + (-30) + 30 = -30m
- $\overline{3-4}$ 배횡거 = -30 + 30 + 30 = 30m(㉡)
- $\overline{4-5}$ 배횡거 = 30 + 30 + (-30) = 30m
∴ ㉠ : -30m, ㉡ : 30m

32
등고선은 경사가 급한 곳은 간격이 좁고, 경사가 완만한 곳은 간격이 넓다.

33
- 기계고(I.H) = 지반고(G.H) + 후시(B.S)
  ∴ 후시(㉮) = 기계고(I.H) - 지반고(G.H)
  = 33.512 - 30.000 = 3.512m
- 측점B 지반고 = 측점A 기계고 - 측점B 전시
  = 33.512 - 1.238 = 32.274m
  ∴ 측점B 기계고(㉯) = 측점B 지반고 + 측점B 후시
  = 32.274 + 2.654 = 34.928m

34
- ①문항 : 컴퍼스법칙은 각관측의 정확도와 거리관측의 정확도가 서로 비슷할 때 조정하는 방법이다.
- ②문항 : 트랜싯법칙은 각관측의 정확도가 거리관측의 정확도보다 높을 때 조정하는 방법이다.
- ③문항 : 컴퍼스법칙은 폐합오차를 각 측선의 길이의 크기에 비례하여 배분한다.

35
간접수준측량은 레벨을 쓰지 않고 고저차를 구하는 측량방법이다.

36
우모법(영선법)은 경사가 급하면 굵고 짧게, 완만하면 가늘고 길게 지표면의 최대 경사방향으로 그린다.

37
중간점은 전시만을 취하는 점으로 그 점에 오차가 발생하여도 다른 측량할 지역에 전혀 영향을 주지 않는다.

38

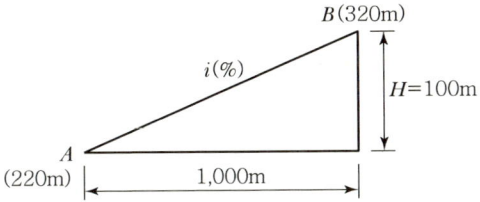

도상거리를 실제거리로 환산하면,
$\frac{1}{m} = \frac{도상거리}{실제거리} \Rightarrow \frac{1}{50,000} = \frac{2}{실제거리}$
실제거리 $= 50,000 \times 2 = 100,000\text{cm} = 1,000\text{m}$

∴ AB 경사도 $i(\%) = \frac{H}{D} \times 100$
$= \frac{100}{1,000} \times 100 = 10\%$

39

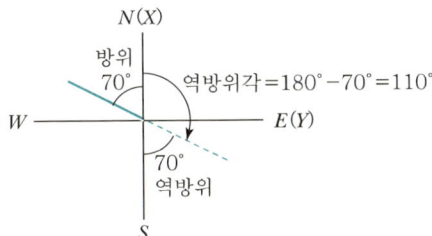

역방위 $= S\,70°\,E$
∴ 역방위각 $= 180° - 70° = 110°$

40

레벨 조정 불완전에 의한 오차는 기계적 원인에 의한 오차이다.

41

캔트는 철도 차량이 곡선부를 통과할 때 원심력에 의해 탈선하는 것을 방지하기 위해 안쪽 레일을 기준으로 바깥쪽 레일을 높게 부설하는 것을 말한다.

42

- GPS측량의 시스템(구조적인) 오차 : 위성시계오차, 위성궤도오차, 전리층과 대류권에 의한 전파 지연
- 측위환경에 따른 오차 : 위성의 배치상황에 따른 오차, 사이클슬립, 다중경로에 의한 오차

43

E.C 위치 $=$ B.C $+$ C.L
B.C $= No.5 + 5 = (10 \times 5) + 5 = 55\text{m}$
C.L $= 0.0174533\,RI° = 0.0174533 \times 100 \times 60° = 104.7\text{m}$
∴ E.C $=$ B.C $+$ C.L $= 55 + 104.7 = 159.7\text{m}$

44

도상면적$(A) = \frac{1}{2}ab = \frac{1}{2} \times 4.3 \times 2.6 = 5.59\text{cm}^2$

$(축척)^2 = \frac{도상면적}{실제면적}$

$\left(\frac{1}{600}\right)^2 = \frac{5.59}{실제면적}$

∴ 실제면적 $= 2,012,400\text{cm}^2 = 201.24\text{m}^2$

45

노선의 선형은 가능한 한 직선으로 한다.

46

체적$(V) = \frac{L}{6}(A_1 + 4A_m + A_2)$
$= \frac{30}{6} \times \{65 + (4 \times 45) + 27\} = 1,360\text{m}^3$

47

용지측량은 설치된 경계점 측량표의 위치를 지적기준점 체계로 관측하여 지적도에 표시하고 이를 다시 평면도에 중첩하여 용지도를 작성한다.

48

절토량$(V) = \frac{A}{3}(\Sigma h_1 + 2\Sigma h_2 + 3\Sigma h_3 + \cdots + 8\Sigma h_8)$
$= \frac{\frac{1}{2} \times 10 \times 10}{3} \times \{9.0 + (2 \times 9.0)\} = 450.0\text{m}^3$

- $\Sigma h_1 = 4.5 + 4.5 = 9.0\text{m}$
- $\Sigma h_2 = 4.2 + 4.8 = 9.0\text{m}$

49

종단측량은 중심선에 설치된 측점 및 변화점에 박은 중심말뚝, 추가말뚝 및 보조말뚝을 기준으로 하여 중심선의 지반고를 측량하고 연직으로 토지를 절단하여 종단면도를 만드는 측량이다.

50

삼각형 면적$(A) = \frac{1}{2} \times \overline{AB} \times \overline{BC} \times \sin \angle B$
$= \frac{1}{2} \times 20 \times 30 \times \sin 40° = 192.8\text{m}^2$

51

중앙종거에 의한 설치법은 일명 $\frac{1}{4}$법이라고도 하며, 곡선의 반경 또는 곡선의 길이가 작은 시가지의 곡선 설치와 철도, 도로 등의 기설곡선의 검사 또는 개정 시에 편리한 방법이다.

52

$$토공량(V) = \frac{A}{4}(\sum h_1 + 2\sum h_2 + 3\sum h_3 + 4\sum h_4)$$
$$= \frac{15 \times 10}{4} \times \{9.0 + (2 \times 3.0) + (3 \times 2.0)\}$$
$$= 787.5 \text{m}^3$$

- $\sum h_1 = 1.0 + 2.0 + 2.5 + 2.5 + 1.0 = 9.0 \text{m}$
- $\sum h_2 = 2.0 + 1.0 = 3.0 \text{m}$
- $\sum h_3 = 2.0 \text{m}$

53

GPS(GNSS)측량은 인공위성을 이용한 세계위치결정체계로 정확한 위치를 알고 있는 위성에서 발사한 전파를 수신하여 관측점까지 소요시간을 관측함으로써 관측점(미지점)의 위치를 구하는 체계이다.

54

$$면적(A) = \sqrt{S(S-a)(S-b)(S-c)}$$
$$= \sqrt{60 \times (60-30) \times (60-40) \times (60-50)}$$
$$= 600 \text{m}^2$$

단, $S = \frac{1}{2}(a+b+c) = \frac{1}{2} \times (30+40+50) = 60 \text{m}$

55

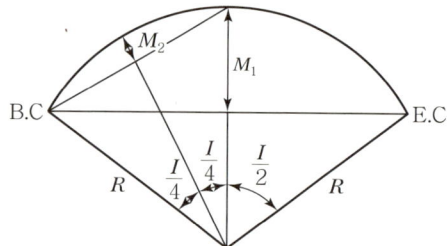

$$M_1 = R\left(1 - \cos\frac{I}{2}\right)$$
$$M_2 = R\left(1 - \cos\frac{I}{4}\right)$$
$$R\left(1 - \cos\frac{I}{2}\right) : R\left(1 - \cos\frac{I}{4}\right) = 4 : 1$$

∴ 반지름(R)과 교각(I)을 같은 조건으로 계산하면 M_1은 M_2의 4배가 되므로 $\frac{50}{4} = 12.5\text{m}$가 된다.

56

GNSS(위성항법시스템) : GPS(미국), GLONASS(러시아), Galileo(유럽), BeiDou2(중국)

※ 나로호(NAROHO)는 대한민국 최초의 우주발사체로 2013년 1월 30일에 발사되었다.

57

복심곡선은 반경이 다른 2개의 단곡선이 그 접속점에서 공통접선을 갖고 그것들의 중심이 공통접선과 같은 방향에 있는 곡선을 말한다.

58

- 인공위성의 공전주기는 0.5항성일(약 12시간 주기)이다.
- 1항성일 : 23시간 56분 04초

59

좌표법은 폐합다각형의 각 꼭짓점의 좌표(X, Y)를 이용하여 다각형의 면적을 구하는 방법이다.

60

- 3차 포물선 : 철도에 주로 사용
- 클로소이드 곡선 : 고속도로에 주로 사용
- 반파장 sine 체감곡선 : 고속철도에 주로 사용
- 렘니스케이트 곡선 : 시가지 철도에 주로 사용

CBT시험(필기) 모의고사 6회

NOTICE 본 모의고사는 측량기능사 수험생의 필기시험 대비를 목적으로 작성된 것임을 알려 드립니다.

01 삼각측량의 경우 내각의 크기를 보통 30°~120°로 하는 이유는?
① 조정계산의 편리를 위하여
② 각 관측 오차를 제거하기 위하여
③ 변 길이 계산에 영향을 줄이기 위하여
④ 기계오차를 없애기 위하여

02 기준점측량으로 볼 수 없는 것은?
① 삼각측량　　② 삼변측량
③ 스타디아측량　④ 수준측량

03 관측값을 조정하는 목적에 가장 가까운 것은 어느 것인가?
① 관측 정확도를 균일하게 한다.
② 관측 중의 부정오차를 무리하지 않게 배분한다.
③ 관측 정확도를 향상시킨다.
④ 정오차를 제거시킨다.

04 18각형 외각의 합계는 몇 도인가?
① 2,880°　　② 2,900°
③ 3,240°　　④ 3,600°

05 표준길이보다 3cm가 긴 30m의 테이프로 거리를 관측하니 300m이었다면 이 거리의 정확한 값은?
① 297.0m　　② 299.7m
③ 300.3m　　④ 303.0m

06 임의의 기준선으로부터 어느 측선까지 시계방향으로 잰 수평각을 무엇이라 하는가?
① 방향각　　② 방위각
③ 연직각　　④ 천정각

07 거리가 2km 떨어진 두 점의 각 관측에서 측각오차가 3″일 때 발생되는 거리오차는 몇 cm 인가?
① 2.9cm　　② 3.6cm
③ 5.9cm　　④ 6.5cm

08 그림에서 ∠A 관측값의 오차 조정량으로 옳은 것은?(단, 동일 조건에서 ∠A, ∠B, ∠C와 전체 각을 관측하였다.)

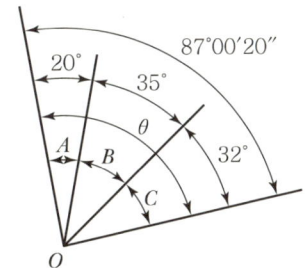

① +5″　　② +6″
③ +8″　　④ +10″

09 삼각측량에서 삼각법(사인법칙)에 의해 변 a의 길이를 구하는 식으로 옳은 것은?(단, b는 기선)

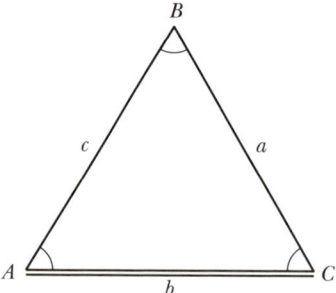

① $\log a = \log b + \log \sin A + \log \sin B$
② $\log a = \log b + \log \sin A - \log \sin B$
③ $\log a = \log b - \log \sin A - \log \sin B$
④ $\log a = \log b - \log \sin A + \log \sin B$

10 거리측량에서 발생할 수 있는 오차의 종류와 예가 올바르게 연결된 것은?

① 정오차 – 눈금을 잘못 읽었다.
② 부정오차 – 테이프의 길이가 표준길이보다 길거나 짧았다.
③ 정오차 – 측정할 때 온도가 표준온도와 다르다.
④ 부정오차 – 측량할 때 수평이 되지 않았다.

11 평면삼각형 ABC에서 ∠A, ∠B와 변의 길이 a를 알고 있을 때 변의 길이 b를 구할 수 있는 식은?

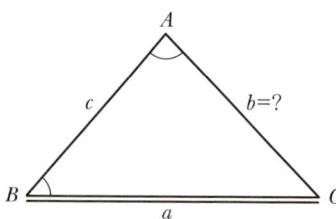

① $b = \dfrac{a}{\sin \angle A} \sin \angle B$
② $b = \dfrac{a}{\cos \angle A} \cos \angle B$
③ $b = \dfrac{a}{\cos \angle B} \sin \angle A$
④ $b = \dfrac{a}{\sin \angle A} \sin \angle A$

12 기선 $D = 20\text{m}$, 수평각 $\alpha = 80°$, $\beta = 70°$, 연직각 $V = 40°$를 측정하였다. 높이 H는?(단, A, B, C점은 동일 평면이다.)

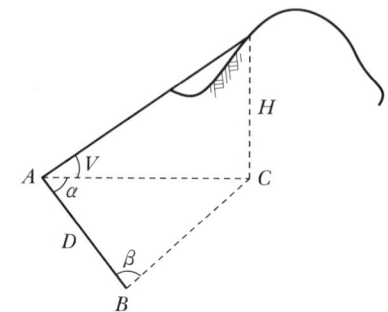

① 31.54m   ② 32.42m
③ 32.63m   ④ 33.56m

13 삼각망의 조정에서 제2조정각 54°56′15″에 대한 표차값은?

① 11.54
② 12.81
③ 13.45
④ 14.78

14 축척과 정확도에 대한 설명으로 틀린 것은?

① 축척의 분모수가 작은 것이 대축척이다.
② 축척의 분모수가 큰 것이 정확도가 높다.
③ 도상거리와 실제거리의 비가 축척이다.
④ 정확도는 참값과 관측값의 편차를 나타낸다.

15 삼변측량에 대한 설명으로 옳지 않은 것은?

① 삼각측량에서 수평각을 관측하는 대신에 세 변의 길이를 관측하여 삼각점의 위치를 정확히 구하는 측량이다.
② 삼변측량에서는 변장측정값에는 오차가 따르지 않는다고 가정한다.
③ 전파나 광파를 이용한 거리측량기가 발달하여 높은 정밀도로 장거리를 측량할 수 있게 됨으로써 삼변측량방법이 발전되었다.
④ 토털스테이션을 사용하여 삼변측량을 할 경우, 삼각측량과 같이 삼각점 간의 시준이 필요하다.

16 삼각형 세 변이 각각 $a = 43m$, $b = 46m$, $c = 39m$로 주어질 때 각 α는?

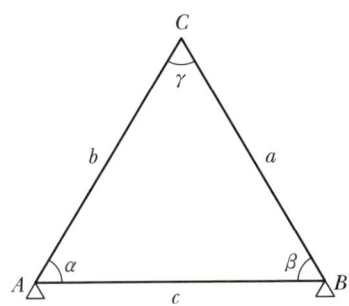

① 51°50′41″
② 60°06′38″
③ 68°02′41″
④ 72°00′26″

17 트래버스측량의 내업 순서로 옳은 것은?

┌─────────────────────┐
│ ㉠ 방위각 계산   │
│ ㉡ 좌표 계산   │
│ ㉢ 위거 및 경거의 계산│
│ ㉣ 결합오차 조정   │
└─────────────────────┘

① ㉡ → ㉠ → ㉢ → ㉣
② ㉠ → ㉢ → ㉡ → ㉣
③ ㉡ → ㉠ → ㉣ → ㉢
④ ㉠ → ㉢ → ㉣ → ㉡

18 30°는 몇 라디안(rad)인가?

① 0.52rad
② 0.57rad
③ 0.79rad
④ 1.42rad

19 그림과 같이 출발점 A 및 종점 B에서 다른 기지의 삼각점 L 및 M이 시준되며, α_1, α_2, …, α_n을 관측한 경우 측각오차($\triangle\alpha$)를 구하는 식은?(단, $[\alpha]$는 관측각의 총합)

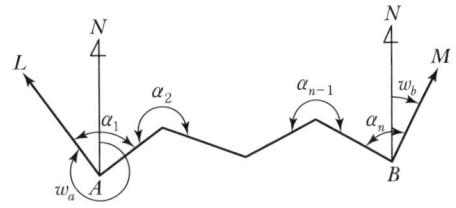

① $\triangle\alpha = w_a + [\alpha] - 180°(n-1) - w_b$
② $\triangle\alpha = w_a + [\alpha] - 180°(n-3) - w_b$
③ $\triangle\alpha = w_a + [\alpha] - 180°(n+1) - w_b$
④ $\triangle\alpha = w_a + [\alpha] - 180°(n+3) - w_b$

20 다음 중 지구상의 위치를 표시하는 데 주로 사용하는 좌표계가 아닌 것은?

① 평면직각좌표계
② 경·위도좌표계
③ 4차원 직각좌표계
④ UTM 좌표계

21 심프슨(Simpson) 제2법칙을 이용하여 다음 그림의 면적을 구한 값은?

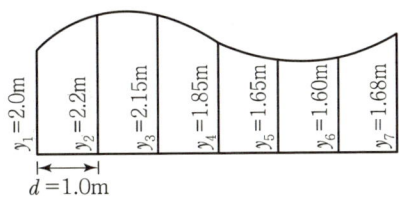

① 10.24m²
② 11.32m²
③ 11.71m²
④ 12.07m²

22 측선 $\overline{AB}$의 방위각과 거리가 그림과 같을 때, 측점 B의 좌표 계산으로 괄호 안에 알맞은 것은?

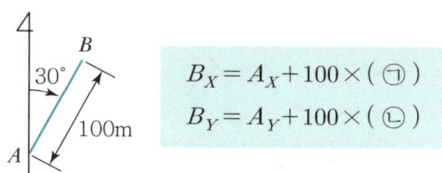

$B_X = A_X + 100 \times (\ \textcircled{\scriptsize ㄱ}\ )$
$B_Y = A_Y + 100 \times (\ \textcircled{\scriptsize ㄴ}\ )$

① ㄱ cos 30° ㄴ sin 30°
② ㄱ cos 30° ㄴ tan 30°
③ ㄱ sin 30° ㄴ tan 30°
④ ㄱ tan 30° ㄴ cos 30°

23 경사변환선에 대한 설명으로 옳은 것은?
① 동일 방향의 경사면에서 경사의 크기가 다른 두 면의 접합선
② 지표면이 높은 곳의 꼭대기점을 연결한 선
③ 지표면이 낮거나 움푹 패인 점을 연결한 선
④ 경사가 최대로 되는 방향을 표시한 선

24 트래버스 측량에서 경거 및 위거의 용도가 아닌 것은?
① 오차 및 정도의 계산
② 실측도의 좌표계산
③ 오차의 합리적 배분
④ 측점의 표고계산

25 레벨의 구조상의 조건 중 가장 중요한 것은 어느 것인가?
① 연직축과 기포관축이 직교되어 있을 것
② 기포관축과 망원경의 시준선이 평행되어 있을 것
③ 표척을 시준할 때 기포의 위치를 볼 수 있게 되어 있을 것
④ 망원경의 배율과 수준기의 감도가 평행되어 있을 것

26 트래버스측량의 조정방법에 대한 설명으로 틀린 것은?
① 컴퍼스법칙은 각측량과 거리측량의 정밀도가 대략 같은 경우에 사용한다.
② 트랜싯법칙은 각 측선의 길이에 비례하여 조정한다.
③ 컴퍼스법칙은 각 측선의 길이에 비례하여 조정한다.
④ 트랜싯법칙은 거리측량보다 각측량 정밀도가 높을 때 사용한다.

27 교호수준측량 결과가 각각 A점에서 $a_1 = 1.5m$, $a_2 = 2.4m$, B점에서 $b_1 = 1.1m$, $b_2 = 2.2m$일 때 B점의 표고는?(단, A점의 표고는 25.0m)

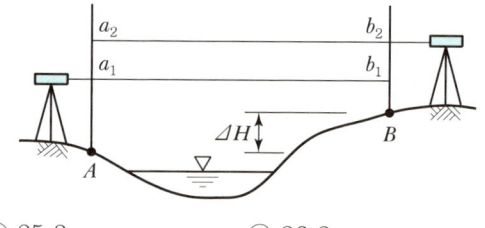

① 25.3m ② 26.3m
③ 30.3m ④ 31.3m

28 폐합트래버스측량을 하여 허용오차 범위 이내로 폐합오차가 생겼을 경우 컴퍼스법칙에 의한 오차 처리는?
① 각 측선의 위거 및 경거의 크기에 비례 배분하여 조정한다.
② 각 측선의 위거 및 경거의 크기에 반비례 배분하여 조정한다.
③ 각 측선의 길이에 비례하여 조정한다.
④ 각 측선의 길이에 반비례하여 조정한다.

29 지형도에서 지형의 표시방법과 거리가 먼 것은?

① 투시법　　② 음영법
③ 점고법　　④ 등고선법

30 레벨의 감도가 한 눈금에 40″일 때 80m 떨어진 표척을 읽은 후 2눈금 이동하였다면 이때 생긴 오차량은?

① 0.02m　　② 0.03m
③ 0.04m　　④ 0.05m

31 어느 측선의 방위가 $S\,45°20'\,W$이고 측선의 길이가 64.210m일 때 이 측선의 위거는?

① +45.403m　　② -45.403m
③ +45.138m　　④ -45.138m

32 다음 표에서 A, B측점의 높이차는?(단, 단위는 m임)

측점	B.S	F.S		G.H
		T.P	I.P	
A	2.568			
1			2.325	
2	1.663	2.532		
3			1.125	
4			0.977	
B		3.623		

① -0.196m　　② 0.196m
③ -1.924m　　④ 1.924m

33 수준측량에서 거리 7km에 대하여 왕복오차의 제한이 ±25mm일 때 거리 2km에 대한 왕복오차의 제한값은?

① ±7mm　　② ±13mm
③ ±15mm　　④ ±17mm

34 다음 등고선 측정방법 중 소축척으로 산지 등의 측량에 이용되는 방법은?

① 종단점법　　② 횡단점법
③ 방안법　　④ 방사절측법

35 높이 260.05m의 수준점(BM_0)으로부터 6km의 수준환에서 수준측량을 행하여 표와 같은 결과를 얻었다. 이때 BM_1의 최확값은?(단, 관측의 경중률은 모두 동일하다.)

수준점	추가거리(km)	측점의 높이(m)
BM_0	0	260.05
BM_1	2	250.24
BM_2	4	257.46
BM_0	6	260.35

① 250.34m　　② 250.14m
③ 250.10m　　④ 250.05m

36 연속적인 측량이 가능한 토털스테이션을 사용하여 등고선을 측정하는 방법에 대한 설명으로 옳지 않은 것은?

① 측점으로부터의 기계고를 측정한다.
② 프리즘의 높이는 임의로 하여 수시로 변경하는 것이 편리하다.
③ 토털스테이션을 추적모드(Tracking Mode)로 설정하고 측정할 등고선의 높이를 입력한다.
④ 높이를 알고 있는 측점에 토털스테이션을 설치하거나, 기준점을 관측하여 측점의 높이를 결정한다.

37 수준측량에서 사용하는 용어에 대한 설명으로 틀린 것은?

① 표고를 이미 알고 있는 점에 세운 수준척 눈금의 읽음을 후시라 한다.
② 표고를 알고자 하는 곳에 세운 수준척 눈금의 읽음을 전시라 한다.
③ 측량 도중 레벨을 옮겨 세우기 위하여 한 측점에서 전시와 후시를 동시에 읽을 때 그 측점을 중간점이라 한다.
④ 망원경 시준선의 표고를 기계고라 한다.

38 등경사 지형에서 A, B 두 점의 표고가 각각 43.6m, 77.0m, AB 사이의 수평거리 $D=120$m일 때 A에서부터 50m 등고선이 지나는 점까지의 수평거리는?

① 23.0m ② 15.3m
③ 11.5m ④ 5.8m

39 삼각형의 세 변 a, b, c를 측정했을 때 면적 A를 구하는 식으로 옳은 것은?
(단, $S=\frac{1}{2}(a+b+c)$)

① $A=\sqrt{S(S-a)(S-b)(S-c)}$
② $A=\sqrt{S(S+a)(S+b)(S+c)}$
③ $A=\sqrt{(S-a)(S-b)(S-c)}$
④ $A=\sqrt{(S+a)(S+b)(S+c)}$

40 방위각 247°20′40″를 방위로 표시한 것으로 옳은 것은?

① $N\,67°20′40″\,W$ ② $S\,20°39′20″\,W$
③ $S\,67°20′40″\,W$ ④ $N\,22°39′20″\,W$

41 노선측량에서 원곡선의 종류가 아닌 것은?

① 단곡선   ② 3차 포물선
③ 반향곡선 ④ 복심곡선

42 편각법에 의한 단곡선 설치에서 종단현이 10m였다면 종단현에 대한 편각은?(단, 곡선반지름은 200m)

① 1°25′57″   ② 2°51′53″
③ 5°43′46″   ④ 171°53′14″

43 그림에서 등고선 간격이 10m이고 $A_2=30$m², $A_3=45$m²이다. 양단면 평균법으로 토량을 계산한 값은?

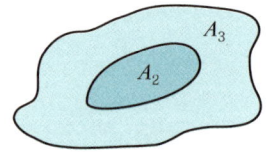

① 375m³   ② 750m³
③ 3,750m³ ④ 7,500m³

44 GPS에서 두 개의 주파수를 사용하는 이유는?

① 전리층의 효과를 제거(보정)하기 위해
② 대류권의 효과를 제거(보정)하기 위해
③ 시계오차를 제거(보정)하기 위해
④ 다중 반사를 제거(보정)하기 위해

45 노선측량 중 시공측량에 속하지 않는 것은?

① 용지측량
② 중심점 인조측량
③ 시공규준틀 설치측량
④ 준공검사 조사측량

46 택지조성 등 넓은 지역의 땅고르기 작업을 위하여 토공량을 계산하는 데 사용하는 방법으로 전 구역을 직사각형이나 삼각형으로 나누어서 계산하는 방법은?

① 단면법 ② 점고법
③ 등고선법 ④ 각주공식

47 단곡선에 관한 기본식 중 틀린 것은?(단, R: 곡선반지름, I: 교각)

① 중앙종거 $M = R\left(1 - \cos\dfrac{I}{2}\right)$

② 곡선길이 $C.L = \left(\dfrac{\pi}{180°}\right) RI°$

③ 외할 $E = R\left(\sec\dfrac{I}{2} - 1\right)$

④ 접선길이 $T.L = R\sin\dfrac{I}{2}$

48 2개 이상의 관측점에 수신기를 설치하고 동시에 위성신호를 수신하여 위치를 관측하는 방법으로 주로 기준점측량에 이용되는 것은?

① 단독 GPS
② 이동식 GPS 방법
③ 실시간 이동식 GPS
④ 정지식 GPS 방법

49 다음 중 단곡선 설치 과정에서 가장 먼저 결정하여야 할 사항은?

① 곡선반지름
② 시단현
③ 접선장
④ 중심말뚝의 위치

50 그림과 같은 측량결과를 얻었다면 이 지역의 토량은?

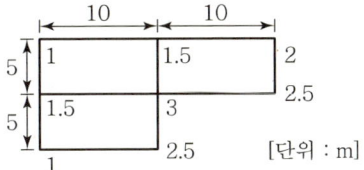

① 252.0m³ ② 262.0m³
③ 272.0m³ ④ 300.0m³

51 노선측량에서 단곡선을 설치하려 한다. 곡선반지름(R)이 500m이고 교점의 교각이 90°일 때 곡선의 길이는?

① 292.7m ② 392.7m
③ 592.4m ④ 785.4m

52 GPS의 특징으로 옳은 것은?

① 낮 시간에만 사용할 수 있다.
② 측점 간 시통이 이루어져야 한다.
③ 측량거리에 비해 정확도가 낮다.
④ 지구 어느 곳에서나 사용할 수 있다.

53 노선측량의 단곡선 설치에 사용되는 기호에 대한 명칭의 연결이 옳은 것은?

① B.C=곡선의 종점 ② E.C=곡선의 시점
③ I.P=교점 ④ C.L=접선의 길이

54 GPS에서 전송되는 L_2 대의 신호 주파수가 1,227.60MHz일 때 L_2 신호 300,000 파장의 거리는?[단, 광속(c)=299,792,458m/s이다.]

① 36,803m ② 36,828m
③ 73,263m ④ 1,228,450m

55 원곡선 설치를 위해 접선장의 길이가 20m이고, 교각이 21°30′일 때의 반지름은?

① 105.34m ② 91.40m
③ 72.63m   ④ 63.83m

56 GPS 관측계획 수립 시 고려해야 할 사항 중 틀린 것은?

① 보유 수신기 대수
② 동원 가능한 인원
③ 관측시간
④ 위성궤도력

57 다음 중 체적을 계산하는 방법이 아닌 것은?

① 단면법   ② 점고법
③ 등고선법 ④ 도해 계산법

58 토털스테이션(Total Station)을 이용한 단곡선 설치에 있어서 가장 널리 사용되는 편리한 방법은?

① 좌표법
② 중앙종거법
③ 지거설치법
④ 종거에 의한 설치법

59 클로소이드 곡선 설치 때 클로소이드 곡선의 파라미터 A를 200, 반경 R을 400m라 하면 완화곡선장 L을 계산한 값은?

① 400m ② 300m
③ 200m ④ 100m

60 원곡선을 설치하는 노선의 일반적인 평면선형으로 옳은 것은?

① 직선 – 완화곡선 – 원곡선 – 완화곡선 – 직선
② 완화곡선 – 직선 – 원곡선 – 완화곡선 – 직선
③ 직선 – 완화곡선 – 원곡선 – 직선 – 완화곡선
④ 원곡선 – 직선 – 완화곡선 – 직선 – 완화곡선

CBT시험(필기) 모의고사 6회 정답 및 해설

정답

01	02	03	04	05	06	07	08	09	10
③	③	②	④	③	①	①	①	②	③
11	12	13	14	15	16	17	18	19	20
①	①	④	②	②	②	④	①	③	③
21	22	23	24	25	26	27	28	29	30
②	①	①	④	②	②	①	③	①	②
31	32	33	34	35	36	37	38	39	40
④	③	②	①	②	②	③	①	①	③
41	42	43	44	45	46	47	48	49	50
②	①	①	①	①	②	④	④	①	④
51	52	53	54	55	56	57	58	59	60
④	④	③	③	①	④	③	①	①	①

해설

01
삼각측량에서 내각의 크기를 30~120°로 하는 이유는 각이 지니는 오차가 변 길이 계산에 영향을 줄이기 위함이다.

02
- 기준점측량(골조측량) : 천문측량, 삼각·삼변측량, 다각측량, 수준(고저)측량, GNSS측량 등
- 세부측량 : 평판측량, 사진측량, 스타디아(시거)측량, 음파측량 등
※ 스타디아측량(시거측량) : 트랜싯의 협장 및 연직각을 관측하여 간접으로 거리 및 고저 등을 구하는 측량

03
측량에서 부정오차는 제거가 어려우므로 확률법칙에 의해 추정하여 무리하지 않게 배분한다.

04
외각의 합계 $= 180°(n+2)$
$= 180° \times (18+2) = 3,600°$

05
실제길이 $= \dfrac{\text{부정길이} \times \text{관측길이}}{\text{표준길이}}$
$= \dfrac{30.03 \times 300}{30} = 300.3\text{m}$
여기서, 부정길이 $= 30 + 0.03 = 30.03\text{m}$

06
- 방향각 : 임의의 기준선으로부터 어느 측선까지 시계방향으로 잰 수평각
- 방위각 : 자오선의 북(진북)을 기준으로 어느 측선까지 시계방향으로 잰 수평각
- 연직각 : 수직면 내에서 수평면과 어떤 측선이 이루는 각
- 천정각 : 연직선 위쪽 방향을 기준으로 목표물에 대하여 시준선까지 내려서 잰 각

07

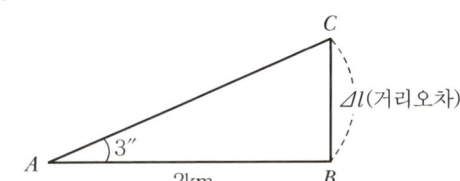

$\theta'' = \dfrac{\Delta l}{D} \rho''$

$\therefore \Delta l = \dfrac{\theta'' D}{\rho''} = \dfrac{3'' \times 2}{206,265''} = 0.000029\text{km}$
$\fallingdotseq 2.9\text{cm}$

08
$(\angle A + \angle B + \angle C) - \theta = (20° + 35° + 32°) - 87°00'20''$
$= -20''$

$\therefore \angle A$ 조정량 $= \dfrac{20''}{4} = 5''(\oplus$조정$)$

09

sine법칙에 의해 $\overline{BC}(a)$변을 구하면,

$$\frac{a}{\sin A} = \frac{b}{\sin B} = \frac{c}{\sin C}$$

$$a = \frac{\sin A}{\sin B} \cdot b$$

여기서, log를 취하면,

$$\therefore \log a = \log b + \log \sin A - \log \sin B$$

10

- ①문항 : 착오
- ②, ③, ④문항 : 정오차

11

sine법칙에 의해 $\overline{AC}(b)$변을 구하면,

$$\frac{a}{\sin \angle A} = \frac{b}{\sin \angle B}$$

$$\therefore b = \frac{\sin \angle B}{\sin \angle A} \times a$$

12

sine법칙에 의해 $\overline{AC}$변을 구하면,

$$\frac{20}{\sin 30°} = \frac{\overline{AC}}{\sin 70°}$$

$\overline{AC} = 37.59$m

$\overline{AC}$변을 이용하여 H를 구하면,

$$\tan V = \frac{H}{\overline{AC}}$$

$\therefore$ 높이$(H) = \overline{AC} \tan V = 37.59 \times \tan 40° = 31.54$m

13

대수 7자리 기준

$$\therefore \text{표차} = \frac{1}{\tan \theta} \times 21.055$$

$$= \frac{1}{\tan 54°56'15''} \times 21.055 = 14.78$$

14

- 축척 $= \dfrac{1}{m} = \dfrac{\text{도상거리}}{\text{실제거리}}$
- 정확도는 참값과 관측값의 편차
- 축척의 분모수가 큰 것은 소축척이므로 정확도가 낮다.

15

삼변측량에서 변장측정값에 오차가 발생하므로 정확하게 측량하여야 한다.

16

cosine 제2법칙에서 $\cos \alpha = \dfrac{b^2 + c^2 - a^2}{2bc}$

$$\therefore \alpha = \cos^{-1} \frac{b^2 + c^2 - a^2}{2bc}$$

$$= \cos^{-1} \frac{46^2 + 39^2 - 43^2}{2 \times 46 \times 39} = 60°06'38''$$

17

방위각 계산(㉠) → 위거 및 경거의 계산(㉢) → 결합오차 조정(㉣) → 좌표 계산(㉡)

18

$180° : \pi$ 라디안 $= 30° : x$

$$\therefore x = \frac{\pi \text{ 라디안} \times 30°}{180°} = 0.52 \text{ 라디안(rad)}$$

19

삼각점 L 및 M이 진북(N) 바깥에 있으므로,
측각오차$(\triangle \alpha) = w_a + [\alpha] - 180°(n+1) - w_b$이다.

20

지구좌표계 : 경 · 위도좌표계, 평면직각좌표계, 극좌표계, UTM · UPS좌표계, 3차원 직각좌표계 등
※ 현재 4차원 직각좌표계는 없다.

21

$$A = \frac{3}{8} d \{ y_1 + y_7 + 3(y_2 + y_3 + y_5 + y_6) + 2(y_4) \}$$

$$= \frac{3}{8} \times 1.0 \times \{ 2.0 + 1.68 + 3 \times (2.2 + 2.15 + 1.65 + 1.60)$$

$$+ 2 \times 1.85 \}$$

$$= 11.32 \text{m}^2$$

22

- $B_X = A_X + (\overline{AB} \text{ 거리} \times \cos \overline{AB} \text{ 방위각})$
- $B_Y = A_Y + (\overline{AB} \text{ 거리} \times \sin \overline{AB} \text{ 방위각})$

$\therefore$ ㉠ : $\cos 30°$, ㉡ : $\sin 30°$

23

- ②문항 : 凸선(능선)
- ③문항 : 凹선(합수선)
- ④문항 : 최대경사선

24

측점의 표고(H)는 수준측량에 의해 계산된다.

25
기포관축과 시준선의 평행은 어느 레벨의 조정에도 해당되는 중요한 조건이다.

26
트랜싯법칙은 각 측선의 위거 및 경거의 길이에 비례하여 조정한다.

27
$\Delta H = \dfrac{1}{2}\{(a_1-b_1)+(a_2-b_2)\}$
$= \dfrac{1}{2}\times\{(1.5-1.1)+(2.4-2.2)\}=0.3\text{m}$
$\therefore B$점의 표고$(H_B) = H_A + \Delta H$
$= 25.0 + 0.3 = 25.3\text{m}$

28
컴퍼스법칙은 각관측의 정확도와 거리관측의 정확도가 서로 비슷할 때 실시하는 방법으로 폐합오차를 각 측선의 길이에 비례하여 조정한다.

29
- 자연도법 : 영선법(우모법), 음영법
- 부호도법 : 점고법, 등고선법, 채색법

30
$\alpha'' = \dfrac{\Delta h}{nD}\rho''$
$\therefore \Delta h = \dfrac{\alpha'' nD}{\rho''}$
$= \dfrac{40''\times 2\times 80}{206,265''}=0.03\text{m}$

31
측선의 위거=측선거리×cos 측선의 방위각
$= 64.210\times\cos 225°20' = -45.138\text{m}$
여기서, 측선의 방위각=$180°+45°20'=225°20'$

32
높이차$(\Delta H) = \sum B.S - \sum F.S(T.P)$
$\therefore$ 측점 A, B 높이차(ΔH)
$= (2.568+1.663)-(2.532+3.623)$
$= -1.924\text{m}$

33
$M = \pm\delta\sqrt{S} \Rightarrow \pm 25 = \pm\delta\sqrt{7} \Rightarrow$
$\pm\delta = \dfrac{25}{\sqrt{7}} = \pm 9.5\text{mm}(1\text{km당 오차})$
$\therefore$ 2km에 대한 왕복오차의 제한값
$M = \pm\delta\sqrt{S} = \pm 9.5\sqrt{2} ≒ \pm 13\text{mm}$

34
소축척의 산지 지형측량을 할 때는 종단점법이 널리 이용된다.

35
- 폐합오차 = $260.05 - 260.35 = -0.30\text{m}$
- BM_1 조정량 = $\dfrac{\text{폐합오차}}{\text{전 노선거리}}\times\text{추가거리}$
$= \dfrac{-0.30}{6}\times 2 = -0.10\text{m}$
$\therefore BM_1$ 최확값 $= 250.24 - 0.10 = 250.14\text{m}$

36
토털스테이션을 측점에 설치하여 등고선 관측 시 프리즘의 높이는 등고선의 높이를 측정하는 중요한 요소이므로 수시로 변경하는 것은 좋지 않다.

37
측량 도중 레벨을 옮겨 세우기 위하여 한 측점에서 전시와 후시를 동시에 읽을 때 그 측점을 이기점이라 한다.

38
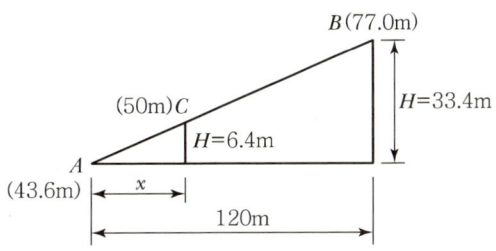

비례식을 이용하여 계산하면,
$120 : 33.4 = x : 6.4$
$\therefore AC$ 수평거리$(x) = \dfrac{120\times 6.4}{33.4} = 23.0\text{m}$

39
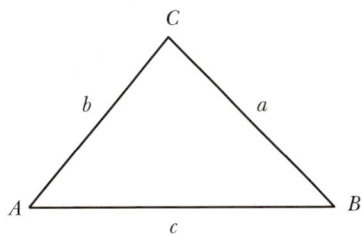

$A = \sqrt{S(S-a)(S-b)(S-c)}$
단, $S = \dfrac{1}{2}(a+b+c)$

40

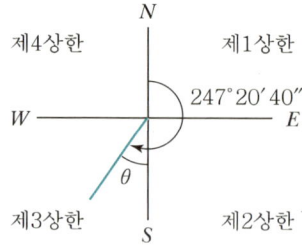

- 방위각 247°20′40″는 제3상한에 위치한다.
- 방위(θ) = 247°20′40″ − 180° = 67°20′40″
- ∴ $S\ 67°20′40″\ W$

41

⇒ 3차 포물선은 완화곡선이다.

42

종단현 편각(δ_n) = $1,718.87' \times \dfrac{l_n}{R}$

$= 1,718.87' \times \dfrac{10}{200} = 1°25'57''$

여기서, l_n : 종단현 길이

43

토량(V) = $\dfrac{A_2 + A_3}{2} \times h = \dfrac{30 + 45}{2} \times 10 = 375\mathrm{m}^3$

44

GPS에서 두 개의 주파수를 사용하는 이유는 전리층 지연오차를 제거(보정)하기 위함이다.

45

- ①문항 : 실시설계측량
- ②문항 : 공사측량(시공관리측량)
- ③문항 : 공사측량(시공측량)
- ④문항 : 공사측량(준공측량)

46

점고법은 넓은 지역의 정지, 절취, 매립 등을 할 때에 직사각형이나 삼각형으로 나눠 토공량 산정에 쓰이는 방법으로, 사분법과 삼분법이 있다.

47

- 접선길이(T.L) = $R \tan \dfrac{I}{2}$
- 곡선길이(C.L) = $\left(\dfrac{\pi}{180°}\right) RI° = 0.0174533 RI°$

48

정지측량방법은 2개 이상의 수신기를 각 측점에 고정하고 양 측점에서 동시에 4대 이상의 위성으로부터 신호를 30~60분 이상 수신하는 방식으로 주로 기준점측량에 이용한다.

49

단곡선 설치 과정에서 가장 먼저 결정하여야 할 사항은 곡선반지름(R)과 교각(I)이다.

50

토량(V) = $\dfrac{A}{4}(\Sigma h_1 + 2\Sigma h_2 + 3\Sigma h_3 + 4\Sigma h_4)$

$= \dfrac{10 \times 5}{4} \times \{9.0 + (2 \times 3.0) + (3 \times 3.0)\}$

$= 300.0\mathrm{m}^3$

- $\Sigma h_1 = 1.0 + 2.0 + 2.5 + 2.5 + 1.0 = 9.0\mathrm{m}$
- $\Sigma h_2 = 1.5 + 1.5 = 3.0\mathrm{m}$
- $\Sigma h_3 = 3.0\mathrm{m}$

51

곡선길이(C.L) = $0.0174533 RI°$

$= 0.0174533 \times 500 \times 90° = 785.4\mathrm{m}$

52

- ①문항 : 24시간 관측 가능
- ②문항 : 측점 간 시통이 필요 없음
- ③문항 : 측량거리에 비해 정확도가 높음

※ GPS는 24시간 지구 어느 곳에서나 사용이 가능하다.

53

- ①문항 : 곡선의 시점
- ②문항 : 곡선의 종점
- ④문항 : 곡선의 길이

54

$$\lambda = \frac{c}{f} = \frac{299,792,458}{1,227.60 \times 10^6} = 0.244210213 \text{m}$$

$\therefore$ 신호 300,000 파장의 거리 $= n \times \lambda$
$= 0.244210213 \times 300,000$
$= 73,263 \text{m}$

55

접선길이$(\text{T.L}) = R \tan \frac{I}{2}$

$\therefore R = \dfrac{\text{T.L}}{\tan \dfrac{I}{2}} = \dfrac{20}{\tan \dfrac{21°30'}{2}} = 105.34\text{m}$

56

- 수신기의 종류 및 대수
- 좌표기준점 수와 분포
- 표고결정방법
- 작업인원
- 관측시간

57

체적을 계산하는 방법에는 단면법, 점고법, 등고선법 등이 주로 이용된다.

※ 도해 계산법은 면적계산방법이다.

58

토털스테이션에는 좌표입력기능이 있으므로 각 측점의 좌표를 입력하여 측설하는 방법이 최근 널리 사용되고 있다.

59

$A^2 = RL$

$\therefore$ 완화곡선장$(L) = \dfrac{A^2}{R} = \dfrac{200^2}{400} = 100\text{m}$

60

직선 – 완화곡선 – 원곡선 – 완화곡선 – 직선

REFERENCE | 참고문헌 |

1. 측량학 해설, 정영동·오창수·조기성·박성규, 예문사, 1993
2. 신편 측량학, 지계순·윤재식·이계학·김철순·신봉호·정문술, 기문당, 1993
3. 측량공학, 유복모, 박영사, 1996
4. 측량학, 유복모, 동명사, 1998
5. 일반측량학, 안철수·최재화, 문운당, 1998
6. 측량용어사전, 국토지리정보원, 2003
7. 측량 및 지형공간정보 용어해설, 정영동·오창수·박정남·고제웅·조규장·박성규·임수봉·강상구, 예문사, 2012
8. 공간정보 용어사전, 사단법인 한국지형공간정보학회, 도서출판 디엔피동인, 2016
9. 포인트 측량및지형공간정보기술사, 박성규·임수봉·박종해·강상구·송용희·이혜진, 예문사, 2019
10. 포인트 측량및지형공간정보기사 필기, 박성규·신광열·임수봉·송용희·민미란·이혜진·김민승, 예문사, 2021
11. 포인트 측량및지형공간정보산업기사 필기·실기, 박성규·신광열·임수봉·송용희·민미란·이혜진·김민승, 예문사, 2021

AUTHOR INTRODUCTION | 저자소개 |

▶ 박종해
- 측량및지형공간정보기술사
- (주)케이지에스테크 상무
- **저서** : 예문사 「포인트 측량및지형공간정보기술사」 외 다수

▶ 김민승
- 측량및지형공간정보기사
- 서초수도건설학원 측량학 강사
- **저서** : 예문사 「포인트 측량및지형공간정보기사 필기/실기」 외 다수

▶ 민미란
- 토목기사
- 서초수도건설학원 측량학 강사
- **저서** : 예문사 「포인트 측량및지형공간정보기사 필기/실기」 외 다수

▶ 박동규
- 측량및지형공간정보기사
- 서초수도건축토목학원 대전분원 원장
- **저서** : 예문사 「포인트 측량및지형공간정보기사 실기」 외 다수

PASS 측량기능사
필기+실기

발행일	2022. 1. 10　초판 발행
	2024. 1. 10　개정 1판1쇄

저　자 | 박종해 · 김민승 · 민미란 · 박동규
발행인 | 정용수
발행처 | 예문사

주　소 | 경기도 파주시 직지길 460(출판도시) 도서출판 예문사
T E L | 031) 955-0550
F A X | 031) 955-0660
등록번호 | 11-76호

- 이 책의 어느 부분도 저작권자나 발행인의 승인 없이 무단 복제하여 이용할 수 없습니다.
- 파본 및 낙장은 구입하신 서점에서 교환하여 드립니다.
- 예문사 홈페이지 http://www.yeamoonsa.com

정가 : 25,000원

ISBN 978-89-274-5319-2　13530